全国高等院校规划教材

Visual FoxPro 程序设计

主　编　李子丰
副主编　周　珂　李松涛　韦立军
编　者　（按姓氏拼音排序）
蔡　洁　李松涛　李子丰
王嘉佳　韦立军　熊刚强
郑胜前　周　珂

科学出版社
北京

· 版权所有　侵权必究 ·

举报电话：010-64030229；010-64034315；13501151303（打假办）

内 容 简 介

本书根据高等院校最新的计算机教学大纲和全国计算机等级考试大纲的要求，以作者十多年 FoxPro 程序设计的教学实践与经验积累编写而成。既注重加强知识性、基本原理和方法技巧等方面的介绍，又强调实践操作技能的训练。注重科学性、先进性和实用性，通过数据库应用案例贯穿整个学习过程，内容深入浅出、循序渐进、图文并茂、层次清晰。全书共分 10 章，包括数据库系统、Visual FoxPro 简介、Visual FoxPro 语言基础、数据表基本操作、数据库的基本操作、结构化查询语言 SQL、结构化程序设计、表单设计与应用、报表与菜单设计和应用程序开发。

本书适合作为全国高等院校本、专科学生的程序设计课程教材，以及高职、成人继续教育等课程教材，也可作为全国计算机等级考试和其他各类计算机应用培训教材，以及医务工作者提高信息技术应用能力的学习用书。

图书在版编目(CIP)数据

Visual Foxpro 程序设计 / 李子丰主编. —北京：科学出版社，2010

（全国高等院校规划教材）

ISBN 978-7-03-027343-7

Ⅰ. V… Ⅱ. 李… Ⅲ. 关系数据库-数据库管理系统，Visual Foxpro-程序设计-高等学校-教材 Ⅳ. TP311，38

中国版本图书馆 CIP 数据核字(2010)第 075081 号

策划编辑：周万灏　李国红 / 责任编辑：周万灏　李国红 / 责任校对：陈玉凤

责任印制：刘士平 / 封面设计：黄　超

版权所有，违者必究。未经本社许可，数字图书馆不得使用

科 学 出 版 社 出版

北京东黄城根北街 16 号

邮政编码：100717

http://www.sciencep.com

双 青 印 刷 厂 印刷

科学出版社发行　各地新华书店经销

*

2010 年 5 月第 一 版　开本：787×1092 1/16

2010 年 5 月第一次印刷　印张：19 3/4

印数：1—5 000　字数：480 000

定价：36.00 元

如有印装质量问题，我社负责调换

前　言

Visual FoxPro 是优秀的小型数据管理系统软件，也应用于大型数据库的前端开发。Visual FoxPro 既具有面向过程的结构化程序设计功能，又具有面向对象的可视化程序设计的编程技术，是读者逐步掌握可视化编程软件的有效途径。由于通俗易懂，便于学习和掌握，使用范围广泛，《Visual FoxPro 程序设计》是高校学生学习数据库语言的重要基础教程，也一直是全国计算机等级考试和省级计算机等级考试的二级考试重要课程。

针对非计算机类专业的学生开设程序设计课程，要考虑学生的学习思维方式和专业要求，Visual FoxPro 能兼顾教学和实用的要求，能够为大多数学生所认可和接受。《Visual FoxPro 程序设计》基本具备 SQL 数据库管理系统的特征，提供了各种数据库组件的设计工具以及面向对象的程序设计，使学生既能学习程序设计基本知识，又能学以致用地开发实用的小型数据库管理系统，为进一步提高学生的计算机应用水平打下良好的基础。

我们组织长期在一线从事 FoxPro 程序设计教学工作的教师编写本书，将他们的丰富教学经验和教学心得融入各个章节，以期达到数据库理论知识系统全面、案例典型、注重实际应用以及简单易懂的目的。本书是在十多年教学实践和经验积累的基础上编写而成，通过数据库应用案例贯穿整个学习过程，强调理论和实践的结合，内容深入浅出、循序渐进。全面介绍面向过程的结构化程序设计方法和面向对象的可视化程序设计方法。本书满足了《Visual FoxPro 程序设计》教学大纲的要求，而且兼顾全国和省级计算机等级考试《Visual FoxPro 考试大纲》的要求，力图通过理顺知识点间的关系以及难易内容的结合，着力解决教学中的难点、重点，为读者提供考试和复习的参考。

本书安排了典型的与医学信息管理有关的案例，通过讲述和处理医学信息管理与数据库应用之间的关系，加强 FoxPro 程序设计中实用技巧和应用技能，激发学生的学习积极性，注重对医学信息技术应用能力的培养，以适应各级医疗机构信息化、数字化建设的需要，强调 Visual FoxPro 程序设计教学中知识点与技能点的科学性、完整性和实用性，培养科学严谨的逻辑思维方式和能力。希望学生掌握数据库的基本原理、基本知识、基本方法，培养学生利用计算机解决工作中实际问题的思维方式和操作能力，增强利用信息技术解决本专业和相关领域中问题的技能。全书共 10 章，第 1 章数据库系统介绍数据库、数据模型、关系理论与关系数据库系统的概念和知识等；第 2 章 Visual FoxPro 简介介绍 Visual FoxPro 的主要特点和 Visual FoxPro 8.0 性能指标、操作界面、集成开发环境、项目管理器等；第 3 章 Visual FoxPro 语言基础介绍 Visual FoxPro 的数据类型、运算符、表达式、函数等内容；第 4 章数据表基本操作介绍数据表的核心操作“存”和“取”数据，包括数据表的建立、基本操作、排序与索引、查询与统计、更新与连接等；第 5 章数据库的基本操作介绍数据库的建立和维护、查询与视图的建立及使用等；第 6 章结构化查询语言 SQL 介绍 SQL 语言的数据定义、数据操纵、数据查询等方面的功能与应用;第7章结构化程序设计介绍采用结构化编程语句编写程序,以及基本的程序结构应用和模块化程序设计的方法等;第8章表单设计与应用介绍"表单设计器"创建表单的方法,重点介绍常用表单控件的主要属性、方法、事件及其应用,简单介绍面向对象编程的基本原理等;第9章报表与菜单设计主要介绍利用Visual FoxPro8.0提供的报表设计器和菜单设计器进行报表与菜单设计的方法与步骤等;第10章应用程序开发介绍开发数据库应用系统的步骤、设计原则,以案例说明应用系统开发的总体方法和步骤,以及利用项目管理器将数据表、数据库、表单、报表及菜单等功能模块组织起来并生成可执行文件的方法。书中所有例题均通过上机测试,各章配有一定数量习题供练习和复习。

由于各专业的课程学时数均在压缩,基础课程受到较大影响,所以在教学内容的选取上,可根据不同专业的教学时数和学生的基础程度做选择;教学组织和教学方法上,操作性的内容以实际案例教授,通过实验课操作测试巩固相关知识点的掌握,概念性的内容可指导学生自学。建议安排66～76学时为宜。

参加本书编写的教师十多年来一直从事FoxPro程序设计课程的教学工作,具有丰富的教学实践和统考辅导经验,并且编写组成员有主编、副主编或参编多套同类教材的经验。本书由李子丰担任主编,周珂、李松涛、韦立军任副主编。由李子丰编制编写大纲、统稿校阅和主审,主编、副主编对书稿进行了全面的审阅及修改。第1、2章由郑胜前编写,第3、7章由李松涛编写,第4、9章由周珂、蔡洁编写,第5、10章由韦立军编写,第6章由王嘉佳编写,第8章由熊刚强编写。本书在编写过程中得到广东医学院主管领导、教务处和有关部门领导的关怀和支持,得到教研室全体教师和其他兄弟院校使用本书的教师的热心帮助和指导,并提出过许多宝贵的意见和建议,在此,编者谨向他们表示诚挚的感谢。在本书编写过程中,参考了大量文献资料,在此向这些文献资料的作者表示衷心感谢!

衷心感谢读者选择使用本书,衷心希望读者能从本书中获益。书中有错漏之处或不足,恳请读者批评指正并提出宝贵意见。

编　者

2010年3月

目　录

第1章 数据库系统

第1节 数据库知识

随着信息技术的飞速发展,信息已经成为知识经济时代经济发展的重要战略资源,信息技术已经成为社会生产力的重要组成部分。人们充分认识到,数据库是信息社会资源管理与开发利用的基础。数据库技术从诞生到现在,在不到半个世纪的时间里,形成了坚实的理论基础、成熟的商业产品和广泛的应用领域,吸引了越来越多的研究者加入。数据库的诞生和发展给计算机信息管理带来了一场巨大的革命。三十多年来,国内外已经开发建设了成千上万个数据库,它已成为企业、部门乃至个人日常工作、生产和生活的基础设施。同时,随着应用的扩展与深入,数据库的数量和规模越来越大,数据库的研究领域也已经大大地拓广和深化。对于一个国家,数据库的建设规模、使用水平已经成为衡量该国信息化程度的重要标志之一。

1.1.1 信息和数据

广义地说,信息(Information)就是消息。一切存在都有信息。对人类而言,人的五官生来就是为了感受信息的,它们是信息的接收器,它们所感受到的一切都是信息。然而,大量的信息是我们的五官不能直接感受的,人类正通过各种手段,发明各种仪器来感知它们、发现它们。

数据(Data)是对客观事物的符号表示,是用于表示客观事物的未经加工的原始素材,如图形符号、数字、字母等;或者说,数据是通过物理观察得来的事实和概念,是关于现实世界中的地方、事件、其他对象或概念的描述,是信息的载体,是对客观存在实体的一种记载和描述。对信息的记载和描述产生了数据,同时对众多相关的数据加以分析和处理又将产生新的有用信息。

在计算机科学中,数据是指所有能输入到计算机并被计算机程序处理的符号的介质的总称,是用于输入电子计算机进行处理,具有一定意义的数字、字母、符号和模拟量等的通称,是组成地理信息系统的最基本要素。数据的种类很多,按性质分为:①定位的,如各种坐标数据。②定性的,如表示事物属性的数据(居民地、河流、道路等)。③定量的,反映事物数量特征的数据,如长度、面积、体积等几何量或重量、速度等物理量。④定时的,反映事物时间特性的数据,如年、月、日、时、分、秒等。按表现形式分为:①数字数据,如各种统计或量测数据。②模拟数据,由连续函数组成,又分为图形数据(如点、线、面),符号数据,文字数据和图像数据等。按记录方式分为地图、表格、影像、磁带、纸带。按数字化方式分为矢量数据,格网数据等。在地理信息系统中,数据的选择、类型、数量、采集方法、详细程度、可信度等,取决于系统应用目标、功能、结构和数据处理、管理与分析的要求。

1.1.2 数据管理技术

数据管理是利用计算机硬件和软件技术对数据进行有效地收集、存储、处理和应用的过程,其目的在于充分有效地发挥数据的作用。实现数据有效管理的关键是数据组织。随着计算机技术的发展,数据管理经历了人工管理、文件系统、数据库系统三个发展阶段。

1. 人工管理阶段 这一阶段,大致在 20 世纪 50 年代中期以前,此时计算机技术相对落后,主要用于科学计算。硬件方面:计算机的外存只有磁带、卡片、纸带,没有磁盘等直接存取的存储设备,存储量非常小。软件方面:没有操作系统,没有高级语言,数据处理的方式是批处理,也即机器一次处理一批数据,直到运算完成为止,然后才能进行另外一批数据的处理,中间不能被打断,原因是当时的外存如磁带、卡片等只能顺序输入,没有数据管理方面的软件。这一阶段的特点体现在:

(1) 媒介单一,基本与计算机独立:数据不保存在计算机内,在需要计算时,利用卡片、纸带等将数据输入,经过运算得到运算结果,数据处理的过程就结束了。

(2) 数据不能独立:数据是作为输入程序的组成部分,即程序和数据是一个不可分隔的整体,数据和程序同时提供给计算机运算使用。程序中的存取子程序随着存储结构的改变而改变,因而数据与程序不具有独立性。程序直接面向存储结构,数据的逻辑结构与物理结构没有区别。

(3) 只有程序的概念,没有文件的概念:数据的组织方式完全由程序员自行设计。即使人们发现了这样做的弊病,也无可奈何。因为当时计算机的外存能力是很弱的。

(4) 数据是面向应用的:一组数据基本对应一个程序。不同应用的数据之间是相互独立、彼此无关的,即使两个不同应用涉及相同的数据,也必须各自定义,无法相互利用,互相参照。数据不但高度冗余,而且不能共享。所以有人也称这一数据管理阶段为无管理阶段。

2. 文件系统阶段 这一阶段从 20 世纪 50 年代后期到 60 年代中期,数据管理发展到文件系统阶段。此时的计算机不仅用于科学计算,还大量用于管理。外存储器有了磁盘等直接存取的存储设备。在软件方面,操作系统中已有了专门的管理数据软件,称为文件系统。从处理方式上讲,不仅有了文件批处理,而且能够联机实时处理,联机实时处理是指在需要的时候随时从存储设备中查询、修改或更新,因为操作系统的文件管理功能提供了这种可能。这一时期的特点是:

(1) 数据长期保留:数据可以长期保留在外部存储设备上反复处理,即可以经常有查询、修改和删除等操作,所以计算机大量用于数据处理。

(2) 数据的独立性:由于有了操作系统,利用文件系统进行专门的数据管理,使程序员可以集中精力在算法设计上,而不必过多地考虑细节。例如,要保存数据时,只需给出保存指令,而不必所有的程序员都还要精心设计一套程序,控制计算机物理地实现保存数据。在读取数据时,只要给出文件名,而不必知道文件的具体存放地址。文件的逻辑结构和物理存储结构由系统进行转换,程序与数据有了一定的独立性。数据的改变不一定要引起程序的改变。

(3) 可以实时处理:由于有了直接存取设备,也有了索引文件、链接存取文件、直接存取文件等,所以既可以采用顺序批处理,也可以采用实时处理方式。数据的存取以记录为基本单位。

上述各点都比第一阶段有了很大的改进。这一阶段中,得到充分发展的数据结构和程序算法丰富了计算机科学，为数据管理技术的进一步发展打下了坚实的基础。但随着数据的迅猛增长，文件系统的管理技术暴露了其先天的缺陷，主要是：

(1) 数据冗余大：当不同的应用程序所需的数据有部分相同时，仍需建立各自的独立数据文件，而不能共享相同的数据。因此，数据冗余大，空间浪费严重，并且相同的数据重复存放，各自管理，当相同部分的数据需要修改时比较麻烦，稍有不慎，就造成数据的不一致。

(2) 数据和程序缺乏足够的独立性：文件中的数据是面向特定应用的，文件之间是孤立的，不能反映现实世界事物之间的内在联系。

(3) 数据量相当庞大时，文件管理系统已经不能满足需要：美国在20世纪60年代进行了“阿波罗计划”的研究。阿波罗飞船由约200万个零部件组成，分散在世界各地制造。为了掌握计划进度及协调工程进展，阿波罗计划的主要合作者罗克威尔(Rockwell)公司曾研制出一个计算机零件管理系统。系统共用了18盘磁带，虽然可以工作，但效率极低，维护困难。18盘磁带中60%是冗余数据，该系统一度成为实现阿波罗计划的严重障碍。应用的需要推动了技术的发展。文件管理系统面对大量数据时的困境促使人们去研究新的数据管理技术，数据库技术应运而生。例如，最早的数据库管理系统之一——IMS就是上述的罗克威尔公司在实现阿波罗计划中与IBM公司合作开发的，从而保证了阿波罗飞船于1969年顺利登月。

3. 数据库系统阶段 从20世纪60年代后期开始，数据管理进入数据库系统阶段。这一时期用计算机管理的规模日益庞大，应用越来越广泛，数据量急剧增长，数据要求共享的呼声越来越大。这种共享的含义是多种应用、多种语言互相覆盖地共享数据集合。此时的计算机有了大容量磁盘，计算能力也非常强。硬件价格下降，编制软件和维护软件的费用相对增加。联机实时处理的要求更多，并开始提出和考虑并行处理。数据管理技术由此进入数据库系统阶段。

数据库系统的目标是解决数据冗余问题，实现数据独立性，实现数据共享并解决由于数据共享而带来的数据完整性、安全性及并发控制等一系列问题。为实现这一目标，数据库的运行必须有一个软件系统来控制，这个系统软件称为数据库管理系统。数据库管理系统将程序员进一步解脱出来，就像当初操作系统将程序员从直接控制物理读写中解脱出来一样。程序员此时不需要再考虑数据中的数据是不是因为改动而造成不一致，也不用担心由于应用功能的扩充，而导致程序重写，数据结构重新变动。在这一阶段，数据管理具有下面的特点，这些特点正是数据库的改进之处：

(1) 数据结构：数据结构不是面向单一的应用，而是面向全组织。

(2) 数据冗余小，易扩充：数据库从整体的观点来看待和描述数据，数据不再是面向某一应用，而是面向整个系统。这样就减小了数据的冗余，节约存储空间，缩短存取时间，避免数据之间的不相容和不一致。对数据库的应用可以很灵活，面向不同的应用，存取相应的数据库的子集。当应用需求改变或增加时，只要重新选择数据子集或者加上一部分数据，便可以满足更多更新的要求，也就是保证了系统的易扩充性。

(3) 数据独立于程序：数据库提供数据的存储结构与逻辑结构之间的映像或转换功能，使得当数据的物理存储结构改变时，数据的逻辑结构可以不变，从而程序也不用改变，这就是数据与程序的物理独立性。也就是说，程序面向逻辑数据结构，不去考虑物理的数据存放形式。数据库可以保证数据的物理改变不引起逻辑结构的改变。

(4) 数据库提供了数据的总体逻辑结构与某类应用所涉及的局部逻辑结构之间的映像

或转换功能：当总体的逻辑结构改变时，局部逻辑结构可以通过这种映像的转换保持不变，从而程序也不用改变，这就是数据与程序的逻辑独立性。

(5) 统一的数据管理功能：主要包括数据的安全性控制，使只有合法的用户才能进行其权限范围内的操作，以防止非法操作造成数据的破坏或泄密。数据的完整性控制，包括数据的正确性、有效性和相容性。数据库系统可以提供必要的手段来保证数据库中的数据在处理过程中始终符合其事先规定的完整性要求。并发控制，通常采用数据锁定的方法来处理并发操作，防止多个用户或多个应用程序同时使用同一数据库、同一数据表或同一记录时导致相互干扰而出现错误的结果。

1.1.3 数据库系统

数据库系统(Database System，简称 DBS)，是实现有组织地、动态地存储大量关联数据，方便用户访问的计算机硬件、软件和数据资源，并提供数据处理和共享的手段，为用户提供数据访问和所需的数据查询服务的系统，即采用数据库技术的计算机系统。通常由以下五部分组成。

1. 计算机硬件 数据库系统需要有足够容量的内存与外存来存储大量的数据，同时需要有足够快的处理器来处理这些数据，以便快速响应用户的数据处理和数据检索请求。对于网络型数据库系统还需要网络通信设备的支持。

2. 数据库 数据库(Database，简称 DB)，是存储在一起的相关数据的集合，这些数据是结构化的，无有害的或不必要的冗余，并为多种应用服务。数据的存储独立于使用它的程序。对数据库插入新数据、修改和检索原有数据均能按一种公用的和可控制的方式进行。当某个系统中存在结构上完全分开的若干个数据库时，则该系统包含一个“数据库集合”。

严格地说，数据库是“按照数据结构来组织、存储和管理数据的仓库”。在经济管理的日常工作中，常需要把某些相关的数据放进这样“仓库”，并根据管理的需要进行相应的处理。例如，医院常要把病人的基本情况(编号、姓名、年龄、性别、就诊日期、详细地址等)存放在表中，这张表就可以看成是一个数据库。有了这个“数据仓库”，我们就可以根据需要随时查询某病人的基本情况，也可以查询就诊日期在某个范围内的病人人数等。这些工作如果都能在计算机上自动进行，那我们的人事管理就可以达到极高的水平。此外，在财务管理、仓库管理、生产管理中也需要建立众多的这种“数据库”，使其可以利用计算机实现财务、仓库、生产的自动化管理。

3. 数据库管理系统 数据库管理系统(Database Management System，简称 DBMS)，是位于用户和操作系统(OS)之间的一层数据管理软件，为用户或应用程序提供访问 DB 的方法，包括 DB 的建立、查询、更新以及各种数据控制。主要功能是维护数据库并有效地访问数据库中任意部分数据。对数据库的维护包括保持数据的完整性、一致性和安全性。

当前比较流行的大型数据库管理系统包括 Oracle、Sybase、Informix 和 SQL Server 等，小型数据库管理系统则包括 Visual FoxPro 和 Access 等。本书所介绍的数据库管理系统 Visual FoxPro 是一种集宿主语言和数据库为一身的数据库管理系统，它完全可以被作为一种编程语言或数据库单独使用。由于不需要单独购买数据库产品，因此，为进行快速数据库应用开发提供了可能，同时也为客户节省了软件开发成本。

4. 相关软件 相关软件主要包括操作系统(Windows、UNIX、Linux、Mac 等)，各种宿主语言(Visual C++、Visual Basic 等)和编译系统,应用软件开发工具等。对于大型的多用户数据库系统和网络数据库系统,则还需要多用户系统软件和网络系统软件的支持。

5. 数据库用户　数据库用户通常包括最终用户、应用程序员和数据库管理员。缺乏经验的用户可以从数据库中检索数据,这种类型的用户称为“最终用户”。他们用键盘输入查询语句,要求数据库把答案输出到显示器或打印出来,如银行和航空公司订票系统的职员。应用程序员为最终用户编写菜单程序,把最终用户的要求转化为确切的查询语句。数据库管理员(DBA),是负责设计和维护数据库的计算机专家,决定如何把数据分解到各个表中、如何创建数据库以及如何载入表,为了实现访问和更新数据时的各种策略,包括安全性控制(例如,用户访问数据的权限)和完整性约束(例如,储蓄账户结余账目不得少于0元)。还要负责设计数据库在磁盘中的物理实现和有效的索引结构来获得最好的性能。数据库系统的层次关系如图1-1所示。

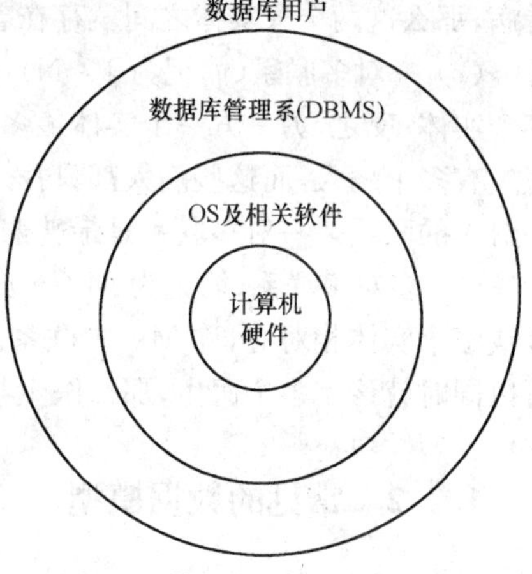

图1-1　数据库系统层次关系图

第2节　数据模型

模型(Model)是现实世界的抽象,能表示实体类型以及实体之间联系的模型称为数据模型(Data Model)。数据库中的数据是按照一定逻辑结构存放的,这种结构是用数据模型来表示的,任何一个数据库管理系统都是基于某种数据模型的。从数据库管理系统发展的历史可以将数据模型划分为层次型、网状型、关系型和面向对象模型四种。

在介绍数据模型之前,首先介绍下实体、实体之间的联系和其他一些数据库应用中常用到的一些专业术语。

1.2.1　数据库技术常用术语

1. 实体(Entity)　现实世界任何可相互区别的事物,不论是实际存在的东西,还是概念性的东西,或是事物与事物之间的联系,一律统称为实体。

(1) 实际的事物,例如:一个学生、一本书等。

(2) 概念性的事件,例如:一个计划、一场比赛等。

2. 属性(Attribute)　实体所具有的性质,统称为属性。实体是靠属性来描述的,例如:病人实体可用编号、姓名、性别、年龄等属性来描述。实体和属性都有“型”与“值”之分。型是概念的内涵,值是概念的实例。例如:某个病人的年龄属于“数值型”,具体值是50。

3. 实体集　同一类型的实体集合称为实体集。

4. 域　实体中的每个属性都有一个取值范围,称属性的“域”。域可以是整数、实数、字符串等。例如:病人实体年龄属性的域是0～120。

5. 键(Key)　又称为关键字,它是指在实体属性中,可用于区别实体集中不同个体的那个属性或几个属性的组合。例如:病人的编号属性,可以用唯一标识某个病人,不管他是否和其他病人同名。

6. 联系(Relationship)　实体之间的关联,反映了客观事物之间相互依存的状态。实体间联系情况比较复杂,就其联系方式来说,我们可把它分为以下三种:

(1) 一对一联系(简记为 1∶1):若两个同型实体集中,一方的一个实体唯一与另一方的一个实体相对应,则称为 1∶1 联系。例如,A 医生只给 B 病人看病,而 B 病人只让 A 医生看病,那么这两个人实体之间就存在着一对一的联系。

(2) 一对多联系(简记为 1∶N):若两个不同型的实体集中,一方一个实体对应另一方多个实体;反之,另一方一个实体最多只与本方一个实体相对应,称 1∶N 联系。例如,一个医生有多个病人,而这些病人都只找这个医生看病,那么这个医生与这些病人之间就存在着一对多的联系。一对多联系是最普遍的联系,可以将一对一联系看成是一对多联系的特例。

(3) 多对多联系(简记为 M∶N):若两个不同型实体集中,任何方一个实体都与对方一个或多个实体相对应,称 M∶N 联系。例如,一个医生可以给多个病人看病,而一个病人也可以同时就诊于多个医生,那么医生与病人两个实体之间就存在着多对多的联系。

1.2.2　常见的数据模型

1. 层次模型　层次模型(Hierarchical Model)是用树状结构表示实体类型以及实体之间联系的数据模型。树的节点是记录类型,每个非根节点有且只有一个父节点,上一层记录类型和下一层记录类型之间的联系是一对多联系。典型代表是 1968 年 IBM 公司推出的 IMS 系统。

层次模型有如下特点:

(1) 有且仅有一个根节点,其层次最高。

(2) 一个父节点向下可以包含多个子节点,而一个子节点向上只有一个父节点。

(3) 各个层次节点的子节点数量可以不同,但数据类型相同,并且同层次节点之间没有任何联系。

层次模型的优点是结构简单、层次清晰。各个节点之间的联系是固定的,对预先定义好的应用系统,执行性能较高。

层次模型的缺点:

(1) 只能表示 1∶N 的联系,对于实现 M∶N 的联系比较复杂,难以实现对复杂数据关系的描述。遇到这种情况,首先必须将 M∶N 的联系分解成 1∶N 的联系,用户不易掌握。

(2) 由于层次顺序的严格和复杂,导致数据的查询和更新操作复杂,因此,应用程序的编写也比较复杂。

2. 网状模型　网状模型(Network Model)是用有向图结构表示实体类型以及实体之间的联系的数据模型。有向图中的节点是记录类型,箭头表示从箭尾的记录类型到箭头的记录类型间的联系是 1∶N 的联系。网状模型解决了层次模型对 M∶N 联系描述的局限性,但二者本质上是相同的,都是用节点来表示实体,用连线来表示联系。典型代表是 CODASYL 组织在 1969 年提出的 DBTG 报告中的数据模型。

网状模型的缺点也比较突出:数据结构复杂、编程复杂。

3. 关系模型　关系模型(Relational Model)是用二维表格表示实体集,这种数据结构比较简单,容易被初学者理解和掌握。关系模型是由若干个关系模式组成的集合,关系模式相当于记录类型,它的实体称为关系,每个关系实际上是一张二维表格,表中的每一行为关系的一个元组(又称为记录),表中的每一列为关系的一个属性(又称为字段)。

关系有如下特点：

(1) 关系中的每一个属性(字段)都是不能再分的基本元素。

(2) 各个元组(记录)的相同列应该具有相同的数据类型。

(3) 每个属性(字段)被指定一个不同的属性名称(字段名)，在一个关系中，属性名(字段名)不能重复。

(4) 每个元组(记录)的内容不能重复。

(5) 关系中行、列的顺序任意改变，但不影响表格信息。

典型代表是 SQL 语言和 Visual FoxPro、Oracle、Informix 和 SQL Server 等。

关系模型具有的优点是对实体和实体之间的联系都用关系来表示，对数据的检索结果也是关系(数据表)，因此概念单一，数据结构简单、清晰，表现能力强，这也同时简化了数据库开发建立工作，易于实现通用的数据库管理功能。

4. 面向对象模型 面向对象模型由对象和类构成，由于前面三种模型不能够完全表示现实实体的关系，才发展了这种模型，例如，CAD 数据、图形数据、嵌套递归数据等。典型的有 Versant 公司的 Versant 数据库、FastObjects 公司的 FastObjects t7 数据库等。

面向对象模型在某些方面与层次模型相似，但具有以下两个独特的特点：

(1) 对象可以是异类的，每个对象都可以包含不同的“特有”数据集合。

(2) 对象可以包含一些固有“智能”。

在这几种数据模型中，由于关系模型数据结构简单、规范，又有严格的数据理论基础，因而成为当前数据库领域中应用最广泛的数据模型。以关系模型为基础的数据库管理系统称为关系型数据库管理系统。本书所介绍就是关系型数据库管理系统 Visual FoxPro 8.0。

第 3 节 关系数据库

关系数据库(Relational Database)是按关系模型建立的数据库，关系数据库以其完备的理论基础、简单的模型以及易于理解、使用方便、容易实现通用的数据管理功能等，得到了广泛的应用。这一节主要介绍关系理论与关系数据库系统的一些基本概念。

1.3.1 关系术语与特点

1. 关系术语

(1) 关系模型：用二维表结构来表示实体及实体间联系的模型称为关系模型(Relational Model)。

(2) 关系模式：对关系的描述称为关系模式。一个关系模式对应于一个关系结构。其格式为：关系名(属性 1，属性 2，…，属性 n)。

(3) 关系：元组的集合称为关系，一个关系就是一张符合一定条件的二维表格，每个关系都有一个关系名。在 Visual FoxPro 中，一个关系被称为一个表(Table)，对应于一个存储在磁盘上的扩展名为 .dbf 的表文件。关系模式和关系常称为关系。

(4) 属性：在二维表中的列(数据项)称为属性(Attribute)或字段(Field)。

(5) 值与值域：列值称为属性值，属性值的取值范围称为值域(Domain)。

(6) 元组(Tuple)：关系在二维表中的行(值)，称为元组或记录(Record)。

(7) 关键字(Key)或码:在关系的诸多属性中,能够用来唯一表示元组的属性(或属性组合)称为关键字或码,即关系中的元组由关键字的值来唯一确定。关键字是一个术语概念。一个关系的关键字是什么,是没有办法从数学上证明的。同时,关键字的唯一性不是只对关系的当前元组构成来的。在一个关系中,关键字的值不能为空,即关键字的值为空的元组在关系中是不允许存在的。但在一些桌面型的系统中,如 xBase 系列却没有这种限制。有些关系中的关键字是由单个属性组成的,还有一些关系的关键字常是由若干个属性的组合而构成的,即这种关系中的元组不能由任何一个属性唯一表示,必须由多个属性的组合才能唯一表示。如考试成绩关系:考试成绩(学号、考试时间、考试科目、姓名、性别、成绩、系号),它的关键字由(学号、考试日期、考试科目)属性的组合构成。

(8) 候选关键字(Candidate Key)或候选码:如果在一个关系中,存在多个属性或属性组合都能用来唯一表示该关系的元组,这些属性或属性组合都称为该关系的候选关键字或候选码。

(9) 主关键字(Primary Key)或主码:在一个关系的若干个候选关键字中指定作为关键字的属性或属性组合称为该关系的主关键字或主码。如在考试成绩关系中,当姓名字段的值在每次考试中都是唯一的话,则(学号、考试日期、考试科目)和(姓名、考试日期、考试科目)是该关系的两个候选关键字,选择(学号、考试日期、考试科目)作为该关系的主关键字。

(10) 非主属性(Non Primary Attribute)或非码属性:关系中不组成码的属性均为非主属性或非码属性。

(11) 外部关键字(Foreign Key)或外键:当关系中的某个属性或属性组合虽不是该关系的关键字或只是关键字的一部分,但却是另一个关系的关键字时,称该属性或属性组合为这个关系的外部关键字或外键。例如,对学生关系,系号不是关键字,但系号是系关系的关键字,所以系号是学生关系的外部关键字或外键。

(12) 主表与从表:主表和从表是指以外键相关连的两个表,以外键作为主键的表称为主表;外键所在的表称为从表。如学生关系,对外键“系号”而言,它是从表;而系关系是主表。关系模式是稳定的,而关系是随时间不断变化的,因为数据库中的数据在不断更新。

2. 关系具有的特点 我们将关系看成是一张二维表格。表 1-1 是一张病人档案表,它是一张二维表格。

表 1-1 病人档案表

编号	姓名	年龄	性别	婚否	就诊日期	所在市	详细地址
1000001	李刚	34	男	T	07/12/07	茂名	健康中路12号
1000002	王晓明	65	男	T	05/11/08	湛江	霞山区人民南路27号
1000003	张丽	21	女	F	12/06/08	东莞	南城区西湖路31号
1000004	聂志强	38	男	T	08/12/08	广州	天河区棠下中山大道188号
1000005	杜梅	29	女	T	09/29/07	深圳	南山区白石洲路世纪村5栋122号
1000006	蒋萌萌	25	女	F	03/21/08	茂名	油城四路91号
1000007	李爱平	17	女	F	06/17/06	乌鲁木齐	团结路56号
1000008	王守志	12	男	F	11/09/07	东莞	东莞市城区东纵大道东湖花园2栋30号
1000009	陶红	46	女	T	10/31/07	深圳	布吉镇吉华路602号二楼中户
1000010	李娜	71	女	T	04/23/08	东莞	松山湖开发区新城大道1号
1000011	张强	54	男	T	02/28/08	哈尔滨	南岗区东大直街352号
1000012	刘思源	26	男	T	08/14/06	江门	新会市会城中心路28号
1000013	欧阳晓辉	13	男	F	10/09/07	肇庆	德庆县朝阳东路89号
1000014	段文玉	30	女	T	01/24/06	佛山	禅城区市东上路8号怡东花园B座12号
1000015	马博維	29	男	F	04/15/07	东莞	茶山镇茶山大道南34号
1000016	王洁	18	女	F	01/22/08	湛江	徐闻县徐城东方一路65号

从表 1-1 所示病人档案表的实例，可以归纳出关系具有如下特点：

(1) 关系(表)可以看成是由行和列交叉组成的二维表格。它表示的是一个实体集合。

(2) 表中一行称为一个元组，可用来表示实体集中的一个实体。

(3) 表中的列称为属性，给每一列起一个名称即属性名，表中的属性名不能相同。

(4) 列的取值范围称为域，同列具有相同的域，不同的列可有相同的域。例如，性别的取值范围是{男，女}，病人编号和年龄都为整数域。

(5) 表中任意两行(元组)不能相同。能唯一标识表中不同行的属性或属性组称为主键。

尽管关系与二维表格、传统的数据文件有类似之处，但它们又有区别，严格地说，关系是一种规范化了的二维表格，具有如下性质：①属性值是原子的，不可分解。②没有重复元组。③没有行序。④理论上没有列序，为了方便，使用时有列序。

1.3.2　关系运算

关系数据库建立在关系模型的基础之上，具有严格的数学理论基础。关系数据库对数据的操作定义了一组专门的关系运算：选择、投影和联接。从一个关系中访问所需要的数据时，就需要对这个关系进行一定的关系运算。关系运算的特点是运算的对象和结果都是表。

1. 选择　选择运算对象是一个表。该运算按给定的条件，从表中选出满足条件的行形成一个新表，作为运算结果。选择是从行的角度对表格内容进行筛选，经过选择运算后得到的结果可以形成新的关系，其关系模式不变，并且其中的元组是原关系的一个子集。例如，从表 1-1 所示病人档案表中筛选出所有性别为女的病人，就是一种选择运算。结果如表 1-2 所示。

表 1-2　选择运算结果

编号	姓名	年龄	性别	婚否	就诊日期	所在市	详细地址
1000003	张丽	21	女	F	12/06/08	东莞	南城区西湖路31号
1000005	杜梅	29	女	T	09/29/07	深圳	南山区白石洲路世纪村5栋122号
1000006	蒋萌萌	25	女	F	03/21/08	茂名	油城四路91号
1000007	李爱平	17	女	F	06/17/06	乌鲁木齐	团结路56号
1000009	陶红	46	女	T	10/31/07	深圳	布吉镇吉华路602号二楼中户
1000010	李娜	71	女	T	04/23/08	东莞	松山湖开发区新城大道1号
1000014	段文玉	30	女	T	01/24/06	佛山	禅城区市东上路8号怡东花园B座12号
1000016	王洁	18	女	F	01/22/08	湛江	徐闻县徐城东方一路65号

2. 投影　投影运算对象是一个表，该运算从表中选出指定的属性值组成一个新表，也可以说是从表格中找出若干列组成新的表格。投影运算从列的角度对表格内容进行筛选或重组，其结果是原关系的一个子集，或者其属性排列的顺序将有所不同。例如，从表 1-1 所示病人档案表中抽出“姓名”、“年龄”、“性别”三个字段构成一个新表的操作，就是一种投影运算，结果如表 1-3 所示。

表 1-3　投影运算结果

姓名	年龄	性别
李刚	34	男
王晓明	65	男
张丽	21	女
聂志强	38	男
杜梅	29	女
蒋萌萌	25	女
李爱平	17	女
王守志	12	男
陶红	46	女
李娜	71	女
张强	54	男
刘思源	26	男
欧阳晓辉	13	男
段文玉	30	女
马博維	29	男
王洁	18	女

表的选择和投影运算分别从行和列两个方向上分割一个表，而下面要讨论的联接运算则是对两个表的操作。

3. 联接　联接是把两个表中的行按照给定的条件进行拼接而形成一个新表。数据库应用中最常用的是“自然联接”。进行自然联接运算要求两个表有共同属性(列)。自然联接运算的结果表是在参与操作两个表的共同属性上进行等值联接后,再去除重复的属性后所得的新表。

联接过程是通过联接条件来控制的,不同表中的公共字段或者具有相同语义的字段是实现联接运算的纽带,满足联接条件的所有记录构成一个新的表。例如:有学生表和成绩表两个表,现在要查询计算机成绩在 80 分以上的学生的姓名、性别、年龄、计算机成绩。因为姓名、性别、年龄数据在学生表中,而计算机成绩数据在成绩表中,此时就需要将这两个表联接起来,联接条件就是两个表中都应有的“学号”字段,且该字段的值必须对应相等。

在实际的数据库管理系统中,对表的联接大多是自然联接,所以自然联接也简称为联接。本书中若不特别指明,名词“联接”均指自然联接,而普通的联接运算则是按条件联接。

1.3.3 关系的完整性约束

关系模型的完整性规则是对关系的某种约束条件。关系模型中可以有三类完整性约束:实体完整性、参照完整性和用户定义的完整性。实体完整性和参照完整性是关系模型必须满足的完整性约束条件,应由关系系统自动支持,称为关系完整性规则。

1. 实体完整性(Entity Integrity) 一个基本关系通常对应现实世界的一个实体集,例如,学生关系对应于学生的集合。现实世界中的实体是可区分的,即它们具有某种唯一性标识。相应地,关系模型中以主码作为唯一性标识。主码中的属性即主属性不能取空值。所谓空值,就是“不知道”或“无意义”的值。如果主属性取空值,就说明存在某个不可标识的实体,即存在不可区分的实体,这与现实世界的应用环境相矛盾,因此这个实体一定不是一个完整的实体。

2. 参照完整性(Referential integrity) 参照完整性是基于外码的,若基本关系 R 中含有与另一基本关系 S 的主码 PK 相对应的属性组 FK(FK 称为 R 的外码),则参照完整性要求,对 R 中的每个元组在 FK 上的值必须是 S 中某个元组的 PK 值,或者为空值。

参照完整性的合理性在于:R 中的外码只能对 S 中主码的引用,不能是 S 中主码没有的值。如学生和选课表两关系,选课表中的学号是外码,它是学生表的主键,若选课表中出现了某个学生表中没有的学号,即某个学生还没有注册,却已有了选课记录,这显然是不合理的。

3. 用户定义的完整性(User-defined integrity) 实体完整性和参照性适用于任何关系数据库系统。除此之外,不同的关系数据库系统根据其应用环境的不同,往往还需要一些特殊的约束条件,用户定义的完整性就是针对某一具体关系数据库的约束条件,它反映某一具体应用所涉及的数据必须满足的语义要求。关系模型应提供定义和检验这类完整性的机制,以便用统一的系统的方法处理它们,而不要由应用程序承担这一功能。用户定义完整性主要包括字段有效性约束和记录有效性。如:学生的成绩一般情况下的取值范围在 0～100 之间。

练 习 题

一、单项选择题

1. DBMS 的含义是________。

A. 数据库系统　　B. 数据库管理系统　　C. 数据库管理员　　D. 数据库

2. DBMS是________。

A. 操作系统的一部分　B. 操作系统支持下的系统软件

C. 一种编译程序　D. 一种操作系统

3. 数据库系统中对数据库进行管理的核心软件是________。

A. DBMS　B. DB　C. OS　D. DBS

4. 数据库(DB)、数据库系统(DBS)、数据库管理系统(DBMS)三者之间的关系是________。

A. DBS包括DB和DBMS　B. DBMS包括DB和DBS

C. DB包括DBS和DBMS　D. DBS就是DB,也就是DBMS

5. 关系数据库管理系统所管理的关系是________。

A. 若干个二维表　B. 一个DBF文件

C. 一个DBC文件　D. 若干个DBC文件

6. 数据库系统与文件系统的最主要区别是________。

A. 数据库系统复杂,而文件系统简单

B. 文件系统不能解决数据冗余和数据独立性问题,而数据库系统可以解决

C. 文件系统只能管理程序文件,而数据库系统能够管理各种类型的文件

D. 文件系统管理的数据量较小,而数据库系统可以管理庞大的数据量

7. Visual FoxPro DBMS基于的数据模型是________。

A. 层次模型　B. 关系模型　C. 网状模型　D. 混合模型

8. Visual FoxPro支持的数据模型是________。

A. 层次数据模型　B. 关系数据模型　C. 网状数据模型　D. 树状数据模型

9. 常见的三种数据模型是________。

A. 链状模型、关系模型和层次模型　B. 关系模型、环状模型和结构模型

C. 层次模型、网状模型和关系模型　D. 链表模型、结构模型和网状模型

10. 在Visual FoxPro中“表”是指________。

A. 报表　B. 关系　C. 表格　D. 表单

11. 为了合理组织数据,应遵循的设计原则是________。

A. “一事一地”的原则,即一个表描述一个实体或实体之间的一种联系

B. 用外部关键字保证有关联的表之间的联系

C. 表中的字段必须是原始数据和基本数据元素,并避免在表之间出现重复字段

D. 以上各原则都包括

12. 对于“关系”的描述,正确的是________。

A. 同一个关系中允许有完全相同的元组

B. 同一个关系中元组必须按关键字升序存放

C. 在一个关系中必须将关键字作为该关系的第一个属性

D. 同一个关系中不能出现相同的属性名

13. 从关系模式中指定若干个属性组成新的关系的运算称为________。

A. 联接　B. 投影　C. 选择　D. 排序

14. 在下列四个选项中,不属于基本关系运算的是________。

A. 联接　B. 投影　C. 选择　D. 排序

15. 关系运算中的选择运算是________。

A. 从关系中找出满足给定条件的元组的操作

B. 从关系中选择若干个属性组成新的关系的操作

C. 从关系中选择满足给定条件的属性的操作

D. A 和 B 都对

16. 专门的关系运算不包括下列中的________。

A. 联接运算　B. 选择运算　C. 投影运算　D. 交运算

17. 数据库表可以设置字段有效性规则，字段有效性规则属于________。

A. 实体完整性范畴　B. 参照完整性范畴

C. 数据一致性范畴　D. 域完整性范畴

18. 设有医生和病人两个实体，每个病人只能属于一医生，一个医生可以有多名病人，则医生与病人实体之间的联系类型是________。

A. M∶N　B. 1∶N　C. M∶K　D. 1∶1

19. 对于现实世界中事物的特征，在实体-联系模型中使用________。

A. 属性描述　B. 关键字描述　C. 二维表格描述　D. 实体描述

20. 数据库表可以设置字段有效性规则，字段有效性规则属于域完整性范畴，其中的“规则”是一个________。

A. 逻辑表达式　B. 字符表达式　C. 数值表达式　D. 日期表达式

21. 通过指定字段的数据类型和宽度来限制该字段的取值范围，这属于数据完整性中的________。

A. 参照完整性　B. 实体完整性　C. 域完整性　D. 字段完整性

二、填空题

1. 数据管理经历了________、________和________三个发展阶段。其中数据独立性最高的阶段是________。

2. Visual FoxPro 8.0 是一个________位的数据库管理系统。

3. 用二维表数据来表示实体之间联系的数据模型称为________。

4. 在关系的诸多属性中，能够用来唯一表示元组的属性(或属性组合)称为________。

5. 在关系数据库中，二维表的列称为属性，二维表的行称为________。

6. 如果在一个关系中，存在多个属性或属性组合都能用来唯一表示该关系的元组，这些属性或属性组合都称为该关系的________。

7. 在关系数据库的基本操作中，从关系中抽取满足条件的元组的操作被称为________；从关系中抽取指定列的操作被称为________；将两个关系中相同属性值的元组连接到一起而形成新的关系的操作被称为________。

8. 一个关系的若干个候选关键字中指定作为关键字的属性或属性组合称为该关系的________。

9. 当关系中的某个属性或属性组合虽不是该关系的关键字或只是关键字的一部分，但却是另一个关系的关键字时，称该属性或属性组合为这个关系的________。

10. 主表和________是指以外键相关连的两个表，以外键作为主键的表称为________；外键所在的表称为从表。

11. 关系模型的完整性规则是对关系的某种约束条件，分别是________、________和

________三类完整性约束。

12. 实体完整性是用来确保关系中的每个元组都是________的,即关系中不允许有________的元组。

13. 用户定义的完整性是针对某一具体关系数据库的约束条件,它反映某一具体应用所涉及的数据必须满足的语义要求,主要包括________和________。

三、思考题

1. 什么叫数据库、数据库管理系统、数据库系统?
2. 简述数据库的几种模型,关系数据库的主要特点及操作。
3. 何谓实体? 实体之间的联系有哪几种?
4. 目前常用的数据库管理系统软件有哪些?
5. 在关系术语中,关系、元组、属性、域等的含义是什么?

参考答案

一、单项选择题

1.B　2.B　3.A　4.A　5.A　6.B　7.B　8.B　9.C　10.B　11.D　12.D　13.B　14.D　15.A　16.D　17.D　18.B　19.A　20.A　21.C

二、填空题

1. 人工管理,文件系统,数据库系统,数据库系统阶段
2. 32
3. 关系模型
4. 关键字或码
5. 元组或记录
6. 候选关键字或候选码
7. 选择操作,投影操作,联接操作
8. 主关键字或主码
9. 外部关键字或外键
10. 从表,主表
11. 实体完整性,参照完整性,用户定义的完整性
12. 唯一,相同
13. 字段有效性约束和记录有效性

三、思考题

略。

第2章 Visual FoxPro 简介

Visual FoxPro 8.0 是一种功能强大的数据库管理系统，具有快捷、有效、灵活的突出特点，能够迅速又简单地建立用户的数据库，方便地使用和管理，适合各层次用户使用。专业用户可以利用其开发出功能强大的多层架构信息管理系统，普通用户可以作为自己数据库入门的学习语言，可以利用其完成各种常见的数据管理工作。在桌面型数据库应用中，处理速度极快，是日常工作中的得力助手。

第1节 Visual FoxPro 概述

2.1.1 Visual FoxPro 的发展

Visual FoxPro 简称 VFP，是 Microsoft 公司推出的数据库开发软件，用它来开发数据库，既简单又方便。Visual FoxPro 原名 FoxBase，是美国 Fox Software 公司推出的数据库产品，在 DOS 上运行，与 xBase 系列相容。FoxPro 原来是 FoxBase 的加强版，最高版本曾出过 2.6。之后，Fox Software 被微软收购，加以发展，使其可以在 Windows 上运行，并且更名为 Visual FoxPro。

1986 年，Fox Software 公司在 dBASE Ⅲ 的基础上开发出了 FoxBASE 数据库管理系统。后来 Fox Software 公司又开发了 FoxBASE+、FoxPro 2.0 等版本。这些版本通常被称为 xBase 系列产品。

1992 年，微软公司在收购 Fox Software 公司后，推出 FoxPro 2.5 版本，有 MS-DOS 和 Windows 两个版本。使程序可以直接在基于图形的 Windows 操作系统上稳定运行。

1995 年，微软公司推出了 Visual FoxPro 3.0 数据库管理系统。它使数据库系统的程序设计从面向过程发展成面向对象，是数据库设计理论的一个里程碑。

1997 年，微软公司推出了 Visual FoxPro 5.0 版本，引进了 Internet 和 Active 技术。

1998 年，微软公司在推出 Windows 98 操作系统的同时推出了 Visual FoxPro 6.0。与其前期的版本相比，具有更高的性能指标和鲜明的特点。提供多种可视化编程工具，最突出的是面向对象编程。在表的设计方面，增添了表的字段和控件直接结合的设置。具有的强大的功能，得到了广泛的使用。

近年来，Visual FoxPro 7.0、Visual FoxPro 8.0 和 Visual FoxPro 9.0 也相继推出，这些版本都增强了软件的网络功能和兼容性。同时，微软公司推出了 Visual FoxPro 的中文版本。

本书将以 Visual FoxPro 8.0 版本为基础展开对 Visual FoxPro 的论述。需要注意的是，Visual FoxPro 采用向后兼容的版本升级模式，在低版本中开发的程序代码几乎无需做任何修改便可以在高版本中直接运行，而高版本中的新增功能、命令和函数在低版本中无法实现。

2.1.2 Visual FoxPro的特点

Visual FoxPro的主要特点如下：

1. 集编程语言和数据库为一身 Visual FoxPro包含有丰富的编程命令、函数和基类，许多命令、函数和基类直接与数据库处理有关，没有任何一种语言像Visual FoxPro这样与数据库联系如此紧密。

2. 改变了数据库的概念 在以往的Xbase软件中，一直以.DBF作为数据库的概念，这等于一个数据库就是一个二维表，而Visual FoxPro的数据库是由若干个表之间的关系、有效性验证、触发器等组成的集合，合理地体现了关系数据库的思想，将有相互关系的几个表作为一个数据库，没有相互关系的数据作为分属不同数据库的表，这样数据之间的逻辑关系就变得简单了。可以将有相互关系的表间的关系以及内部程序封装在一起，同时还可以定义许多逻辑存在的数据子集合，使用起来相当方便。另外，数据结构与许多标准结构统一，从而使数据交换和互操作变得更加简单、规范、合理。

3. 支持面向对象的程序设计 Visual FoxPro在继续支持原面向过程的程序设计方法的同时，支持面向对象的程序设计，用户可以在其提供的基类基础上建立自定义类，以实现程序功能的封装和继承，减少编程的工作量，加快应用程序的开发速度。

4. 支持可视化程序设计 一个非可视化的应用程序设计，几乎80%的代码用于构建应用程序的操作界面，只有少量的代码用于程序功能设计。为此，Visual FoxPro提供了大量的向导、设计器和生成器来帮助用户建立数据库、查询、表单、报表、菜单等工作，使用这些可视化工具只需要通过简单的操作就可以完成程序的界面设计，以及实现一些简单的程序功能，使用户能够将主要精力放在程序的功能设计上。

5. 丰富的数据连接工具 Visual FoxPro是进行客户/服务器程序开发的首选工具，使用Visual FoxPro的远程视图技术、CursorAdapter类或SPT(SQL pass through)技术都可以轻松地连接到其他远程数据库。

6. 强大的Cursor(临时表)技术 在进行客户/服务器程序开发中，Visual FoxPro一个很显著的特点就是其独有的Cursor技术，Visual FoxPro用户完全可以像使用本地数据库一样对Cursor进行插入、删除和修改操作，这种数据变化会被Visual FoxPro自动地更新到与Cursor相关联的一个或多个远程数据表。

7. 支持Web Service技术 Web Service利用标准的互联网协议，如超文本传输协议(HTTP)和可扩展标记语言(XML)，将功能纲领性地体现在互联网和企业内部网上。使得用Visual FoxPro开发的应用系统在数据交换、系统集成、分布式处理、跨平台的能力方面变得简单而规范。

8. 强大的交互式开发环境(IDE) Visual FoxPro具有强大的交互式开发环境，如项目管理器、任务面板管理器、工具箱和IntelliSense技术等，为应用程序迅速开发提供了可能。

9. 支持对象链接与嵌入OLE(Object Linking and Embedding)技术 通过OLE技术，Visual FoxPro可以与Word、Excel等支持OLE的软件共享数据或功能。例如，利用OLE技术可以将Visual FoxPro数据库中的数据写入到Excel中，利用Excel强大的表格功能来进行复杂的报表打印等操作。

2.1.3 Visual FoxPro 8.0 性能指标

Visual FoxPro 8.0 提供了最大的管理数据的空间和最灵活的方式，但运用过程中，需了解一些重要的系统性能指标，不能超过系统规定的参数最大值，否则会发生系统错误或者数据溢出。主要的系统性能指标如表 2-1、表 2-2、表 2-3 所示。

表 2-1 字段的性能指标

性能	参数	性能	参数
字符型字段的最多字节数	254	数据库中的表字段最大字符数	128
数值型和浮点型字段的最大字节数	20	数值计算精确度	16 位
自由表中的字段最大字符数	10		

表 2-2 数据库和索引文件

性能	参数	性能	参数
每个表文件的最大记录数	10 亿	每个表字段的最多字符数	254
一个表的最大容量	2GB	每个表最多打开的索引文件数	无限制
每个记录的最大字符数	65 500	最多的关系数	无限制
每个记录的最多字段数	255	关系表达式的最大长度	无限制
同时打开的最多表数	255		

表 2-3 程序和过程文件性能指标

性能	参数	性能	参数
源程序文件中的最大行数	无限制	嵌套结构中的最大层次	384
编译程序模块的最大尺寸	64KB	传递参数的最大数目	26
每个文件中过程的最大数目	无限制	最多事务数	5
嵌套 DO 调用最多过程数	128		

2.1.4 Visual FoxPro 8.0 的操作界面

利用 Visual FoxPro 开发数据库应用程序，必须熟悉其开发环境，包括程序的启动和退出、操作窗口、命令窗口等。

1. Visual FoxPro 的启动 由于 Visual FoxPro 应用程序的安装比较简单，对系统的要求相对较低，不再详细讲解，程序安装以后，有多种启动方式：

(1) 通过系统的“开始”→“所有程序”→“Visual FoxPro 8.0”菜单项启动。

(2) 通过双击桌面的快捷图标启动。

(3) 通过双击资源管理器中的启动程序图标启动程序。

另外，还有很多种启动程序的方式，比如使用命令方式启动等。但这三种方式是最基本、最简单的。

2. Visual FoxPro 8.0 的操作窗口 Visual FoxPro 系统界面由标题、菜单栏、工具栏、命

令窗口、主窗口、状态栏等构成，如图 2-1 所示，下面分别介绍。

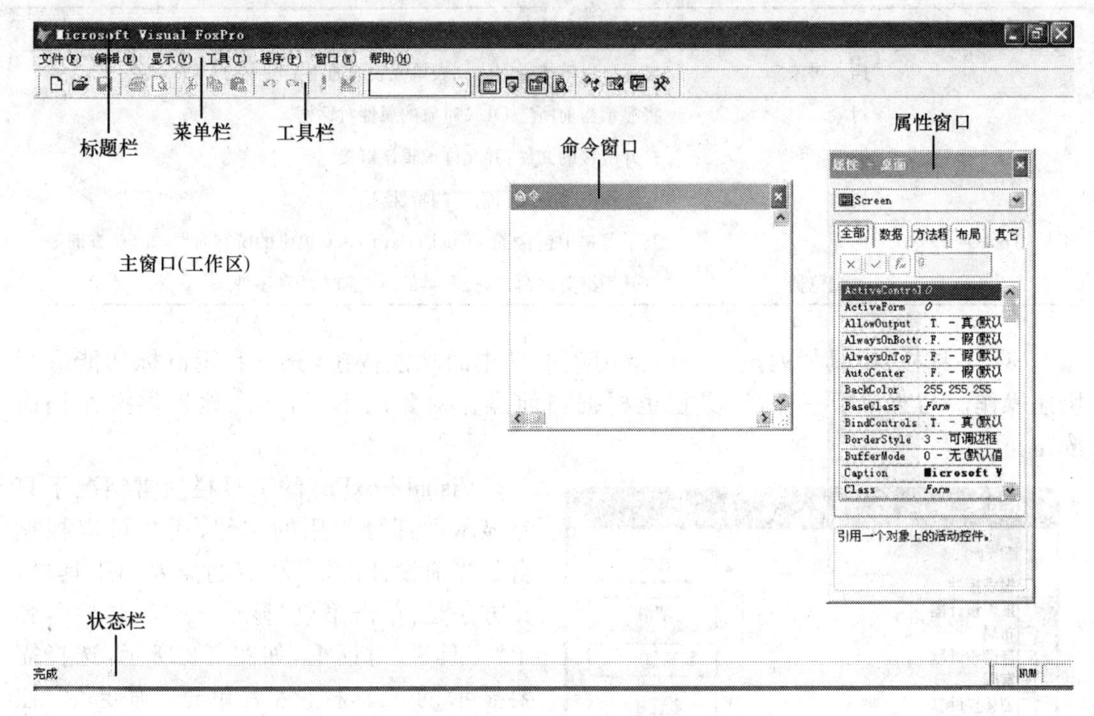

图 2-1　Visual FoxPro 系统界面

(1) 标题栏：显示当前设计元素的相关信息，同时还可以通过拖动标题栏来移动程序的窗口。

(2) 菜单栏：菜单是 Visual FoxPro 界面的主要成分，对其使用说明如下：

1) 单击带"…"省略号的菜单项，将打开一个对话框。

2) 单击带"▶"扩展号的菜单项，将打开一个子菜单。

3) 在菜单项名称中带下划线的字母表示为该菜单项对应的热键，在菜单打开的情况下直接按该字母键可以执行该菜单项。

4) 菜单项名称后面的组合键表示为该菜单项的快捷键，在无须打开菜单的情况下，按下该组合键便可以执行该菜单项。

Visual FoxPro 菜单提供了用户常用的操作，Visual FoxPro 的菜单是动态的，也就是说，根据当前操作的元素，应用程序将提供相应的操作菜单项。例如，当前操作的是表单，将提供一个"表单"菜单项，该菜单项将包括与表单相关的操作。Visual FoxPro 的菜单项与通用的 Windows 菜单项的功能基本一样，表 2-4 列出了 Visual FoxPro 特有的菜单项。

表 2-4　Visual FoxPro 特有菜单项

菜单类型	菜单项	功能
文件(File)	另存为 HTML	将当前窗口中的内容保存为 HTML 页
	还原	用于取消对项目、查询、表单、报表等在保存前的所有修改
	发送	把当前活动窗口中的内容作为电子邮件发送
编辑(Edit)	选择性粘帖	将其他应用程序中的 OLE 对象插入到常规字段中，可以嵌入该对象，也可以仅仅链接该对象

续表

菜单类型	菜单项	功能
	插入对象	显示可以链接或嵌入到表单或表的通用字段中的OLE对象
	对象	将显示当前所选OLE对象的属性对话框
	链接	打开链接的文件,并允许编辑该链接
	属性	允许用户改变编辑窗口的特性
工具(Tools)	向导	其子菜单中包含了Visual FoxPro 8.0提供的所有向导,如表、查询等
	类浏览器	打开类浏览器窗口,查看类的属性和方法和事件

(3) 工具栏:工具栏列出了一些常用菜单操作的功能按钮,充分利用鼠标功能进行快速操作。与菜单项一样,工具栏也根据当前操作对象的不同,动态地提供操作快捷按钮。

图2-2 “工具栏”对话框

Visual FoxPro的工具栏通常情况下只是显示大部分常用的按钮,用户可以根据自己当前设计的需要,定制需要的工具栏,其方法是:单击菜单“显示”→“工具栏”,弹出“工具栏”对话框,如图2-2所示,选择需要显示的工具栏,然后单击“确定”按钮即可。

(4) 命令窗口:用于执行交互式操作命令,是Visual FoxPro与其他开发工具的最大不同之处,也是它的一个显著特点。通过该窗口,用户可以快速地执行大多数的Visual FoxPro操作命令、函数,这对于用户快速的测试一些操作结果十分方便。

使用方法是在命令窗口键入正确的命令并按Enter键即可执行该命令,执行的结果将在主窗口的屏幕上显示出来。例如,键入并执行CLEAR命令,将清除主窗口工作区的内容。

命令窗口还有一些特性,在窗口中显示的命令可以被再次执行,只需要将插入点光标置于需要再次执行的命令之中任意位置并按Enter键即可。如果一个命令很长,需要分多行输入,只需要在需要换行的位置插入“;”(半角输入法下输入分号)即可。在命令中可以进行简化输入,只需要输入命令动词和保留关键字的前4个字母即可,如“MODIFY COMMAND”,可以简化输入为“MODI COMM”。在输入命令的时候,系统会利用及时感应系统自动给出命令或者函数的使用格式,以便提示用户进行正确的操作。

此外,若用鼠标右键单击命令窗口,在弹出的快捷菜单中还可以对所显示的命令文本进行剪切、复制、粘帖、清除等操作。显示或隐藏命令窗口:

1) 执行“窗口”菜单中的“命令窗口”命令,可显示命令窗口。

2) 单击“常用”工具栏中的“命令窗口”按钮,可显示或隐藏命令窗口。

3) 按“Ctrl+F2”组合键可显示命令窗口,按“Ctrl+F4”组合键可以隐藏命令窗口。

(5) 属性窗口:用于列出表单、类和控件等的属性、方法和事件。其中,在列出 ActiveX 控件的属性、方法和事件时,以不同于标准控件的蓝色进行显示。

(6) 主窗口(工作区):窗口的内部区域称为主窗口,有的也称为工作区,它用于显示命令和程序的执行结果,以及系统提示等操作消息。

(7) 状态栏:位于 Visual FoxPro 窗口的底部,与通常的 Windows 窗口状态栏一样,显示当前操作对象的相关状态信息,如当前菜单说明、键盘的状态、数据表中指针的位置等,这对于用户了解当前的操作情况十分有用,特别是数据表指针,可以据此了解到程序执行的状态或者操作的状态。

3. Visual FoxPro 的退出 Visual FoxPro 程序的退出有几种方式,除了通过点击窗口"关闭"按钮退出外,还可以使用命令方式,在 Visual FoxPro 的命令窗口中输入 QUIT 命令可退出该应用程序,返回到 Windows 环境。

2.1.5 Visual FoxPro 8.0 的工作方式

VisualFoxPro 可以提供三种不同的工作方式:命令方式、程序方式和菜单方式。

1. 命令方式 用户根据系统的语法规则构造命令,在命令窗口中输入一条命令后按 Enter 键,系统对命令立即解释执行。

2. 程序方式 把多条命令以命令序列的形式集中起来,构成程序文件。在程序中的一行通常称为一条语句。如完成某项任务需要执行若干条命令,待需要时执行该程序文件,系统就可以自动地执行其内包含的一系列命令。对最终用户来说程序方式很方便,不需要了解程序中的命令和内部结构,便能完成程序规定的功能,而且执行效率高,可以反复执行。

3. 菜单方式 Visual FoxPro 系统提供了图形用户界面,用户可通过选择某菜单项中的某个选项来操纵数据库。用户可不用记住命令的具体规定,借助对话框,通过与系统的对话来完成相应的工作。

这三种方式各有长短,紧密相关。命令方式与程序方式是 XBASE 系列中早已使用的传统方式,而菜单方式则是 Windows 应用软件大力推行的工作方式。菜单方式通过对话,不要求书写命令,易于使用,但需要了解数据库基本操作的功能,否则不知如何回答提问,况且有些任务难以用菜单完成。程序方式功能强,运行效率高,对编程人员来讲,需要一段时间的学习才能掌握,但对使用者来说 无须了解内部细节。命令方式是其他两种方式的基础,最为重要,只有掌握了系统的主要命令的格式,才能更好的使用菜单或使用命令编写程序。

2.1.6 Visual FoxPro 的主要文件类型及扩展名

Visual FoxPro 的数据和程序都以文件的形式存储在磁盘上,每一种文件类型对应于一个特定的文件扩展名,有自己特定的功能。熟练掌握这些文件类型的扩展名以及功能特点有助于我们更好的应用 Visual FoxPro 开发工具。在 Visual FoxPro 定义了很多的文件类型,如表 2-5 所示。

表 2-5 Visual FoxPro 的主要文件类型及扩展名

扩展名	文件类型	扩展名	文件类型
.ACT	向导操作图的文档	.APP	生成的应用程序或 Active Document
.CDX	复合索引文件	.CHM	编译的 HTML Help 文件
.DBC	数据库文件	.DBF	数据表文件
.DBG	调试器配置文件	.DCT	数据库备注文件
.DCX	数据库索引文件	.DEP	相关文件(由“安装向导”创建)
.DLL	Windows 动态链接库	.ERR	编译错误信息文件
.ESL	Visual FoxPro 支持的库	.EXE	可执行程序
.FKY	宏	.FLL	Visual FoxPro 动态链接库
.FMT	格式文件	.FPT	表备注文件
.FRT	报表备注文件	.FRX	报表文件
.FXP	编译后的程序文件	.H	头文件(Visual FoxPro 程序需要包含的)
.HLP	Win Help 文件	.HTM	HTML 文件
.IDX	标准索引和压缩索引文件	.LBT	标签备注文件
.LBX	标签文件	.LOG	代码范围日志文件
.LST	向导列表的文档	.MEM	内存变量保存文件
.MNT	菜单备注文件	.MNX	菜单文件
.MPR	生成的菜单程序文件	.MPX	编译后的菜单程序文件
.OCX	ActiveX 控件文件	.PJT	项目备注文件
.PJX	项目文件	.PRG	程序文件
.QPR	生成的查询程序文件	.QPX	编译后的查询程序文件
.SCT	表单备注文件	.SCX	表单文件
.TBK	备注备份文件	.TXT	文本文件
.VCT	可视类库备注文件	.VCX	可视类库文件
.VUE	FoxPro 2.x 视图文件	.WIN	窗口文件

第 2 节　Visual FoxPro 8.0 集成开发环境

Visual FoxPro 集成开发环境提供了良好的交互性操作界面,包括向导支持、设计器和生成器等多种面向对象的可视化程序设计工具。熟练掌握这些工具的使用可以更好地加速数据库应用程序开发。

2.2.1　Visual FoxPro 8.0 向导

Visual FoxPro 向导是一种通过交互式提问的方式完成设计任务的程序,“向导”程序会依序提出一系列问题,用户或开发者需要一一做答或做出选择,从而帮助用户或开发者完成一些简单的或一般性的设计任务。Visual FoxPro 几乎为所有的设计对象都提供了向导。有多种途径可以启动“向导”,可以根据具体情况决定是否使用“向导”及如何启动“向导”:

(1) 在项目管理器中,可以先在相应的选项卡下选择要建立的文件或对象类型,然后单击项目管理器中的“新建”按钮,系统将弹出“新建 XX”对话框,这里均可以选择“向导”按钮执行相应的“向导”程序,如图 2-3 所示。

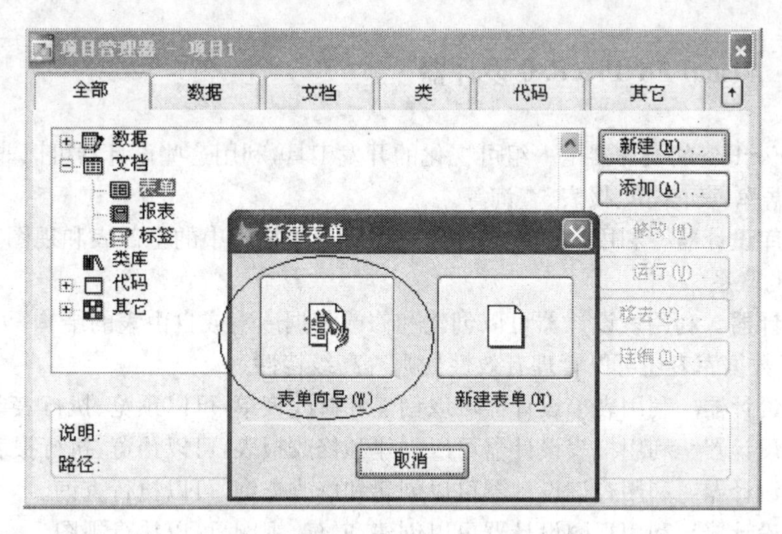

图 2-3　利用项目管理器新建表单向导

(2) 选择菜单"文件"→"新建"或单击工具栏中的"新建"按钮都会弹出"新建"对话框，如图 2-4 所示。此时，首先选择要建立的文件类型，然后直接单击"向导"按钮执行相应的"向导"程序。

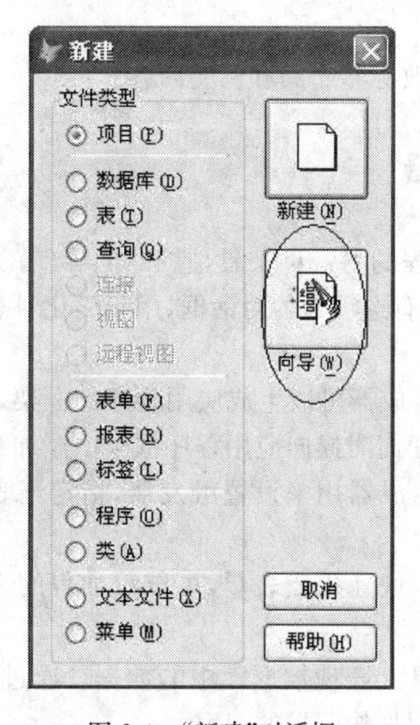

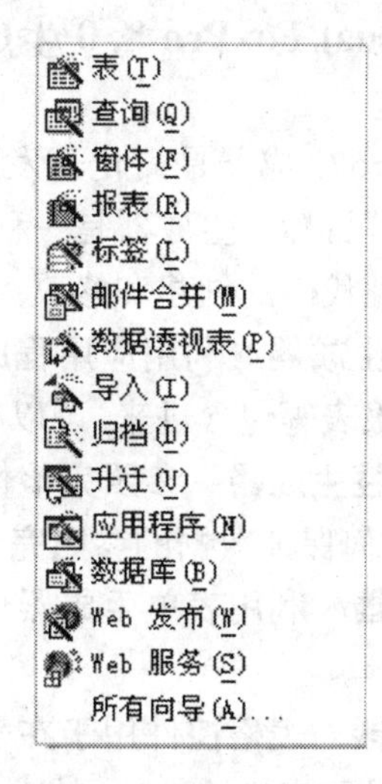

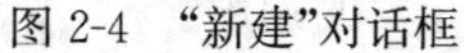
图 2-4　"新建"对话框　　　　图 2-5　向导子菜单

(3) 从"工具"菜单中选择"向导"子菜单会看到如图 2-5 所示的"向导"子菜单，从这里可以直接执行相关的"向导"程序。

所谓"向导"，就是把操作者一步一步地引导到目的地。所以，在使用"向导"时要仔细阅读"向导"的提问并认真回答每一个问题，确认正确后单击"下一步"按钮，直至"完成"。

2.2.2 Visual FoxPro 8.0 设计器

Visual FoxPro 的设计器是一组可视化的开发工具，利用这些设计器可以非常方便地创建和修改数据库、表、表单、报表、查询等。

1. 数据库设计器 利用数据库设计器可以管理数据库中的全部表和视图，可以建立和管理表之间的联系。

2. 表设计器 利用表设计器可以创建和修改数据库表或自由表的结构，可以建立或删除索引，对于数据库表还可以管理有效性规则等高级特性。

3. 表单设计器 利用表单设计器可以创建和修改表单，可以预览、执行表单。

4. 报表设计器 利用报表设计器可以创建和修改报表，可以预览、执行报表。

5. 查询设计器 利用查询设计器可以创建和修改查询，可以执行查询。

6. 视图设计器 利用视图设计器可以创建和修改视图，可以执行视图。

7. 菜单设计器 利用菜单设计器可以创建和修改菜单，可以预览、执行菜单。

8. 数据环境设计器 在表单和报表等设计器中使用数据环境设计器定义和修改数据源。

9. 连接设计器 在使用远程视图时需要使用“连接”连接到远程数据库，“连接”定义了一组连接到远程数据库的参数。

10. 标签设计器 可视化地创建或修改标签布局和标签内容。

2.2.3 Visual FoxPro 8.0 生成器

Visual FoxPro 生成器是简化开发过程的另一种工具，它和“向导”有类似之处，通过一系列对话来“生成”目标。生成器是一种带有选项卡的对话框，用于简化对表单、表单中复杂控件和参照完整性代码的创建和修改。

1. 应用程序生成器 利用应用程序生成器可以生成应用程序的框架，可以将已经创建的数据库、表单、报表等包含进来，可以在任何时候向应用程序框架中添加组件。

2. 参照完整性生成器 参照完整性生成器用来设置触发器，指定当表上发生插入、删除、更新操作时如何保证数据的参照完整性。

3. 表单生成器 利用表单生成器可以快速生成表单，可以添加表的字段到表单，可以选择表单的样式等。

4. 表格生成器 表格控件用于在表单上表现数据库中的数据。通过表格生成器对话框可以很方便地设置表格控件的属性，从而加快开发的速度。

5. 编辑框生成器 编辑框一般用来显示和编辑字符型或备注型字段的内容，还可以用来显示文本文件的内容，可以粘贴剪贴板中的内容等。通过编辑框生成器对话框可以很方便地设置编辑框控件的属性。

6. 列表框生成器 列表框提供给用户一个可以显示和选择多项信息的列表，当列表中的内容较多时列表可以滚动。通过列表框生成器对话框可以很方便地设置列表框控件的属性。

7. 文本框生成器 文本框可以用于输入、显示、编辑表中的字符型、数值型、日期型等类型的数据。可以利用文本框生成器设置文本框控件的属性。

8. 组合框生成器 组合框是一种下拉列表框，它不仅提供给用户一个可以显示和选择多项信息的列表，还可以输入信息。通过组合框生成器对话框可以很方便地设置组合框控件的属性。

9. 命令按钮组生成器 命令按钮组是一组命令按钮的集合，通过命令按钮组生成器对话框可以很方便地设置命令按钮组控件的属性。

10. 选项按钮组生成器 选项按钮组由一组单选按钮组成，用于在多个选项中选择一项。通过选项按钮组生成器对话框可以很方便地设置选项按钮组控件的属性。

11. 自动格式生成器 要对相同类型的组件应用一组样式，这时可以使用自动格式生成器为它们指定相同的样式，如控件的边框、颜色、字体、布局、三维效果等。

第3节 Visual FoxPro 8.0 项目管理器

Visual FoxPro 项目管理器(Project Manager)是组织、管理开发项目文件的最常用工具。项目是文件、数据、文档以及 Visual FoxPro 对象的集合，创建一个项目实际上就是创建一个项目文件。项目文件以 .PJX 扩展名保存。创建或打开项目文件的同时会启动项目管理器。

2.3.1 项目管理器的组成

使用以下三种方式将启动项目管理器，如图 2-6 所示。

(1) 选择“文件”菜单下的“新建”菜单项新建一个项目文件。

(2) 选择“文件”菜单下的“打开”菜单项打开一个已有的项目文件。

(3) 使用命令方式，在命令窗口中输入创建项目命令“CREATE PROJECT”或修改项目命令“MODIFY PROJECT”。

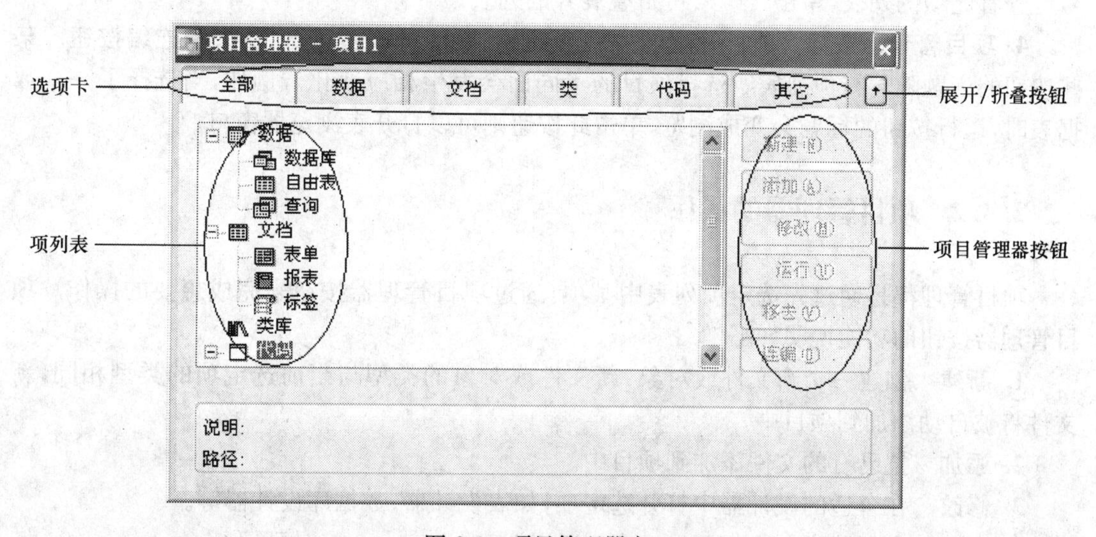

图 2-6 项目管理器窗口

当激活项目管理窗口时，Visual FoxPro 在菜单栏中显示项目菜单。项目管理器窗口组成如下：

1. 选项卡 选项卡用于分类显示各项数据项，各选项卡功能如下：

(1) 全部：显示和管理项目包含的所有文件。

(2) 数据：显示和管理项目包含的所有数据，如数据库、自由表和查询等。

(3) 文档：包含显示、输入和输出数据时所涉及的所有文档，如表单、报表和标签。

(4) 类：显示和管理用户自定义类。

(5) 代码：显示和管理各种程序代码文件，包括扩展名为 .PRG 的程序文件、扩展名为 .APP 的应用程序文件和 API 函数库。

(6) 其他：显示和管理有关的菜单文件、文本文件、位图文件、图标文件和帮助文件等。

2. 展开/折叠按钮 展开/折叠按钮用于展开和折叠项目管理器。当项目管理器折叠时，可以从项目管理器中拖下选项卡。单击拖出选项卡的关闭按钮可以重新放回拖出的选项卡。单击图钉按钮，可以防止选项卡被其他窗口遮挡。如图 2-7 所示。

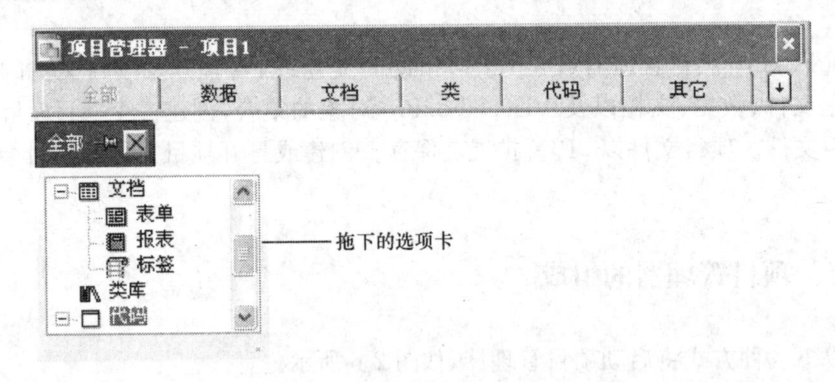

图 2-7 折叠后项目管理器窗口

3. 项列表 以大纲方式列出了包含在项目中的项。项左边的图标用来区分项的类型。如果某类型数据项有一个或多个数据项，则在其标志前加一个“＋”号。单击标志前的“＋”号可查看此项的列表，单击“－”号可折叠展开的列表。

4. 项目管理器按钮 项目管理器中包含新建、添加、修改、运行、移去和连编按钮。某些按钮的标题随着在项列表所选择项目的不同而会发生相应变化。例如，当选择了一个数据表时，运行按钮的标题会变成浏览，单击此按钮则可以打开表浏览器窗口。

2.3.2 项目管理器的操作

项目管理都是通过先选定项列表中某项，通过项目管理器按钮来完成想要的操作。项目管理器按钮的功能说明如下：

1. 新建 创建一个新文件或对象，新文件或对象的类型与当前选定项的类型相同，新文件将被自动添加到项目中。

2. 添加 把已有的文件添加到项目中。

3. 修改 在合适的设计器中打开选定项，如表设计器、数据库设计器等。

4. 浏览 在浏览窗口中打开一个表，此按钮仅在选定一个表时可用。

5. 关闭 关闭一个打开的表，此按钮仅在选定一个表时可用，如果选定的数据库已关闭,此按钮标题变为打开。

6. 打开　打开一个表,此按钮仅在选定一个表时可用,如果选定的表已经打开,按钮标题变为关闭。

7. 移去　从项目中移去选定的文件或对象,系统此时会询问仅从项目中移去文件还是同时将其从磁盘中删除。

8. 预览　在打印预览方式下显示选定的报表或标签,此按钮仅在选定一个报表或标签时可用。

9. 连编　连编一个项目或应用程序,还可以连编可执行文件或自动服务程序。所谓连编是指将一个项目中的所有程序连接并编译在一起,形成一个扩展名为 .APP 的应用程序或扩展名为 .EXE 的可执行文件。

10. 运行　执行选定的查询、表单或程序,此按钮仅在选定一个查询、表单或程序时可用。程序员在开发应用程序系统时,可以先创建项目,再在项目中创建有关的数据和程序文件,也可以创建好各个有关文件后,再创建项目,将各个文件添加到项目中。

需要注意的是,项目包含的各文件仍以独立文件形式存在,只是在项目文件中进行了注册。项目包含文件是指项目和文件之间建立了一种联系。

第 4 节　Visual FoxPro 8.0 开发环境设置

Visual FoxPro 系统启动时将按照系统的配置信息来设置开发环境。如窗口界面的布局、应用程序的默认目录、工具栏等。用户也可以根据自己的习惯来定制开发环境,以更加符合自身需要。这种定制可以通过 Visual FoxPro 的交互界面进行,也可以使用命令进行设置。

2.4.1　Visual FoxPro 配置的存储方式

Visual FoxPro 配置可以分为临时性和永久性两种存储方式。

1. 临时性配置　临时性配置存储在内存中,在退出 Visual FoxPro 时被废弃。临时性配置可以在 Visual FoxPro 启动后使用 SET 命令设置,也可以使用配置文件 Config. fpw 在 Visual FoxPro 启动时进行设置。

2. 永久性配置　永久性配置存储在 Windows 注册表中,是启动 Visual FoxPro 时的默认设置。永久性配置可以在 Visual FoxPro 的“选项”对话框中进行设置,也可以直接修改注册表。但需要注意的是,修改注册表要十分小心,因为不正确的设置可能会导致应用程序运行异常,甚至造成系统崩溃。

2.4.2　使用“选项”对话框进行环境配置

单击 Visual FoxPro 工具菜单中的“选项”菜单项,打开“选项”对话框,如图 2-8 所示。

1. “选项”对话框各个选项卡的作用说明如下

(1) 显示:设置界面选项,如是否显示状态栏、时钟、命令结果或系统信息。

(2) 常规:数据输入与编程选项,比如设置警告声音,是否记录编译错误,是否自动填充

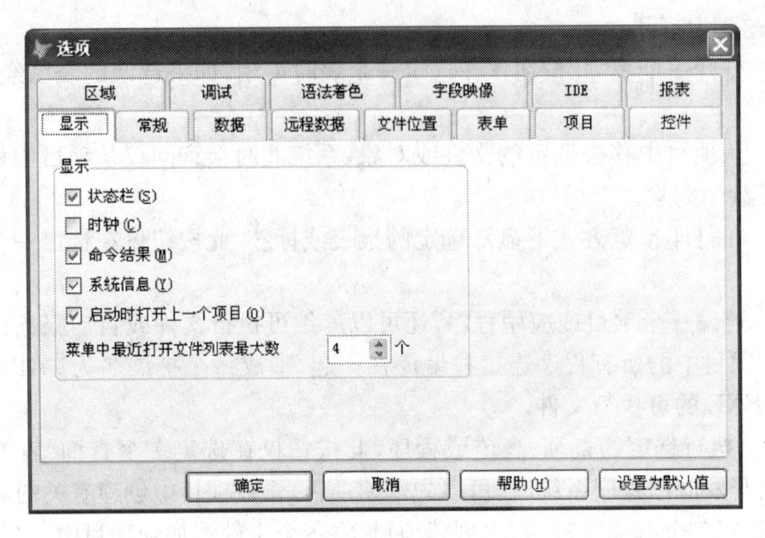

图 2-8 “选项”对话框

新记录,使用什么定位键,调色板使用什么颜色以及改写文件之前是否警告等。

(3) 数据:设置表选项,例如是否使用 Rushmore 优化、是否强制使用唯一索引,以及指定排序序列、备注块大小、搜索的记录计数器间隔和使用何种锁定/缓冲选项。

(4) 远程数据:远程数据访问选项,比如连接超时限定值,一次取出记录数目以及如何使用 SQL 更新。

(5) 文件位置:设置 Visual FoxPro 默认目录位置、帮助的位置和辅助文件的位置。

(6) 表单:设置表单设计器选项,如网格间距、所使用度量单位、最大设计区域和要使用什么模板类等。

(7) 项目:项目管理器选项,如是否提示使用向导,双击时运行或修改文件以及源代码管理选项。

(8) 控件:设置可视化类库和 ActiveX 控件选项,使其在表单控件工具栏中 View Classes 按钮中可用。

(9) 区域:设置日期、时间、货币及数字格式。

(10) 调试:设置调试器显示和跟踪选项,如窗口、字体和颜色等。

(11) 语法着色:为验证程序要素设置字体和颜色选项,如在命令窗口和所有编辑窗口中的注释和关键词,使用 MODIFY FILE 或 MODIFY MEMO 命令打开的除外。

(12) 字段映像:设置当将表或字段从数据环境设计器、数据库设计器或项目管理器窗口拖到表单中时,所创建的控件种类。

(13) IDE:为 Visual FoxPro 文件类型设置格式、外观和行为设置。

(14) 报表:报表设计器创建报表时的配置设置。

2. 使用“选项”对话框设置默认目录 在开发过程中,为使用户新建的文件快捷地自动保存到指定的目录,或快速地打开某个目录下的文件。可以通过“选项”对话框设置该目录为默认目录,方法如下。

(1) 打开“选项”对话框,选择“文件位置”选项卡。

(2) 在“文件类型”列表框中选择“默认目录”,单击“修改”按钮,弹出“更改文件位置”对话框,如图 2-9 所示。

图 2-9 “更改文件位置”对话框

(3) 选中“使用默认目录”复选框，在文本框中键入默认目录。或单击文本框右侧的带省略号的小按钮，选择想指定的目录。然后单击“确定”按钮关闭“更改文件位置”对话框。

(4) 临时性配置，直接单击“确定”按钮关闭“选项”对话框。修改后的默认目录仅在本次 Visual FoxPro 运行期间有效。关闭 Visual FoxPro 后再次打开，默认目录将恢复原来目录。永久性配置，先单击“设置为默认值”按钮，再单击“确定”按钮关闭“选项”对话框。设置后的默认目录在下次 Visual FoxPro 打开时不改变。

2.4.3 使用 SET 命令进行环境配置

Visual FoxPro 可以在交互环境或运行时应用程序中使用 SET 命令进行环境配置，能够修改“选项”对话框中大部分选项。但需要注意的是，使用 SET 命令只是对 Visual FoxPro 进行临时性配置，在退出应用程序后，这些修改被废弃，常用 SET 命令如下。

SET CENTURY ON/OFF　设置是否显示日期的世纪部分
SET CONSOLE ON/OFF　设置启用或废止从程序内部向窗口的输出
SET DATE TO　设置日期表达式(日期时间表达式)的显示格式
SET DECIMALS TO　设置数值的小数部分的显示位数
SET DEFAULT TO　设置默认目录
SET DELETED ON/OFF　设置是否处理带删除标记的记录
SET ESCAPE ON/OFF　设置按 Esc 健时是否终止程序的执行
SET EXACT ON/OFF　设置用精确或模糊规则来比较两个不同长度的字符串
SET HEADING ON/OFF　设置执行 LIST 或 DISPLAY 时显示或不显示字段名
SET PATH TO　设置文件搜索路径
SET PRINT ON/OFF　设置输出结果是否送打印机打印
SET SAFETY ON/OFF　设置在改写已有文件之前是否显示对话框
SET STATUS BAR ON/OFF　设置是否显示状态栏
SET TALK ON/OFF　设置是否显示命令执行结果

在 Visual FoxPro 中，可以使用 DISPLAY STATUS 命令来显示当前的环境状态，如图 2-10 所示。

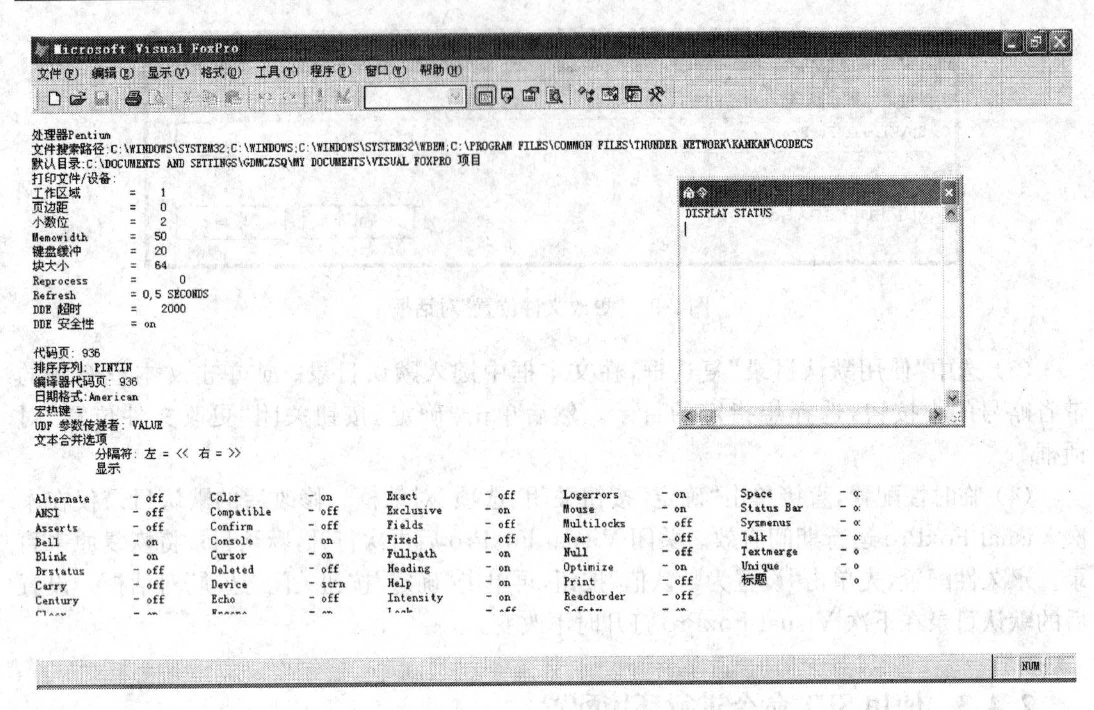

图 2-10 Visual FoxPro 当前的环境状态

练 习 题

一、单项选择题

1. FoxPro 数据库管理系统的工作方式有________。

A. 命令方式、程序方式和菜单方式　　B. 数据库和文件方式

C. 建立数据库方式和使用数据库方式　　D. 屏幕编辑方式和自动执行方式

2. 若要退出 Visual FoxPro 回到 Windows 操作系统，可在命令窗口键入命令________。

A. QUIT　　B. CLOSE　　C. EXIT　　D. 以上命令均可以

3. 命令窗口被关闭后要将其重新打开，可按下________组合键。

A. Ctrl+F1　　B. Ctrl+F2　　C. Alt+F1　　D. Alt+F2

4. 表备注文件的扩展名是________。

A. FRT　　B. EXE　　C. FPT　　D. FXP

5. 在 Visual FoxPro 的"选项"对话框中可以设置________。

A. 默认文件位置　B. 日期和时间格式　C. 货币与数字格式　D. 以上都对

二、填空题

1. Visual FoxPro 是运行于 Windows 平台的________系统，它在支持标准的面向过程的程序设计方式的同时还支持________的程序设计方式。

2. 字符型字段的最多字节数是________。

3. Visual FoxPro 提供了________、________和生成器等多种面向对象的可视化程序设计工具，帮助用户轻松地完成应用程序组件的设计任务。

4. Visual FoxPro 配置可以分为________和________两种存储方式。

5. 设置是否显示日期的世纪部分命令为________。

6. 表文件的扩展名是________，数据库文件的扩展名是________，项目文件的扩展名是________。

三、思考题

1. 简述 Visual FoxPro 软件的特点。

2. 什么是 Visual FoxPro 的项目？如何创建一个项目？

3. Visual FoxPro 配置可以分为几种存储方式？有何不同？

参考答案

一、单项选择题

1. A　2. A　3. B　4. C　5. D

二、填空题

1. 数据库管理，面向对象

2. 254

3. 向导，设计器

4. 临时性，永久性

5. SET CENTURY ON/OFF

6. DBF，. DBC，. PJX

三、思考题

略。

第 3 章　Visual FoxPro 语言基础

计算机语言实现了用户操作与计算机之间的通信。每一种计算机语言都有自身的命令、数据类型及表达式定义、函数等，学习计算机语言必须先熟悉它的这些语法规则。本章主要介绍 Visual FoxPro 的数据类型、运算符、表达式、函数等内容，是命令书写、灵活使用以及程序编写的基础。

第 1 节　数据及其类型

数据是对客观事物属性的描述和记载，是信息表达的载体。例如，用身高 170cm、体重 68kg 等具体数据描述一个人的身体情况。在 Visual FoxPro 中，每个数据都有一定的类型，类型是对数据的允许取值以及取值范围进行的说明。数据之间的操作运算要求各数据的类型必须匹配。如果不匹配，将会发生错误，必须先进行数据类型转换，匹配后才能正确地运算。

第 2 节　常量与变量

常量是指在程序操作过程中其值保持不变的数据。

变量是指其值在程序操作过程中是可变的，在需要的时候可以改变其值。

在 Visual FoxPro 中，变量主要体现为内存变量、字段变量和对象属性三种，其中对象属性应用于面向对象的程序设计，在后面的章节我们将会学习。字段变量是指数据表的字段，当打开数据表时，表中的字段变量可以使用，关闭数据表后字段变量就不可用。存在于内存中而独立于数据表之外的变量简称为内存变量。

3.2.1　常量

在 Visual FoxPro 中，常量分为多种数据类型。

1. 数值型(Numeric，简称 N)**常量**　数值型常量可以表示整数、实数或小数，它可以包含数字 0～9，可加上一个正负号或小数点，最大长度 20 位(包括正负号和小数点)，如 12345、3.14、−0.68 等。为了避免数字位数太多，对于绝对值很大或很小的数可用科学计数法表示，即一个大于 10 的数可以表示成 $a\times10^n$(n 是指数)的形式，其中 $1\leqslant|a|<10$，n 取值为整数。如 6720000000，可表示为 6.72×10^9，用 E(大写或小写皆可)代表以 10 为底的指数，可用 6.72E9 表示。同理，−6720000000 可表示为 −6.72E9，0.000000056 可表示为 5.6E−8。

2. 字符型(Character，简称 C)**常量**　字符型常量是指以成对的单引号(' ')、双引号(" ")或方括号([ ])为定界符的一串字符(能打印的文字或符号等)，简称字符串，长度范围是 0～254 个字符(一个汉字相当于 2 个英文字符)。定界符不属于字符串内容，且定界符必须是英文

(西文)符号,如"ABC","123",[奥林匹克运动会]。

注意:如果字符串内容本身包含某种定界符,那么应选用其他定界符。如[答案'B'是正确选项]或"答案'B'是正确选项",此时该字符串的定界符不能再用单引号了。

3. 逻辑型(Logic,简称 L)**常量** 逻辑型常量用于表示逻辑判断的结果,通常用 .T. 表示真值,.F. 表示假值。在 Visual FoxPro 中,真值可用 .T.、.t.、.Y.、.y. 表示,假值可用 .F.、.f.、.N.、.n. 表示。逻辑型常量的长度固定是 1 位,前后的圆点是逻辑型数据的定界符。

4. 日期型(Date,简称 D)**常量** 日期型常量用于表示某一天的日期,Visual FoxPro 中初始默认格式是{mm/dd/yy},mm 表示月份,dd 表示日,yy 表示年份,{}是定界符,/是分隔符,长度固定 8 位。

Visual FoxPro 可以设置多种日期格式,如果需表达日期的格式与当前的格式不同,将会弹出错误提示信息。为了使日期能有方便的统一格式,可使用严格的日期格式{^yyyy/mm/dd},^表示严格的,采用年月日的顺序和 4 位年份,使日期的表示没有歧义。如 2009 年 2 月 16 日,严格日期格式表示为{^2009/02/16},USA 格式表示为{02-16-09},BRITISH 格式表示为{16/02/09}。

通常可以通过以下命令改变系统的日期格式:

SET DATE TO YMD	设置当前日期格式为 yy/mm/dd
SET DATE TO MDY	设置当前日期格式为 mm/dd/yy
SET DATE TO DMY	设置当前日期格式为 dd/mm/yy
SET DATE TO ANSI	设置当前日期格式为 yy.mm.dd
SET DATE TO AMERICAN	设置当前日期格式为 mm/dd/yy
SET DATE TO JAPAN	设置当前日期格式为 yy/mm/dd
SET DATE TO BRITISH	设置当前日期格式为 dd/mm/yy
SET CENTURY ON	设置年份用 4 位表示
SET CENTURY OFF	设置年份用 2 位表示

5. 日期时间型(Date Time,简称 T)**常量** 日期时间型常量采用{^yyyy/mm/dd,[hh[:mm[:ss]][a|p]]}格式,用于表示某一时刻的日期和时间,[ ]表示其中内容是可选的,|表示多选一,如果采用 12 小时制,可选用 a 或 p。如 2009 年 2 月 19 日下午 8 点 32 分 36 秒可表示为{^2009/2/19,8:32:36p}。

6. 货币型(Currency,简称 Y)**常量** 货币型常量用于表示货币值,默认货币符号是美元,需在数值前加上 $,如 $123.45,若需使用其他符号可通过 SET CURRENCY TO 命令进行改变。默认为 4 位小数,超过 4 位的,根据四舍五入原则进行缩减。

3.2.2 内存变量

内存变量主要是用于保存常量、数据处理的中间结果,或者参数传递等,通常可分为系统内存变量和用户定义内存变量。系统内存变量是 Visual FoxPro 自动创建并维护的内置内存变量。一个用户定义内存变量(通常简称内存变量)对应内存中存储数据的一个空间,通过变量名称来完成对该存储空间的读取和存放。

为方便理解后面的例子,在这里先介绍表达式输出命令。

格式 1:? [<表达式列表>]

功能:先换行,再显示,也就是在屏幕光标的下一行输出表达式计算的结果。

说明:表达式列表是指一个或多个表达式的排列,各表达式之间用逗号分隔。如果? 后面没有表达式,只起到换行作用。

格式 2:?? [<表达式列表>]

功能:在屏幕光标的当前位置显示表达式计算的结果。

【例 3-1】 执行以下命令,比较两个输出命令的不同。

```
?"abcd"
?"efg"
??"abcd"
?"abcd"
```

命令执行后结果显示为:

```
abcd
efgabcd
abcd
```

1. 内存变量的建立和赋值 内存变量名以字母或汉字开头,可由字母(不区分大小写)、汉字、数字或下划线组成,其中系统内存变量名以下划线开头。内存变量的命名应避免使用 Visual FoxPro 保留字(保留字是系统已约定了意义的标识符,如 SET、CENTURY、CLOSE 等)。

通常用以下两个命令进行内存变量的建立和赋值。

格式 1:<内存变量>=<表达式>

格式 2:STORE <表达式> TO <内存变量列表>

说明:这两个命令都是计算表达式的值并将其赋予内存变量,不同之处在于前者将表达式结果赋予一个内存变量,后者可将表达式结果同时赋予多个内存变量。内存变量列表是多个内存变量的排列,两者间以逗号分隔。

与常量相似,内存变量的数据类型有数值型、字符型、逻辑型、日期型、日期时间型、货币型,赋给某个内存变量的值的数据类型决定着该内存变量的数据类型。

【例 3-2】 在命令窗口输入并执行以下命令,理解赋值命令的作用。

```
考试时间={^2008/12/20}              && 将等号右边日期常量赋予左边的变量
姓名="张三"                         && 等号的作用与上面类似
课程="程序设计"                     && 等号的作用与上面类似
期末考试=82                         && 等号的作用与上面类似
总评成绩=期末考试+8                    && 假定期末考试加 8 分就是总评成绩
? 姓名,课程,期末考试,考试时间           && ? 命令输出这些变量的值
? 姓名,课程,总评成绩,考试时间
? 姓名,课程,期末考试+8,考试时间
```

最后一个命令执行时先计算期末考试+8,然后再输出结果。

上面前五个命令中的等号不是判断左右两边是否相等,而是作为赋值命令将等号右边的内容赋予左边的变量,这些命令执行的同时完成了内存变量的建立和赋值。

命令执行后结果显示为：

张三　程序设计　　　82 12/20/08

张三　程序设计　　90 12/20/08

张三　程序设计　　90 12/20/08

【例 3-3】 在命令窗口输入并执行以下命令，比较不同的赋值命令。

```
STORE 90 TO A3,B4,C5        && 将数值 90 同时赋值给变量 A3,B4,C5
? A3,B4,C5                  &&? 命令输出这些变量的值
C5="长征 1 号"               && 将字符串"长征 1 号"赋值给 C5
? A3,B4,C5                  &&C5 的内容和类型都发生了变化
```

命令执行后结果显示为：

```
    90        90        90
    90        90   长征 1 号
```

需要注意的是：内存变量的值和类型由存放的数据和数据类型所决定，当存放的数据发生了变化，内存变量的值和类型也有了相应的改变。

2. 内存变量的显示　通过下面命令可了解当前内存变量的信息。

格式 1：DISPLAY MEMORY [LIKE ＜通配符＞]

格式 2：LIST MEMORY [LIKE ＜通配符＞]

功能：显示当前内存变量的名称、作用范围、类型、值等内容。

说明：DISPLAY MEMORY 命令是分屏停顿显示内存变量，LIST MEMORY 是不停顿显示内存变量。通配符"?"代表任意的一个字符，通配符" * "代表任意的多个字符(包括 0 个)。

在完成例 3-2 后使用 DISPLAY MEMORY 命令，显示结果如图 3-1 所示。

```
考试时间        Pub     D    12/20/08
姓名            Pub     C    "张三"
课程            Pub     C    "程序设计"
期末考试        Pub     N    82              (          82.00000000)
总评成绩        Pub     N    90              (          90.00000000)

已定义     5个变量,    占用了26个字节
16379个变量可用

打印系统内存变量

_ALIGNMENT      Pub     C    "LEFT"
_ASCIICOLS      Pub     N    80              (          80.00000000)
_ASCIIROWS      Pub     N    63              (          63.00000000)
_ASSIST         Pub     C    ""
_BEAUTIFY       Pub     C    "C:\PROGRAM FILES\MICROSOFT VISUAL FOXPRO
8\BEAUTIFY.APP"
_BOX            Pub     L    .T.
_BROWSER        Pub     C    "C:\PROGRAM FILES\MICROSOFT VISUAL FOXPRO
8\BROWSER.APP"
```

图 3-1　显示的内存变量

【例 3-4】 在命令窗口输入并执行以下命令，区分不同显示命令的使用和效果。

```
RELEASE ALL              && 释放所有用户定义的内存变量
A6=100
A2C="STUDENT"
A3=.T.
B6F="HOUSE"
```

```
B2={^2008/07/16}
B3=321
DISPLAY MEMO              && 分屏显示所有内存变量
LIST MEMO LIKE A*         && 显示变量名以 A 开头的变量
DISPLAY MEMO LIKE ?2      && 显示变量名只有两个字符且第二个字符是 2 的变量
```

3. 内存变量的清除　当已定义的内存变量不再需要使用,应及时释放清除,以释放占用的内存空间。

格式 1:CLEAR MEMORY

功能:清除当前所有的内存变量,不包括系统内存变量。

格式 2:RELEASE <内存变量列表>

功能:清除指定的内存变量。

格式 3:RELEASE ALL [<LIKE 通配符>|EXCEPT <通配符>]

功能:RELEASE ALL 命令的功能与 CLEAR MEMORY 相同。RELEASE ALL <LIKE 通配符>命令清除与通配符匹配的内存变量,而 RELEASE ALL EXCEPT <通配符>清除与通配符不匹配的内存变量。

当退出 Visual FoxPro 后,用户定义的内存变量会自动被清除。

3.2.3 字段变量

字段变量对应于数据表的字段。创建数据表时定义的字段就是字段变量。除了数值型、字符型、逻辑型、日期型、日期时间型、货币型之外,字段变量还可以是以下几种类型,见表 3-1。

表 3-1 Visual FoxPro 字段类型

字段类型	说明	范围
双精度型	双精度浮点数	+/-4.94065645841247E-324～ +/-8.9884656743115E307
浮点型	与数值型一样	-.9999999999E+19～+.9999999999E+20
通用型	OLE 对象引用	受可用内存空间的限制
整型(Autoinc)	自动增量字段,只读	值由自动增量的 Next 和 Step 值控制
整形	整型值	从-2147483647 到 2147483646
备注型	数据块引用	只受可用内存空间限制
字符型(二进制)	任意不经过代码页修改而维护的字符数据	任意字符,最长不超过 254 个字符
备注型(二进制)	任意不经过代码页修改而维护的备注字段数据	受可用内存空间限制

有关字段变量的定义和使用在下一章将会详细介绍。

3.2.4 数组

数组是一组名称相同而下标不同的内存变量,当中的每个内存变量称为数组元素,每个数组元素在数组中的位置是固定有序的,通过下标来加以区分。可见,数组是一组内存变量的有序集合,是内存变量的不同表现形式,每个数组元素相当于一个内存变量。

数组的具体操作在后面章节再详细介绍。

第 3 节　运算符和表达式

在 Visual FoxPro 系统中，表达式(Expression)是将常量、变量、函数及其他数据容器(在第 8 章具体讲述)单独或用运算符号按一定的规则连接起来的、有意义的式子。表达式可以是比较复杂的式子，也可以是单个的常量、变量、函数或数据容器。在命令中对数据的复杂处理往往通过表达式来进行表述，所以，表达式在数据处理过程中有着非常重要的作用。掌握表达式的有关知识可以容易表达所需操作。

表达式运算后得到一个结果，根据结果的数据类型可分为数值表达式、字符表达式、日期表达式、逻辑表达式。

3.3.1　数值表达式

数值表达式(Numeric Expression)是用算术运算符将数值型数据连接起来的式子，要求运算符两边均有数值型数据，运算结果为数值型。在 Visual FoxPro 中按优先级从高到低排列的算术运算符见表 3-2。

表 3-2　算术运算符

优先级	运算符	说明
高	* * 或^	乘方
↓	*、/、%	乘、除、求余
低	+、−	加、减

【例 3-5】 依次执行下列命令，理解数值运算。

```
X=5^3
Y=3*(5+20)/5
Z=X*0.4+Y*0.6
A=(X-Y)/2
? X,Y,Z,A
```

前四个赋值命令是将“=”号右边的表达式运算结果赋予左边的变量，执行显示后 X 的值为 125.00，Y 的值是 15，Z 的值是 59.000，A 的值是 55.0000。

同级运算按自左向右的方向进行运算。

求余运算符%和求余函数 MOD()的作用相同，要求所得结果的符号与除数一致，因此，如果被除数与除数同号，结果为两数相除的余数；如果被除数与除数异号，结果为两数相除的余数再加上除数的值。

【例 3-6】 依次执行下列命令，理解求余运算。

```
STORE   6   TO A
? 18%A,20%A,-20%A,20%-A
```

命令执行后结果显示为：

```
0  2  4  -4
```

3.3.2 字符表达式

字符表达式(Character Expression)用字符运算符将字符型数据连接起来的式子,要求运算符两边均有字符型数据,运算结果为字符型。在 Visual FoxPro 中的字符运算符有两种:+和-。

+ 运算将第一个字符串和第二个字符串进行首尾连接,形成一个新的字符串。

- 运算在连接时将第一个字符串尾部的空格移至新字符串的尾部。

【例 3-7】 依次执行以下命令,理解字符运算。

```
K="北京    "
K2="奥运会"
K3="欢迎您!"
? K+K2+K3
? K-K2+K3
```

命令执行后结果显示为:

```
北京    奥运会欢迎您!
北京奥运会    欢迎您!
```

3.3.3 日期表达式

日期表达式(Date Expression)是指运算结果为日期型数据的式子。在 Visual FoxPro 中的日期运算符有两种:+和-。日期运算符是唯一不要求运算符左右两边数据都具有相同数据类型的运算符,常用于以下几种情况:

(1) 日期型数据与数值型数据相加或相减,数值型数据作为天数,结果得到未来的日期或过去的日期,表达式运算结果是日期型。日期时间型数据也可与数值型数据相加或相减,数值型数据作为秒数。

(2) 两个日期型数据相减,得到两者之间相差的天数,表达式运算结果是数值型。两个日期时间型数据也可进行相减,得到两者之间相差的秒数。

【例 3-8】 依次执行以下命令,理解日期运算。

```
? {^2008/08/08}+1
? DATE()-{^2008/08/08}
? DATE()-CTOD("^2008/08/08")
? DATETIME()+600
```

第一个命令表示 2008 年 8 月 8 日的第二天是什么日期,第二个和第三个命令表示当前日期距离 2008 年 8 月 8 日的天数,第四个命令表示从现在开始 10 分钟后的日期时间。

3.3.4 逻辑表达式

逻辑表达式(Logic Expression)是指运算结果为逻辑值的式子,通常用作判断条件,可细分为关系运算式和逻辑运算式。

1. 关系运算式　用关系运算符把两个数据类型相同的数据连接起来的式子，称为关系运算式，要求关系运算符左右两边的数据类型一致，运算结果是逻辑值 .T. 或 .F. 。在 Visual FoxPro 中关系运算符见表 3-3。

表 3-3　关系运算符

运算符	功能	运算符	功能
＞	大于	＜	小于
＝	等于	＜＞、#、!＝	不等于
＞＝	大于等于	＜＝	小于等于
＝＝	精确等于	$	属于

其中前 6 种运算符可适用于 N 型、C 型、D 型数据的关系判断，＝＝和 $ 仅适用于 C 型数据的比较。＝＝进行的是精确比较，当其左右两边的字符串完全相同，返回值是 .T.，否则为 .F. 。$ 是判断其左边字符串是否被包含在右边字符串中，如果被包含返回值为 .T.，否则为 .F. 。进行关系运算时应遵守以下规则：

(1) 关系运算符两边的数据类型必须相同，否则无法进行有意义的比较。

(2) 日期型数据的大小比较是在前的日期为小，在后的日期为大。

(3) 字符型数据的大小比较是将两字符串从最左边开始逐个字符比较，直到某个位置字符不同为止，此时码值大的字符所在的字符串为大。字符排列在前的码值小，排列在后面的码值大。在 Visual FoxPro 中规定了三种字符比较排列顺序，分别是"Machine"、"PinYin"、"Stroke"，要注意三种方式的排列方法，特别是大小写字母在"Machine"和"PinYin"方式的先后排列顺序不同。

1) "Machine"方式：西文字符按 ASCII 码的大小比较（大写字母在前，小写字母在后），汉字的码值比 ASCII 字符的码值都要大。其中一级汉字按声母和韵母的拼音字母顺序排列，同音字再以笔画顺序排列，二级汉字按部首顺序排列，部首次序及同部首字按笔画数排列，笔画数相同的部首和字以笔画顺序排列。

2) "PinYin"方式：西文字符按字母顺序排列，注意小写字母在前，大写字母在后。汉字按对应的拼音字母顺序排列。

3) "Stroke"方式：西文字母和汉字都按笔画顺序排列。

"PinYin"方式是默认的字符排列顺序，可通过 Visual FoxPro 窗口的"工具"菜单中"选项"命令进行设置，弹出"选项"对话框后选择"数据"选项卡的对应栏目，如图 3-2 所示。

【例 3-9】　依次执行以下命令，理解关系运算。

```
H=16
? H>10                     && 显示结果 .T.
? 10>H-5                   && 显示结果 .F.
?"Character">"Date"        && 显示结果 .F.
?"A">"a"     && 默认是"PinYin"比较方式，显示结果 .T.，如果是"Machine"方式呢？
?"广东">"内蒙古"           && 显示结果 .F.
?"广西">"广东"             && 显示结果 .T.
?"力">"理"                 && 显示结果 .T.
?"奥运"$"北京奥运会"       && 显示结果 .T.
```

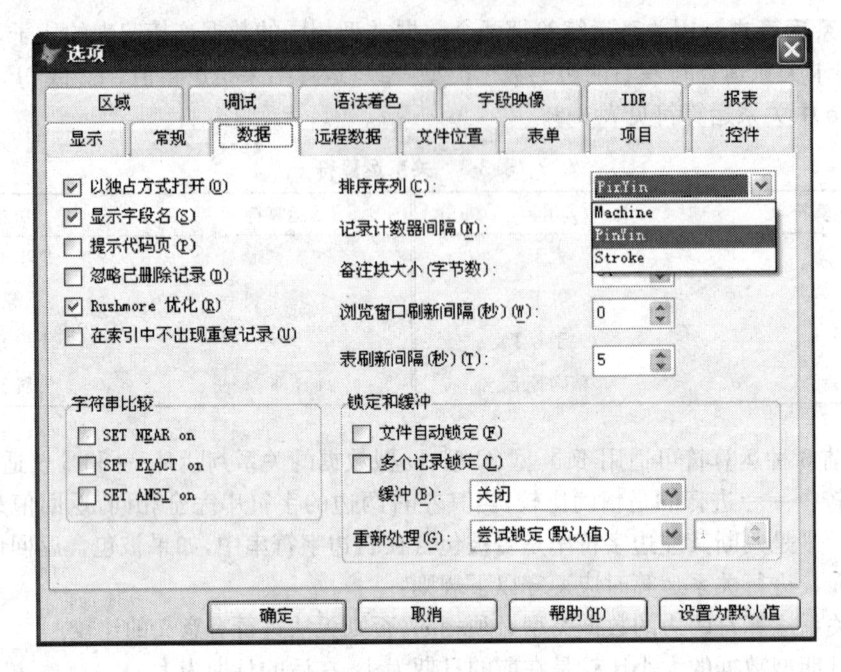

图 3-2 “数据”选项卡的设置

?"奥运"$"奥林匹克运动会"　　&& 显示结果 .F.

? DATE()>DATE()+2　　&& 显示结果 .F.

当用“=”进行两个字符串比较时，比较的结果与 Visual FoxPro 的设置有关，可通过 SET EXACT ON/OFF 命令或菜单(如图 3-2)进行设置。系统默认是 SET EXACT OFF 状态，进行的是模糊比较，如果“=”右边的字符串与左边字符串一一比较，当右边字符串比较完毕一直是相同的，那么结果为真。如果设置为 SET EXACT ON 状态，先在较短字符串的后面添加空格直至两个字符串长度一致再进行比较。

【例 3-10】 依次执行以下命令，理解“=”关系运算。

A="ABC"

B="ABC"

SET EXACT OFF　　&& 系统默认为 OFF 状态，执行此命令是确保 EAXCT 状态为 OFF

? A=B　　&& 显示结果为 .F.

? B=A　　&& 显示结果为 .T.

? A==B　　&& 显示结果为 .F.

SET EXACT ON　　&& 将 EXACT 状态设置为 ON

? A=B　　&& 显示结果为 .T.

? B=A　　&& 显示结果为 .T.

? A==B　　&& 显示结果为 .F.

2. 逻辑运算式 用逻辑运算符将逻辑型数据连接起来的式子称为逻辑运算式，要求参与运算的是逻辑型数据，运算结果是逻辑值 .T. 或 .F. 。在 Visual FoxPro 中逻辑运算符见表 3-4。

表 3-4　逻辑运算符

优先级	运算符	说明
高	.NOT. 或！	逻辑非
↓	.AND.	逻辑与
低	.OR.	逻辑或

设 A、B 是逻辑型数据，逻辑运算的真值表见表 3-5。

表 3-5　逻辑运算真值表

A	B	.NOT. A	A. AND. B	A. OR. B
.T.	.T.	.F.	.T.	.T.
.T.	.F.	.F.	.F.	.T.
.F.	.T.	.T.	.F.	.T.
.F.	.F.	.T.	.F.	.F.

具体的逻辑运算规则是：

(1) .NOT. 是单边运算符，.NOT. A 运算是对 A 求反。如果 A 为 .T.，那么 .NOT. A 为 .F.；如果 A 为 .F.，那么 .NOT. A 为 .T.。

(2) A. AND. B 是双边运算符，只有当 A 和 B 的值都是 .T. 时，A. AND. B 的值为 .T.，否则为 .F.。

(3) A. OR. B 是双边运算符，只有当 A 和 B 的值都是 .F. 时，A. OR. B 的值为 .F.，否则为 .T.。

一个表达式中可能包含有多种运算，但最终的运算结果只有一个。在进行表达式运算时，必须了解各种运算的优先次序。各种运算的优先顺序为：括号(多层括号由里向外)→函数→数值运算→字符运算→关系运算→逻辑运算，同级的运算从左到右按次序进行。

【例 3-11】 依次执行以下命令，理解逻辑运算。

```
婚否＝.T.
年龄＝50
A＝12
B＝4
C＝A*2＋SQRT(B^3)
D＝{^2008/11/11}
? A＋年龄＜C-10             && 显示结果为 .F.
? A*B＞C.OR.A＋C            && 显示结果为 .T.
? A*B＞C AND 年龄＞60       && 显示结果为 .F.
? A*B＞C.OR. 年龄＜30 AND NOT DATE()＞D OR .NOT. 婚否    && 显示结果为 .T.
```

3.3.5　表达式的书写规则

书写 Visual FoxPro 表达式应遵循以下规则：

(1) 表达式中常量的表示、变量的命名以及函数的引用要符合 Visual FoxPro 的规定。

(2) 要根据运算符运算的优先顺序,合理地加括号,以保证运算顺序的正确性。特别是分式中的分子分母有加减运算,或分母有乘法运算,要加括号表示分子分母的起始范围。

(3) 数值表达式中的相乘关系要用"*"号表示,不能沿用数学写法将其省略,如 Y=2X 要写为 Y=2*X。

(4) 逻辑运算符左右两边的圆点(.)可用空格代替。

第 4 节　函　数

函数能完成特定的数据操作和处理。我们可以根据需要设置自变量,通过函数运算得到结果,这个结果就是函数的返回值,返回值的数据类型决定函数的数据类型。每个函数自变量的个数、数据类型、取值范围、位置、默认值等都有各自的要求,使用时非常灵活。通常我们较少单独使用函数,往往是得到函数返回值后再进行其他运算,所以,学习函数关键是要熟悉函数自变量的使用和返回值的类型。函数的一般格式:函数名(自变量列表)。

函数的调用通常是用函数名后跟一对圆括号,圆括号中是若干个自变量。即使函数使用时不需要自变量,圆括号也不能省略(宏代换函数除外)。在使用函数时,一个函数的自变量可以是另一个函数的返回值,这称之为函数的嵌套。

Visual FoxPro 提供了 200 多个标准函数,由于篇幅关系,下面仅介绍一些常用的标准函数,所有标准函数的详细说明,请参考有关 Visual FoxPro 编程手册。常用函数按功能大致可分为:数值处理函数、字符处理函数、日期与时间处理函数、数据类型转换函数、测试函数。

3.4.1 数值处理函数

1. 绝对值函数

格式:ABS(<nExpression>)

功能:求数值表达式的绝对值。

返回值类型:数值型。

2. 取整函数

(1) 格式:INT(<nExpression>)

功能:计算数值表达式的值,并返回其整数部分。

返回值类型:数值型。

(2) 格式:CEILING(<nExpression>)

功能:计算数值表达式的值,返回大于或等于其值的最小整数。

返回值类型:数值型。

(3) 格式:FLOOR(<nExpression>)

功能:计算数值表达式的值,返回小于或等于其值的最大整数。

返回值类型:数值型。

3. 四舍五入函数

格式:ROUND(<nExpression>,<nDecimalPlaces>)

功能:返回四舍五入取整到指定小数位数的数值。

返回值类型:数值型。

说明:nExpression 指定要处理的数值表达式。nDecimalPlaces 指定表达式要精确到的小数位数。如果 nDecimalPlaces 为负数,则精确到整数部分,ROUND()返回的结果在小数点左端包含 nDecimalPlaces 个零。

4. 求平方根函数

格式:SQRT(＜nExpression＞)

功能:计算数值表达式的值,返回指定其值的平方根。

返回值类型:数值型。

说明:nExpression 不能是负值。

5. 指数函数

格式:EXP(＜nExpression＞)

功能:返回 e^x 的值,其中自然对数的底 e 约等于 2.71828,nExpression 相当于 x。

返回值类型:数值型。

6. 自然对数函数

格式:LOG(＜nExpression＞)

功能:返回给定数值表达式的自然对数(底数为 e)。

说明:返回 e^x=nExpression 中 x 的值,nExpression 必须大于 0。

返回值类型:数值型。

7. 常用对数函数

格式:LOG10(＜nExpression＞)

功能:返回以 10 为底的给定数值表达式的值。

说明:返回 10^x=nExpression 中 x 的值,nExpression 必须大于 0。

返回值类型:数值型。

8. 求余函数

格式:MOD(＜nDividend＞,＜nDivisor＞)

功能:用前一个数值表达式去除后一个数值表达式,返回余数。

说明:nDividend 指定被除数。它的小数位数决定了返回值中的小数位。nDivisor 指定除数。若 nDivisor 为正数,返回值为正;若 nDivisor 为负数,返回值为负。此函数与求模%的运算要求和结果相同。

返回值类型:数值型。

9. 求最大值函数

格式:MAX(＜eExpression1＞,＜eExpression2＞[,＜eExpression3＞...])

功能:对多个表达式进行计算,并返回具有最大值的表达式结果。

说明:所有表达式必须是相同的数据类型。

返回值类型:由表达式运算结果的数据类型决定。可以是字符型、数值型、货币型、双精度型、浮点型、日期型或日期时间型。

10. 求最小值函数

格式:MIN(＜eExpression1＞,＜eExpression2＞[,＜eExpression3＞...])

功能:对多个表达式进行计算,并返回具有最小值的表达式结果。

说明:所有表达式必须是相同的数据类型。

返回值类型：由表达式运算结果的数据类型决定。可以是字符型、数值型、货币型、双精度型、浮点型、日期型或日期时间型。

11. 随机函数

格式：RAND([<nExpression>])

功能：产生一个在(0,1)范围内取值的随机数。

说明：nExpression 是指定的种子数，根据它生成 RAND()函数的返回数值。

返回值类型：数值型。

12. 求 π 值函数

格式：PI( )

功能：返回常数 π 的值。

说明：返回值默认 2 位小数，可通过 SET DECIMALS 命令设置。

返回值类型：数值型。

【例 3-12】 数值函数的应用。

```
STORE 17 TO A,B
A=A-10
? A-B-2,ABS(A-B-2)                 && 显示结果为：    -12     12
? ROUND(PI(),1)                    && 显示结果为：           3.1
? ROUND(126526.1225,-2)            && 显示结果为：  126500
? INT(B/A)                         && 显示结果为：             2
? CEILING(B/A)                     && 显示结果为：             3
? FLOOR(B/A)                       && 显示结果为：             2
? SQRT(A+2)                        && 显示结果为：   3.00
? EXP(3)                           && 显示结果为：  20.09
? LOG(EXP(3))                      && 显示结果为：         3.00
? LOG10(10*10)                     && 显示结果为：         2.00
? MOD(B,A)                         && 显示结果为：     3
? MOD(-B,A)                        && 显示结果为：     4
? MOD(B,-A)                        && 显示结果为：    -4
? MOD(-B,-A)                       && 显示结果为：    -3
? MAX(B,A,B/2+A/2),MIN(B,A,B/2+A/2),MAX(DATE(),DATE()+10)
? RAND( ),PI( )
```

3.4.2 字符处理函数

1. 宏替换函数

格式：&<VarName>[.]

功能：函数的返回值是去除字符串定界符后的变量内容。

说明：此函数比较特殊，函数名后不需括号，VarName 指定宏替换中引用的内存变量名或数组元素名，且必须是字符型变量。句点分隔符(.)表示宏替换的结束，如果宏替换函数后面紧跟字符串，可使用分隔符以示区分。

返回值类型:返回值可以是常量、变量、函数或表达式,数据类型由具体的返回值决定。

2. 字符串长度函数

格式:LEN(＜cExpression＞)

功能:计算字符表达式中字符的数量。

说明:cExpression 是指定的字符表达式,一个汉字的字符个数是 2 个。

返回值类型:数值型。

3. 取子串函数

格式:SUBSTR(＜cExpression＞,＜nStartPosition＞[,＜nCharactersReturned＞])

功能:从给定的字符表达式或备注字段中返回字符串。

说明:cExpression 指定要从其中返回字符串的字符表达式或备注字段。nStartPosition 指定返回的字符串在字符表达式或备注字段 cExpression 中的起始位置,nCharactersReturned 是从 cExpression 中返回的字符数目。如果省略该参数,那么返回字符表达式结束前的全部字符。

返回值类型:字符型。

4. 取左子串函数

格式:LEFT(＜cExpression＞,＜nExpression＞)

功能:从字符表达式最左边的字符开始返回指定数量的字符。

说明:cExpression 是指定的字符表达式。nExpression 指定从字符表达式中返回的字符个数。若 nExpression 的值大于 cExpression 的长度,则返回字符表达式的全部字符。如果 nExpression 为负值或 0,则返回空字符串。

返回值类型:字符型。

5. 取右子串函数

格式:RIGHT(＜cExpression＞,＜nExpression＞)

功能:从字符表达式最右边的字符开始返回指定数量的字符。

说明:cExpression 是指定的字符表达式。nExpression 指定从字符表达式中返回的字符个数。若 nExpression 的值大于 cExpression 的长度,则返回字符表达式的全部字符。如果 nExpression 为负值或 0,则返回空字符串。

返回值类型:字符型。

6. 子串位置函数

格式:AT(＜cSearchExpression＞,＜cExpressionSearched＞[,＜nOccurrence＞])

功能:返回前一个字符表达式或备注字段在后一个字符表达或备注字段中出现的位置。

说明:cSearchExpression 是指定的字符表达式,cExpressionSearched 指定在其中进行搜索的字符表达式。nOccurrence 指定搜寻前一表达式在后一个表达式中第几次(第一、第二等)出现,当缺省该参数时,默认搜索首次出现的位置(相当于 nOccurrence=1)。如果没有出现或者参数 nOccurrence 的值大于 cExpressionSearched 中包含 cExpressionSearched 的数目,返回值为 0。

返回值类型:数值型。

7. 反向子串位置函数

格式:RAT(＜cSearchExpression＞,＜cExpressionSearched＞[,＜nOccurrence＞])

功能:与 AT()函数功能相似,返回从右边开始检索前一个字符表达式或备注字段在后一个字符表达或备注字段中出现的位置。

返回值类型:数值型。

8. 字符串重复函数

格式:REPLICATE(<cExpression>,<nTimes>)

功能:返回将指定字符表达式重复指定次数后得到的字符串。

说明:cExpression 指定要重复的字符表达式。nTimes 指定重复的次数。

返回值类型:字符型。

9. 字符串替换函数

格式:STUFF(<cExpression>,<nStartReplacement>,<nCharactersReplaced>,<cReplacement>)

功能:返回用一个字符表达式替换现有字符表达式中指定数目的字符得到的字符串。

说明:cExpression 指定要在其中进行替换的字符表达式。nStartReplacement 指定在 cExpression 中开始替换的位置。nCharactersReplaced 是要替换的字符数目。如果 nCharactersReplaced 是 0,则替换字符串 cReplacement 插入到 cExpression 中。cReplacement 用以替换的字符表达式。如果 cReplacement 是空字符串,则从 cExpression 中删除由 nCharactersReplaced 指定的字符数目。

返回值类型:字符型。

10. 空格生成函数

格式:SPACE(<nSpaces>)

功能:返回由指定数目的空格构成的字符串。

说明:nSpaces 指定了空格的个数。

返回值类型:字符型。

11. 删除左边空格函数

格式:LTRIM(<cExpression>)

功能:删除指定字符表达式左边的空格,然后返回得到的表达式。

说明:cExpression 指定需删除左边空格的字符表达式。当使用 STR()函数将数值转换为字符串时可能会插入前导空格,该函数对于删除这些前导空格很有用。

返回值类型:字符型。

12. 删除右边空格函数

格式:RTRIM(<cExpression>)

功能:删除指定字符表达式右边的空格,然后返回得到的表达式。

说明:cExpression 指定需删除右边空格的字符表达式。与 TRIM()函数的功能相同。

返回值类型:字符型。

13. 删除两边空格函数

格式:ALLTRIM(<cExpression>)

功能:删除指定字符表达式前后的空格,然后返回得到的表达式。

说明:cExpression 指定需删除前后空格的字符表达式。

返回值类型:字符型。

14. 小写转换大写函数

格式:UPPER(<cExpression>)

功能:将表达式的小写内容全部转换为大写,然后返回得到的表达式。

说明:cExpression 指定字符表达式,在字符表达式中的每一个小写字母(a－z)在返回串中都将转换成大写字母。

返回值类型:字符型。

15. 大写转换小写函数

格式:LOWER(＜cExpression＞)

功能:将表达式的大写内容全部转换为小写,然后返回得到的表达式。

说明:cExpression 指定字符表达式,在字符表达式中的每一个大写字母(A-Z)在返回串中都将转换成小写字母。

返回值类型:字符型。

【例 3-13】 字符处理函数的应用。

```
A="BB"
BB="北京"
? A,&A                      && 显示结果为:BB 北京
C="&A. 奥运会"
? C                         && 显示结果为:BB 奥运会
D="10 * 3/2"
? &D                        && 显示结果为:     15
? LEN(A),LEN(BB)            && 显示结果为:          2         4
? SUBSTR("北京奥运会",5,4),SUBSTR("北京奥运会",5)      && 显示结果为:奥运  奥运会
? LEFT(BB,2)                && 显示结果为:北
? AT("大学","清华大学是一所著名大学")          && 显示结果为:    5
? AT("大学","清华大学是一所著名大学",2)        && 显示结果为:    19
?"TEST"+REPLICATE("2",3)+"TEST"              && 显示结果为:TEST222TEST
? STUFF("清华是一所著名大学",7,4,"我国")       && 显示结果为:清华是我国著名大学
?"你"+SPACE(3)+"好"                   && 显示结果为:你   好
? RTRIM("你   ")+"好"                 && 显示结果为:你好
? UPPER("AbCdE")                      && 显示结果为:ABCDE
```

3.4.3 日期与时间处理函数

1. 系统日期函数

格式:DATE( )

功能:返回当前的系统日期。

返回值类型:日期型。

2. 系统时间函数

格式:TIME( )

功能:返回当前的系统时间。

返回值类型:字符型。

3. 系统日期时间函数

格式:DATETIME( )

功能:返回当前的系统日期和时间。

返回值类型:日期时间型。

4. 取年份函数

格式:YEAR(<dExpression|tExpression>)

功能:返回指定日期(日期时间)表达式中的年份。

说明:YEAR( )总是返回带世纪数的四位年份,CENTURY 的设置(ON 或 OFF)并不影响此返回值。

返回值类型:数值型。

5. 取月份函数

(1) 格式:MONTH(<dExpression|tExpression>)

功能:返回指定日期(日期时间)表达式中的月份。

返回值类型:数值型。

(2) 格式:CMONTH(<dExpression|tExpression>)

功能:返回指定日期(日期时间)表达式中的月份名称。

返回值类型:字符型。

6. 取日子函数

格式:DAY(<dExpression|tExpression>)

功能:以数值型返回给定日期表达式或日期时间表达式是某月中的第几天。

返回值类型:数值型。

7. 取星期函数

(1) 格式:DOW(<dExpression|tExpression>)

功能:从日期表达式或日期时间表达式返回该日期是一周的第几天。

返回值类型:数值型。

(2) 格式:CDOW(<dExpression|tExpression>)

功能:从给定日期或日期时间表达式中返回星期值。

返回值类型:字符型。

【例 3-14】 日期与时间处理函数应用

```
? YEAR(DATE()),DAY(DATE()),CDOW({^2008/08/08})
?"现今时间为:"+TIME()
```

3.4.4 数据类型转换函数

1. 数值转换为字符函数

格式:STR(<nExpression>[,<nLength>[,<nDecimalPlaces>]])

功能:返回与指定数值表达式对应的字符。

说明:nExpression 是需要转换的数值表达式。nLength 指定返回的字符串长度。该长度包括整数部分、小数点和小数部分所占的字符。如果转换后的字符串长度小于指定长度，则在字符串左边填充空格以满足指定长度；如果指定长度小于整数部分的数字位数，则返回一串星号，表示数值溢出。未指定 nLength 时，字符串的长度默认为 10 个字符。

nDecimalPlaces 指定返回字符串中的小数位数。若要指定小数位数，必须同时指定 nLength，转换后的字符串首先满足 nLength 的要求，其次再满足 nDecimalPlaces 的要求。如果指定的小数位数小于 nExpression 中的小数位数，则舍入后截去多余的小数。如果未包含 nDecimalPlaces，默认的小数位为零。

返回值类型：字符型。

2. 字符转换为数值函数

格式：VAL(<cExpression>)

功能：将字符表达式中的数字符号转换为数值。

说明：cExpression 是要转换的字符表达式。函数从左到右返回字符表达式中的数字，直至遇到非数值型字符(忽略前面的空格)。若字符表达式的第一个字符不是数字，也不是加、减号，则返回 0。

返回值类型：数值型。

3. 字符转换为日期函数

格式：CTOD(<cExpression>)

功能：把字符表达式转换成日期。

说明：cExpression 是要转换的字符表达式，其中包含的字符日期格式可使用严格的日期格式，或者与系统当前的日期格式相同，否则返回一个空日期。

返回值类型：日期型。

4. 日期转换为字符函数

格式：DTOC(<dExpression|tExpression>[,<1>])

功能：将日期或日期时间表达式转换为字符串。

说明：dExpression 指定日期型内存变量、数组元素或字段，tExpression 指定日期时间型内存变量、数组元素或字段。默认是以系统当前日期格式进行转换，1 的作用是指定以年月日的格式进行转换，对于按时间顺序建立索引非常有用。

返回值类型：字符型。

5. 字符转换为 ASCII 码函数

格式：ASC(<cExpression>)

功能：返回字符表达式中最左边字符的 ASCII 码值。

说明：cExpression 是字符串表达式，函数仅返回表达式中第一个字符的 ASCII 码值，忽略其他字符。

返回值类型：数值型。

6. ASCII 码转换为字符函数

格式：CHR(<nExpression>)

功能：根据 ASCII 码值返回其对应的字符。

说明：nExpression 表达式的运算结果是一个介于 0 和 255 之间的数值，函数返回与之对应的 ASCII 字符。

返回值类型：字符型。

【例 3-15】 数据类型转换函数的应用。

```
A=52387.235
? STR(A,8,2)            && 显示结果为:52387.24
? LEN(STR(A))           && 显示结果为:  10
?"A"+STR(A)+"B"         && 显示结果为:A    52387B
? VAL("512K2.15")       && 显示结果为:      512.00
?"今天是"+DTOC(DATE())
? ASC("ABC")            && 显示结果为:      65
K=69
? CHR(K)                && 显示结果为:E
```

3.4.5 测试函数

1. 值域测试函数

格式:BETWEEN(<ExpressionTest>,<ExpressionLow>,<ExpressionHigh>)

功能:判断一个表达式的值是否在另外两个相同数据类型的表达式的值之间。

说明:ExpressionTest 是需测试的表达式,当 ExpressionTest 大于等于 ExpressionLow 而小于等于 ExpressionHigh 时,函数返回逻辑值 .T.,否则返回逻辑值 .F.。如果 ExpressionLow 或 ExpressionHigh 为 Null 值,则返回 Null 值。

返回值类型:逻辑型或 Null 值。

2. 数据类型测试函数

格式:TYPE(<cExpression>)

功能:对字符表达式运算结果进行判断,返回其内容的数据类型。

说明:cExpression 指定备注型字段的名称或字符表达式。表达式如果没有使用字符定界符,则先对字符表达式进行运算,如果表达式不能计算,函数返回"U"(未定义表达式),见表 3-6。

表 3-6 TYPE()函数返回值及其对应的数据类型

数据类型	返回的字符
字符型	C
数值型(或者整数、单精度浮点数和双精度浮点数)	N
货币型	Y
日期型	D
日期时间型	T
逻辑型	L
备注型	M
对象型	O
通用型	G
Screen (用 SAVE SCREEN 命令建立)	S
未定义的表达式类型	U

返回值类型:字符型。

3. 条件测试函数

格式：IIF(<LExpression>,<Expression1>,<Expression2>)

功能：判断逻辑表达式的值，返回两个值中的其中一个。

说明：LExpression 是表示条件的逻辑表达式，如果该表达式计算结果为 .T.，函数返回 Expression1；如果计算结果为 .F.，则返回 Expression2。

返回值类型：字符型、数字型、货币型、日期型或日期时间型。

4. 起始标志测试函数

格式：BOF([<nWorkArea|cTableAlias>])

功能：确定记录指针是否在数据表的起始标志。

说明：默认测试当前工作区数据表的记录指针。nWorkArea 指定不在当前工作区中打开的数据表所在的工作区号。cTableAlias 指定不在当前工作区中打开的数据表别名。如果数据表不是在当前工作区中打开，可使用这些可选项指定别名或所在工作区号。若数据表未在指定工作区中打开，函数返回 .F. 。

返回值类型：逻辑型。

5. 结束标志测试函数

格式：EOF([<nWorkArea|cTableAlias>])

功能：确定记录指针位置是否在数据表的结束标志。

说明：默认测试当前工作区数据表的记录指针。nWorkArea 指定数据表所在工作区号，如果指定工作区中没有打开数据表，函数返回 .F. 。cTableAlias 指定数据表别名。

返回值类型：逻辑型。

6. 当前记录号测试函数

格式：RECNO([<nWorkArea|cTableAlias>])

功能：返回当前表或指定表中的当前记录号。

说明：默认测试当前工作区数据表的当前记录号。nWorkArea 指定数据表所在工作区编号，如果在指定工作区中没有打开数据表，函数返回 0。cTableAlias 指定数据表别名。

返回值类型：数值型。

7. 记录个数测试函数

格式：RECCOUNT([<nWorkArea|cTableAlias>])

功能：返回当前或指定表中的记录数目。

说明：nWorkArea 指定数据表所在的工作区编号，如果在指定工作区中没有打开数据表，函数返回 0。cTableAlias 指定数据表别名。

返回值类型：数值型。

8. 定位查找测试函数

格式：FOUND([<nWorkArea|cTableAlias>])

功能：判断 LOCATE、CONTINUE、FIND 或 SEEK 命令是否查找成功。

说明：默认是判断在当前选定工作区中打开的数据表最近一次的 LOCATE、CONTINUE、FIND 或 SEEK 命令是否查找成功。nWorkArea 指定数据表所在的工作区。如果在指定工作区中没有打开数据表，函数的返回值为 .F. 。cTableAlias 指定数据表别名，如果指定的数据表别名不存在，Visual FoxPro 将产生错误信息。

返回值类型：逻辑型。

9. 记录删除测试函数

格式:DELETED([＜cTableAlias|nWorkArea＞])

功能:判断数据表的当前记录是否标有删除标记,并返回逻辑值。

说明:如果当前记录标有删除标记,函数就返回 .T.,否则返回 .F.。可用 cTableAlias 指定表别名,或用 nWorkArea 指定工作区号。如果在指定工作区中没有打开数据表,函数返回 .F.。如果省略了 cTableAlias 和 nWorkArea,函数测试当前工作区中当前记录的删除状态。

返回值类型:逻辑型。

10. 提示信息框函数

格式:MESSAGEBOX(cMessageText[,nDialogBoxType][,cTitleBarText][,nTimeout])

功能:显示一个用户自定义对话框并返回用户的选择。

说明:cMessageText 指定在对话框中显示的文本。在 cMessageText 中包含回车符(CHR(13))可以使信息移到下一行显示。可以使用任何可用的 Visual FoxPro 函数或数据类型代替 cMessageText。如果使用的函数的计算结果是非字符型的值,Visual FoxPro 自动用 TRANSFORM 来提供字符转换,如 MESSAGEBOX(DATE())。

nDialogBoxType 指定对话框中的按钮和图标、显示对话框时的默认按钮以及对话框的行为。在下面的表 3-7 中,对话框按钮值从 0 到 5 指定了对话框中显示的按钮。图标值 16、32、64 指定了对话框中的图标。默认按钮值 0、256、512 指定对话框中哪个按钮为默认按钮。当省略 nDialagBoxType 时,等同于指定 nDialagBoxType 值为 0。

表 3-7 nDialogBoxType 指定对话框中的数值举例

数值	对话框按钮	数值	图标	数值	默认按钮
0	“确定”按钮	16	“停止”图标	0	第一个按钮
1	“确定”和“取消”按钮	32	问号	256	第二个按钮
2	“放弃”、“重试”和“忽略”按钮	48	惊叹号	512	第三个按钮
3	“是”、“否”和“取消”按钮	64	信息 (i) 图标		
4	“是”、“否”按钮				
5	“重试”和“取消”按钮				

nDialogBoxType 可以是三个值的和(从上面每个表中选一个值)。例如 nDialogBoxType 为 290(2+32+256)。

cTitleBarText 指定对话框标题栏中的文本。若省略 cTitleBarText,标题栏中将显示“Microsoft Visual FoxPro”。

nTimeout 指定在清除 cMessageText 前,没有键盘或鼠标输入时的 Visual FoxPro 显示 cMessageText 的毫秒数。可以指定等待的时间。小于 1 的值在用户输入前不会产生超时(与没有指定 nTimeout 参数相同)。当发生超时,MESSAGEBOX()返回-1。

本函数的最短缩写为 MESSAGEB()。

表 3-8 列出了 MESSAGEBOX()对应每个按钮的返回值。

表 3-8 MESSAGEBOX( )对应每个按钮的返回值

返回值	按钮	返回值	按钮
1	确定	5	忽略
2	取消	6	是
3	放弃	7	否
4	重试		

返回值类型:数值型。

【例 3-16】 测试函数应用

```
? BETWEEN(15,10,20)                          && 显示结果为:.T.
? BETWEEN("15","16","20")                    && 显示结果为:.F.
? BETWEEN("BA","A","D")                      && 显示结果为:.T.
? BETWEEN(DATE(),DATE()-1,DATE()+2)          && 显示结果为:.T.
? TYPE("DATE()")                             && 显示结果为:D
? TYPE("123")                                && 显示结果为:N
? TYPE("[123]")                              && 显示结果为:C
X=12
Y=IIF(X>10,"YES","NO")                       && 显示结果为:YES
? Y
XB="男"
? IIF(XB="女",1,0)                           && 显示结果为:0
? MESSAGEBOX("HELLO","MyTitle",36)
? MESSAGEBOX("HELLO",36,"MyTitle")
? MESSAGEBOX("HELLO",36,1)
K=MESSAGEBOX("HELLO",290,"MyTitle")
? K
```

第 5 节　命　　令

Visual FoxPro 命令有一定的结构形式和书写规则,其大多数命令可以通过菜单进行操作,选择菜单操作后,系统会自动在命令窗口显示相应的基本命令。但是,熟悉 Visual FoxPro 命令格式和书写,灵活地使用,对提高操作效率和程序编写有非常重要的作用。

3.5.1 命令格式

Visual FoxPro 的命令组成一般分为两部分:命令动词和短语。命令动词表述要进行的操作。短语则是对操作细节的描述,相当于参数的角色。一般命令的基本结构如下:

<命令动词> [<范围>] [FOR <条件>] [WHILE <条件>] [FIELDS <字段列表>][TO FILE <文件名>|TO <ARRAY 数组名>|TO <内存变量列表>] [ALL [LIKE|EXCEPT <通配符>]] [IN <工作区号|别名>]

对于命令结构说明如下：

(1) 方括号[]表示里面的内容是可选项，由用户根据具体需要选择，若用户不使用，系统会有默认定义，就是常说的默认值或缺省值。尖括号<>表示里面的内容是必选项，符号|表示该内容用户可以选择其中一个。

这些符号仅是在命令说明中出现，起到提示区分作用，在书写具体的命令时，不需要输入。

(2) 命令动词一般是操作所对应的英文单词。

(3) 范围短语指明命令的作用范围，有以下四种：

1) ALL，对数据表的所有记录进行操作。

2) RECORD <nExpression>，只对第 nExpression 条记录进行操作。

3) NEXT <nExpression>，对从当前记录开始的 nExpression 条记录进行操作。

4) REST，对从当前记录开始到最后一条记录进行操作。

范围短语是可选项，不同命令在缺少范围短语时的默认值(缺省值)不尽相同，熟悉默认的范围是掌握命令使用的一个重要方面。

(4) 条件短语指定了命令处理的记录须满足的条件，条件是一个逻辑表达式。FOR 短语和 WHILE 短语的作用有所不同，FOR 短语表示对指定范围内满足条件的所有记录进行操作，WHILE 短语表示从当前记录开始往后操作，一旦遇到不符合条件的记录就停止命令的执行，此时，记录指针指向在指定范围内第一条不满足条件的记录。

FOR 短语和 WHILE 短语可以同时出现在一个命令中，但 WHILE 短语比 FOR 短语优先。如果选用了 FOR 短语或者 WHILE 短语但没有指定范围，系统默认范围是“ALL”。

(5) FIELDS 短语指定命令操作的字段，如果是多个字段，字段列表以逗号(,)分隔。缺省时默认是当前数据表的所有字段(个别命令操作时备注型和通用型字段除外)。FIELDS 单词在多数情况下可以省略。

为了对数据表有更宽广灵活的操作，许多 Visual FoxPro 命令的 FIELDS 短语已被丰富成为<表达式列表>。通过列举多个合法的表达式，指定命令操作的对象，而不仅仅是字段，丰富了对数据表数据的使用。

(6) TO 短语指定命令操作结果的输出对象，可以是文件、数组和变量列表。根据命令的功能和用户的意图来选择输出对象。

(7) ALL 短语指定是否包含与限定的通配符匹配的数据，LIKE 表示“类似”，EXCEPT 表示“除此之外”。

(8) IN 短语指定对其他工作区中的数据进行操作。

在了解命令的基本构成后，通过各种短语的选用和灵活组合，体现命令的强大功能。

3.5.2 命令书写规则

在 Visual FoxPro 中，命令的书写和执行要遵循以下规则：

(1) 命令必须以命令动词开头，其他短语的位置顺序是任意的。

(2) 一条命令的最大长度是 8192 个字符。

(3) 一条命令可以分为几行书写，每行末尾用分号(;)作为续行符，表示与下一行是同一个命令，然后将光标下移一行继续书写。

(4) 命令中的动词、短语之间用一个或多个空格分隔,列表内各项须用逗号分隔。

(5) 命令中的字母(命令中指定的常量除外)可以大写、小写或大小写混合使用。

(6) 命令、关键字和系统的语句属于系统保留字,用户应避免使用它们作为文件名、字段名、变量名等,以免产生混乱。绝大部分的保留字在书写时可以只写前面4个字母。

(7) 命令中的所有符号(常量中的符号除外),包括运算符和标点符号,应当是半角字符,不能是全角字符。

命令输入完毕,要按回车键执行命令。

练 习 题

一、单项选择题

1. 先后执行命令 M=LEN("119")和? M=M+1,显示结果是________。

A. .f. B. 3 C. 4 D. 119

2. 连续执行以下命令之后,最后一条命令的输出结果是________。

```
SET EXACT OFF
X="A"
? IIF("A"=X,X-"BCD",X+"BCD")
```

A. A B. BCD C. ABCD D. A BCD

3. 下列表达式中不符合 Visual Foxpro 语法要求的是________。

A. 08/05/2001 B. Y+ABC C. 1234 D. 2X>15

4. 执行以下命令序列:

```
SET DATE TO MDY
STORE CTOD("06/20/99") TO AB
STORE MONTH(AB) TO DA
? DA
```

显示的 DA 值为________。

A. 06 B. 6 C. 20 D. 99

5. 设 X="1234",Y="12345",则下列表达式中值为 .T. 的是________。

A. X$Y B. X==Y C. X=Y D. AT(X,Y)=0

6. 以下赋值语句正确的是________。

A. X,Y=10 B. STORE 10,11 TO X,Y

C. X=10,Y=.T. D. STORE 10 TO A,B

7. 下列4个表达式中,运算结果为数值的是________。

A. "9988"-"1255" B. 200+800=1000

C. {^2006/01/01}-20 D. LEN(" ")-1

8. 执行以下命令序列:

```
S="2007年下半年计算机等级考试"
? LEFT(S,6)+RIGHT(S,4)
```

执行以上命令后,屏幕上所显示的是________。

A. 2007年下半年等级考试 B. 2007年等级考试

C. 2007 年考试　　D. 2007 年下等级考试

9. 执行如下命令序列：

AB="STUDENT. DBF"

AD=SUBSTR(AB,1,AT(".",AB)-1)

? AD

最后显示的变量值为________。

A. 11　　B. STUDENT　　C. STUDENT. ANS　　D. STUDENT. DBF

10. 执行如下命令序列：

Y="99. 88"

X=VAL(Y)

? &Y=X

执行以上语句序列之后，最后一条命令的显示结果是________。

A. F.　　B. . T.　　C. 99. 88　　D. 出错信息

11. 要判断数值型变量 Y 是否能够被 7 整除，错误的条件表达式为________。

A. MOD(Y,7)=0　　B. 0=MOD(Y,7)

C. INT(Y/7)=MOD(Y,7)　　D. INT(Y/7)=Y/7

12. 以下哪些是合法的数值型常量________。

A. 123　　B. 123 * 10　　C. "123. 456"　　D. 123+E456

13. ? AT("大学","中国科学院")的结果是________。

A. 0　　B. 2　　C. 5　　D. 7

14. 先后执行命令 M=[28+2]和? M，屏幕显示的结果是________。

A. 30　　B. 28+2　　C. [28+2]　　D. 30. 00

15. 在下列表达式中，结果不是日期类型数据的表达式是________。

A. DATE()+30　　B. DATE()-{^1985-10-1}

C. CTOD("10/01/85")　　D. {^1985-10-1}+24

16. 设 A=[5 * 8+9]，B=6 * 8，C="6 * 8"，下列表达式中属于合法表达式的是________。

A. A+B　　B. A+C　　C. B+C　　D. C-B

17. 系统变量名均以________开头。

A. 下划线　　B. 数字　　C. 字母　　D. 汉字

18. 设 M="111"，N="222"，下列表达式为假的是________。

A. . NOT. (M==N) OR (M$N)　　B. . NOT. (N$M) AND (M<>N)

C. . NOT. (M>=N)　　D. . NOT. (M<>N)

19. 执行命令? CHR(65)+"G"的结果是________。

A. 65G　　B. AG　　C. aG　　D. 类型不匹配

20. 函数 MOD(23，-5)的结果是________。

A. 3　　B. -3　　C. 2　　D. -2

21. 在下面的 Visual Foxpro 表达式中，不正确的是________。

A. {^2001-05-01 10:10:10 AM}-10　　B. {^2001-05-01}-DATE()

C. {^2001-05-01}+DATE()　　D. [^2001-05-01]+[1000]

二、填空题

1. 字符型常量的定界符有三种，都是英文半角形式，分别是________、________和________。

2. 数学算式 A/B^2-e^x在 Visual FoxPro 用表达式表示为________。

3. 三种逻辑运算的优先顺序分别是________、________和________。

4. 2009 年 1 月 1 日用严格的日期格式表示为________。

5. 两个日期型数据相减结果的数据类型是________。

6. 一条命令可以分为几行书写，每行末尾用________作为续行符。

7. 表达式 2＊＊5＋7－9/5％10 的运算结果是________。

8. 用________命令可一次性给多个变量赋予相同的值。

9. 使用 STR() 函数时，如果没有指定转换后字符串的长度，默认为________个字符。

10. 如果 X＝"123"，命令 TYPE("&X")的结果是________。

三、思考题

1. 命令 DISPLAY MEMORY 和 LIST MEMORY 的使用效果有何不同？

2. 命令？和?? 的使用效果有何不同？

3. 关系运算符"＝"在 SET EXACT OFF 和 SET EXACT ON 状态下分别是如何进行比较的？

4. 根据表达式运算结果的数据类型，可分为哪几种表达式？

5. 关系运算"＝"和"＝＝"有何不同？

参考答案

一、单项选择题

1. A　2. C　3. D　4. B　5. A　6. D　7. D　8. C　9. B　10. B　11. D　12. A　13. A　14. B　15. B　16. B　17. A　18. D　19. B　20. D　21. C

二、填空题

1. 单引号，双引号，方括号　2. A/(B＊B)－EXP(E)　3. .NOT.　.AND.　.OR.　4. {^2009/01/01}　5. 数值型　6. ；　7. 37.2　8. STORE　9. 10　10. N

三、思考题

略。

第 4 章　数据表基本操作

在关系数据库中,一个关系的逻辑结构就是一个二维表。将一个二维表以文件形式存入计算机中就是一个表文件(扩展名为 .dbf),简称为表(table)。表是组织数据、建立关系数据库的基本元素。Visual FoxPro 的数据表分为自由表和数据库表两种。自由表是指单独存在的,未包含在任何数据库中的数据表;数据库表则是从属于某个数据库的数据表,并且通常还与该数据库中的其他数据表有一定的联系。自由表与数据库表的基本操作是类似的,本章以自由表为例,介绍 Visual FoxPro 数据表的基本操作(数据库表的内容将在第 5 章中介绍)。数据表的核心操作分为"存"数据和"取"数据,"存"数据即是如何将外界的数据转换成规范的二维表并存储在计算机中,"取"数据是指如何快速地从表中找到需要的数据。

在 Visual FoxPro 中,大部分数据表的操作都有菜单和命令两种方式,但是为了后面章节内容的学习,建议使用命令方式来操作数据表。

第 1 节　数据表的建立

本节以病人档案表(brdab. dbf,如图 4-1 所示)为例,介绍数据表的建立过程。

编号	姓名	年龄	性别	婚否	就诊日期	所在市	详细地址	病症	医嘱	照片	其他
1000001	李刚	34	男	T	07/12/07	茂名	健康中路12号	Memo	Memo	Gen	Memo
1000002	王晓明	65	男	T	05/11/08	湛江	霞山区人民南路27号	Memo	Memo	Gen	memo
1000003	张丽	21	女	F	12/06/08	东莞	南城区西湖路31号	Memo	Memo	Gen	memo
1000004	聂志强	38	男	T	08/12/08	广州	天河区棠下中山大道188号	Memo	Memo	Gen	Memo
1000005	杜梅	29	女	T	09/29/07	深圳	南山区白石洲路世纪村5栋122号	Memo	Memo	Gen	Memo
1000006	蒋萌萌	25	女	F	03/21/08	茂名	油城四路91号	Memo	Memo	Gen	memo
1000007	李爱平	17	女	F	06/17/06	乌鲁木齐	团结路56号	Memo	Memo	Gen	memo
1000008	王守志	12	男	F	11/09/07	东莞	东莞市城区东纵大道东湖花园2栋30号	Memo	Memo	Gen	Memo
1000009	陶红	46	女	T	10/31/07	深圳	布吉镇吉华路602号二楼中户	Memo	Memo	Gen	memo
1000010	李娜	71	女	T	04/23/08	东莞	松山湖开发区新城大道1号	Memo	Memo	gen	memo
1000011	张强	54	男	T	02/28/08	哈尔滨	南岗区东大直街352号	Memo	Memo	Gen	Memo
1000012	刘思源	26	男	T	08/14/06	江门	新会市会城中心路28号	Memo	Memo	Gen	memo
1000013	欧阳晓辉	13	男	F	10/09/07	肇庆	德庆县朝阳东路89号	Memo	Memo	Gen	Memo
1000014	段文玉	30	女	T	01/24/06	佛山	禅城区市东上路8号怡东花园B座12号	Memo	Memo	Gen	Memo
1000015	马博雒	29	男	F	04/15/07	东莞	茶山镇茶山大道南34号	Memo	Memo	Gen	memo
1000016	王洁	13	女	F	01/22/08	湛江	徐闻县徐城东方一路65号	Memo	Memo	gen	memo

图 4-1　病人档案表(brdab. dbf)

由于 Visual FoxPro 采用关系型数据模型,因此一个关系就是由如图 4-1 所示的二维表来表现的。二维表中每一列的列标题就称为数据表的字段,列标题下方的具体内容就是表中的数据,每一行数据称为数据表的一个记录。因此,一个数据表由表结构和记录数据两部分组成,要创建一个数据表,首先需要设计和建立一个表结构,然后再输入具体的记录数据。

4.1.1　设计数据表结构

设计表的结构就是要确定表包含多少个字段(也就是表中有多少列),以及每个字段的参数，包括字段的名字、类型、宽度以及是否允许为空等。

1. 字段名　字段名是数据表每个字段的名字，它必须以字母或汉字开头，由英文字母、中文字、数字和下划线等组成（不能包含空格）。自由表的字段名至多为10个字符，数据库表的字段名至多为128个字符。为字段命名时还应注意以下几点：

（1）数据表中的字段名必须是唯一的，不允许出现相同字段名。

（2）字段实际上是字段变量（见第3章变量的分类），在不同记录中可以取不同的值。例如，病人档案表中“姓名”是一个字段变量，在第1个记录中，该变量的值为“李刚”；在第2个记录中，该变量的值为“王晓明”，……，依次类推。

2. 字段类型与宽度　字段类型决定了可存放在该字段中的数据类型，字段宽度也被称为字段长度，设置的字段宽度要求足够容纳存储在该字段中的数据。Visual FoxPro中共可定义13种字段类型，表4-1列出了常用的11种。

表4-1　字段类型与宽度

类型	代号	字段宽度	说明
字符型	C	1～254个字节	存放从键盘输入的可显示或打印的字符或汉字。1个字符占一个字节，1个汉字占两个字节，最多254个字节。超过254个字节的内容，可考虑用备注型字段
数值型	N	最多20位	存放由正负号、数字和小数点所组成且能参与数值运算的数据。最大宽度20位，有效位数16位，小数位数不能超过9位，且正负号和小数点均占1位。一般来说，带小数的数值型字段宽度＝1(正负号)＋整数位数＋1(小数点)＋小数位数。数据范围：－0.9999999999E＋19～0.9999999999E＋20
货币型	Y	8个字节	存储货币数据，与数值型不同的是数值保留四位小数。数据范围：－922337203685477.5808～922337203685477.5808
日期型	D	8个字节	默认格式为mm/dd/yy，mm、dd、yy分别代表月、日、年。日期范围：01/01/0001～12/31/9999
日期时间型	T	8个字节	存放由年、月、日、时、分、秒组成的日期与时间。范围：01/01/0001 00:00:00 AM～12/31/9999 11:59:59 PM
逻辑型	L	1个字节	存放1个字节的逻辑数据：T(真)；F(假)
浮点型	F	最多20位	同数值型，为与其他软件兼容而设置
整数型	I	4个字节	存放不带小数的数值数据。数据范围：－2147483647～2147483647
双精度型	B	8个字节	存放精度要求较高的数值数据。数据范围：±4.94065645841247E－324～±8.9884656743115E＋307
备注型	M	4个字节	用于存放不定长的字符型数据，数据保存在与数据表同名的备注文件(.FPT)中，数据量只受存储空间限制。表中存储4个字节的地址指针指出数据在.FPT文件中的位置。表备注文件随表的打开而自动打开，但被损坏或丢失则打不开数据表
通用型	G	4个字节	用于存放图形、电子表格、声音等多媒体数据，数据保存在与数据表同名的备注文件(.FPT)中，数据量只受存储空间限制。表中存储4个字节的地址指针指出数据在.FPT文件中的位置。表备注文件随表的打开而自动打开，但被损坏或丢失则打不开数据表

3. NULL值　在设计表结构时，可指定某个字段是否接受NULL值。NULL值也称为空值，指无确定的值。它与数值零、空格及不含任何字符的空字符串等具有不同的含义。例

如,对于一个表示价格的字段,空值可表示暂未定价,而数值零则可能表示免费。

一个字段是否允许为空值与实际应用有关,例如,作为关键字的字段是不允许为空值的,而那些暂时还无法确切知道具体数据的字段则往往可设定为允许空值。

参照上述规定,设计一个如表 4-2 所示的表结构:

表 4-2 病人档案表(brdab. dbf)**结构**

字段名	字段类型	字段宽度	NULL
编号	字符型	10	否
姓名	字符型	8	是
年龄	整型	4	是
性别	字符型	2	是
婚否	逻辑型	1	是
就诊日期	日期型	8	是
所在市	字符型	10	是
详细地址	字符型	40	是
病历	备注型	4	是
医嘱	备注型	4	是
照片	通用型	4	是
其他	备注型	4	是

4.1.2 建立数据表结构

在设计好表的结构之后,就可以建立数据表了,具体可以采用菜单和命令两种操作方式。

1. 菜单操作方式 例如,要创建图 4-1 所示的病人档案表(命名为 brdab. dbf)的结构,可按以下步骤进行:

(1) 选择"文件"菜单下的"新建"命令,在弹出的"新建"对话框中选中"表"后,再单击"新建文件"按钮,弹出如图 4-2 所示的"创建"对话框。

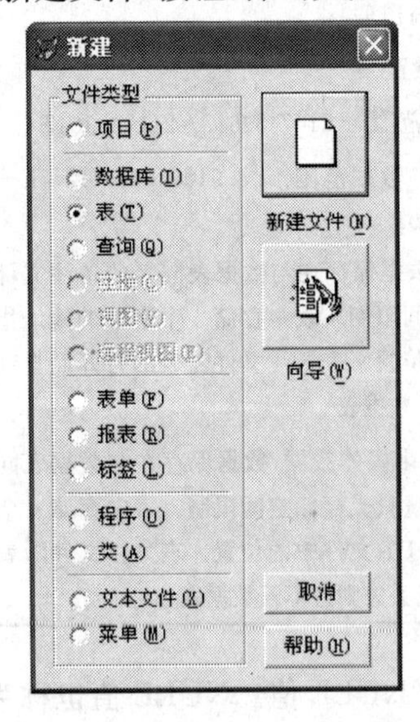

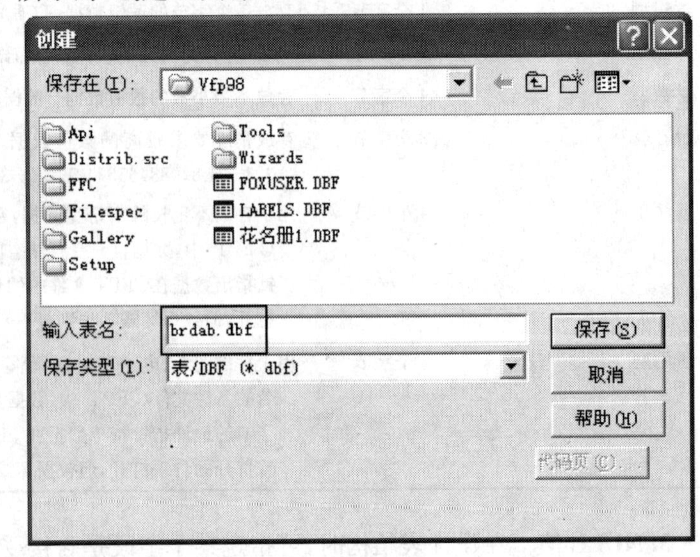

图 4-2 "新建"对话框,输入数据表的名称

(2) 在“创建”对话框中设定保存的文件夹(最好不要使用默认的当前文件夹),输入表名 brdab 后单击“保存”按钮,将弹出“表设计器”对话框。

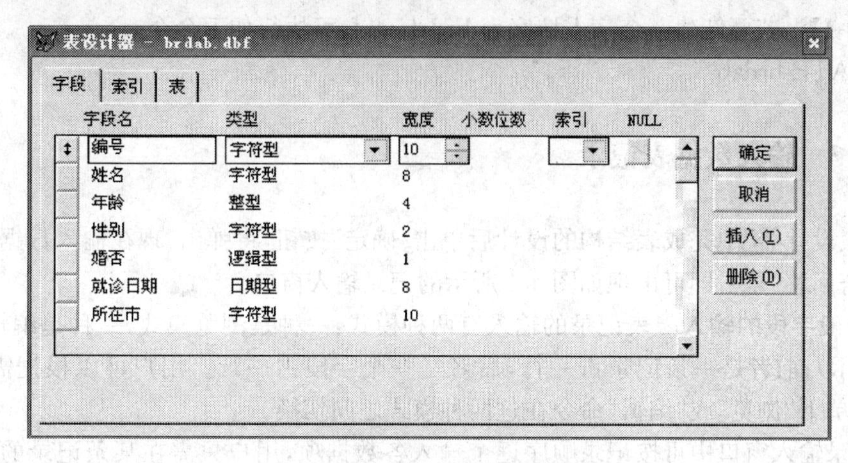

图 4-3 “表设计器”对话框

(3) 在“表设计器”对话框的“字段”选项卡中,输入各字段的字段名、类型和宽度,对于数值型的字段还需要指定其小数位数,设置效果如图 4-3 所示。

(4) 各字段的属性设定后,单击“确定”按钮即可完成表结构的创建。此时将弹出对话框询问“现在输入数据记录吗?”,回答“是”即会出现记录数据输入界面,回答“否”则结束表结构的建立,等以后再输入记录数据。

表结构创建完毕后,单击“表设计器”窗口的“确定”按钮,即可建立指定名称的数据表文件。这里需要注意的是:如果所创建的表结构中未包含备注型字段或通用型字段,则仅创建一个扩展名为 .DBF 的数据表文件;如果所创建的表结构中包含备注型字段或通用型字段,那么系统将自动创建一个与数据表同名但扩展名为 .FPT 的表备注文件。表备注文件将随着表文件的打开而打开,随着表文件的关闭而关闭。无论一个表中定义了多少个备注型或通用型字段,系统只生成一个 .FPT 文件,存放这个表中的所有备注型字段和通用型字段的内容。

需要注意的是:表文件和表备注文件是作为一个整体保存数据的,如果需要移动或复制表文件,则必须同时移动或复制表备注文件,否则无法打开数据表文件。

2. 命令操作方式

格式:CREATE [＜表文件名＞|?]

功能:新建一个 Visual FoxPro 数据表。

说明:

(1) 如果在命令窗口执行“CREATE ＜表文件名＞”命令,将直接打开“表设计器”窗口,即可创建表的结构。

(2) ＜表文件名＞中可以包括盘符和路径名,此时将按指定的磁盘和文件路径保存数据表文件。

(3) 如果只在命令窗口执行“CREATE”命令或“CREATE ?”命令,则将弹出“创建”对话框,指定保存位置并输入表名后单击“保存”按钮,再弹出“表设计器”窗口供用户设计该表的结构。

需要注意的是:CREATE 命令仅在没有同名表文件存在时使用,一旦已经有了同名的表文件,再用此命令,会把原来的表文件内容全部覆盖!

【例 4-1】 若要新建一个病人档案表 brdab. dbf,可执行如下命令。

CREATE brdab

4.1.3 输入数据表记录

在“表设计器”中完成表结构的设计后单击“确定”按钮,将弹出“现在输入数据记录吗?”对话框,若回答“是”,即可出现如图 4-4 所示的记录输入窗口。

1. 一般字段的输入 表记录的输入有两种模式:一种是浏览模式,一种是编辑模式(如图 4-4 所示);前者是一条记录占一行,后者是一个字段占一行。用户可以根据需要,利用“显示”菜单下“浏览”或“编辑”命令在这两种模式之间切换。

在记录输入窗口中可按记录顺序逐个输入各数据项,用户只需在某条记录的各个字段名对应的位置上单击鼠标,然后输入对应的具体数据即可。输入完一条记录的数据后,即可输入下一条记录的数据。输入时应注意:输入数据的类型、宽度、取值范围等必须与该字段已设定的属性一致。

输入日期时,默认是 mm/dd/yy(月日年)格式输入,若要按其他的格式输入,可在命令窗口中执行 SET DATE TO …命令;若需要显示 4 位的年份,则可在命令窗口中执行 SET CENTURY ON 命令。

2. 备注型字段的输入 在记录输入窗口中,当光标停留在备注型字段的 memo 字样上时用鼠标双击或者按 Ctrl+PgDn 键可打开备注型字段编辑窗口以便输入或修改具体的备注内容。输入的文本可以直接输入,也可以复制、粘贴,并可以设置字体与字号。输入或编辑完成后可单击关闭按钮或按 Ctrl+W 键关闭编辑窗口并存盘,若按 Esc 键或 Ctrl+Q 键则放弃本次备注内容的输入和修改。此时数据表中备注型字段的 memo 字样变为 Memo,表示该字段内容非空。图 4-5 所示是一个已经输入内容后的备注型字段编辑窗口。如果需要再次编辑修改,则继续按上述方法即可。

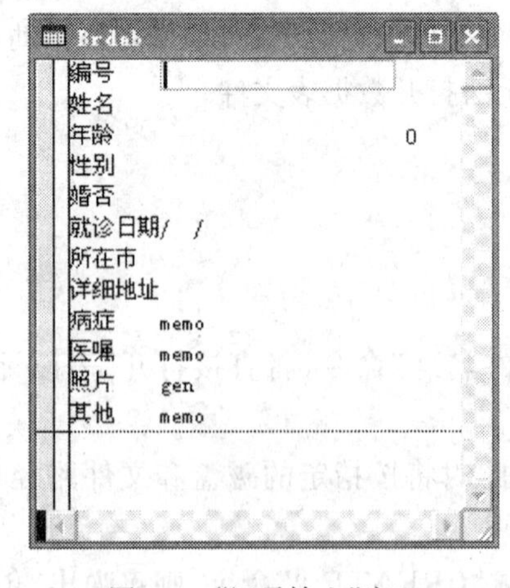

图 4-4 “记录输入”窗口

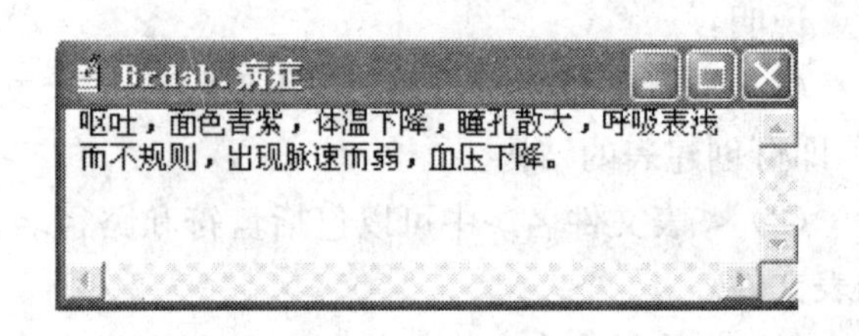

图 4-5 备注型字段编辑窗口

3. 通用型字段的输入 在通用字段中可以加入图像、声音及所有可能的 OLE 对象。

在记录输入窗口中通用型字段显示为 gen 字样，当光标停留在通用型字段的 gen 字样上时用鼠标双击或者按 Ctrl＋PgDn 键可打开通用型字段编辑窗口，即可在其内输入或修改信息。输入或编辑完成后可单击关闭按钮或按 Ctrl＋W 键关闭编辑窗口并存盘，若按 Esc 键或 Ctrl＋Q 键则放弃本次的输入和修改。通用型字段的 gen 字样变为 Gen，则表示该字段已有具体内容。如果需要再次编辑修改，按上述方法同样操作。

通用型字段的数据可以通过“插入对象”的方法来插入各种 OLE 对象。例如要输入照片内容，需事先将照片扫描后保存为图片文件，打开通用型字段编辑窗口后，选择“编辑”菜单下的“插入对象”命令，在弹出的“插入对象”对话框（如图 4-6 所示）中选定“由文件创建”单选按钮，单击“浏览”按钮在文件夹中选取所需插入的图片文件，再单击“确定”按钮后即可在通用型字段编辑窗口出现该照片。

要删除通用字段的内容，可选择“编辑”菜单下的“清除”命令，则可删除通用型字段编辑窗口的内容。

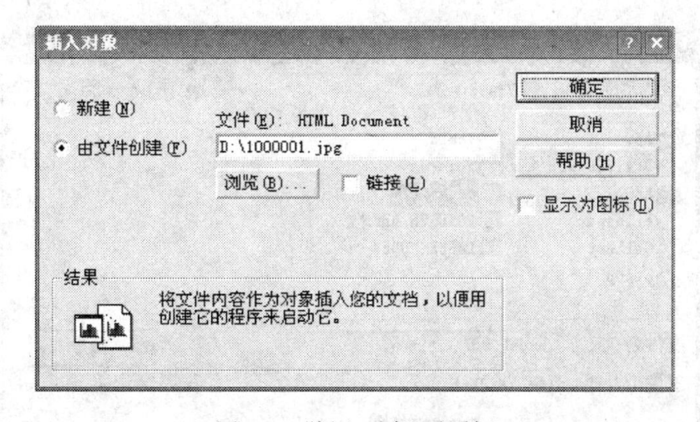

图 4-6　“插入对象”对话框

上述过程也可以通过剪贴板来完成。先用图形编辑程序（如 Windows 的画图程序）将图形送至剪贴板，再回到通用型字段编辑窗口，选择“编辑”菜单中的“粘贴”命令，剪贴板中的图形就送至该窗口。

所有字段的内容输入完成以后，直接按“关闭”按钮或 Ctrl＋W 键，即可存盘退出。如果不想保存当前输入的内容，则按 Esc 键退出。

第 2 节　数据表的基本操作

数据表的操作主要分为两大类：数据的“存”和“取”。本节主要介绍数据的“存”部分，即如何把外界的数据按照规范的格式放到 Visual FoxPro 的数据表中，并能对其进行基本的显示、修改、增加、删除等操作。本节内容也是以命令操作为主，菜单操作为辅。采用命令执行方式虽然对初学者有一定的难度，然而掌握各种基本的数据表操作命令是完全必要的，许多时候此种方式更为灵活有效，而且能为程序设计部分的学习打下基础。

4.2.1　打开和关闭数据表

1. 打开数据表　要对数据表进行操作，首先需要将数据表打开，这是 Visual FoxPro 命令对表操作的前提。需要说明的是在 Visual FoxPro 中打开一个表只能在状态栏看到当前数据表的信息，表中的内容并不会显示出来，这和在 WINDOWS 中打开文件的概念有所不同。例如，打开 brdab. dbf 后，状态栏显示信息如图 4-7 所示。

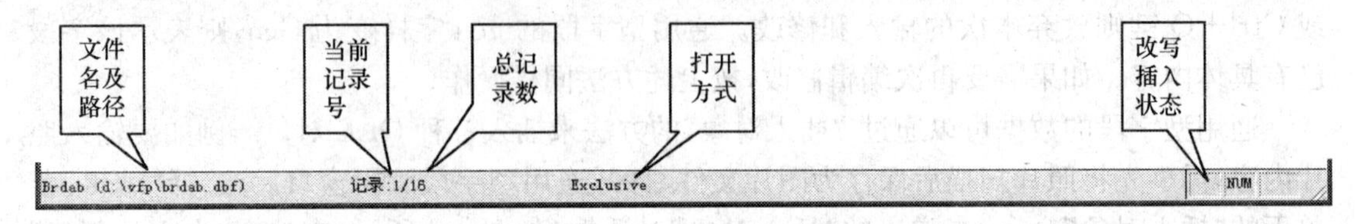

图 4-7　数据表打开后的状态栏

(1) 菜单方式：选择“文件|打开”命令或单击工具栏中的“打开”按钮均将弹出如图 4-8 所示的“打开”对话框，选取所要打开的文件类型为“表(*.dbf)”并选定具体的文件名后单击“确定”按钮即可打开指定的数据表。直接双击文件也可以打开数据表，但是不建议使用该方法。

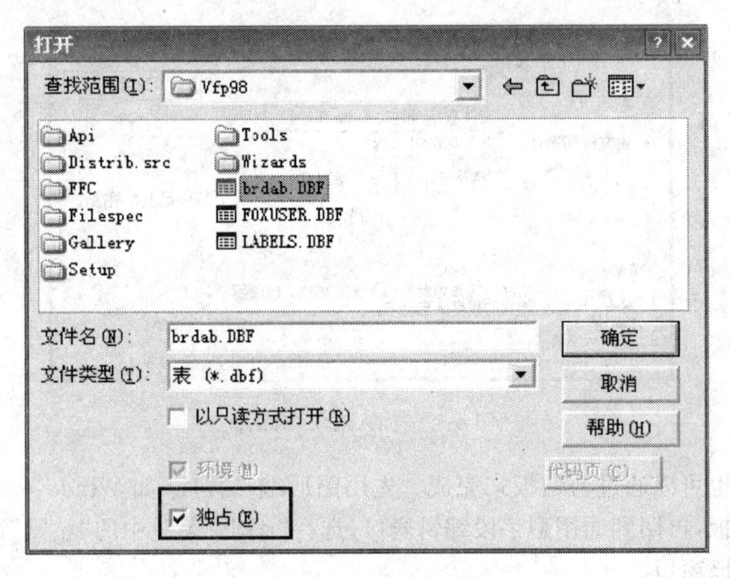

图 4-8　“打开”对话框

需要注意的是：若需要对打开的表文件进行修改，则必须在“打开”对话框的下方选中“独占”复选框。

数据表打开后其中的信息已调入内存，但并不在屏幕上显示其记录内容。若要查看或修改已打开的数据表记录内容，可选择“显示”菜单中的“浏览”命令，使数据表的内容在“浏览”窗口中显示出来。图 4-9 所示为打开 brdab. dbf 数据表并执行“浏览”命令后，在“浏览”窗口中显示的记录内容。

(2) 命令方式

格式：USE [＜表文件名＞][EXCLUSIVE | SHARED]

功能：打开指定的数据表或关闭数据表。

说明：

1) 当指定＜表文件名＞时，系统将在当前默认的文件夹中查找指定的数据表文件，找到时将该数据表文件调入当前内存工作区(有关工作区的概念，参见本章 4.5.1 小节的说明)。在＜表文件名＞中可以包括盘符和路径名，此时将按所指定的磁盘和文件路径查找数据表文

Brdab

编号	姓名	年龄	性别	婚否	就诊日期	所在市	详细地址	病症	医嘱	照片	其他
1000001	李刚	34	男	T	07/12/07	茂名	健康中路12号	Memo	Memo	Gen	Memo
1000002	王晓明	65	男	T	05/11/08	湛江	霞山区人民南路27号	Memo	Memo	Gen	memo
1000003	张丽	21	女	F	12/06/08	东莞	南城区西湖路31号	Memo	Memo	Gen	memo
1000004	聂志强	38	男	T	08/12/08	广州	天河区棠下中山大道188号	Memo	Memo	Gen	Memo
1000005	杜梅	29	女	T	09/29/07	深圳	南山区白石洲路世纪村5栋122号	Memo	Memo	Gen	Memo
1000006	蒋萌萌	25	女	F	03/21/08	茂名	油城四路91号	Memo	Memo	Gen	memo
1000007	李爱平	17	女	F	06/17/06	乌鲁木齐	团结路56号	Memo	Memo	Gen	memo
1000008	王守志	12	男	F	11/09/07	东莞	东莞市城区东纵大道东湖花园2栋30号	Memo	Memo	Gen	Memo
1000009	陶红	46	女	T	10/31/07	深圳	布吉镇吉华路602号二楼中户	Memo	Memo	Gen	memo
1000010	李娜	71	女	T	04/23/08	东莞	松山湖开发区新城大道1号	Memo	Memo	gen	memo
1000011	张强	54	男	T	02/28/08	哈尔滨	南岗区东大直街352号	Memo	Memo	Gen	Memo
1000012	刘思源	26	男	T	08/14/06	江门	新会市会城中心路28号	Memo	Memo	Gen	memo
1000013	欧阳晓辉	13	男	F	10/09/07	肇庆	德庆县朝阳东路89号	Memo	Memo	Gen	Memo
1000014	段文玉	30	女	T	01/24/06	佛山	禅城区市东上路8号怡东花园B座12号	Memo	Memo	Gen	Memo
1000015	马博雏	29	男	F	04/15/07	东莞	茶山镇茶山大道南34号	Memo	Memo	Gen	memo
1000016	王洁	13	女	F	01/22/08	湛江	徐闻县徐城东方一路65号	Memo	Memo	gen	memo

图 4-9 表“浏览”窗口

件并将其打开；若缺省＜表文件名＞，则本命令将关闭当前工作区中已打开的数据表文件；

2）EXCLUSIVE 选项表示以独占方式打开数据表文件，与在“打开”对话框中选择“独占”复选框等效，即不允许其他用户在同一时刻使用该数据表；SHARED 选项表示以共享方式打开数据库，与在“打开”对话框中不选择“独占”复选框等效，即允许其他用户在同一时刻使用该数据表。当要修改表结构或物理删除数据表的记录时，必须使该表处于“独占”方式，否则系统不允许进行修改结构或删除记录操作。

2. 关闭数据表

（1）USE

功能：不带任何选项的 USE 命令可以关闭当前工作区中已打开的数据表文件。

（2）CLOSE DATABASES

功能：关闭所有工作区中打开的数据库与数据表文件，选择 1 号工作区为当前工作区。

（3）CLOSE ALL

功能：关闭所有工作区的所有文件，选择 1 号工作区为当前工作区。

（4）CLEAR ALL

功能：关闭所有文件，释放内存变量，选择 1 号工作区为当前工作区。执行 CLEAR ALL 命令等价于同时执行 CLOSE ALL 和 RELEASE ALL 两条命令。

（5）QUIT

功能：关闭所有文件，安全退出 Visual FoxPro，返回宿主操作系统。

此部分有关工作区的概念将在 4.5.1 节作详细介绍。

4.2.2 表结构的显示、修改与复制

1. 表结构的显示

格式：LIST| DISPLAY STRUCTURE

功能：在主窗口显示当前打开的数据表结构。

说明：LIST STRUCTURE 命令用于连续显示当前数据表的结构；DISPLAY STRUCTURE

命令用于分页显示当前数据表的结构。执行该命令后,将显示文件名、数据表记录个数、数据表文件更新日期、每个字段的定义以及一个记录字节的总数、备注型字段的块长度信息。

【例 4-2】 显示病人档案表 brdab. dbf 的结构,可在命令窗口执行如下命令。显示结果如图 4-10 所示。

```
USE brdab
LIST STRUCTURE
```

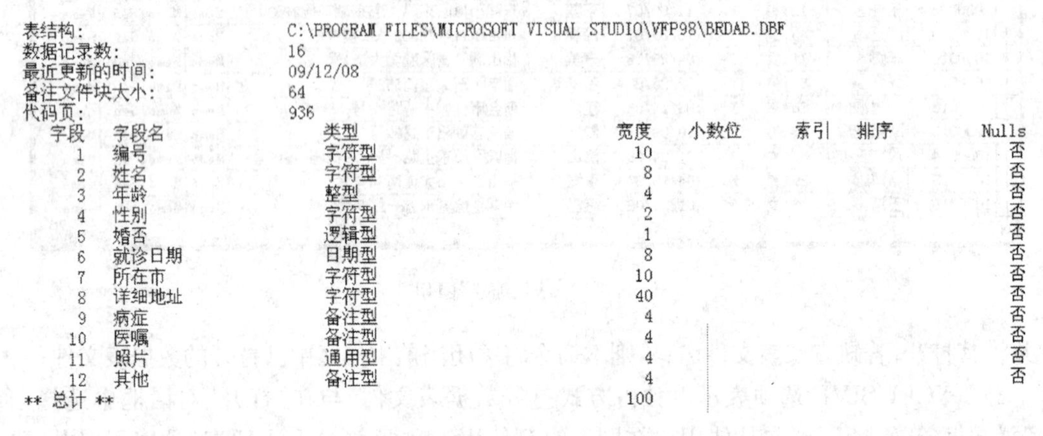

表结构: C:\PROGRAM FILES\MICROSOFT VISUAL STUDIO\VFP98\BRDAB.DBF
数据记录数: 16
最近更新的时间: 09/12/08
备注文件块大小: 64
代码页: 936

字段	字段名	类型	宽度	小数位	索引	排序	Nulls
1	编号	字符型	10				否
2	姓名	字符型	8				否
3	年龄	整型	4				否
4	性别	字符型	2				否
5	婚否	逻辑型	1				否
6	就诊日期	日期型	8				否
7	所在市	字符型	10				否
8	详细地址	字符型	40				否
9	病症	备注型	4				否
10	医嘱	备注型	4				否
11	照片	通用型	4				否
12	其他	备注型	4				否
** 总计 **			100				

图 4-10　显示表结构示例

说明:显示的表结构信息中,包括表的名称与存储位置、数据记录数、最近更新时间,以及各字段的字段名、类型、宽度和小数位数等。其中字段宽度的总计数等于各字段宽度之和再加上 1,外加的这 1 个字节是专门用来放置逻辑删除标记的。(有关逻辑删除将在 4.2.6 节中介绍)

2. 表结构的修改 数据表结构的修改包括增加或删除字段,修改字段名、类型、宽度,增加、删除或修改索引。修改表结构可以在表设计器中进行。

(1) 菜单方式:打开数据表后,在 Visual FoxPro 主窗口选择“显示”菜单下的“表设计器”命令,将打开“表设计器”对话框。并在其中显示出当前数据表的结构,用户即可根据需要修改该数据表中各字段的属性,或者增加、删除字段及调整字段的位置等。

1) 修改字段属性:在打开的“表设计器”对话框(如图 4-3 所示)中,用户可以和创建表结构时一样,直接在其“字段”选项卡中修改已有字段的名称、类型、宽度、小数位数等。

2) 插入字段:将光标定位到要插入新字段的位置,然后单击“插入”按钮,此时在插入位置之前出现一个新字段,输入新字段的字段名、类型、宽度等即可。

3) 删除字段:将光标定位到要删除的字段,然后单击“删除”按钮。

4) 改变字段的顺序:用鼠标拖动字段名左侧的小方块上下移动到所需位置。

表结构修改完成后,单击“确定”按钮,退出表设计器。

(2) 命令方式

格式:MODIFY STRUCTURE

功能:显示并修改当前打开数据表的结构。

说明:

1) 该命令的使用前提是要先以独占方式打开需要操作的数据表。

2) 执行本命令后,将打开“表设计器”窗口显示当前数据表的结构,并允许用户对其进行修改。

3）改变表结构时，系统将自动备份原数据表文件，原 .dbf 文件变为 .bak 文件，原 .ftp 文件变为 .tbk 文件。

3. 表结构的复制命令

格式：COPY STRUCTURE TO ＜表文件名＞［FIELDS＜字段表＞］

功能：对当前数据表结构进行全部或部分复制，形成一个指定名称的新表结构。

说明：当缺省［FIELDS＜字段表＞］时，复制后得到的新表结构与原表完全一样；选用［FIELDS＜字段表＞］时，则仅复制指定的字段，并且新表的字段排列顺序与指定的＜字段表＞中各字段的排列顺序一致。TO 后面则指定生成新文件的名字。复制产生的新表文件是一个只有结构没有内容的空表文件。

【例 4-3】 在病人档案表 brdab.dbf 的基础上，产生一个只包含姓名、性别和就诊日期 3 个字段的病人就诊表 brjz.dbf 的结构。

```
USE brdab
COPY STRUCTURE TO brjz FIELDS 姓名,性别,就诊日期
USE brjz                    && 打开病人就诊表 brjz.dbf
LIST STRUCTURE              && 显示 brjz.dbf 的结构
```

4.2.3 显示记录

1. 菜单方式 在“浏览”窗口中显示数据表时有浏览和编辑两种查看方式，图 4-9 所示为浏览查看方式，类似图 4-4 所示的编辑查看方式。通过“显示”菜单的“浏览”或“编辑”命令可在两种显示方式间进行切换。

在“浏览”窗口的左下角有一个黑色窗口分隔竖条，向右拖动此分隔条可将窗口分为两个对应的窗格，在一个窗格中所作的修改，另一窗格中的对应数据将随之改变。并且可在两个窗格中同时以“编辑”和“浏览”两种不同方式显示当前的数据表，如图 4-11 所示。

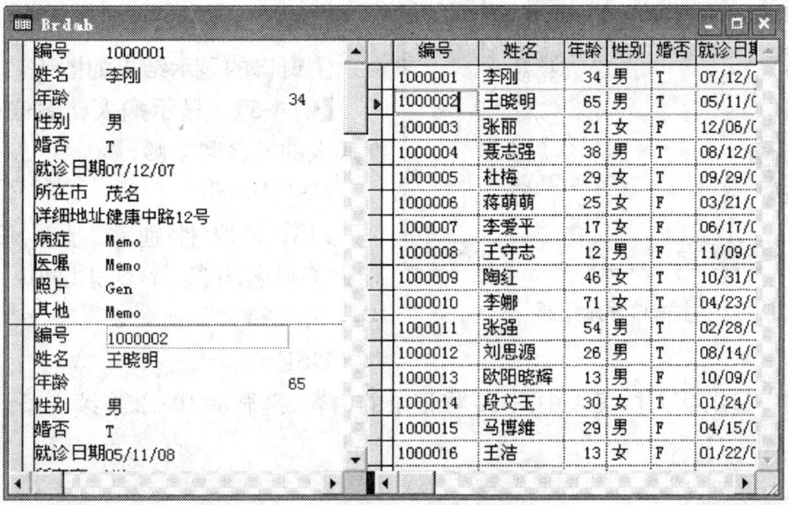

图 4-11 同时以两种方式显示数据表

2. 命令方式

格式 1：LIST［＜范围＞］［FOR＜条件＞］［WHILE＜条件＞］［［FIELDS］＜表达式表＞］

[OFF][TO PRINT]

格式 2:DISPLAY[<范围>][FOR<条件>][WHILE<条件>][[FIELDS]<表达式表>]
[OFF][TO PRINT]

功能:连续或分页显示指定范围内满足条件的各个记录内容。

说明:

(1) 缺省所有短语时,在 Visual FoxPro 主窗口显示当前数据表的所有记录的记录号及各字段的内容(不包括备注字段和通用字段)。

(2) 指定<表达式表>时,仅输出各指定表达式的值。

(3) LIST 命令缺省范围短语时,默认记录范围为 ALL;DISPLAY 命令在缺省范围和条件短语时默认为当前记录,但 DISPLAY 命令在缺省范围短语而有 FOR 条件短语时则默认为全部记录。

(4) DISPLAY 命令在输出内容满屏幕后会暂停显示(按任意键继续),LIST 命令则不然。

(5) 选择 OFF 短语时不输出记录号。

(6) 选择 TO PRINT 短语时则在打印机上输出。

(7) 这两条命令在执行过程中都可能会引起记录指针的移动。当操作范围为 ALL 或默认为 ALL 时,或者范围为 REST 时,此命令执行完毕后记录指针将指向表文件的结束标志 EOF。如果跟上 NEXT <expN>时,则根据当前记录指针的位置而变化。

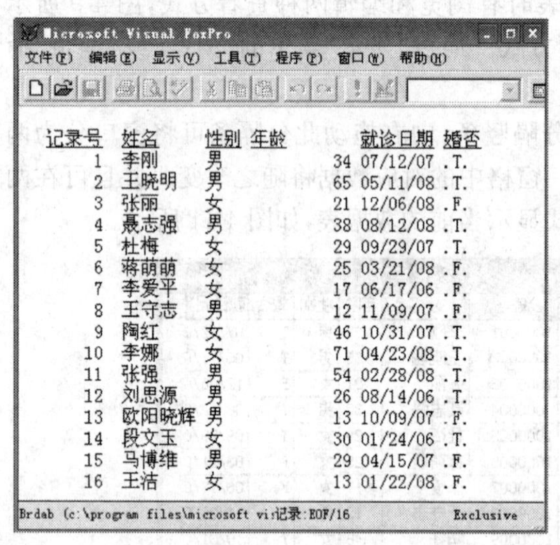

图 4-12 主窗口显示结果

【例 4-4】 列出病人档案表 brdab.dbf 中所有病人的姓名、性别、年龄、就诊日期和婚姻情况。

```
USE brdab
LIST 姓名,性别,年龄,就诊日期,婚否
USE
```

主窗口的显示结果如图 4-12 所示。

【例 4-5】 显示病人档案表中所有未婚女病人的姓名和年龄。

```
USE brdab
LIST FOR 性别="女" AND ! 婚否 FIELDS 姓名,年龄   && 未婚另一种表示为:婚否=.F.
USE
```

【例 4-6】 显示病人档案表中第 10 号记录的内容,再显示 10-12 连续 3 条记录。

```
USE brdab
GO 10
DISPLAY                 && 仅显示当前(第 10 号)记录的内容
DISPLAY NEXT 3          && 显示 10-12 连续 3 条记录
? RECNO()               && 当前记录号 12
DISPLAY REST            && 显示剩余记录,即 12-16 号记录
```

```
? EOF()                 && 显示为.T.(参见4.2.4小节)
USE
```

4.2.4　记录指针移动

1. 记录指针　向表中输入记录时，系统会按照输入次序为每个记录加上相应的记录号。Visual FoxPro为每一个打开的数据表都设置了一个用来指示记录位置的指针，成为记录指针。记录指针存放的是记录号，用来标识数据表的当前记录。图4-13示意了表文件的逻辑结构，最上面的记录为首记录(标识为TOP)，最下面的记录为尾记录(标识为BOTTOM)。首记录之前有一个文件起始标识，称为Begin of File(BOF)；尾记录之后有一个文件结束标识，称为End of File(EOF)。

表文件刚打开时，记录指针总是指向首记录。通过移动记录指针，可以指定当前要操作的记录。Visual FoxPro的记录指针移动命令分为绝对移动命令和相对移动命令两类。需要说明的是，除了专门移动记录指针的命令外，在后面的学习中，还有很多命令在执行过程中也会影响记录指针的移动。

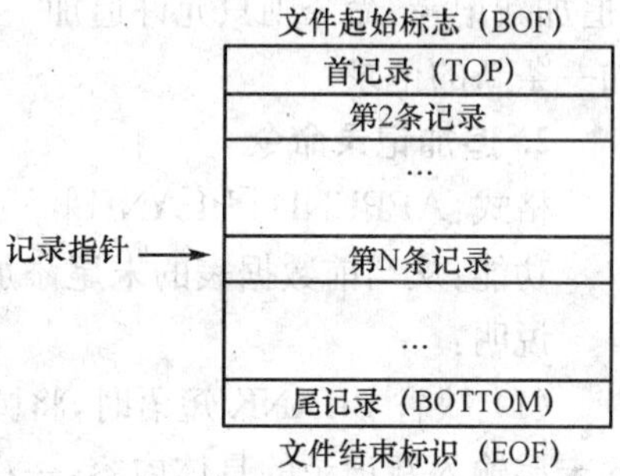

文件起始标志 (BOF)
首记录 (TOP)
第2条记录
…
记录指针 → 第N条记录
…
尾记录 (BOTTOM)
文件结束标识 (EOF)

图4-13　表文件的逻辑结构

2. 绝对移动

格式1：GO[TO] <expN>

功能：将记录指针移到第<expN>条记录。

格式2：GO[TO] TOP

功能：将记录指针移到当前表的首记录。

格式3：GO[TO] BOTTOM

功能：将记录指针移到当前表的尾记录。

3. 相对移动

格式：SKIP [<expN>]

功能：相对于当前记录，记录指针向上或向下移动若干条记录。

说明：当<expN>的值为正数时，向下移动<expN>条记录：当<expN>的值负数时，向上移动<expN>条记录；缺省<expN>时，默认向下移动一条记录。

【例4-7】　记录指针移动示例。

```
USE brdab
? RECNO()               && 显示当前记录号为1
SKIP 5                  && 记录指针向下移动5条
? RECNO()               && 显示当前记录号为6
SKIP -2                 && 记录指针向上移动2条
? RECNO()               && 显示当前记录号为4
GO BOTTOM               && 记录指针移到最后一条记录
? EOF()                 && 显示.F.,说明最后一条记录并不是文件尾
? RECCOUNT()            && 显示共有记录16条
? RECNO()               && 显示当前记录号为16
```

```
SKIP                  && 记录指针再向下移一条
? EOF()               && 显示 .T. ,说明记录指针已到文件尾
? RECNO()             && 显示文件尾的记录号为 17
```

4.2.5 追加与插入记录

在建立数据表结构时,如果没有选择"立即输入数据",或者想在数据表中增加一些记录,可以用追加的方式向表中输入数据。

1. 菜单方式 追加记录是指在数据表的末尾添加新的记录。在浏览窗口打开的情况下,选择"显示"菜单中的"追加方式"命令或选择"表"菜单中的"追加新记录"命令,均可在浏览窗口添加新记录。二者的区别为:执行"追加方式"命令可允许连续追加多条记录,而执行"追加新记录"命令则只允许追加一条新记录。按下[CTRL]+[Y]键也可以在记录末尾增加一条新的记录。

2. 追加记录命令

格式:APPEND [BLANK]

功能:从当前数据表的末尾添加新记录。

说明:

(1) 缺省 BLANK 短语时,将弹出如图 4-4 所示的记录编辑窗口,由用户在当前数据表的末尾输入新记录的具体内容,一次可以连续输入多条新记录,直到关闭该窗口。

(2) 若选择 BLANK 短语,则不出现记录编辑窗口,由系统自动在数据表的末尾添加一条空记录。

3. 从其他表追加记录命令

格式:APPEND FROM ＜表文件名＞[范围＞][FOR＜条件＞][WHILE＜条件＞][FIELDS＜当前表字段表＞][TYPE＜文件类型＞]

功能:将满足条件的记录从源表文件自动追加到当前数据表的末尾。

说明:

(1) 通常情况下,磁盘上指定的表文件的结构与当前打开的数据表的结构应该是相同的,即字段名、类型、宽度等应一致;如果源表文件字段的宽度大于当前表相应字段的宽度,字符型字段将被截尾,数值型字段填写"*"以示溢出。

(2) 若选择 FIELDS＜当前表字段表＞短语,则只有指定字段的内容被追加进来。

(3) TYPE 短语用来追加来自文本文件中的一行数据,其中＜文件类型＞可以是 SDF 或 DELIMITED＜分隔符＞等。

【例 4-8】 新建老年病人档案表 oldbrda. dbf,表结构和 brdab. dbf 一致,再将病人档案表 brdab. dbf 中满足年龄大于 50 岁的病人记录追加进来。

```
USE brdab
COPY STRU TO oldbrda
APPEND FROM brdab FOR 年龄>50
BROWSE                && 浏览追加后的内容
USE                   && 关闭数据表
```

4. 插入记录命令

格式:INSERT [BLANK][BEFORE]

功能:在当前数据表的某个记录之前或之后插入一条新记录。

说明:

(1) 选用 BEFORE 短语时在当前记录前插入,否则在当前记录后插入。

(2) 缺省 BLANK 短语时将弹出如图 4-4 所示的记录编辑窗口,由用户键入插入记录的具体内容。

(3) 选用 BLANK 短语时将插入一条空记录,不出现记录编辑窗口而由系统在内部自动完成插入工作。

(4) 插入新记录后,其后面的所有记录均将自动顺次后移。

(5) 如果在使用该命令前已经对某些字段建立过索引,则执行该命令后,会在表的最后插入记录。如果要在指定位置插入,则需先删除所有索引。

【例 4-9】 在病人档案表的第 7 号记录后插入一条空记录。

```
USE brdab
GO  7                         && 将记录指针指向第 7 条记录
INSERT BLANK                  && 产生新的第 8 号记录,原来的 8 号记录变成 9 号
USE
```

4.2.6 删除和恢复记录

对数据表中不需要的数据可以随时将其删除。Visual FoxPro 对记录的删除有逻辑删除和物理删除两种。逻辑删除只是给记录添加删除标记,并没有从数据表将其清除,需要时还可以恢复;物理删除则是彻底从表文件中清除记录,不可以再恢复。如果要对记录进行彻底删除,必须分为两步完成:先用 DELETE 命令将需要删除的记录打上删除标志"*",即进行逻辑删除;然后再用 PACK 命令整理数据表,剔除带有删除标志的记录,即实现物理删除。

1. 菜单操作　如图 4-14(a)、(b)所示,在浏览窗口中单击某条记录左端的白色小框,使其变成黑色,表明该记录已经作了删除标志或已被逻辑删除,再次单击此小框,则由黑色变回白色,表明该记录已经去掉了删除标志。当需要将作了删除标志的记录真正删除时,可选择主窗口"表"菜单中的"彻底删除"命令。

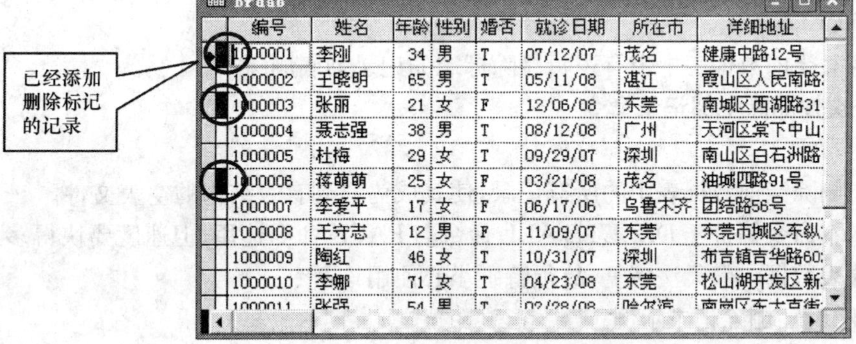

编号	姓名	年龄	性别	婚否	就诊日期	所在市	详细地址
1000001	李刚	34	男	T	07/12/07	茂名	健康中路12号
1000002	王晓明	65	男	T	05/11/08	湛江	霞山区人民南路
1000003	张丽	21	女	F	12/06/08	东莞	南城区西湖路31
1000004	聂志强	38	男	T	08/12/08	广州	天河区棠下中山
1000005	杜梅	29	女	T	09/29/07	深圳	南山区白石洲路
1000006	蒋萌萌	25	女	F	03/21/08	茂名	油城四路91号
1000007	李爱平	17	女	F	06/17/06	乌鲁木齐	团结路56号
1000008	王守志	12	男	F	11/09/07	东莞	东莞市城区东纵
1000009	陶红	46	女	T	10/31/07	深圳	布吉镇吉华路60
1000010	李娜	71	女	T	04/23/08	东莞	松山湖开发区新

(a) BROWSE状态下已经添加删除标记的记录

图 4-14　"逻辑删除"记录标记

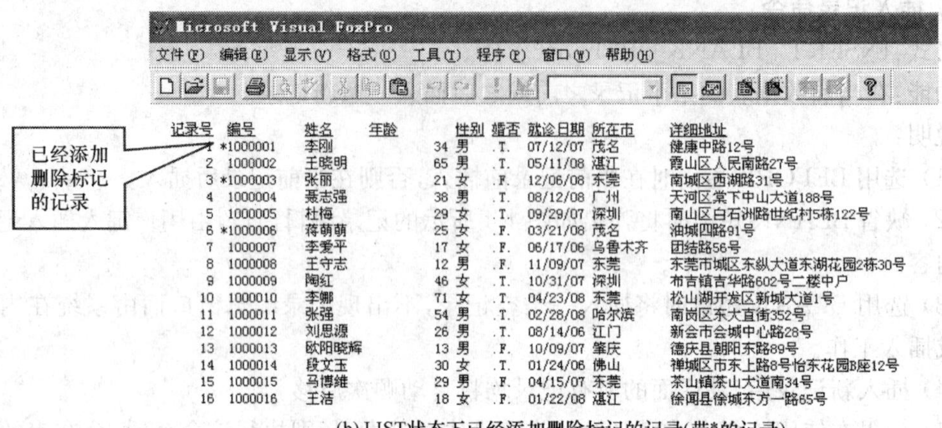

(b) LIST状态下已经添加删除标记的记录(带*的记录)

图 4-14 “逻辑删除”记录标记(续)

2. 逻辑删除记录命令

格式:DELETE [范围>][FOR<条件>][WHILE<条件>]

功能:给当前数据表中满足条件的记录增加逻辑删除标志。

说明:

(1) 缺省范围和条件选项时,仅对当前记录做删除标志。

(2) 被打上删除标志的记录通常仍可进行各种操作,在用 LIST 命令或 DISPLAY 命令查看数据表时,可见到这些记录前的删除标志“*”;而在浏览窗口察看数据表时,可见到这些记录左端的小方块已被涂黑。

(3) 可用 DELETED()函数来检测当前记录是否带有删除标志。

(4) 对已被打上删除标志的记录的操作与 SET DELETED ON/OFF 命令的设置有关。当执行命令 SET DELETED ON 后,所有打上删除标志的记录被“屏蔽”起来,如同这些记录已被删除一样;系统默认的状态是 SET DELETED OFF。

3. 恢复逻辑删除命令

格式:RECALL[<范围>][FOR<条件>][WHILE<条件>]

功能:去除指定范围内满足条件的记录中已经打上的逻辑删除标志。

说明:缺省范围和条件短语时,仅去掉当前记录的逻辑删除标志。

4. 物理删除记录命令

格式:PACK

功能:对当前数据表中带有逻辑删除标志的记录彻底删除。

5. 一次性删除全部记录命令

格式:ZAP

功能:删除当前数据表中的所有记录,使其成为只剩有表结构的空表文件。

说明:本命令等价于 DELETE ALL 命令与 PACK 命令连用,但速度要快得多。执行本命令后,原表数据一般无法恢复,故须特别小心使用该命令。

【例 4-10】 删除记录示例。

```
USE brdab
? RECCOUNT()                    && 显示16,说明表中有16条记录
```

```
DELETE FOR LEFT(姓名,2)=[王]   && 逻辑删除姓"王"的病人记录
LIST 编号,姓名               && 如图 4-15,在被删除记录前可见到删除标志"*"
GO 8                         && 指针指向已有删除标志的第 8 号记录
RECALL                       && 取消当前记录的逻辑删除标记,即恢复当前记录
LIST 编号,姓名               && 如图 4-16,8 号记录前的删除标志"*"被去掉
SET DELETED ON               && 设置 DELETED ON 状态
LIST 编号,姓名               && 如图 4-17,有删除标志的记录被隐藏起来
? RECCOUNT()                 && 显示 16,说明表中仍有 16 条记录
PACK                         && 物理删除有删除标志的记录
? RECCOUNT()                 && 显示 14,说明表中的 2 条记录被彻底删除
LIST 编号,姓名               && 如图 4-18,与图 4-17 比较记录号码的显示结果
USE
```

记录号	编号	姓名
1	1000001	李刚
2	*1000002	王晓明
3	1000003	张丽
4	1000004	聂志强
5	1000005	杜梅
6	1000006	蒋萌萌
7	1000007	李爱平
8	*1000008	王守志
9	1000009	陶红
10	1000010	李娜
11	1000011	张强
12	1000012	刘思源
13	1000013	欧阳晓辉
14	1000014	段文玉
15	1000015	马博维
16	*1000016	王洁

图 4-15 姓"王"的病人被逻辑删除

记录号	编号	姓名
1	1000001	李刚
2	*1000002	王晓明
3	1000003	张丽
4	1000004	聂志强
5	1000005	杜梅
6	1000006	蒋萌萌
7	1000007	李爱平
8	1000008	王守志
9	1000009	陶红
10	1000010	李娜
11	1000011	张强
12	1000012	刘思源
13	1000013	欧阳晓辉
14	1000014	段文玉
15	1000015	马博维
16	*1000016	王洁

图 4-16 第 8 号记录被恢复

记录号	编号	姓名
1	1000001	李刚
3	1000003	张丽
4	1000004	聂志强
5	1000005	杜梅
6	1000006	蒋萌萌
7	1000007	李爱平
8	1000008	王守志
9	1000009	陶红
10	1000010	李娜
11	1000011	张强
12	1000012	刘思源
13	1000013	欧阳晓辉
14	1000014	段文玉
15	1000015	马博维

图 4-17 逻辑删除的记录被屏蔽,记录号码不连续

记录号	编号	姓名
1	1000001	李刚
2	1000003	张丽
3	1000004	聂志强
4	1000005	杜梅
5	1000006	蒋萌萌
6	1000007	李爱平
7	1000008	王守志
8	1000009	陶红
9	1000010	李娜
10	1000011	张强
11	1000012	刘思源
12	1000013	欧阳晓辉
13	1000014	段文玉
14	1000015	马博维

图 4-18 物理删除后记录号码连续

4.2.7 修改记录

Visual FoxPro 提供了 4 条修改记录数据的命令,其中 EDIT 命令和 CHANGE 命令是简单的窗口编辑修改命令,它们的功能完全一样,目前已较少使用;BROWSE 命令的功能是打开浏览窗口,供用户在对数据表进行浏览的同时对其中的数据进行修改;而 REPLACE 命令则适合于对记录数据作有规律的成批修改。

1. 编辑修改命令

格式 1:EDIT[＜范围＞][FOR＜条件＞][WHILE＜条件＞][FIELDS＜字段表＞]

格式 2:CHANGE[＜范围＞][FOR＜条件＞][WHILE＜条件＞][FIELDS＜字段表＞]

功能:弹出编辑窗口,以编辑方式对记录进行修改。

【例 4-11】 对病人档案表中的第 6 号记录进行编辑修改。

```
USE brdab
GO 6
EDIT    && 弹出编辑窗口供修改第 6 号记录,也可使用 CHANGE 命令
USE
```

2. 浏览修改命令

格式:BROWSE [FIELDS＜字段表＞][LOCK＜expN＞][FREEZE＜字段名＞]
[NOAPPEND][NOMODIFY] [FOR＜条件＞]

功能:打开浏览窗口,显示当前数据表数据的记录,并供用户进行全屏编辑或修改。

说明:

(1) 本命令与选择“显示”菜单中的“浏览”命令的效果是一样的,都将弹出浏览窗口并显示出当前打开的数据表内容。

(2) 若选择 NOAPPEND 短语表示禁止追加记录。

(3) 若选择 NOMODIFY 短语表示禁止修改或删除表中的任何内容,仅供浏览数据表。

(4) 若选择 LOCK＜expN＞短语表示将锁定窗口左端的＜expN＞个字段,使得当窗口内容向右滚动时仍能显示这些字段的内容。

(5) 若选择 FREEZE＜字段名＞短语表示使光标冻结在指定的字段上,以便用户对该字段进行修改,其他字段则只能浏览,不能修改。

【例 4-12】 BROWSE 命令应用示例。

```
USE brdab
BROWSE LOCK2               && 浏览表,锁定左端 2 个字段的内容
BROWSE FREEZE 就诊日期     && 浏览表,仅能修改就诊日期字段的内容
BROWSE NOAPPEND            && 浏览表,禁止添加记录
USE
```

3. 成批替换修改命令 上述方法只能在浏览窗口中一条条记录地进行编辑,如果要同时对一批记录中的字段进行有规律的修改,可以使用成批替换修改命令 REPLACE。

格式:REPLACE[＜范围＞][FOR＜条件＞][WHILE＜条件＞] ＜字段 1＞WITH
＜表达式 1＞[,＜字段 2＞ WITH ＜表达式 2＞…]

功能:对当前数据表指定范围内符合条件的记录,用给定的＜表达式 1＞值替换指定＜字段 1＞的内容,用给定的＜表达式 2＞值替换指定＜字段 2＞的内容,依此类推。

说明:

(1) 本命令并不出现浏览窗口或编辑窗口,只在系统内部用给定的表达式的值快速替换指定字段的内容。

(2) 缺省范围短语和条件短语时,仅对当前记录进行替换。

(3) 本命令有计算功能,系统会先计算出表达式的值然后再将该值赋给指定的字段。要注意的是,表达式的数据类型必须与被替换字段的数据类型一致。

(4) 可以在一条命令中同时替换多个字段的值。

【例 4-13】 将病人档案表中每个病人的年龄增加 1 岁。

```
USE brdab
REPLACE ALL 年龄 WITH 年龄+1
BROWSE
```

【例 4-14】 将病人档案表中所有湛江和东莞的病人详细地址后加上邮政编码,其中湛江的邮编为:524000,东莞为:523000。

```
USE brdab
REPLACE 详细地址 WITH 详细地址+"(524000)" FOR 所在市="湛江"
REPLACE 详细地址 WITH 详细地址+"(523000)" FOR 所在市="东莞"
BROWSE
USE
```

说明:本例中,因为替换条件不同,所以必须使用两条命令分别实现。

【例 4-15】 将病人档案表中第 6 号记录的年龄增加 1 岁,婚姻状况改为已婚。

```
USE brdab
GO 6
REPLACE 年龄 WITH 年龄+1,婚否 WITH .T.
DISPLAY  && 显示当前记录的修改结果
USE
```

4.2.8 复制数据表

为了防止数据丢失或损坏,应该定期对数据表进行备份,以防不测。另外,有的时候需要根据已建立的数据表间接建立其他数据表文件,这时可进行数据表的复制操作。

格式:COPY TO <表文件名> [范围] [FOR<条件>] [WHILE<条件>]
　　[FIELDS<字段表>][TYPE<文件类型>]

功能:对当前数据表中指定范围内符合条件的记录进行复制,形成一个指定名称的新数据表。

说明:

(1) 缺省所有可选短语时,复制后得到的新数据表与原表完全一样;选用[FIELDS<字段表>]短语时,则仅复制指定的字段,并且新表的字段排列顺序与指定的<字段表>中各字段的排列顺序一致。

(2) 选择 TYPE<文件类型>短语时,复制后产生的是扩展名为 .TXT 的文本文件,其中<文件类型>可以是 SDF 或 DELIMITED<分隔符>等。

SDF 为标准格式,记录定长,不用分隔符和定界符,每个记录都从头部开始存放,均以回车键结束。

DELIMITED 为通用格式,记录不等长,每个记录均以回车键结束。若选用<定界符>,字符型数据用指定的<定界符>括起来,否则用双引号括起来。

【例 4-16】 在病人档案表 brdab.dbf 的基础上,产生一个只包含男性记录的数据表 nbr.dbf。

```
USE brdab
COPY TO nbr FOR 性别=[男]
USE nbr            && 打开新生成的 nbr.dbf 表
BROWSE
USE                && 关闭数据表
```

【例 4-17】 将病人档案表 brdab.dbf 的记录数据，另存为一个名为 brdab.txt 的文本文件，并显示该文本文件的内容。

```
USE brdab
COPY TO brdab.txt TYPE SDF
TYPE brdab.txt     && 输出文本文件 brdab.txt 的内容
USE                && 关闭数据表
```

4.2.9 数据表与数组的数据交换

数组是一组名称相同而以不同下标加以区分的内存变量。数组中的每个内存变量被称为一个数组元素，数组元素用数组名及下标(表明在该数组中的排列顺序)表示，如 A(3,6)，数组名为 A，3 和 6 分别为下标。每个数组元素在数组中的位置是固定有序的，通过下标来加以区分。下标的个数决定了数组的维数。可见数组是一组内存变量的有序集合，是内存变量的不同表现形式，每个数组元素相当于一个内存变量。

在程序设计中灵活地使用数组功能，不仅可明显地提高一些复杂问题的处理速度，而且在许多情况下可以简化应用程序的设计。

表与数组间的数据传送指可将表的记录数据传送到数组，反过来也可以将数组中的内容传送到表中成为记录数据。这样利用数组可以在数据表之间传送记录。可用一维数组传送一个记录，也可用二维数组同时传送多个记录(一行数组元素对应存储一个记录)。

Visual FoxPro 的数组具有以下一些特点：

(1) 只有一维数组和二维数组，一维数组中的各个元素按一行或一列排列，二维数组中的各个元素则按行和列排列成一个二维的矩阵。

(2) Visual FoxPro 最多可以定义 65000 个数组，每个数组最多可以定义 65000 个数组元素，数组元素可以存放任何类型的数据，而且同一个数组中的不同元素可存放不同类型的数据。

(3) 二维数组的各个元素是按行衔接排列的，故可作为一维数组进行访问。

1. 数组的定义 数组分为一维数组和二维数组。可以这样理解，一维数组只有一个维度，以一行或一列的方式排列；二维数组有两个维度，以行和列的矩阵形式排列，但也可以按行相连的次序视为一维数组使用。数组必须先定义后使用。

格式 1：DIMENSION<数组名>(<expNl>[,<expN2>])[,<数组名>(<expNl>[,<expN2>])…]

格式 2：DECLARE<数组名>(<expNl>[,<expN2>])[,<数组名>(<expNl>[,<expN2>])…]

功能：两种命令格式的功能完全一样，均可定义一个或多个一维或二维数组。

说明：

(1) 数组名的命名规则与普通内存变量一样，即，可含有字母、汉字、数字和下划线，但必须以字母或汉字开头且最多不超过 10 个字符。

(2) 数组的最小下标为 1，<expNl>用来指定数组第一维的最大下标，<expN2>则用来指定数组第二维的最大下标；缺省<expN2>时定义的是一维数组，否则为二维数组。数值表达式的值必须大于 0，其值如果是实数，系统自动取整。

(3) 用命令定义的数组，其各数组元素的初值均默认为逻辑值假值 .F.。

定义数组时，要注意数组名与已存在的内存变量的名称不能相同，否则数组会取代已有的内存变量。数组名也不能与函数名称相同。

【例 4-18】 数组的定义

```
DIMENSION AB(6)
DECLARE AC(7),AD(3,5)
CLEAR
DISPLAY MEMO LIKE A *                  && 所有数组的初值为 .F.
```

2. 数组的使用　数组的使用包括定义、赋值、运算、显示和释放等。数组中的每一个元素只是一个带下标的内存变量而已，因而其性质及使用方法与普通内存变量是类似的。在使用数组与数组元素时，请注意以下几点：

(1) 在可以使用内存变量的地方，均可使用数组元素。

(2) 可用各种对内存变量赋值的命令对某个数组元素赋值。若用赋值命令对数组名赋值时则该数组的所有元素将被赋予这同一个值。

(3) 可用 LIST | DISPLAY MEMORY、RELEASE MEMORY、CLEAR MEMORY 等命令查看、释放、清除已建立的数组变量。

(4) 可用 SAVE 命令将数组存入指定的内存变量文件(.mem 文件)，或用 RESTORE 命令将该文件保存的内存变量恢复到内存中来。

(5) 在同一运行环境中，应注意数组名与一般的内存变量名不要重名。

【例 4-19】 在命令窗口依次执行下列命令，并分析其显示结果。

```
CLEAR MEMORY
DIMENSION x (2,3)
x (1,1)= "0001"
x (2)="成都"
STORE {^2009-01-01} TO x (1,3)
x (5)=2 * 3
LIST MEMORY LIKE x *
```

在主窗口的显示结果如图 4-19 所示。

```
X                 Pub      A
   (   1,    1)            C  "0001"
   (   1,    2)            C  "成都"
   (   1,    3)            D  01/01/09
   (   2,    1)            L  .F.
   (   2,    2)            N  6              (        6.00000000)
   (   2,    3)            L  .F.
```

图 4-19　例 4-19 的显示结果

从上面的例子可以看出，同一个数组中的各个元素可以有不同的数据类型；一个二维数组中的各个元素可以作为对应的一维数组进行访问；数组中未加以赋值的元素其值默认为逻辑值 .F.。

一个二维数组中的各个元素可以作为对应的一维数组进行访问，那么二维数组元素如何与一维数组对应的呢？

一个二维数组中的各个元素按行和列排列成一个二维的矩阵，例如数组 X(2,3)定义了 6 个变量，分别是：X(1,1)，X(1,2)，X(1,3)，X(2,1)，X(2,2)，X(2,3)。排列方式如下：

$$\begin{pmatrix} X(1,1) & X(1,2) & X(1,3) \\ X(2,1) & X(2,2) & X(2,3) \end{pmatrix}$$

则二维数组元素 X(1,1)与一维数组元素 X(1)等价，X(1,3)与 X(3)等价，X(2,1)与 X(4)等价，X(2,3)与 X(6)等价。

【例 4-20】 执行以下命令，理解各命令的作用，留意显示结果的变化。

```
CLEAR ALL                 && 命令的其中一个功能是释放所有内存变量
CLEAR
DIMENSION A(3,5),B(5)
STORE 12 TO B             && 也可用 B=12，数值 12 被赋予 B(5)的所有数组元素
B(2)="TEST"
DISPLAY MEMORY LIKE B*
A(1,1)=123+20             && 以下 4 个命令体现数组的不同元素可有不同数据类型的值
STORE "GOOD" TO A(1,2)
A(1,3)= .T.
STORE {^2006/06/01} TO A(2,1)
A(2,3)=A(1,2)+"MORNING"
DISP MEMORY LIKE A*
STORE 0 TO A(8)           && 改变数组元素 A(2,3)的值及数据类型
DISP MEMORY LIKE A*
RELEASE ALL EXCEPT A*     && 释放了数组 B(5)
CLEAR
DISP MEMORY
RELEASE ALL
```

从本例可见：①把一个值赋予数组名称时，该值将赋予数组的所有元素。②可用 STORE 命令和"="命令给数组元素赋值。③可用 DISPLAY MEMORY、LIST MEMORY 命令显示数组元素。④可用 RELEASE、RELEASE ALL 等命令释放数组。

3. 一维数组与记录间数据的传递

(1) 将表的当前记录复制到数组：在数据表记录与数组之间进行数据交换是应用程序设计中经常使用的一种操作，它具有传送数据多、传递速度快、使用方便等特点。而且将数据表的内容传输到数组，不需要先定义就可以使用。

格式：SCATTER [FIELDS<字段名表>][MEMO]TO<数组名>|MEMVAR

功能：将当前数据表中的当前记录按字段依次存入到指定的数组或内存变量中。

说明：

1）FIELDS<字段名表>指定要传送的字段内容。若省略该选项，则是将当前记录的所有字段值依次传送给数组元素或内存变量。数组元素的数据类型由复制过来的字段类型决定。

2）带 MEMO 选项，表示可以将备注型字段的内容复制到数组中（对应数组元素的类型为字符型，宽度与备注型字段的实际内容相同）；否则，备注型字段不被复制。

3）TO<数组名>指出数据传递到的数组，当前记录的字段内容将按顺序分别复制到该数组的各个元素中，且从数组的第一个元素开始存放。若指定的<数组名>不存在（即没有用 DIMENSION 语句定义）或已定义的数组元素的个数少于字段个数，则系统将自动建立或重新定义该数组；若已定义的数组元素的个数多于字段个数，则多余的数组元素内容将不被复制。

4）使用 MEMVAR 选项表示将字段内容传递到一组内存变量中，且一个字段对应产生一个内存变量，内存变量的名字、类型、宽度与相应的字段变量相同。带 MEMO 选项时，接收备注型字段的内存变量类型为字符型，宽度与备注型字段的实际内容相同。

5）通用型字段其值不会被传送。

【例 4-21】 SCATTER 命令应用举例。

```
CLEAR MEMORY
USE brdab
GO 6
DISPLAY
SCATTER to x
DISPLAY MEMORY LIKE X
GO 3
DISPLAY
SCATTER FIELDS 姓名,性别,就诊日期 TO A
DISPLAY MEMORY LIKE A *
```

（2）将数组复制到表的当前记录

格式：GATHER FROM<数组名>|MEMVAR[FIELDS<字段名表>][MEMO]

功能：将数组中的数据作为一条记录传送到当前打开表的当前记录中。

说明：

1）MEMVAR 表示将同名的内存变量值复制到当前记录的指定字段中，若没有内存变量与指定字段同名，则该字段内容将不被复制。

2）带 FIELDS<字段名表>选项表示只将数组或内存变量的值依次复制到指定的字段中；否则将数组元素依次复制到当前记录的所有字段中。

3）带 MEMO 选项表示可以将数组或内存变量的值复制到备注型字段，否则不对备注型字段复制。复制过程中如果遇到通用型字段，系统会忽略跳转到下一个字段。

4）数组必须已经定义过，并且各数组元素的数据类型与相应的字段数据类型必须相同，否则不进行传送。

5）如果字段个数多于数组元素的个数，则后面多余的字段将不被复制其内容保持不变；如果数组元素的个数多于字段个数，则多余的数组元素将被忽略。

【例 4-22】 GATHER 命令应用举例。

```
USE brdab
```

```
COPY STRU TO zbda
GO 2
SCATTER TO X
USE zbda
APPEND BLANK
GATHER FROM X          && 将数组X中的数据复制到当前的空记录中
DISPLAY
USE
```

4. 二维数组与整表之间的数据传递 一维数组一次只能传送一个记录，如果需要传送多个记录，可使用二维数组进行操作。

(1) 复制内容到数组

格式：COPY TO ARRAY <数组名>[范围][FOR 条件][FIELDS <字段名表>]

功能：将当前数据表中指定范围内符合条件的记录数据复制到指定的二维数组中。

说明：若指定的数组未定义，系统自动建立新的二维数组来接纳传送过来的数据。其余需说明事项与SCATTER TO<数组名>命令类似。但该命令不能把备注字段的数据复制。

(2) 数组内容添加到数据表命令

格式：APPEND FROM ARRAY <数组名>[FIELDS <字段名表>]

功能：将指定二维数组中各元素的数据，复制并添加到当前数据表中，但忽略备注字段。

【例4-23】 二维数组的数据传送。

```
CLEAR ALL
USE brdab
COPY TO ARRAY NN FOR 年龄>30 AND 性别="男"
COPY STRUCTURE TO brln
USE brln
APPEND FROM ARRAY NN
BROWSE NOMODIFY
CLEAR ALL
USE
```

第3节　数据表的排序与索引

数据表的操作包括"存"数据和"取"数据，在本章第2节中已经介绍了如何规范的把数据存储起来。但是，如何能快速地从大量的数据里面取出自己需要的数据呢？如果数据表的数据按照某些字段从大到小(或从小到大)排好次序，则查找数据的速度会大大加快。因此，本节的内容是"取"数据的前提和准备。

通常情况下数据表中的各条记录是按输入顺序排列的，称为物理顺序，用记录号予以标识。然而许多时候需要按某种特定的次序排列，例如，在病人档案表中要求各记录按就诊日期的先后排序，或按基本年龄的高低排序等，这时就需要使用排序或索引功能对数据表的记录顺序进行重组，来满足用户的需求。此外，数据表的快速查询命令以及部分统计命令也要求被操作的各条记录必须是按某种规则排好序的。

Visual FoxPro 提供了物理排序与逻辑排序两种方法。物理排序一般简称为排序,而逻辑排序功能又称为索引。

4.3.1 物理排序

所谓物理排序方法,是指依照某一关键字值的大小重新排列数据表中记录的物理顺序,并生成一个新的数据表文件。新表与旧表内容完全一样,只是它们的记录排列顺序不同而已。

格式:SORT ON <字段 1>[/A][/C][/D] [,<字段 2>[/A][/C][/D]…]TO <文件名>
[<范围>][FOR<条件>][WHILE<条件>][FIELDS<字段表>]
[ASCENDING|DESCENDING]

功能:对指定范围内满足条件的记录按指定<字段>之值的大小重新排序后生成一个给定名称的新数据表文件。

说明:

(1) 缺省范围短语和条件短语时,将对所有记录排序。

(2) 排序结果存入由 TO<文件名>短语指定的新表文件中,其扩展名默认为 .dbf。新表的结构由 FIELDS 短语规定,缺省该短语时新表结构与当前表的结构相同。

(3) 本命令可实现多重排序,系统首先按<字段 1>的值的大小进行排序,如果有可选项<字段 2>,则在<字段 1>的值相同的情况下,再按<字段 2>的值的大小进行记录排序,依此类推。

(4) 指定"/A"为升序排序,指定"/D"为降序排序;同时指定"/A"和"/D"只承认降序;默认为升序排序。

(5) 选用 ASCENDING,表示所有关键字段都按升序排序;选用 DESCENDING,表示所有关键字段都按降序排序。

(6) 指定"/C"时,则排序时不区分字母的大小写。

【例 4-24】 将病人档案表中所有记录,按姓名进行物理排序。

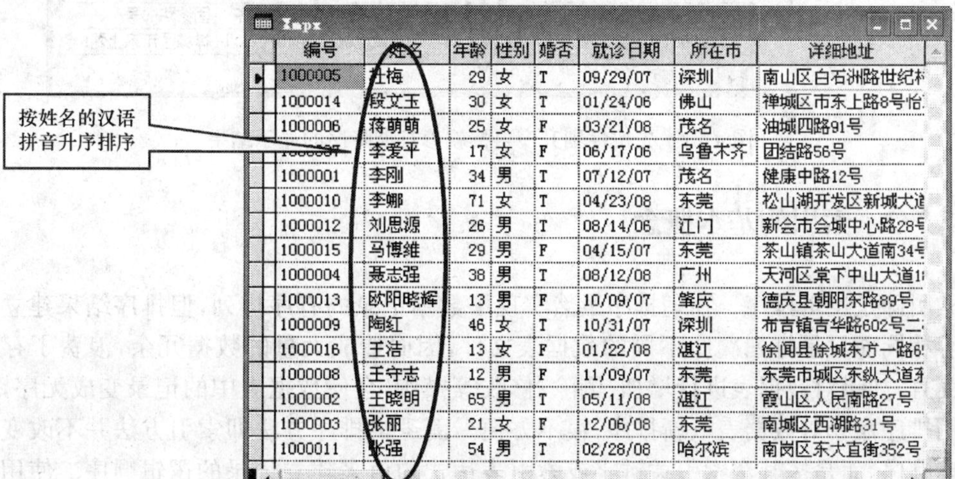

按姓名的汉语拼音升序排序

编号	姓名	年龄	性别	婚否	就诊日期	所在市	详细地址
1000005	杜梅	29	女	T	09/29/07	深圳	南山区白石洲路世纪
1000014	段文玉	30	女	T	01/24/06	佛山	禅城区市东上路8号怡
1000006	蒋萌萌	25	女	F	03/21/08	茂名	油城四路91号
[illegible]	李爱平	17	女	F	06/17/06	乌鲁木齐	团结路56号
1000001	李刚	34	男	T	07/12/07	茂名	健康中路12号
1000010	李娜	71	女	T	04/23/08	东莞	松山湖开发区新城大
1000012	刘思源	26	男	T	08/14/06	江门	新会市会城中心路28
1000015	马博維	29	男	F	04/15/07	东莞	茶山镇茶山大道南34
1000004	聂志强	38	男	T	08/12/08	广州	天河区棠下中山大道1
1000013	欧阳晓辉	13	男	F	10/09/07	肇庆	德庆县朝阳东路89号
1000009	陶红	46	女	T	10/31/07	深圳	布吉镇吉华路602号二
1000016	王洁	13	女	F	01/22/08	湛江	徐闻县徐城东方一路6
1000008	王守志	12	男	F	11/09/07	东莞	东莞市城区东纵大道
1000002	王晓明	65	男	T	05/11/08	湛江	霞山区人民南路27号
1000003	张丽	21	女	F	12/06/08	东莞	南城区西湖路31号
1000011	张强	54	男	T	02/28/08	哈尔滨	南岗区东大直街352号

图 4-20 按姓名升序的显示结果

```
USE brdab
SORT ON 姓名 TO xmpx              && 生成新表文件 xmpx
go 4
DISP          && 显示原始表中第 4 条记录,即“聂志强”的记录
USE xmpx      && 打开按照姓名排序后产生的新数据表
BROWSE        && 显示按姓名升序排列后生成的新表的排序结果,如图 4-20 所示
go 9
DISP          && 显示新表中第 9 条记录,即“聂志强”的记录,表示在新表中“聂志强”的记录号码发生变化,即物理排序后产生的新表中记录的物理顺序发生了改变
USE
```

【例 4-25】 将病人档案表中所有记录先按性别升序,再按就诊日期降序进行物理排序。

```
USE brdab
SORT ON 性别,就诊日期/D TO xbjzpx
USE xbjzpx
BROWSE          && 显示的排序结果如图 4-21 所示
USE
```

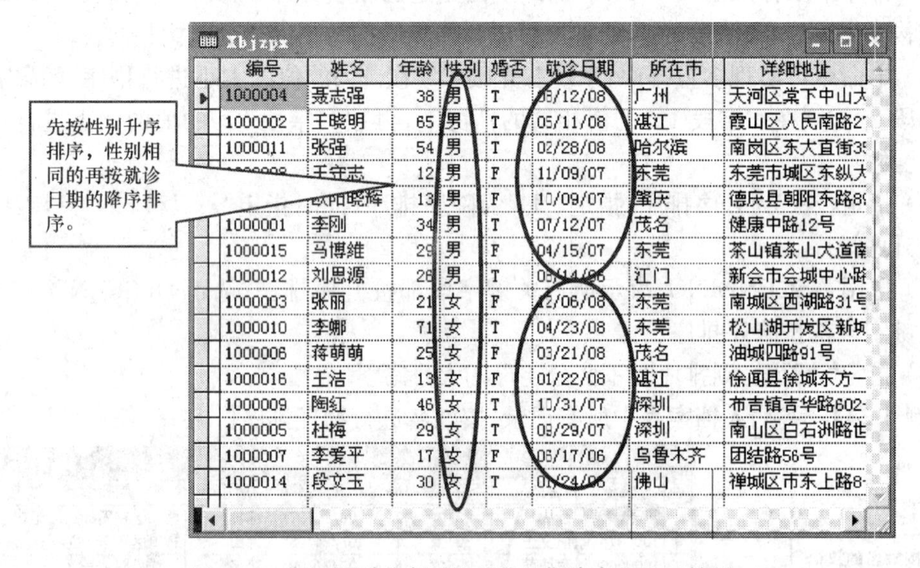

图 4-21　先按性别升序再按就诊日期降序的显示结果

4.3.2　索引的基本概念

索引即是逻辑排序。物理排序虽然实现了数据记录的有序排列,但排序结果建立了许多内容相同而只是排列次序不同的数据表文件,因而造成大量的数据冗余,浪费了存储空间。而且,如果对数据表进行增加、删除、修改等操作,会使数据表中的记录变成无序,必须再使用排序命令对数据表重新排序,很不方便。而逻辑排序方法即索引方法并不改变记录的物理顺序,而是按某个索引关键字或索引表达式的值来建立记录的逻辑顺序。使用逻辑排序所生成的索引文件中,仅记载各记录的关键字值或索引表达式的值,以及对应的记录号的排列顺序,因此产生的文件大小很小,占用空间少;并且索引文件与原数据表一起使用,原

数据表中各记录的实际存储位置即物理顺序并没有改变，但对其操作时却按索引关键字值的大小来重新组织表中的记录顺序进行，因而从逻辑上讲各条记录是有序的。

逻辑排序的速度快、效率高，且大大减少了数据的冗余，因而在大多数情况下均采用逻辑排序的方法即索引的方法。

1. 定义　索引文件是由指针构成的文件，这些指针逻辑上按照索引关键字的值进行排序。索引文件和表文件分别存储，并且不改变表中记录的物理顺序。实际上，创建索引文件是创建一个由记录指针构成的文件。如果要根据特定顺序处理表记录，可以选择一个相应的索引项。与排序操作相比，两者都能重新安排原数据表中记录的组织顺序。不同的是，排序的结果是从物理上改变了原数据表中的记录顺序，另外又建立了一个与原数据表内容相同且只是记录顺序不同的新表文件（参见例 4-24）；而索引的结果仅是从逻辑上改变了系统处理记录的顺序，不会另外生成新的表文件，也不会改变记录的物理顺序（即记录号），（参见例 4-26）。

2. 索引文件的类型　从索引的组织方式上分，Visual FoxPro 中的索引有以下三类。

（1）单索引：是指在索引文件中只能包含一个单一的关键字或者组合关键字的索引。

独立索引文件的扩展名为 .IDX，采用单索引时，对于每一个索引都要建立一个文件，这势必造成索引文件的增多。

（2）结构复合索引：是指在索引文件中可以包含多个索引项的索引，其中每个索引项称为索引标识（Index Tag）。结构复合索引文件的扩展名为 .CDX，是 Visual FoxPro 中最重要也是最常用的一种索引类型，它具有以下几个特点。

1）结构复合索引的文件主名与数据表文件主名相同。

2）在同一索引文件中可以包含多个索引关键字。

3）在打开数据表时自动打开，数据表关闭时自动关闭。

（3）非结构复合索引：在索引文件中也可以包含多个索引项，但主文件名与数据表不同名，在使用时需要用专门命令进行打开，因而较少使用。

3. 索引项的类型　在 Visual FoxPro 中，索引可分为下列 4 种类型。

（1）主索引（Primary Indexes）：是在指定字段或表达式中不允许出现重复值的索引，这样的索引可以起到主关键字的作用。如果在任何已包含了重复数据的字段上建立主索引，Visual FoxPro 将产生错误信息。每一个表只能建立一个主索引，只有数据库表才能建立主索引，自由表不能建立主索引。

（2）候选索引（Candidate Indexes）：也是一个不允许在指定字段和表达式中出现重复值的索引。数据库表和自由表都可以建立候选索引，一个表可以建立多个候选索引。

主索引和候选索引都存储在结构复合索引文件中，不能存储在非结构复合索引文件和单索引文件中，因为主索引和候选索引都必须与表文件同时打开和同时关闭。

（3）唯一索引（Unique Indexes）：系统只在索引文件中保留第一次出现的索引关键字值。这里讲的唯一索引并不是指索引字段取值的唯一性。索引字段值是可以重复的，但重复的索引字段值只有唯一一个值出现在索引对照表中。数据库表和自由表都可以建立唯一索引。例如，如果对病人档案表中的“性别”字段建立唯一索引，在索引文件中只存储两条记录，“男”和“女”。

（4）普通索引（Regular Indexes）：这是一个最简单的索引，允许索引关键字值重复出现，适合用来进行表中记录的排序和查询，也适合于一对多永久关联中“多”的一边（子表）的索引。数据库表和自由表都可以建立普通索引。

普通索引和唯一索引可以存储在非结构复合索引文件和单索引文件中。

在 4 种不同类型的索引中，主索引和候选索引具有相同的功能，除具有索引排序的功能外，都还具有关键字的特性，建立主索引或候选索引的字段值可以保证唯一性，它拒绝重复的字段值。唯一索引和普通索引与以前版本的索引含义相同，它们只起到索引排序的作用。

4.3.3 索引的建立

可以根据需要为一个数据表建立多个索引文件，包括若干个单索引文件和复合索引文件，而在一个复合索引文件中又可建立多个索引项。在所有的索引类型中，结构复合索引是 Visual FoxPro 中最重要也是最常用的。

1. 在表设计器中建立索引 利用表设计器创建的索引只能生成结构化复合索引，打开某个数据表后，选择“显示”菜单下的“表设计器”命令，即可打开“表设计器”对话框。

在该对话框的“字段”选项卡中，可以直接指定某个字段是否为索引项。如图 4-22 所示，选中某个字段后，用鼠标单击其“索引”列中的下拉列表框，可以选择“无”、“升序”或“降序”。如果选择升序或降序，将建立一个对应当前字段的普通索引，此索引项的标识名默认与该字段同名，而索引表达式即为该字段变量。

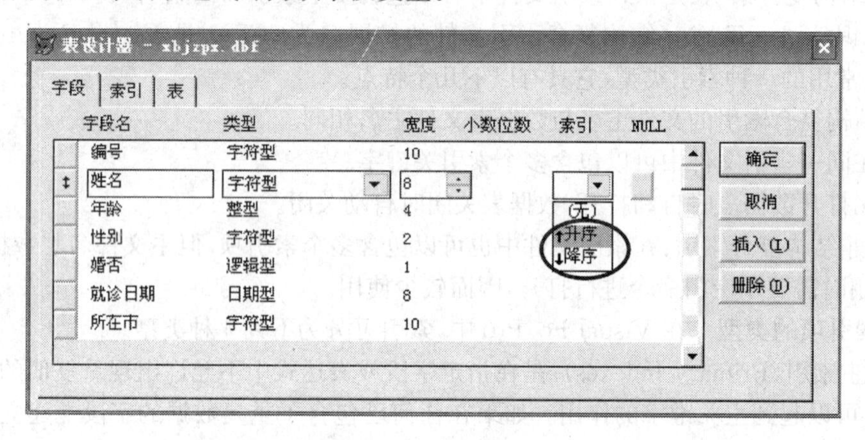

图 4-22 在表设计器中对于某个字段建立索引

在“索引”选项卡中，对于已经建立的索引，如果要改变为其他类型的索引，可切换到“索引”选项卡，然后，根据需要从“类型”下拉列表框中选择“普通索引”、“候选索引”或“唯一索引”，如图 4-23 所示。如果当前打开的是数据库表，则还可以选择“主索引”。

索引关键字可以是单个字段，也可以是多个字段的组合。如果要建立包含多个字段的较复杂的索引表达式，则可按下述步骤进行。

(1) 在“索引”选项卡的“索引名”列下面的空格中，输入要创建的索引项名称，索引名最多 10 个字符。

(2) 单击“类型”列中的下拉列表框，选择所需的索引类型。

(3) 单击“表达式”列右侧带省略号的生成器按钮，打开如图 4-24 所示的“表达式生成器”对话框。

(4) 在“表达式生成器”对话框的“表达式”框中，输入索引表达式。输入表达式时，可以

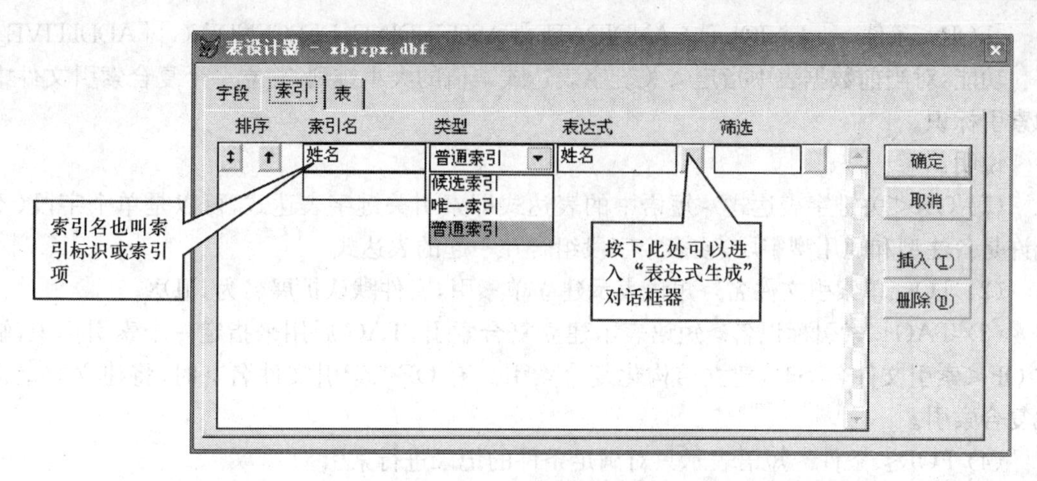

图 4-23　改变索引类型

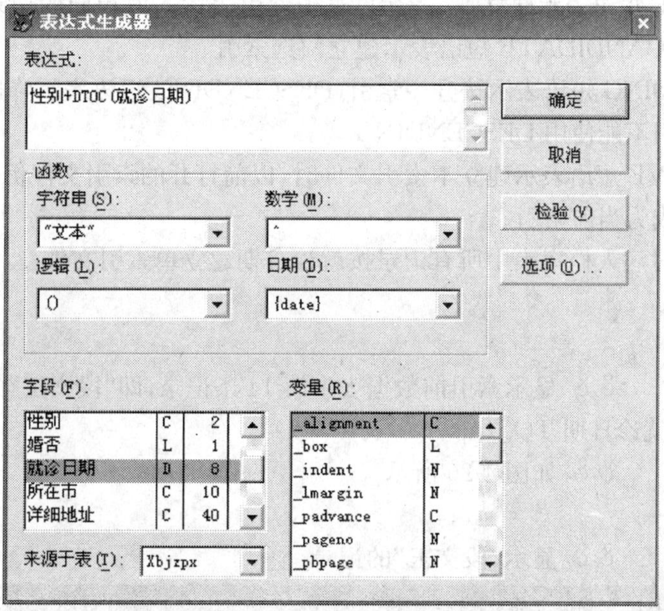

图 4-24　"表达式生成器"对话框

通过在"字段"列表框中选择所需字段，在"函数"框中选择所需的各种类型的函数和运算符号来帮助完成。

(5) 单击"确定"按钮，完成索引表达式的输入，返回"表设计器"对话框。

需要注意的是：在"表设计器"中建立的每一个索引项，实际上都是与该数据表同名的结构复合索引文件中的一个索引标识。另外，用表设计器虽然可以建立索引，但是建立完索引后该索引项并没有被激活，如果要激活该索引项，请参考 4.3.4 节"指定主控索引"部分。

2. 用命令建立索引

格式 1：INDEX ON<关键字表达式>TO<单索引文件名>[FOR<条件>][COMPACT]

　　[UNIQUE|CANDIDATE] [ASCENDING][ADDITIVE]

功能：对当前数据表中指定<关键字表达式>值的大小排列，建立一个单索引文件。

格式 2：INDEX ON<关键字表达式>TAG<索引标识名>[OF <索引文件名>]

[FOR<条件>][UNIQUE|CANDIDATE][ASCENDING|DESCENDING] [ADDITIVE]

功能：对当前数据表中指定<关键字表达式>值的大小排列，建立一个复合索引文件中的索引标识。

说明：

(1) ON<关键字表达式>短语中的表达式即索引关键字表达式，可以是单个字段(不允许是备注型和通用型字段)或多个字段组合在一起的表达式。

(2) TO<单索引文件名>短语表示建立单索引，文件默认扩展名为 .IDX。

(3) TAG<索引标识名>短语表示建立复合索引，TAG 后用来指定一个索引标识，缺省 OF<索引文件名>时，建立结构化复合索引。有 OF<索引文件名>时，将建立非结构化复合索引。

(4) FOR<条件>短语表示只对满足条件的记录进行索引。

(5) COMPACT 短语表示建立一个压缩的单索引文件，而复合索引文件总是压缩的；

(6) UNIQUE 短语表示建立唯一索引，对于索引表达式值相同的记录，只有第一个记录列入索引文件，CANDIDATE 短语表示建立候选索引。

(7) ASCENDING 短语表示按升序索引，DESCENDING 短语表示降序索引，默认为按升序索引。单索引不能使用 DESCENDING。

(8) ADDITIVE 短语表示建立本索引文件时，以前打开的索引文件仍保持打开状态，并使新建立的索引成为当前索引。

【例 4-26】 对病人档案表中所有记录按就诊日期建立单索引文件。

```
USE brdab
GO 14
DISP            && 显示索引前数据表中第 14 条记录，即“段文玉”的记录
INDEX ON 就诊日期 TO jzrqsy
BROWSE          && 如图 4-25 所示
GO TOP
DISP            && 显示“段文玉”的记录
```

Brdab

编号	姓名	年龄	性别	婚否	就诊日期	所在市	详细地址
1000014	段文玉	30	女	T	01/24/06	佛山	禅城区市东上路8号怡
1000007	李爱平	17	女	F	06/17/06	乌鲁木齐	团结路56号
1000012	刘思源	26	男	T	08/14/06	江门	新会市会城中心路28号
1000015	马博维	29	男	F	04/15/07	东莞	茶山镇茶山大道南34号
1000001	李刚	34	男	T	07/12/07	茂名	健康中路12号
1000005	杜梅	29	女	T	09/29/07	深圳	南山区白石洲路世纪村
1000013	欧阳晓辉	13	男	F	10/09/07	肇庆	德庆县朝阳东路89号
1000009	陶红	46	女	T	10/31/07	深圳	布吉镇吉华路602号二
1000008	王守志	12	男	F	11/09/07	东莞	东莞市城区东纵大道东
1000016	王洁	13	女	F	01/22/08	湛江	徐闻县徐城东方一路65
1000011	张强	54	男	T	02/28/08	哈尔滨	南岗区东大直街352号
1000006	蒋萌萌	25	女	F	03/21/08	茂名	油城四路91号
1000010	李娜	71	女	T	04/23/08	东莞	松山湖开发区新城大道
1000002	王晓明	65	男	T	05/11/08	湛江	霞山区人民南路27号
1000004	聂志强	38	男	T	08/12/08	广州	天河区棠下中山大道1
1000003	张丽	21	女	F	12/06/08	东莞	南城区西湖路31号

图 4-25　按就诊日期升序建立单索引的显示结果

```
? RECN()        && 显示为14,即逻辑排序后不但没有生成新的数据表,而且也没有
                && 改变数据表中的各记录的物理顺序
USE
```

在执行 BROWSE 命令后出现的浏览窗口(图 4-25)中,可以发现其中的记录已按就诊日期的升序排列整齐。

如果对两个或两个以上字段建立索引,索引的字段必须写在一个表达式里面,如果字段的类型不一致,则必须进行转换,使其成为一条合法的表达式。索引的原理是先求出表达式的值,然后再按其值的升序或降序排列。因此,如果对两个或两个以上的数值型字段建立索引,或者对一个日期型字段和一个数值型字段建立索引,则要注意对关键字表达式作一定处理,以便达到预期的索引效果。

【例 4-27】 对病人档案表中所有记录按先按性别,性别相同时再就诊日期升序建立单索引文件 xbjzsy。

```
USE brdab
INDEX ON 性别+DTOC(就诊日期) TO xbjzsy
BROWSE
USE
```

在执行 BROWSE 命令后出现的浏览窗口(图 4-26)中,可以发现其中的记录已按先性别再就诊日期的升序排列整齐。但是,就诊日期是按月份作升序排列的,如果要改成按年月日开序,则应改成:DToc(就诊日期,1)其中参数"1"表示日期转换为以年月日排列的字符串。

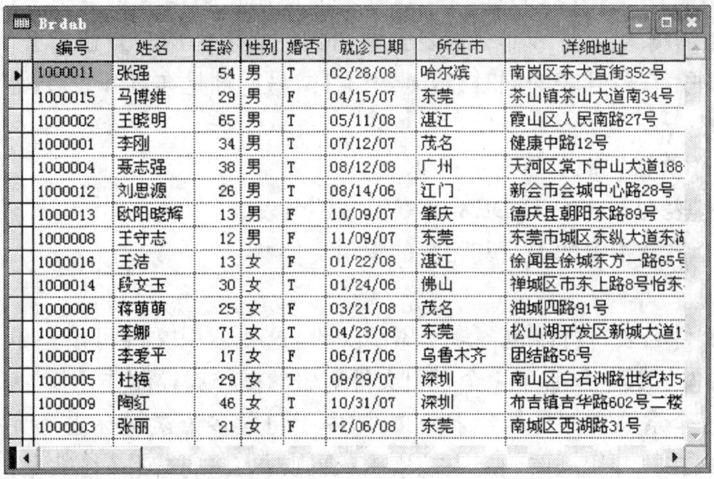

Brdab

编号	姓名	年龄	性别	婚否	就诊日期	所在市	详细地址
1000011	张强	54	男	T	02/28/08	哈尔滨	南岗区东大直街352号
1000015	马博维	29	男	F	04/15/07	东莞	茶山镇茶山大道南34号
1000002	王晓明	65	男	T	05/11/08	湛江	霞山区人民南路27号
1000001	李刚	34	男	T	07/12/07	茂名	健康中路12号
1000004	聂志强	38	男	T	08/12/08	广州	天河区棠下中山大道188
1000012	刘思源	26	男	T	08/14/06	江门	新会市会城中心路28号
1000013	欧阳晓辉	13	男	F	10/09/07	肇庆	德庆县朝阳东路89号
1000008	王守志	12	男	F	11/09/07	东莞	东莞市城区东纵大道东
1000016	王洁	13	女	F	01/22/08	湛江	徐闻县徐城东方一路65
1000014	段文玉	30	女	T	01/24/06	佛山	禅城区市东上路8号怡东
1000006	蒋萌萌	25	女	F	03/21/08	茂名	油城四路91号
1000010	李娜	71	女	T	04/23/08	东莞	松山湖开发区新城大道1
1000007	李爱平	17	女	F	06/17/06	乌鲁木齐	团结路56号
1000005	杜梅	29	女	T	09/29/07	深圳	南山区白石洲路世纪村5
1000009	陶红	46	女	T	10/31/07	深圳	布吉镇吉华路602号二楼
1000003	张丽	21	女	F	12/06/08	东莞	南城区西湖路31号

图 4-26 按先性别再就诊日期建立单索引的显示结果

【例 4-28】 对病人档案表建立一个结构复合索引文件,包括一个按姓名索引的标识 xm 和一个按性别与年龄索引的标识 xbnl。

```
USE brdab
INDEX ON 姓名 TAG xm
INDEX ON 性别+STR(年龄,2) TAG xbnl
MODIFY STRUCTURE
USE
```

在执行了 MODIFY STRUCTURE 后出现的表设计器的"索引"标签中(图 4-27),可以

看到结构复合索引的两个索引项的排序、名称、类型和表达式，都是与命令中一一对应。

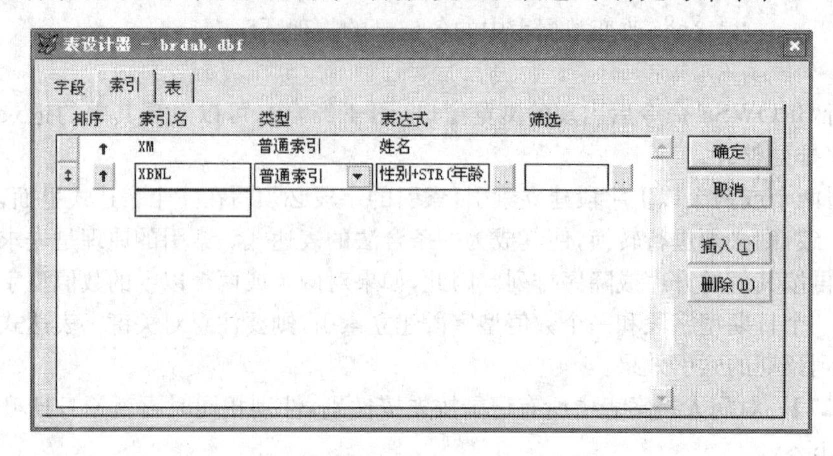

图 4-27 病人档案表中建立好的索引项

4.3.4 索引的使用

当某个索引刚建立时，该索引文件处于打开状态并成为主控索引文件；当某个索引标识刚建立时，该标识将同时成为主控索引标识。但是如果数据表关闭了以后再重新打开，要激活使用某个索引，就要使用以下的命令。使用某索引要先打开索引文件，再激活主控索引标识。

1. 打开索引文件 索引文件必须先打开才能使用。结构复合索引文件随相关表的打开而自动打开，但单索引文件和非结构复合索引文件必须由用户自己打开。打开索引文件有两种方法：一种是在打开表的同时打开索引文件；另一种是在打开表后，需要使用索引时，再打开索引文件。

(1) 表和索引文件同时打开

格式：USE＜表文件名＞ INDEX ＜索引文件名表＞

功能：该命令打开指定的表及其相关的索引文件。

说明：

1) ＜索引文件名表＞可以包含多个索引文件，这些索引文件可以是单索引文件，也可以是复合索引文件。其中只有第一个索引文件对表的操作起控制作用，称为主控索引文件。

2) 如果第一个索引文件是复合索引文件，由于包含多个索引标志，无法确定哪个索引标志起作用，所以在打开后还要确定主控索引，否则对表进行操作时，数据记录仍按物理顺序排列。

(2) 打开表后再打开索引文件

格式：SET INDEX TO [＜索引文件名表＞][ADDITIVE]

功能：该命令为当前表打开一个或多个索引文件。

说明：

1) 省略任何选项而直接使用 SET INDEX TO，将关闭当前工作区中除结构复合索引文件之外的全部索引文件。

2) 若省略 ADDITIVE 选项，则在使用该命令打开索引文件时，除结构复合索引文件之外的索引文件均被关闭。

2. 指定主控索引　一个表可能有多个索引文件被打开，但在一个时刻只有一个索引起控制作用，这就是主控索引文件。对于新建立的索引文件，它是当然的主控索引。打开索引文件时，排在索引文件表中第一位的是主控索引文件，如果主控索引文件是单索引文件，那么它所包含的索引就成为主控索引，如果主控索引文件是复合索引文件，还得进一步确定哪个索引标识是主控索引。

格式：SET ORDER TO [<索引文件顺序号>][<单索引文件名>]

[[TAG]<索引标识名>]

功能：该命令指定表的主控索引文件或主控索引标识。

说明：

(1) <索引文件顺序号>表示已打开的索引文件的序号，用以指定主控索引。单索引文件首先按打开的先后顺序标识序号，然后，结构复合索引文件的索引标识按其生成的顺序计数，最后是非结构复合索引文件的索引标识按其生成的顺序计数。

(2) 最好使用<单索引文件名>指定一个单索引文件为主控索引文件，这样做比用索引文件顺序号更直观。

(3) [TAG]<索引标识名>用于指定一个已打开的复合索引文件中的一个索引标识为主控索引。

(4) 不带任何短语的 SET ORDER TO 命令可以取消主控索引。

【例 4-29】　在例 4-26，例 4-27，例 4-28 中为病人档案表建立了结构复合索引文件 brdab. cdx，并且依次建立了“xm”和“xbnl”2 个索引项。另外还创建了先按性别再按就诊日期建立的单索引文件 xbjzsy。我们来讨论如下命令执行后，表中记录的排列顺序。

```
USE brdab                && 同时自动打开结构复合索引文件 brdab. cdx
BROWSE                   && 按原表顺序排列显示
SET ORDER TO 2           && 指定第二个索引项为主控索引
BROWSE                   && 先按性别再按年龄排列显示
SET ORDER TO xm          && 指定 xm 为主控索引项
BROWSE                   && 按姓名的升序排列显示
SET INDEX TO xbjzsy      && 打开按性别与就诊日期索引的单索引文件
BROWSE                   && 先按性别再按就诊日期排列显示
SET ORDER TO 0           && 取消当前主控索引
BROWSE                   && 按原表顺序显示
USE
```

3. 辅助命令

格式：DISPLAY STATUS

功能：显示状态。

在建立或使用索引的过程中，为了更直观的了解各索引文件和索引标识的情况，常常借助此命令来了解情况。在例 4-29 中，如果把所有的 BROWSE 换成 DISPLAY STATUS。则可以看到如图 4-28 所示结果。

4. 索引项起作用时记录指针的移动　在数据表和与之相关的若干个索引文件打开的情况下，当某个索引项起作用时，记录指针实际上是在该索引项对应的索引表上进行移动，但当明确指定移动到某号记录时例外。下面举例说明。

Microsoft Visual FoxPro
文件(F) 编辑(E) 显示(V) 工具(T) 程序(P) 窗口(W) 帮助(H)
处理器Pentium
当前选定表:
选定工作区: 1，正在使用的表:C:\PROGRAM FILES\MICROSOFT VISUAL STUDIO\VFP98\BRDAB.DBF 别名:BRDAB
代码页: 936
结构 CDX 文件: C:\PROGRAM FILES\MICROSOFT VISUAL STUDIO\VFP98\BRDAB.CDX
索引标识: XM 排序: PINYIN 键: 姓名
索引标识: XBNL 排序: PINYIN 键: 性别+STR(年龄,2)
备注文件: C:\PROGRAM FILES\MICROSOFT VISUAL STUDIO\VFP98\BRDAB.FPT
锁: 独占使用

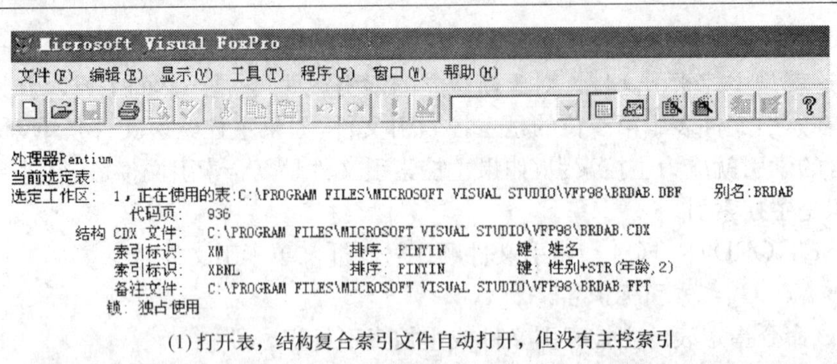

(1) 打开表，结构复合索引文件自动打开，但没有主控索引

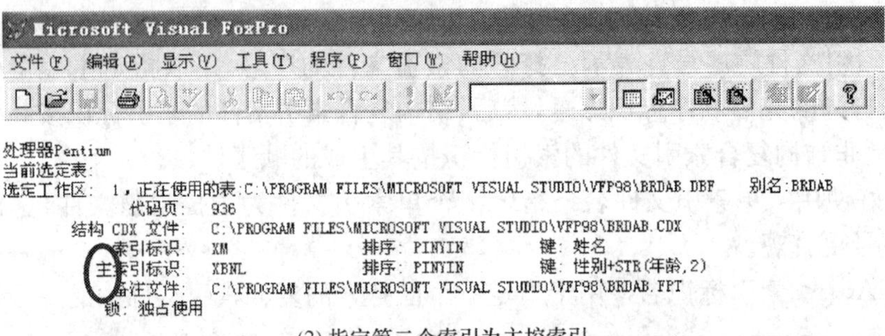

Microsoft Visual FoxPro
文件(F) 编辑(E) 显示(V) 工具(T) 程序(P) 窗口(W) 帮助(H)
处理器Pentium
当前选定表:
选定工作区: 1，正在使用的表:C:\PROGRAM FILES\MICROSOFT VISUAL STUDIO\VFP98\BRDAB.DBF 别名:BRDAB
代码页: 936
结构 CDX 文件: C:\PROGRAM FILES\MICROSOFT VISUAL STUDIO\VFP98\BRDAB.CDX
索引标识: XM 排序: PINYIN 键: 姓名
主索引标识: XBNL 排序: PINYIN 键: 性别+STR(年龄,2)
备注文件: C:\PROGRAM FILES\MICROSOFT VISUAL STUDIO\VFP98\BRDAB.FPT
锁: 独占使用

(2) 指定第二个索引为主控索引

Microsoft Visual FoxPro
文件(F) 编辑(E) 显示(V) 工具(T) 程序(P) 窗口(W) 帮助(H)
处理器Pentium
当前选定表:
选定工作区: 1，正在使用的表:C:\PROGRAM FILES\MICROSOFT VISUAL STUDIO\VFP98\BRDAB.DBF 别名:BRDAB
代码页: 936
结构 CDX 文件: C:\PROGRAM FILES\MICROSOFT VISUAL STUDIO\VFP98\BRDAB.CDX
主索引标识: XM 排序: PINYIN 键: 姓名
索引标识: XBNL 排序: PINYIN 键: 性别+STR(年龄,2)
备注文件: C:\PROGRAM FILES\MICROSOFT VISUAL STUDIO\VFP98\BRDAB.FPT
锁: 独占使用

(3) 指定xm为指控索引

Microsoft Visual FoxPro
文件(F) 编辑(E) 显示(V) 工具(T) 程序(P) 窗口(W) 帮助(H)
处理器Pentium
当前选定表:
选定工作区: 1，正在使用的表:C:\PROGRAM FILES\MICROSOFT VISUAL STUDIO\VFP98\BRDAB.DBF 别名:BRDAB
代码页: 936
主索引文件: C:\PROGRAM FILES\MICROSOFT VISUAL STUDIO\VFP98\XBJZSY.IDX 键: 性别+DTOC(就诊日期) 排序: PINYIN
结构 CDX 文件: C:\PROGRAM FILES\MICROSOFT VISUAL STUDIO\VFP98\BRDAB.CDX
索引标识: XM 排序: PINYIN 键: 姓名
索引标识: XBNL 排序: PINYIN 键: 性别+STR(年龄,2)
备注文件: C:\PROGRAM FILES\MICROSOFT VISUAL STUDIO\VFP98\BRDAB.FPT
锁: 独占使用

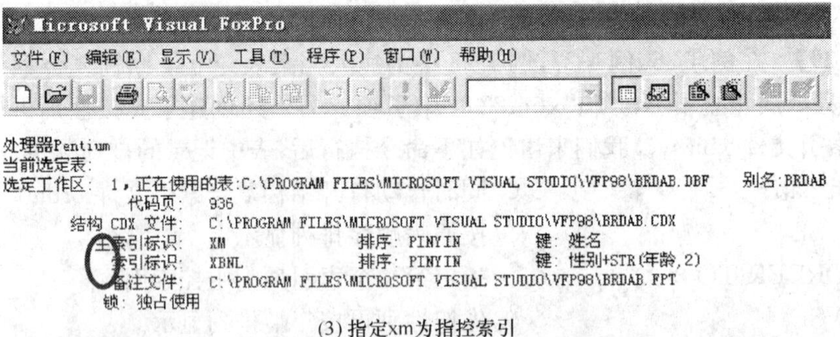

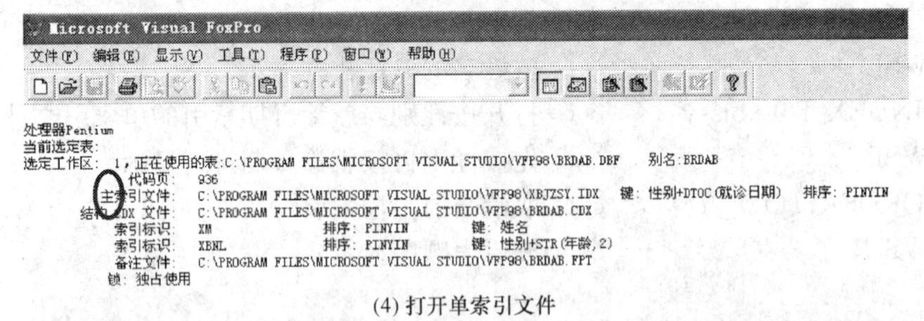

(4) 打开单索引文件

Microsoft Visual FoxPro
文件(F) 编辑(E) 显示(V) 工具(T) 程序(P) 窗口(W) 帮助(H)
处理器Pentium
当前选定表:
选定工作区: 1，正在使用的表:C:\PROGRAM FILES\MICROSOFT VISUAL STUDIO\VFP98\BRDAB.DBF 别名:BRDAB
代码页: 936
索引文件: C:\PROGRAM FILES\MICROSOFT VISUAL STUDIO\VFP98\XBJZSY.IDX 键: 性别+DTOC(就诊日期) 排序: PINYIN
结构 CDX 文件: C:\PROGRAM FILES\MICROSOFT VISUAL STUDIO\VFP98\BRDAB.CDX
索引标识: XM 排序: PINYIN 键: 姓名
索引标识: XBNL 排序: PINYIN 键: 性别+STR(年龄,2)
备注文件: C:\PROGRAM FILES\MICROSOFT VISUAL STUDIO\VFP98\BRDAB.FPT
锁: 独占使用

(5) 取消当前主控索引

图 4-28 按照例 4-29 依次替换 browse 后显示当前工作表的主控索引的不同

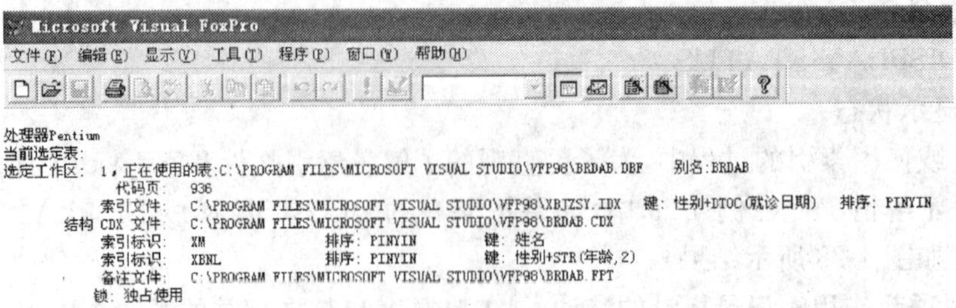

【例 4-30】　在索引文件或索引项起作用的情况下，记录指针移动举例。

```
USE brdab                 && 同时自动打开同名的复合索引文件 brdab.cdx
SET ORDER TO xm           && 指定主控索引
BROWSE                    && 浏览窗口显示顺序如图 4-29 所示
GO TOP                    && 记录指针指向索引表中的第一条记录
DISPLAY                   && 显示姓名排序的第一条(杜梅)记录
SKIP                      && 记录指针指向索引表中的下一条记录
DISPLAY                   && 显示姓名排序的第二条(段文玉)记录
GO 1                      && 明确指定移动到第 1 号记录
DISPLAY                   && 显示记录号为 1(李刚)的记录
GO BOTTOM                 && 记录指针指向索引表中的最后一条记录
DISPLAY                   && 显示姓名排序的最后(张强)记录
USE
```

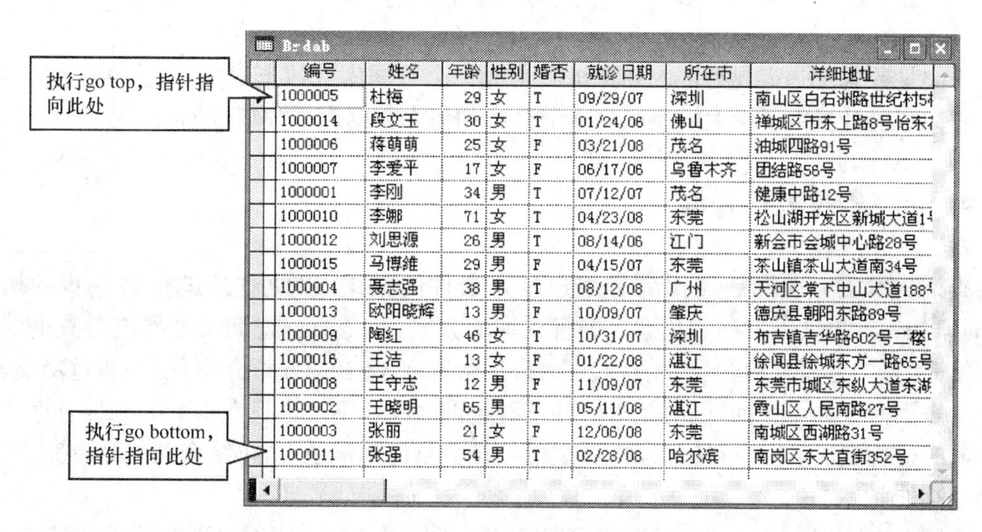

Brdab

编号	姓名	年龄	性别	婚否	就诊日期	所在市	详细地址
1000005	杜梅	29	女	T	09/29/07	深圳	南山区白石洲路世纪村5
1000014	段文玉	30	女	T	01/24/06	佛山	禅城区市东上路8号怡东
1000006	蒋萌萌	25	女	F	03/21/08	茂名	油城四路91号
1000007	李爱平	17	女	F	06/17/06	乌鲁木齐	团结路56号
1000001	李刚	34	男	T	07/12/07	茂名	健康中路12号
1000010	李娜	71	女	T	04/23/08	东莞	松山湖开发区新城大道1
1000012	刘思源	26	男	T	08/14/06	江门	新会市会城中心路28号
1000015	马博维	29	男	F	04/15/07	东莞	茶山镇茶山大道南34号
1000004	聂志强	38	男	T	08/12/08	广州	天河区棠下中山大道188
1000013	欧阳晓辉	13	男	F	10/09/07	肇庆	德庆县朝阳东路89号
1000009	陶红	46	女	T	10/31/07	深圳	布吉镇吉华路602号二楼
1000016	王洁	13	女	F	01/22/08	湛江	徐闻县徐城东方一路65号
1000008	王守志	12	男	F	11/09/07	东莞	东莞市城区东纵大道东湖
1000002	王晓明	65	男	T	05/11/08	湛江	霞山区人民南路27号
1000003	张丽	21	女	F	12/06/08	东莞	南城区西湖路31号
1000011	张强	54	男	T	02/28/08	哈尔滨	南岗区东大直街352号

图 4-29　按照姓名升序排列显示

5. 索引文件的关闭

格式 1：CLOSE INDEXES

格式 2：SET INDEX TO

功能：关闭当前工作区内除了结构复合索引文件之外的所有索引文件，结构复合索引文件随表的关闭自动关闭。

说明：当用其他各种命令关闭数据表文件后，与之相关的所有索引文件也将自动随之关闭。

6. 更新索引　对于已建有索引文件的数据表，如果对其记录进行了增删或记录数据发生了变化，应及时对已有的索引文件中的各索引项重新进行索引。

重新索引有两种情况。一是在打开数据表的同时打开有关索引文件，在此情况下对数据表进行的增删修改都将自动使打开的索引文件中的各索引项得到重新索引。因与数据表同名的结构复合索引文件总是和数据表一起打开的，所以总能自动得到重新索引。另一种情况是在对数据表中数据进行修改时没有事先打开有关的单索引文件或非结构复合索引文件,这就需要在事后同时打开这个数据表和有关的这些索引文件,再用如下命令对修改后的数据表进行重新索引。

格式:REINDEX

功能:分别根据各打开的索引文件中的索引表达式的规定,对当前数据表重新进行索引,使对应的索引文件得到更新。

7. 删除索引

格式 1:DELETE FILE ＜索引文件名＞

格式 2:DELETE TAG ALL |＜索引标识名＞

格式 1 用于删除一个单索引文件。格式 2 用于删除打开的复合索引文件的所有索引标志或指定的索引标志。如果一个复合索引文件的所有索引标志都被删除,则该复合索引文件也就自动被删除了。

第 4 节　数据表的查询与统计

将大量数据按一定规则存入计算机而构成一个数据库或数据表后,就为对这些数据的快速查询和统计提供了极大的便利。本节介绍如何在数据表中"取"数据。

4.4.1 数据表的查询

查询从本质上讲就是查找满足用户指定条件的数据,以便对其进行进一步的操作。Visual FoxPro 提供了三种对数据表进行查询的方式,一是通过查询设计器进行查询,将在第 5 章介绍;二是通过功能强大的 SQL 语言进行查询,将在第 6 章介绍;三是通过功能较为简单的查询命令进行查询,也就是本节的三种查询命令。不过也只有本节的三种查询命令,能够同时进行定位,即可以使记录指针定位在符合条件的记录上,再结合其他命令完成数据的修改功能。

实际上在数据表建立之后,BROWSE、LIST、DISPLAY、REPLACE 等命令兼有查询并对找到的记录实施某种操作的双重功能,但速度较慢,当数据量较大时很难满足用户的基本需求。本节的查询定位命令分为顺序查询和索引查询两种,不但可以将记录指针定位在满足条件的某一记录上,而且索引查询还可以实现快速的记录指针定位。

1. 顺序查询　顺序查询是指按表中记录的物理顺序逐个查询复合条件的记录,并将记录指针定位在符合条件的第一条记录上面,如果没有满足条件的记录,则记录指针指向 EOF 位置。

格式:LOCATE [＜范围＞] FOR＜条件＞

功能:在当前表文件的指定范围内按顺序查找符合指定条件的第一条记录,并将记录指针指向该记录。

说明:

(1) 命令中的条件短语 FOR 是必须的。

(2) 若指定范围,则从当前记录开始在指定范围内查找,缺省范围短语时默认查找范围为 ALL。

(3) 找到时,记录指针指向第一条满足条件的记录,且 FOUND()函数返回逻辑真值;

若找不到，FOUND()函数返回逻辑假值，此时如果指定了查找范围，记录指针将指向范围内最后一条记录；否则，记录指针将指向文件尾。

(4) 本命令为顺序查找，因而不要求被查找的数据表排好序，但查找速度相对较慢。

LOCATE 命令在查找到符合条件的首记录时，记录指针即指向该记录。若要以相同条件继续查找，可使用与之配套的继续查找命令，其命令格式如下。

格式：CONTINUE

功能：按最近一次 LOCATE 命令的条件在后续记录中继续查找。

【例 4-31】 在病人档案表中查找女病人的记录。

```
USE brdab
LOCATE FOR 性别="女"
? FOUND()           && 显示.T.,表示已找到
? RECN()            && 显示3,表示记录指针指向第3号记录
DISPLAY             && 显示找到的第3号记录的内容
CONTINUE            && 继续按相同条件查找
? FOUND()           && 显示.T.,表示找到
? RECN()            && 显示5
```

当然我们还可以使用 CONTINUE 命令继续查找，直到找不到对应记录，即指针指到 EOF 为止。

【例 4-32】 在病人档案表中查找 2007 年 9 月入院的病人记录。

```
USE brdab
LOCATE FOR YEAR(就诊日期)=2007 AND MONTH(就诊日期)=9
? FOUND()        && 显示.T.,表示已找到
? RECN()         && 显示5,表示记录指针指向第5号记录
DISPLAY          && 显示找到的第5号记录的内容
CONTINUE         && 继续按相同条件查找
? FOUND()        && 显示.F.,表示找到
? EOF()          &&. 显示为.T.,表示记录指针已指向文件尾
```

2. 索引查询　索引查询是利用索引文件，按照索引表达式的值找到对应的记录。由于索引查询采用了二分法查询算法，其查询速度非常快。索引查询可用 SEEK 和 FIND 两个命令实现。

格式 1：SEEK<表达式>

功能：在索引文件中查找关键字内容与<表达式>相同的第一条记录。

说明：

(1) 使用本命令查询前须打开相应的索引文件，并使对应的索引项成为主控索引项，且<表达式>的类型必须和索引关键字表达式的类型一致。

(2) 本命令可查询任何类型的关键字表达式，但备注型和通用型除外。

(3) 若查找成功，记录指针指向所查记录，FOUND()函数返回值为.T.；若找不到，则记录指针指向文件尾，FOUND()函数返回值为.F.。

(4) 本命令没有专门的继续查找命令，需要时可借助 SKIP 命令作继续查找。

(5) 在使用字符串作为查找值时，应使用字符串定界符。对于字符串表达式，有精确查

询和不精确查询之分，精确查询要求表达式的值与索引关键字值完全相同，不精确查询只要表达式的值与索引关键字值左边的若干字符相同。查询方式由 SET EXACT ON|OFF 设置。

【例 4-33】 SEEK 命令查询举例。

```
USE brdab
SET ORDER TO xm                    && 指定“xm”为主控索引项，见例 4-28
ss=[聂志强]
SEEK ss                            && 本命令可以直接使用变量查询
DISPLAY                            && 显示找到的"聂志强"记录内容
GO TOP
SEEK [李爱平]                      && 查询字符串时应使用定界符
DISPLAY                            && 显示找到的"李爱平"记录内容
USE
```

格式 2：FIND ＜字符串＞|＜常数＞

功能：在数据表和有关索引文件打开的情况下，在索引表中快速将记录指针定位到与所指定的＜字符串＞或＜常数＞相匹配的第一条记录。

说明：

(1) 本命令只能查找字符串或常数。

(2) 在使用本命令前，须打开对应的索引文件并使对应的索引项成为主控索引项。

(3) 若查找成功，记录指针指向所查记录，FOUND()函数返回值为 .T.；若找不到，记录指针指向文件尾，FOUND()函数返回值为 .F.。

(4) 对要查找的字符串不必用定界符括起来，但加上定界符也对。

(5) 本命令没有专门的继续查找命令，需要时可借助 SKIP 命令作继续查找。

(6) 当通过字符型内存变量检索时，命令中必须使用宏替换“&”，表示按内存变量的内容检索。

【例 4-34】 FIND 命令查询举例。

```
USE brdab
SET order TO xm          && 指定“xm”为主控索引项，见例 4-28
FIND 李                  && 在索引表上查找第一个姓李的病人，此为模糊查询
DISPLAY                  && 显示第 1 个姓李病人“李爱平”的记录内容
SKIP                     && 在索引表上，记录指针下移一条
DISPLAY                  && 显示第 2 个姓李病人“李刚”的记录内容
SET EXACT ON             && 设置精确匹配
FIND 张                  && 设置为精确查找后，意味着查找名字只有一个字，即就
                            叫做“张”的病人
? FOUND()                && 显示 .F.，表示没有找到
FIND 张丽                && 查找病人“张丽”
DISPLAY                  && 显示找到的“张丽”的记录内容
xm=[聂志强]
FIND &xm                 && 本命令只能查询常量，使用变量时应进行宏代换
```

```
DISPLAY                    && 显示找到的"聂志强"记录内容
USE
```

SEEK 和 FIND 命令都是要先对关键字索引以后再查询，它们的格式虽然类似，但是有以下区别：

(1) SEEK 命令可查询除备注型和通用型外的任何类型的数据，FIND 命令只能查找字符串或常数。

(2) SEEK 命令在使用字符串作为查找值时，应使用字符串定界符，而 FIND 命令不用加定界符。

4.4.2　数据表的统计

在 Visual FoxPro 中，不但可以对数据表中的数据进行检索，还可以对表中相应的记录进行统计计算以及对表中的数值型字段进行求和、求平均值、分类汇总等操作。Visual FoxPro 共提供五种命令实现数据表的统计功能。

1. 求和命令

格式：SUM [＜表达式表＞][＜范围＞][FOR＜条件＞][WHILE＜条件＞]
　　[TO＜内存变量表＞]

功能：对当前数据表指定范围内满足条件的所有记录根据指定的数值型字段表达式按列求和。

说明：

(1) ＜表达式表＞中的各表达式可以是字段变量、内存变量、常数、函数以及它们的各种组合，但整个表达式必须是数值型的。

(2) 没有任何选项时，默认对当前数据表中所有数值型字段的值求和。

(3) 有 TO＜内存变量表＞短语时，则自动将各表达式求和的结果依次存入指定的各内存变量中，并且变量的个数一定要和数值型字段的个数一致，否则系统会自动提示错误。

(4) 本命令的默认记录范围为 ALL。

【例 4-35】 对病人档案表中所有数值型字段求和。

```
USE brdab
SUM TO nlzh          && 因为表中只有唯一一个数值型字段"年龄"，所以只需要一个
                        内存来保存求和结果
?"年龄总和：",nlzh
USE
```

【例 4-36】 统计病人档案表中男病人的人数。

```
USE brdab
SUM 1 FOR 性别=[男] TO nbrgs      && 常数"1"在此表示对 1 作累加，可
                                     达到统计人数的作用
?"男病人的人数为：",nzgrs
USE
```

2. 求平均命令

格式：AVERAGE[＜表达式表＞] [＜范围＞] [FOR＜条件＞] [WHILE＜条件＞]

[TO<内存变量表>]

功能:对当前数据表指定范围内满足条件的所有记录根据指定的数值型字段表达式按列求平均值。

说明:

(1) <表达式表>中的各表达式必须都是数值型的。

(2) 没有任何选项时,默认对当前数据表中所有数值型字段的值求平均。

(3) 有 TO<内存变量表>短语时,则自动将各表达式值求平均的结果依次存入指定的各内存变量中。

(4) 本命令默认的记录范围为 ALL。

【例 4-37】 分别统计病人档案表中男、女病人的平均年龄。

```
USE brdab
AVERAGE 年龄 FOR 性别="男" TO mpjnl
AVERAGE 年龄 FOR 性别="女" TO npjnl
?"男病人平均年龄:"+STR(mpjnl,5,2)
?"女病人平均年龄:"+STR(npjnl,5,2)
USE
```

3. 计数命令

格式:COUNT[<范围>][FOR<条件>][WHILE<条件>)[TO<内存变量>]

功能:统计当前数据表指定范围内满足条件的记录个数。

说明:

(1) 缺省范围子句和条件子句时,将得到当前数据表所有记录的个数。

(2) 有 TO<内存变量>短语时,则将统计结果存入指定的内存变量。

(3) 若设置了 SET TALK OFF,则不显示统计的结果,若设置了 SET DELETE ON,则做了删除标记的记录不被计数。

【例 4-38】 统计在 2008 年以前就诊的病人人数。

```
USE brdab
COUNT FOR YEAR(出生日期)<2008 TO rs
?"2008 年以前就诊的病人人数为:",rs
USE
```

【例 4-39】 统计女病人人数占病人总数的百分比。

```
USE brdab
COUNT TO brzs
COUNT FOR 性别="女" TO fbrs
?"女病人占职工总数的百分之:"+STR(fbrs/brzs*100,5,2)
USE
```

4. 专用计算命令

格式:CALCULATE<表达式表>[<范围>][FOR<条件>][WHILE<条件>]
[TO<内存变量表>]

功能:对指定范围内满足条件的记录分别计算指定的各个表达式的值。

说明:

(1) ＜表达式表＞中至少应包含系统规定的8个函数之一，包括：

1) AVG(＜数值表达式＞)：求数值表达式的平均值。

2) CNT()：统计表中指定范围内满足条件的记录个数。

3) MAX(＜表达式＞)：求表达式的最大值，表达式可以是数值、日期或字符型。

4) MIN(＜表达式＞)：求表达式的最小值，表达式可以是数值、日期或字符型。

5) SUM(＜数值表达式＞)：求表达式之和。

6) NPV(＜数值表达式1＞，＜数值表达式2＞[，＜数值表达式3＞])：求数值表达式的净现值。

7) STD(＜数值表达式＞)：求数值表达式的标准偏差。

8) VAR(＜数值表达式＞)：求数值表达式的均方差。

(2) 有TO＜内存变量表＞短语时，自动将计算结果依次存入指定的内存变量中。

(3) 本命令默认记录范围为ALL。

【例4-40】 在病人档案表中，分别计算病人平均年龄和病人的总人数。

```
USE brdab
CALCULATE AVG(年龄),CNT () TO pjnl,brzs
?"病人平均年龄为:",pjnl
?"总人数为:",brzs
USE
```

由此可见，使用COUNT、SUM和AVERAGE命令时，每个命令只能完成一种功能，而CALCULATE命令则具有多种功能，可以代替计数、求和、求平均等命令，而且还能完成其他功能。

需要注意的是：SUM、AVERAGE、CALCULATE命令的执行结果会在Visual FoxPro的窗口工作区中显示，而COUNT命令的执行结果只显示在状态栏。

5. 分类汇总命令　数据表中的记录在按指定关键字进行逻辑排序或物理排序的基础上，可以对这些记录进行分类求和，即分别对同一类别所有记录的数值型字段的值进行求和汇总。对数据表进行分类求和之后，将把结果存入一个与原表结构相同的新数据表中，原数据表中关键字值相同的一组记录汇总后将生成新表中的一条对应记录，因而原数据表中这个关键字有多少个不同的值，在生成的新数据表中便有多少条记录。

格式：TOTAL ON ＜关键字＞TO＜文件名＞[＜范围＞][FOR＜条件＞]
　　[WHILE＜条件＞][FIELDS＜字段表＞]

功能：对当前数据表中指定的数值型字段按＜关键字＞进行分类求和，并生成一个新的汇总数据表。

说明：

(1) 使用TOTAL命令之前，原数据表中的记录对于指定的＜关键字＞应该是有序的，否则应先按此＜关键字＞进行排序或索引。

(2) 分类求和的结果将产生一个新的表文件(.DBF)，其结构与当前表文件相同，但不包括备注型字段。当前表中关键字值相同的一类记录，在新表中只有一条记录。选择FIELDS短语时，仅对指定的数值型字段的值求和；否则将对所有数值型字段的值求和。

(3) 对于非数值型字段或不参加求和的数值型字段，是将每组关键字值相同的记录中的首记录的对应字段值存入汇总数据表产生记录的对应字段中。

【例 4-41】 在病人档案表中,按性别分类汇总年龄之和。

```
USE   brdab
INDEX   ON   性别   TAG   xb
TOTAL   ON   性别   TO   xbhz   FIELDS   年龄
USE   xbhz        && 打开汇总数据表
BROWSE
```

汇总结果产生的数据表如图 4-30 所示。

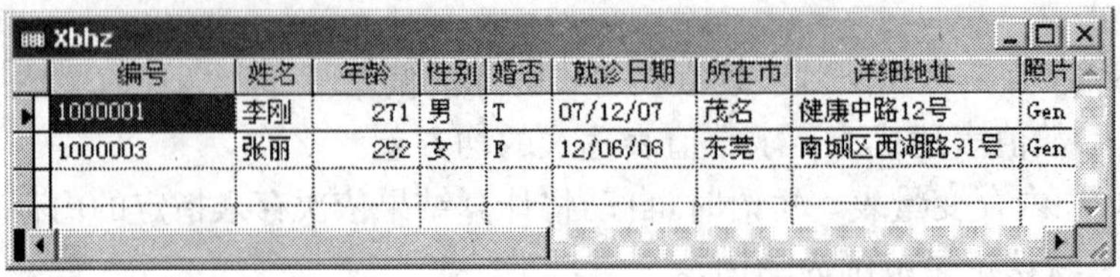

Xbhz

编号	姓名	年龄	性别	婚否	就诊日期	所在市	详细地址	照片
1000001	李刚	271	男	T	07/12/07	茂名	健康中路12号	Gen
1000003	张丽	252	女	F	12/06/08	东莞	南城区西湖路31号	Gen

图 4-30　按照性别汇总年龄的显示结果

如果要去掉汇总表中的无关内容,仅输出性别汇总后的年龄总和,可执行下面的命令:

BROWS FIELDS 性别,年龄

第 5 节　多数据表操作

前面所做的各种数据表操作,都是对一个表进行的,在实际工作中,常需要同时使用几个表的数据,这就涉及多数据表操作问题。Visual FoxPro 规定在同一个内存工作区中只能打开一个数据表,若打开一个新的数据表则原先打开的数据表将自动关闭。如果需要同时打开多个数据表进行多表间的相互操作,就需要在内存中开辟多个工作区,然后在每个工作区中分别打开不同的数据表。

4.5.1　工作区

1. 工作区的概念　工作区是用来保存表及其相关信息的一片内存空间。平时讲打开表实际上就是将它从磁盘调入到内存的某一个工作区。在每个工作区中只能打开一个表文件,但可以同时打开与表相关的其他文件,如索引文件、查询文件等。若在一个工作区中打开一个新的表,则该工作区中原来的表将被关闭。

Visual FoxPro 允许同时在内存中开辟 32767 个工作区,每个工作区都有个编号,可以选中某工作区后,在其中打开一个数据表及该表相关的辅助文件。用户虽然可以同时使用多个工作区,但在任何一个时刻用户只能选中一个工作区进行操作,当前正在操作的工作区称为当前工作区。

2. 工作区选择命令

格式:SELECT<工作区号|别名|0>

功能:选择某个内存工作区作为当前工作区。

说明:

(1) 工作区号通常可用数字表示,对于前 10 个工作区还可以分别用 A～J 中的一个字母来表示，以前打开数据表时，虽然没有指定工作区，但实际上都是在第一个工作区打开和操作表的。

(2) 别名是代表打开的数据表文件的一个更便于阅读、操作或记忆的名称，可以在 USE 数据表并同时为其指定别名，相应的命令格式为：

USE ＜数据表名＞ ALIAS ＜别名＞

若已用这个命令为打开的数据表定义了别名，则可用别名来选择该数据表所在的工作区；若数据表在打开时未赋予别名，则可用原数据表名来选择该数据表所在的工作区。

(3) SELECT 0 表示让系统自动选择编号最小的空闲工作区。

【例 4-42】 工作区选择示例。

```
SELECT   b
USE   brdab   alias br
SELECT   0        && 选择最小可用工作区，即 1 (或 A)号工作区
USE   xmb         && 如图 4-31 所示
SELECT 3
USE fyb           && 如图 4-32 所示
```

说明：上面例子中，先选择 b 工作区为当前工作区，在该区打开了病人档案表并赋于其别名 br，然后又选择当前最小空闲工作区即 a 工作区，并在该区打开了项目表(xmb. dbf)，再选择 3 号工作区，打开费用表(fyb. dbf)。此时，若再要选择 b 工作区为当前工作区，或者说再要回到 b 工作区进行操作，则以下 3 条命令的效果是相同的：

```
SELECT b
SELECT 2
SELECT br
```

Xmb

项目编号	项目名称	项目类型	单价
01010001	三精双黄连	药品项目	22.0000
01010002	同仁堂感冒颗粒	药品项目	59.0000
01010003	阿莫西林胶囊	药品项目	15.0000
01020001	甲硝唑片	药品项目	3.0000
01020002	环丙沙星	药品项目	16.0000
02010001	床位费	医疗项目	15.0000
02020002	诊查费	医疗项目	10.0000
02030003	手术费	医疗项目	228.0000
02040004	检查费	医疗项目	159.0000

图 4-31　项目表

Fyb

编号	项目编号	数量
1000001	01010001	2
1000001	01020002	3
1000001	02040004	1
1000002	02020002	1
1000003	02020002	1
1000003	01010002	3
1000007	02040004	1
1000008	02030003	1
1000009	02020002	1
1000009	02010001	5
1000009	02030003	1
1000009	02040004	1
1000009	01010003	3

图 4-32　费用表

3. 多工作区操作规则　开辟多个工作区后，要在多个工作区之间进行操作，必须遵循以下规则：

(1) 每个工作区只能打开一个表文件(可以同时打开与这个表文件相关的若干个辅助文件)，每一时刻只能选择一个工作区进行操作，即与 Windows 中只有一个当前窗口的概念相同，在 Visual FoxPro 中只有一个当前工作区。

(2) 同一数据表不能同时在多个工作区中打开。

(3) 当前选择的工作区为主工作区，在其内打开的数据表为主表；其他工作区为别名工作区，在其内打开的数据表被称为别名表。系统启动后自动选择 1 号工作区为主工作区。

(4) 各工作区中打开的数据表都有各自的记录指针，若各表之间未建立逻辑关联时，则对主工作区进行的各种操作都不影响其他工作区中数据表记录指针的位置。

(5) 若要访问其他工作区中数据表的某个字段内容时，需要用“别名．字段名”或者“别名＞字段名”的格式来指定。其中的别名是在打开数据表时定义的别名，对于 1～10 号工作区也可以用表示工作区的特定字母代替别名。

需要注意的是：在某个工作区打开数据表之后，返回该工作区时不必再次打开同一个数据表。

4.5.2 数据表的数据更新

当两个相关的数据表分别在不同的工作区打开后，即可用一个数据表中的数据来批量更新另一个数据表中的有关数据。

格式：UPDATE ON＜关键字段名＞ FROM ＜工作区号 1 别名＞ REPLACE＜字段 1＞
WITH＜表达式 1＞[，＜字段 2＞ WITH＜表达式 2＞…][RANDOM]

功能：当＜别名＞表中记录的关键字段值与当前表中记录的关键字段值匹配时，用所指定的表达式的值来替换当前表中匹配记录指定字段的值。

说明：

(1) 指定的别名数据表需事先在某个工作区内打开。

(2) ＜关键字段名＞必须是两个数据表所共有的。

(3) 若选择了[RANDOM]短语，则只需主表按指定的＜关键字段＞建立索引，否则两个表都必须以指定＜关键字段＞建立索引。

(4) 如果主表中关键字段值相同的记录有多个，则仅对与别名表具有相同关键字值的首记录进行更新。

(5) 数据表之间更新数据的具体操作过程为：先处理别名表中的第一条记录，即在主表中快速查找与该条记录具有相同关键字段值的记录，找到后即执行规定的数据替换工作。然后以同样的方式处理别名表中的第二条记录，直至处理完毕别名表中的所有记录。

【例 4-43】 设有项目表 xmb. dbf 和费用表 fyb. dbf，其记录内容分别如图 4-31，图 4-32 所示。下面的命令序列是把 fyb. dbf 中“1000001”编号的病人复制到一个新表 fyb01. dbf 中，并在 fyb01. dbf 中增加“费用”字段，利用 xmb. dbf 的单价，把“费用”进行更新。

```
SELECT a
USE xmb
SELECT b
USE fyb
COPY TO fyb01 for 编号="1000001"
USE fyb01
MODIFY STRUCTURE      && 增加"费用"字段，数值型
INDEX ON 项目编号 TO xmbh
UPDATE ON 项目编号 FROM a REPLACE 费用 WITH val(数量) * a→单价
BROWSE     && 更新结果如图 4-33 所示
```

CLOSE DATABASES

说明：UPDATE 命令在 b 工作区中执行，要在命令行中引用的“单价”字段在 a 工作区，故引用时可使用“a. 单价”，“a→单价”或“xmb. 单价”，但是不能使用“单价”或“1. 单价”。

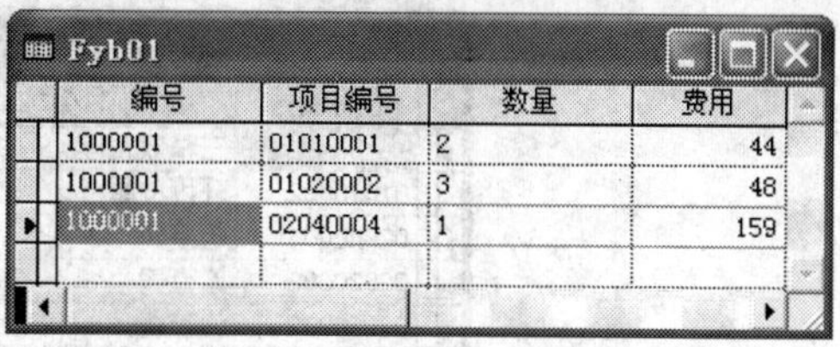

Fyb01

编号	项目编号	数量	费用
1000001	01010001	2	44
1000001	01020002	3	48
1000001	02040004	1	159

图 4-33 利用别名表中数据对主表数据更新

4.5.3 数据表的物理连接

多表之间的物理连接可分为纵向连接和横向连接，前者可用本章前面介绍的 APPEND FROM 命令实现，后者则由 JOIN 命令实现。

格式：JOIN WITH＜工作区号|别名＞TO＜表文件名＞ FOR ＜连接条件＞

[FIELDS ＜字段表＞]

功能：把主表文件与＜别名＞表文件中符合条件的对应记录，按＜字段表＞给定的字段顺序横向连接起来，生成一个新数据表。

(1) ＜工作区号|别名＞是被连接的数据表所在的工作区或其别名。

(2) FOR＜条件＞短语指定两个表文件联接的条件，只有满足条件的记录才被联接。

(3) 执行连接时，系统先将主表记录指针定位在首记录上，然后在别名表中寻找符合条件的记录，每找到一个就与主表中的当前记录按指定字段进行连接，生成目标数据表中的一条记录；待别名表的记录都处理完后，当前表的记录指针则再向下移动一个记录；重复上述寻找与连接过程，直至当前表的所有记录处理完为止。

(4) 目标数据表所含的字段与其先后顺序是由指定的＜字段表＞决定的，若缺省 FIELDS＜字段表＞，则取两个源数据表的全部字段，此时主表中的字段在前，别名表字段在后，重复字段只取主表中的一个。

执行该命令后，当前表文件从第 1 条记录开始，与被联接表的全部记录逐个比较。若满足连接条件，就把这两条记录联接起来，作为一条记录存放到新表文件中；若不满足联接条件，则进行下一条记录的比较。然后，当前表文件的记录指针指向下一条记录，重复上述过程，直到当前表文件中的全部记录处理完毕。联接过程中，如果当前表文件的某一条记录在被联接表中找不到相匹配的记录，则不在新表文件中生成记录。如果两个表的记录数分别为 M 和 N，则新数据表的记录数最多为 M＊N 条。

【例 4-44】 从费用表 fyb. dbf 和项目表 xmb. dbf 中分别抽取几个字段后，组成一个病人收费项目表 brsfxm. dbf。

```
SELECT b
USE xmb
SELECT a
USE fyb
JOIN WITH b TO brsfxm FOR  项目编号＝b. 项目编号 FIELDS 项目编号，b. 项目名称，b. 项目类型，b. 项目单价
USE brsfxm
BROWSE            && 如图 4-34 所示
CLOSE ALL
```

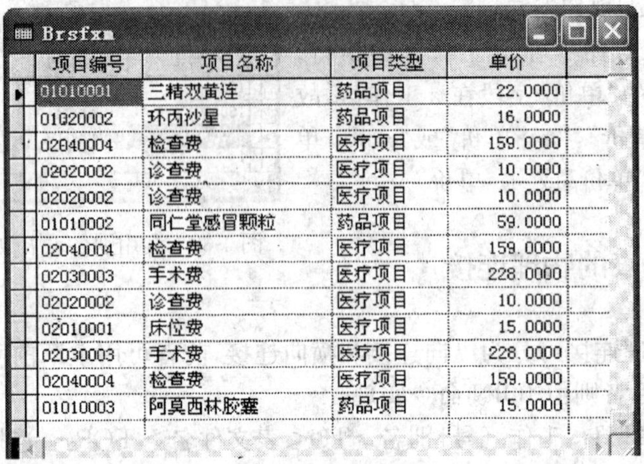

Brsfxm

项目编号	项目名称	项目类型	单价
01010001	三精双黄连	药品项目	22.0000
01020002	环丙沙星	药品项目	16.0000
02040004	检查费	医疗项目	159.0000
02020002	诊查费	医疗项目	10.0000
02020002	诊查费	医疗项目	10.0000
01010002	同仁堂感冒颗粒	药品项目	59.0000
02040004	检查费	医疗项目	159.0000
02030003	手术费	医疗项目	228.0000
02020002	诊查费	医疗项目	10.0000
02010001	床位费	医疗项目	15.0000
02030003	手术费	医疗项目	228.0000
02040004	检查费	医疗项目	159.0000
01010003	阿莫西林胶囊	药品项目	15.0000

图 4-34　物理连接的结果显示

需要注意的是：由于 JOIN 命令为物理连接，当数据表的记录较多时，此种方法不仅速度慢而且生成新的数据表，不可避免地造成数据冗余。实际应用中，更多采用的是将多个数据表按需要进行临时的逻辑连接。

4.5.4　数据表的逻辑连接

利用 Visual FoxPro 的 SET RELATION 命令，可以将两个数据表按某种规则建立起一种临时性的逻辑连接，或称关联。这时，当主表记录指针移动时，被关联数据表的记录指针也将作相应的移动，于是就可以像使用一个统一的数据表一样来使用这两个相关联的数据表。当不再需要这种逻辑联系时，则可随时将其撤销。建立关联后，称当前表为主表（或父表），与主表建立关联的表为从表（或子表）。

1. 关联的条件　对两个表建立关联的最终结果产生了父表和子表，并且希望当父表指针移动时，子表的指针能随之移动。类似于现实世界中依据血缘或者说共有基因建立起的父子关系，这两张表也必须有能够建立关联的基础，即记录号或共有的字段。

当两张表按照记录号或者共有字段组成的关键字建立好逻辑连接后，父表的指针每移动一次，就会在子表中查找与父表关键字值相同的结果，从而产生子表指针的移动。所以除了要在 SET RELATION 命令中指明建立关联的关键字表达式之外，还必须先为子表按照关键字表达式建立好索引并且使其称为主控索引；但是如果是按照记录号建立关联，则两张表均不需要索引。

2. 一对一的关联

格式：SET RELATION TO＜关键字表达式|数值表达式＞INTO＜工作区号/别名＞
　　[ADDITIVE]

功能：将当前工作区的主表文件与另一工作区的＜别名＞表文件建立起逻辑连接。

说明：

(1) ＜关键字表达式＞必须是主表和子表共有的字段，且子表须打开以此关键字表达式索引的文件；关联建立后，每当主表文件的记录指针移动时，子表中的记录指针便自动定位到与关键字表达式值相匹配的首记录。如果在子表中没有相匹配的记录，则其记录指针指向文件尾。

(2) 如果使用<数值表达式>，则子表不必索引。此时主表记录指针移动时，被关联数据表的记录指针就自动定位到其记录号与该数值表达式值相匹配的记录上，即在子表中自动执行 GO <数值表达式>命令。

(3) 选用[ADDITIVE]选项表示当前表与其他表已经建立的关联仍有效，否则在建立本次数据表间的关联时，将自动撤消当前表与其他数据表已经建立的关联，当要建立多个关联时，必须使用 ADDITIVE 选项。

(4) 执行不带任何参数的 SET RELATION TO 命令，表示删除当前工作区中的所有关系。

3. 一对多的关联　前面介绍了一对一的关联，这种关联只允许访问子表满足关联条件的第一条记录。若子表有多条记录和主表的某条记录相匹配，当需要访问子表的多条匹配记录时，就需要建立一对多的关联。

格式：SET SKIP TO [<别名 1>[,<别名 2>…]]

功能：该命令使当前表和它的子表建立一对多的关联。

说明：

(1) 别名指定子表所在的工作区。如果缺省所有选项，则取消主表建立的所有一对多关联。

(2) 一个主表可以和多个子表分别建立一对多的关联。因为建立一对多关联的表达式仍是建立一对一关联的表达式，所以建立一对多的关联应分两步完成：先使用命令 SET RELATION 建立一对一的关联（使用索引方式建立关联），再使用命令 SET SKIP 建立一对多的关联。

【例 4-45】　对病人档案表、费用表和项目表，列出全部病人的就诊费用记录，要求列出编号、姓名、性别、项目名称和单价。

```
sele a
USE fyb
INDEX ON 编号 TAG bh
SELE 3
USE brdab
SET RELATION TO 编号 INTO A
SELE 0
USE xmb
INDEX ON 项目编号 TAG xmbh
SELE fyb
SET RELATION TO 项目编号 INTO B ADDITIVE
LIST 项目编号,b. 项目名称,b. 单价                && 如图 4-35 所示
SELE brdab
SET SKIP TO A          && 由于 brdab. dbf 与 fyb. dbf 存在一对多关系(如图 4-36 所示),为了显示全部记录,而不是仅显示匹配的第一条记录,设置一对多关联
LIST 编号,姓名,性别,a. 项目编号,b. 项目名称,b. 单价 && 如图 4-37 所示
CLOSE ALL
```

记录号	项目编号	B->项目名称	B->单价
1	01010001	三精双黄连	22.0000
2	01020002	环丙沙星	16.0000
3	02040004	检查费	159.0000
4	02020002	诊查费	10.0000
5	02020002	诊查费	10.0000
6	01010002	同仁堂感冒颗粒	59.0000
7	02040004	检查费	159.0000
8	02030003	手术费	228.0000
9	02020002	诊查费	10.0000
10	02010001	床位费	15.0000
11	02030003	手术费	228.0000
12	02040004	检查费	159.0000
13	01010003	阿莫西林胶囊	15.0000

图 4-35　项目收费记录显示

编号	姓名	年龄	性别	婚否	
1000001	李刚	34	男	T	07
1000002	王晓明	65	男	T	05
1000003	张丽	21	女	F	12
1000004	聂志强	38	男	T	08
1000005	杜梅	29	女	T	09
1000006	蒋萌萌	25	女	F	03
1000007	李爱平	17	女	F	06
1000008	王守志	12	男	F	11
1000009	陶红	46	女	T	10
1000010	李娜	71	女	T	04
1000011	张强	54	男	T	02
1000012	刘思源	26	男	T	08
1000013	欧阳晓辉	13	男	F	10
1000014	段文玉	30	女	T	01
1000015	马博维	29	男	F	04
1000016	王洁	13	女	F	01

编号	项目编号	数量
1000001	01010001	2
1000001	01020002	3
1000001	02040004	1
1000002	02020002	1
1000003	02020002	1
1000003	01010002	3
1000007	02040004	1
1000008	02030003	1
1000009	02020002	1
1000009	02010001	5
1000009	02030003	1
1000009	02040004	1
1000009	01010003	3

父表 ←—— 一对多关系 ——→ 子表

图 4-36　brdab.dbf 与 fyb.dbf 的一对多关系

记录号	编号	姓名	性别	A->项目编号	B->项目名称	B->单价
1	1000001	李刚	男	01010001	三精双黄连	22.0000
1	1000001	李刚	男	01020002	环丙沙星	16.0000
1	1000001	李刚	男	02040004	检查费	159.0000
2	1000002	王晓明	男	02020002	诊查费	10.0000
3	1000003	张丽	女	02020002	诊查费	10.0000
3	1000003	张丽	女	01010002	同仁堂感冒颗粒	59.0000
4	1000004	聂志强	男			0.0000
5	1000005	杜梅	女			0.0000
6	1000006	蒋萌萌	女			0.0000
7	1000007	李爱平	女	02040004	检查费	159.0000
8	1000008	王守志	男	02030003	手术费	228.0000
9	1000009	陶红	女	02020002	诊查费	10.0000
9	1000009	陶红	女	02010001	床位费	15.0000
9	1000009	陶红	女	02030003	手术费	228.0000
9	1000009	陶红	女	02040004	检查费	159.0000
9	1000009	陶红	女	01010003	阿莫西林胶囊	15.0000
10	1000010	李娜	女			0.0000
11	1000011	张强	男			0.0000
12	1000012	刘思源	男			0.0000
13	1000013	欧阳晓辉	男			0.0000
14	1000014	段文玉	女			0.0000
15	1000015	马博维	男			0.0000
16	1000016	王洁	女			0.0000

图 4-37　病人收费情况显示结果

说明：当数据表建立关联后，主表的指针移动到某一条记录，子表的指针会随之移动到相应记录。这里的相应记录是指按照两表建立关联的条件，子表的指针移动到相同条件的记录上。如例 4-45 中，费用表 fyb.dbf 与项目表 xmb.dbf 按照项目编号建立了关联，那么当主表（费用表）的指针移动指向某一个项目编号时，子表（项目表）的指针也会自动指向相应的记录编号所在的记录行，即得到图 4-35 的显示结果。

【例 4-46】 如果将上例中的一对多关联改成一对一关联，即将倒数第三条命令 SET SKIP TO A 改成 SET RELATION TO 编号 INTO A，则执行完倒数第二条命令后的结果如图 4-38 所示。

记录号	编号	姓名	性别	A->项目编号	B->项目名称	B->单价
1	1000001	李刚	男	01010001	三精双黄连	22.0000
2	1000003	张丽	女	02020002	诊查费	10.0000
3	1000004	聂志强	男			0.0000
4	1000005	杜梅	女			0.0000
5	1000006	蒋萌萌	女			0.0000
6	1000007	李爱平	女	02040004	检查费	159.0000
7	1000008	王守志	男	02030003	手术费	228.0000
8	1000009	陶红	女	02020002	诊查费	10.0000
9	1000010	李娜	女			0.0000
10	1000011	张强	男			0.0000
11	1000012	刘思源	男			0.0000
12	1000013	欧阳晓辉	男			0.0000
13	1000014	段文玉	女			0.0000
14	1000015	马博维	男			0.0000

图 4-38 建立一对一关联后的执行结果

说明：这时候只会显示 brdab.dbf 与 fyb.dbf 中匹配的第一条记录，即每个编号只有一条费用记录。

【例 4-47】 按照记录号 RECN()对费用表和项目表建立关联，以费用表作为主表，观察结果有何不同。

```
SELE 1
USE fyb
SELE b
USE xmb
SELE fyb
SET RELATION TO RECN() INTO xmb
LIST 项目编号,b. 项目名称,b. 单价 && 如图 4-39 所示，与图 4-35 比较
```

记录号	项目编号	B->项目名称	B->单价
1	01010001	三精双黄连	22.0000
2	01020002	同仁堂感冒颗粒	59.0000
3	02040004	阿莫西林胶囊	15.0000
4	02020002	甲硝唑片	3.0000
5	02020002	环丙沙星	16.0000
6	01010002	床位费	15.0000
7	02040004	诊查费	10.0000
8	02030003	手术费	228.0000
9	02020002	检查费	159.0000
10	02010001		0.0000
11	02030003		0.0000
12	02040004		0.0000
13	01010003		0.0000

图 4-39 以记录号建立关联后显示结果

说明：费用表和项目表按照记录号建立关联后，主表（费用表）共有 13 条记录，子表（项目表）仅有 9 条记录，所以当指针从主表的 1 号记录一直移动到 9 号记录时，都有子表中相

应记录号的字段内容显示，但是从 10 到 13 条记录，由于子表中没有相应记录号码，所以显示结果如上图所示。

建立关联以后，还可以在“窗口”菜单的“数据工作期”看到数据表的关联情况，如例 4-45 和例 4-46 的关联情况如图 4-40，图 4-41 所示，我们可以看出，上面的表对下面的表而言是主表，下面的表对上面的表而言是子表。当主表记录指针移动时，子表会随之移动；反之则不然。

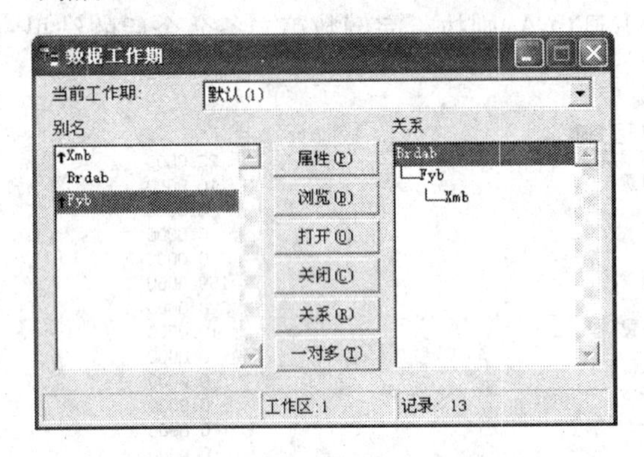

图 4-40 例 4-45 中逻辑关联的数据工作期显示的主表与子表关系

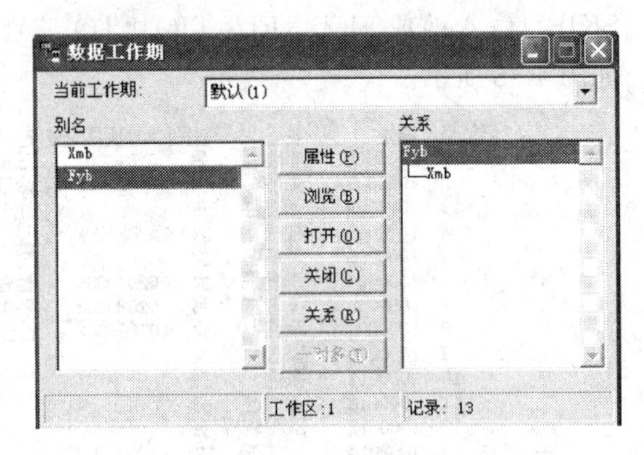

图 4-41 例 4-46 中逻辑关联的数据工作期显示的主表与子表关系

练 习 题

一、单项选择题

1. 已知当前数据表文件中有一姓名字段，现要显示所有姓“林”的记录，采用的命令是________。

A. LIST FOR SUBSTR(姓名,2)=“林”

B. LIST ALL FOR “林” $ 姓名

C. LIST FOR SUBSTR (姓名,1,2)=“林”

D. LIST ALL FOR 姓名= =“林”

E. LIST FOR AT (“林”,姓名)=1

2. 对一个数据表文件执行 LIST 命令之后，再执行？EOF()的结果是________。

A. .F.　　B. .T.　　C. 0　　D. 1

3. 假设数据表文件的当前记录号为 50，将记录指针移动到 35 号记录的命令是________。

A. SKIP-35　　B. SKIP 35　　C. SKIP 15　　D. SKIP-15

4. 在 Visual FoxPro 中定义数据表结构时，有一个数值型字段要求保留 4 位整数，2 位小数，并且其值可能为负，则该字段应定义宽度为________。

A. 8　　B. 7　　C. 6　　D. 5

5. 在一个表中物理删除所有记录，应执行的命令是________。

A. 先执行 DELETE，在执行 RECALL　　B. 先执行 DELETE，在执行 PACK

C. 执行 ZAP　　D. 执行 ZAP ALL

6. 在 Visual FoxPro 中，若想修改表结构，必须以________方式打开数据表

A. EXCLUSIVE　　B. SHARED　　C. NOUPDATE　　D. VALIDATE

7. 命令 SELECT 0 的功能是________。

A. 选择编号最小的空闲工作区　　B. 选择编号最大的空闲工作区

C. 随机选择一个工作区的区号　　D. 无此工作区，命令错误

8. 假设工资表中按基本工资升序索引后，并执行过赋值语句 N=800，则下列各条命令中，错误的是________。

A. SEEK N　　B. SEEK FOR 基本工资=N

C. FIND 1000　　D. LOCATE FOR 基本工资=N

9. 关于工作区，下列说法正确的是________。

A. 表文件也可以在非工作区中打开　　B. 工作区编号最大值是 32768

C. 表的别名可以作为工作区编号　　D. 可以在同一个工作区中打开多张表

10. 下列命令中不能关闭表文件的是________。

A. close all　　B. clear all　　C. close tables　　D. clear

11. 关于记录的定位，下列说法正确的是________。

A. 空表是没有记录指针的

B. 空表的 RECNO() 函数值是 0

C. 打开非空表时记录指针不一定指在第一条记录

D. 空表的 BOF() 和 EOF() 函数值都是 .t.

12. 下列说法正确的是________。

A. 结构复合索引文件扩展名是 CDX　　B. 非结构复合索引文件扩展名是 IDX

C. 结构复合索引文件不随表的打开而打开　　D. 独立索引文件会随着表的打开而打开

13. 下列命令中可以为数据表的“编号”字段建立结构复合索引的语句是________。

A. index on 编号 to bhsy　　B. index on 编号 tag bh to bhsy

C. index on 编号 tag bhsy　　D. index on 编号 to bh tag bhsy

14. 当某个数据表文件和相关的多个索引文件被打开时，有关主控索引的正确叙述是________。

A. 可以将多个索引文件同时设置为主控索引

B. 同一时刻只能将一个索引文件设置为主控索引

C. 只要指定了主索引文件，就不能更改关于主控索引的设置

D. 索引文件只要被打开就能对记录操作起作用

15. 假设某数据表中有字段：性别(L)，要逻辑删除性别是假值的记录可采用如下选项________。

A. DELETE FOR 性别="假"　　B. DELETE FOR .NOT. 性别

C. DELETE FOR 性别="F"　　D. DELETE FOR 性别=".F."

16. 设某表有字段：编号(C,6)、出生日期(D)、工资(N,9,2)。若要按工资升序，工资相同者按出生日期排序，建立结构复合索引标识 gzrq 的命令是________。

A. INDEX ON 工资，出生日期 TAG gzrq

B. INDEX STR(工资)+DTOC(出生日期) TAG gzrq

C. INDEX ON 工资+出生日期 TAG gzrq

D. INDEX ON 工资/A，出生日期 TO gzrq

17. 关于统计命令 SUM、AVERAGE 和 CALCULATE，如下选项________是错误的。

A. 它们默认的范围是 ALL　　　　　　　B. 都可以有条件表达式。

C. 这组命令正确的最短形式是只有命令动词 D. 它们操作的数据类型是数值型的。

18. 如果用 SET RELATION 命令建立两个数据表的关联,要求________。

A. 两个数据表不一定要索引　　　　　B. 主表必须索引

C. 两个数据表都必须索引　　　　　　D. 被关联的数据表必须索引

二、填空题

1. 自由表中可以建立的索引类型有________、________和________。

2. 在数据表中,图片数据应存在在________字段中,该类型的字段应存储在________文件中。

3. 排序有________和________两种。

4. 假设数据表中有工资(N)字段,若要计算正、副教授的平均工资,并将结果赋值给内存变量 pjgz,应使用的命令是________________________。

5. 设有职工工资表 gzb. dbf,包含字段职称(C),实发工资(N),补发工资(N),现需要将取称为“高工”以外的其他人员的实发工资用基本工资的 1.22 倍替换,应使用的命令是___。

6. 在不同工作区中切换,应使用命令________。

7. 向地震灾区捐款的数据表 jk. dbf 中有部门(C),姓名(C),捐款额(N)三个字段,数据表中已经存在按照部门建立好的结构复合索引标识 bm。若要汇总各部门的捐款额并将分类汇总结果存入数据表 bmhz. dbf 中,请完善一下命令序列,使其完成上述功能:

```
USE jk
________________
________________
USE bmhz
LIST
CLOSE ALL
```

8. 设有职工(编号,姓名,职称,基本工资)和工资(编号,姓名,职称,实发工资)两个表文件,如下程序段用关联方法显示所有职称是“工程师”的职工的编号、姓名、基本工资和实发工资的数据,请在完善以下命令序列,使其能完成上述功能。

```
SELECT  1
USE  工资 ALIAS GZ
INDEX  ON ________________ TO  IDX3
SELECT  2
USE  职工
SET  RELATION  TO________________
LIST  ________________FIELDLS  编号,姓名,职称,基本工资,________________
```

三、简答题

1. 数据表的组成包含哪两个部分?

2. 对数据表追加记录的方式有哪些?

3. 对数据表进行操作的各种命令中,缺省范围子句和条件子句时,仅对当前记录进行操作的命令有哪些?能使 EOF()函数返回为 .T. 的有哪些?

4. 什么是物理排序?什么是逻辑排序?主要有哪些不同?

5. 索引文件有哪几种，各有什么特点？索引项有哪些类型？在建立和使用时有什么不同？

6. 为什么要使用多个工作区？如何选择当前工作区？

参考答案

一、单项选择题

1. C 2. B 3. D 4. A 5. C 6. A 7. A 8. B 9. C 10. D 11. D 12. A 13. C 14. B 15. B 16. B 17. C 18. A

二、填空题

1. 候选索引、唯一索引、普通索引
2. 通用、FTP
3. 物理排序、逻辑排序
4. AVERAGE 工资 TO pjgz FOR "教授"$职称
5. REPLACE 实发工资 WITH 基本工资*1.22 FOR 职称!="高工"
6. SELECT
7. SET ORDER TO bm,TOTAL ON 部门 FIELDS 捐款额 TO bmhz
8. 编号,编号 INTO A,FOR 职称="工程师",A.实发工资(或 GZ->实发工资)

三、简答题

略。

第 5 章　数据库的基本操作

Visual FoxPro 的数据库(database)是由若干个相关的数据表,这些数据表的有关属性以及各表之间的联系等信息构成的一个扩展名为 . dbc 的文件。这个文件存储了数据库表与表之间的联系,数据表的有效性规则,数据表的字段定义及索引定义,各表之间的永久关系和参照完整性,以及依赖于表的视图定义。因而,数据库使得对数据的管理更加快捷、方便和高效。

第 1 节　数据库的建立和维护

简单来说,开发数据库应用系统首要任务之一就是设计一个结构合理的数据库,它不仅能存储所需的数据表等实体,而且能正确反映出实体之间的联系,以便能够方便、快速地访问所需要的信息,并得到准确合理的结果。因此,创建数据库,其实就是定义一个相关数据表的有意义的集合。

5. 1. 1　数据库的建立

创建数据库,会生成一个扩展名为 . dbc 的文件,用来存放数据库的定义,同时自动建立一个扩展名为 . dct 的数据库备注文件和一个扩展名为 . dcx 的数据库索引文件。而他们的主文件名是同名的。具体操作方式有菜单和命令两种。

1. 菜单操作方式　例如,要创建病人管理数据库(命名为 brgl. dbc)的结构,可按以下步骤进行:

(1) 选择“文件”菜单下的“新建”命令,在弹出的“新建”对话框中选中“数据库”后,再单击“新建文件”按钮,弹出“创建”对话框。

(2) 选定数据库文件保存的文件夹,例如,d:\vfp6 和输入病人管理数据库名称:brgl(扩展名为 . dbc),单击“保存”按钮。接着打开“数据库设计器”窗口,同时弹出“数据库设计器”工具栏,如图 5-1 所示。

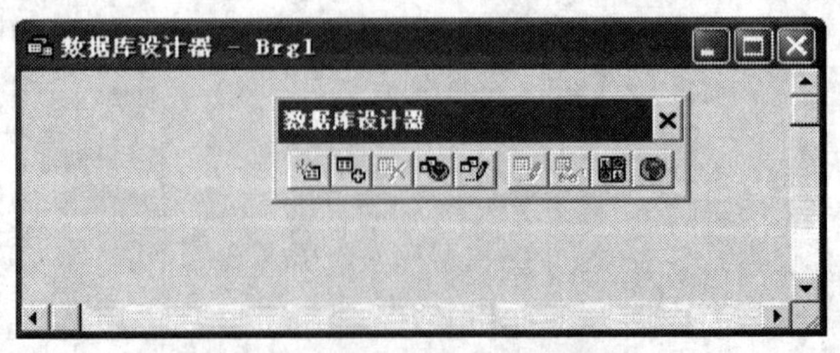

图 5-1　创建的病人管理数据库

(3) 在“数据库设计器—brgl”窗口内,即可根据需要新建数据表或将已有的数据表添加进来,并可进行有关的操作。

2. 命令操作方式

格式:CREATE DATABASE [＜数据库文件名＞/?]

功能:新建一个 Visual FoxPro 数据库。

说明:在命令窗口执行“CREATE DATABASE ＜数据库文件名＞”命令,将直接完成数据库的创建,并成为当前打开的数据库,但不出现数据库设计器窗口。新创建的数据库名称会显示在“常用”工具栏的下位列表框中。

3. 用项目管理器创建数据库 用项目管理器创建数据库的操作步骤如下:

(1) 打开项目管理器,并选择“数据”选项卡,在其中选择“数据库”。

(2) 执行“新建” →“新建数据库”→“创建”。打开数据库。

(3) 输入新建数据库的名称及其存储位置后,选择“保存”按钮。

(4) 在打开“数据库设计器”窗口内,即可根据需要新建数据库表或将已有的自由表添加进来,并可进行其他有关操作。

此方法在有项目开发时比较常用,在本章节练习时不常用。如下例用命令方式比较快捷。

【例 5-1】 若要新建一个病人管理数据库(数据库文件名为:brgl.dbc),可执行如下命令。

CREA DATA BRGL

【例 5-2】 若要新建一个学生管理数据库(数据库文件名为:xsgl.dbc),可执行如下命令。

CREA DATA XSGL

5.1.2 数据库中表的组织

Visual FoxPro 有两种形式的数据表,即自由表(free table)和数据库表(datebase table),而数据库表比自由表具有更多的优点。本章前用的数据表例举是自由表。当将自由表添加到某个相应的数据库中时,该自由表成为数据库表;反之将数据库中的数据库表移出数据库,就成为了自由表。强调说明的是任何一个数据表只能属于某一数据库,不能同时属于多个数据库。

1. 在数据库中建立新表 在数据库打开情况下,以下几种方法新建的数据表均自动成为当前数据库中的数据库表。

方法 1:选择“文件”菜单,执行“新建”→“表”→“新建文件”。

方法 2:直接在命令窗口执行 CREATE ＜表文件名＞命令。

方法 3:打开“数据库设计器”窗口,然后在主窗口出现的“数据库”菜单,执行“新建表”;或者单击“数据库设计器”工具栏中的“新建表”按钮;或者右键单击“数据库设计器”空白处,选择快捷菜单中“新建表”命令。

上述方法之一均可打开相应的“表设计器”对话框,在当前的数据库中创建一个新的数据库表。不同的是此时的“表设计器”比创建自由表时所出现的“表设计器”的内容丰富得多,对每个字段增加了“格式”、“输入掩码”、“标题”等显示方式的设定选项,以及“规则”、“信息”、“默认值”等有效性的设置选项,如图 5-2 所示。

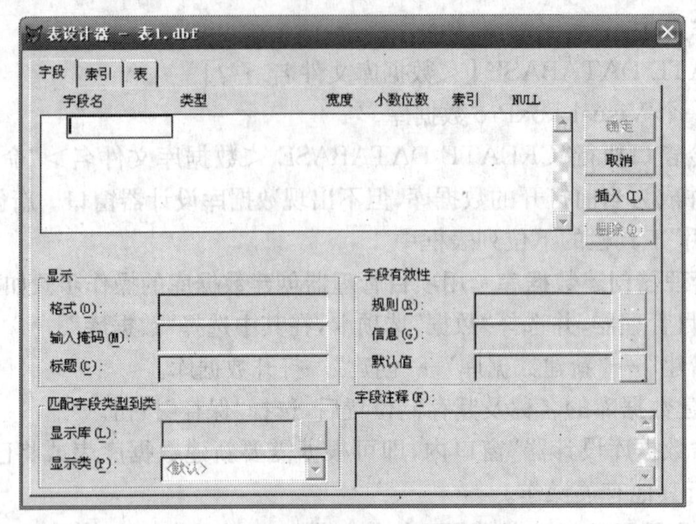

图 5-2 数据库表的“表设计器”窗口

【例 5-3】 若要在病人管理数据库中新建一个护士信息表(数据表文件名为:hsb. dbf)。

```
MODIFY DATABASE BRGL        && 修改 BRGL. DBC 数据库
CREATE HSB                  && 创建一个护士表 HSB. DBF
```

2. 自由表添加进数据库

方式 1:命令方式

格式:ADD TABLE <数据表名>

功能:向当前打开的数据库添加指定名称的自由表。

方式 2:菜单方式

(1) 打开“数据库设计器”窗口。

(2) 选择主窗口“数据库”菜单中的“添加”命令;或者右键单击“数据库设计器”窗口空白处,在弹出的快捷菜单中选择“添加表”命令。

(3) 在弹出“打开”对话框中,选定要添加的自由表。具体操作比较简单,照着操作步骤即可。

3. 从数据库表中移去表

方式 1:命令方式

格式:REMOVE TABLE <数据库表名> [DELETE]

功能:从打开的数据库中移去或删除指定的数据库表。

说明:如果选用 DELETE 短语,表示从数据库中移去指定的数据库表同时从磁盘上删除该数据表;否则,只是从数据库中移去指定的数据库表,使其变成了自由表。

方式 2:菜单方式

打开“数据库设计器”窗口,选定要移去的数据库表,在选择主窗口“数据库”菜单中的“移去”;或者先选定数据库表,单击右键弹出快捷菜单“删除”,进一步选择“移去”或“删除”按钮方式。

5.1.3 数据库的打开与维护

操作方式可选择菜单方式和命令方式,下面只介绍打开、关闭和删除数据库的有关操作命令。菜单方式比较简单，练习即可掌握。

1. 打开数据库命令

格式：OPEN DATABASE ＜数据库名表＞

功能：打开指定文件名的数据库。

说明：可以同时打开多个数据库，所有打开的数据库名均显示在主窗口"常用"工具栏的下拉列表中，可在该列表中选定其中的一个作为当前数据库。

注意：本命令仅打开指定的数据库，并不打开"数据库设计器"窗口。

【例 5-4】 若要打开病人管理数据库（数据库文件名为：brgl. dbc），可执行如下命令。

OPEN DATABASE BRGL

2. 修改数据库命令

格式：MODIFY DATABASE ＜数据库名＞

功能：打开"数据库设计器"窗口，在其中显示的数据库内容以待修改。

说明：若指定位置的数据库文件不存在，也弹出数据库设计器窗口，并产生新的指定的数据文件，所以本命令也可以创建数据库。

【例 5-5】 若要打开病人管理数据库设计器窗口并修改（数据库文件名为：brgl. dbc），可执行如 OPEN DATABASE BRGL 下命令。

MODIFY DATABASE BRGL

3. 关闭数据库命令

格式 1：CLOSE DATABASE

功能：关闭所有打开的文件，包括数据库和数据表文件等。

格式 2：CLOSE ALL

功能：关闭所有打开的文件，包括数据库和数据表，同时关闭除主窗口处的各种窗口。

4. 删除数据库命令

格式：DELETE DATABASE ＜数据库名＞ [DELETETABLES]

功能：删除指定名称的数据库文件。

说明：删除数据库文件时，要关闭所选删除的数据库；选用 DELETETABLES 短语时，数据库中的所有数据表都将被删除；否则只删除数据库文件，原数据库中的表即变成自由表。

【例 5-6】 若要删除学生管理数据库（数据库文件名为：xsgl. dbc），可执行如下命令。

DELETE DATABASE XSGL　　　&& 删除数据库，该数据库内的表变成自由表。

第 2 节　数据库表的特点

打开数据库表的"表设计器"窗口，我们看到数据库表相比自由表多了一些自由表所没有的属性。例如，长表名与长字段名、输入掩码、默认值、字段规则、记录规则及触发器等，从而使得对数据库表的维护更为方便、准确和有效。

5.2.1　长表名与长字段名

Visual FoxPro 允许为数据库表指定一个不超过 128 个字符的长表名，并可为数据库表中的字段指定一个不超过128个字符的字段名，以便更加清楚地表达字段的含义（实际上用不了太长字符）。自由表的字段名不能超过10个字符。此外，还允许我们为数据库的表或字段添加适当的注释。

【例5-7】 若要创建一个数据库表名：附属第一人民医院在职医生信息表，表中有一字段：主管病人概况，这就用到长表名与长字段名，如图5-3。

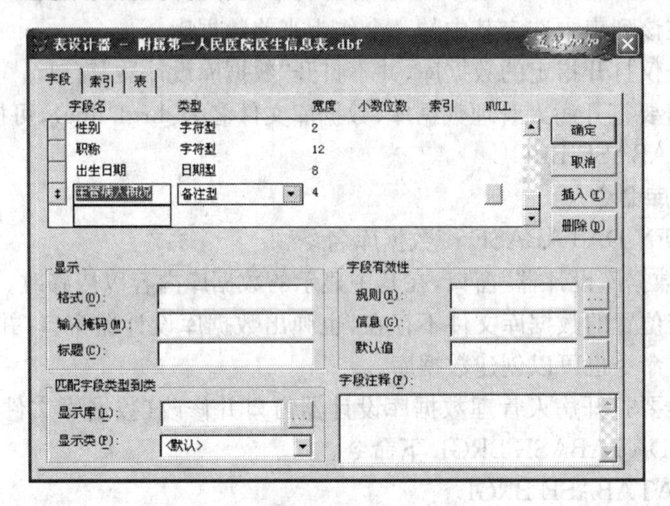

图5-3 在“表设计器”中设置字段属性

在“表设计器”的“字段”选项卡中可设置长字段名并输入当前字段的说明性文字，上例中有字段“主管病人概况”用了12字节的长度。

5.2.2 字段属性

在“表设计器”中的“字段”选项卡中，我们先在字段列表框内选中一个字段，接着为其设置相应的各种属性。

1. 显示区域设置

(1)“格式”文本框用来设置当前选定字段的内容在浏览窗口、表单或报表中显示时大小写、字体大小和样式。

例如：

在此文本框中键入一个字符“!”，表示在浏览中该字段的字母均自动为大写方式显示；

在此文本框中键入一个字符“A”，表示在浏览中该字段的内容只能输入字母。

(2)“输入掩码”文本框用来设置字段值的输入格式，以限制数据的输入范围，减小输入错误，提高输入效率。输入掩码实际上是一串字符，可以包含的字符为：

X　　允许输入字符

9　　允许输入数字

#　　允许输入数字、空格与正负号

$　　自动显示SET CYRRNTCY命令设置的货币号

*　　在指定宽度中，在数值之前显示星号

　　指出小数点的位置

，　　　　用逗号分隔数值的整数部分

说明：输入掩码必须按指定格式。

【例 5-8】 在病人档案表中（数据表名：brdab.dbf），将“编号”字段的掩码设置为“9999999”，则在输入该字段内容时只允许输入 7 个数字，如图 5-4 所示。

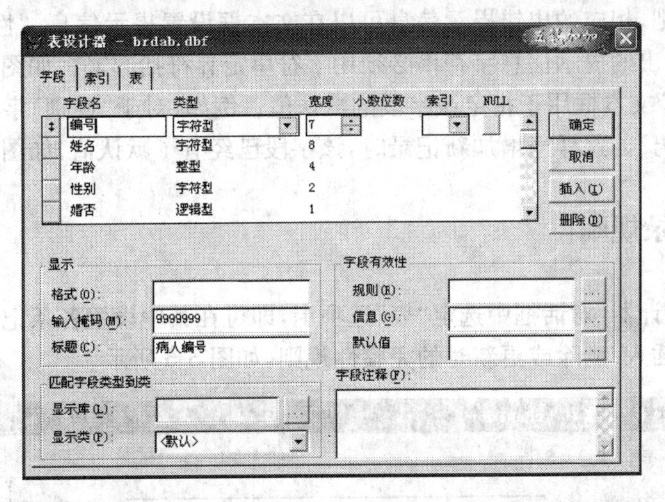

图 5-4　“表设计器”中的字段“输入掩码”和“标题”文本框设置

（3）“标题”文本框用来设置字段的标题，在浏览窗口中显示的表头列标题内容为该输文本框内容。

【例 5-9】 在病人档案表中（数据表名：brdab.dbf），将“编号”字段的“标题”文本框设置为“病人编号”，如图 5-4 所示。

2. 字段有效性区域

（1）“规则”文本框用于设置该字段输入的数据进行有效性检查的规则，我们可以设置一个逻辑式作为判断条件。

【例 5-10】 在病人档案表中（数据表名：brdab.dbc），对于“性别”字段进行规定，只输入“男”或“女”字符，如图 5-5 所示。

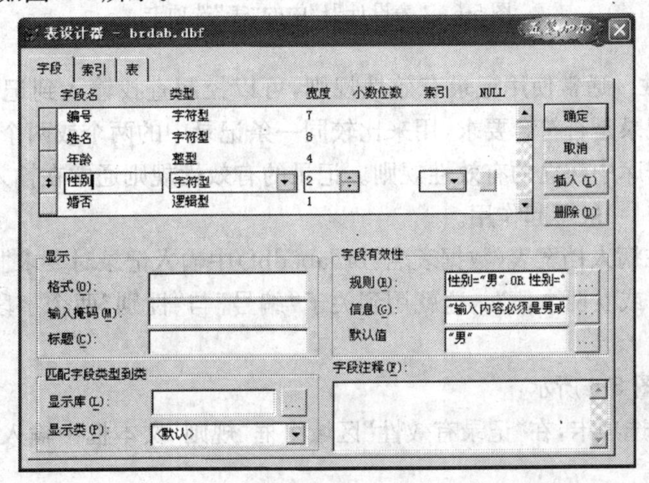

图 5-5　“表设计器”中字段有效性的设置

说明："规则"文本框内容：性别＝"男". OR. 性别＝"女"，或者内容：性别＄"男女"。此后对于每条输入的记录数据，Visual FoxPro 均会自动检查是否符合所设定的条件，只有我们输入正确的内容才能完成该字段数据的输入。

(2) "信息"文本框用于设置该字段输入出错时将显示的提示信息，例如，对于上面设定的"性别"字段规则，相应的出错提示信息可以在文本框设置提示信息："性别字段必须是男或女！"。注意，给出的提示信息字符串必须用字符串定界符括起来。如图 5-5 所示。

(3) "默认值"文本框用于指定该字段的默认值。例如，对于"性别"字段来说，我们可以先设默认内容："男"。这样当增加新记录时，该字段已经有了默认值，如图 5-5 所示。

5.2.3 记录规则

我们在"表设计器"对话框中选定"表"选项卡，即可在其中设置各条记录的验证规则，并可设置在记录中插入、删除或更新时的完整性规则，如图 5-6 所示。

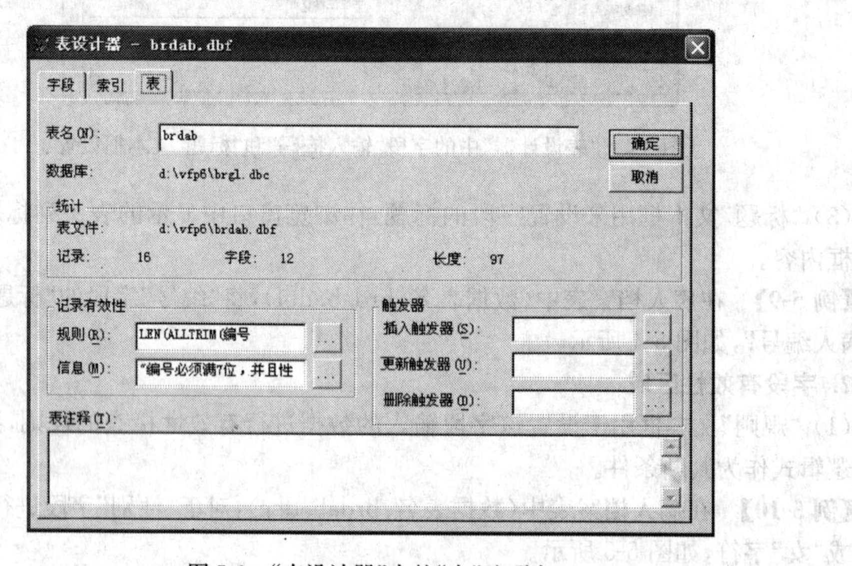

图 5-6 "表设计器"中的"表"选项卡

1. 记录有效性 通常使用记录有效性规则，可以控制查找输入到记录中的信息类型，检验输入的整条记录是否符合要求，用来比较同一条记录中的两个或两个以上字段值，以确保它们遵守在数据库中建立的有效性规则。记录的有效性规则通常在输入或修改记录时被激活，在删除记录时一般不起作用。

【例 5-11】 在病人档案表(数据表名：brdab.dbf)中输入记录时要求"编号必须满 7 位，并且性别只能是男或女两个值"。这就用到关于"编号"与"性别"两个字段的记录有效性规则设置。

操作如下，如图 5-6 所示：

(1) 选择"表"选项卡，在"记录有效性"区域组框"规则"文本框中输入一个逻辑表达式，也可以单击 ... 按钮，在表达式生成器中创建该表达式：

LEN(ALLTRIM(编号))＝7. AND. 性别＄"男女"　　　&& 编号长度是 7 和性别的

男或女规则。

(2) 在"信息"文本框中输入提示信息:

"编号必须满7位,并且性别只能是男或女两个值!"

说明:如果没有提示信息,则违反记录有效性规则时系统显示默认的提示信息。

我们输入记录时,只要违反了规则中的任意一个条件,系统就会显示出错信息,并拒绝接受该条记录。

2. 触发器 触发器是指在数据库表中对记录进行插入、更新、删除等操作时,系统自动启动一个程序来完成指定任务。Visual FoxPro 中有3种形式的触发器。

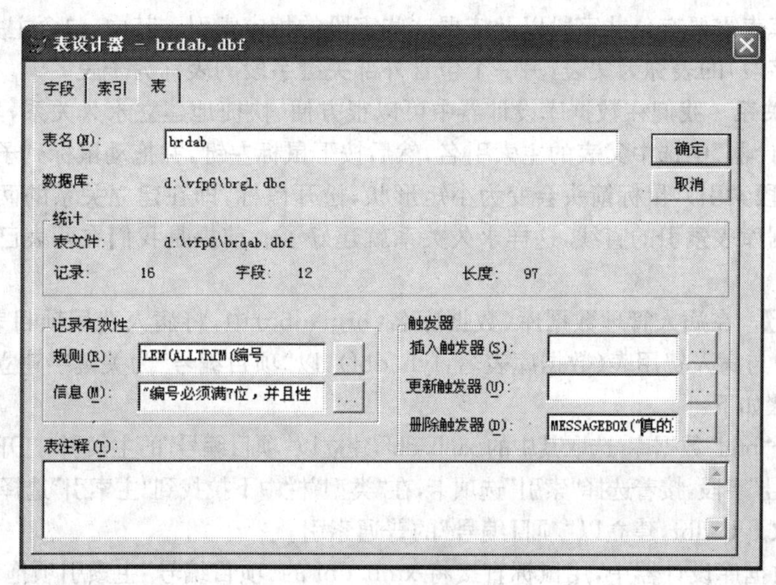

图 5-7 触发器设置

(1) 插入触发器:是在数据库表中插入记录时所触发的检测程序,该程序可以是表达式或自定义函数。检测结果为真时,接受插入记录;否则,插入记录将不被存储。

(2) 更新触发器:是在数据库表中修改记录后按回车键时所触发的检测程序,该程序可以是表达式或自定义函数。检测结果为真时,则保存修改后的记录;否则,不保存修改后的记录,同时还原修改之前的记录值。

(3) 删除触发器:是在数据库表中删除记录时所触发的检测程序,该程序可以是表达式或自定义函数。检测结果为真时,该记录可以被删除;否则,该记录禁止删除。

【例 5-12】 在病人档案表(数据表名:brdab.dbf)中,建立一个简单的删除触发器,并有触发提示信息。

创建删除触发器的操作如下:

在"表设计器"中选择"表"选项卡,然后在"触发器"区域框中的"删除触发器"文本框中输入以下表达式,如图5-7所示:

MESSAGEBOX("真的要删除吗?",275,"提示信息")=6

当查找删除表中的记录时,Visual FoxPro 便激活触发器,显示如图5-8所示信息。

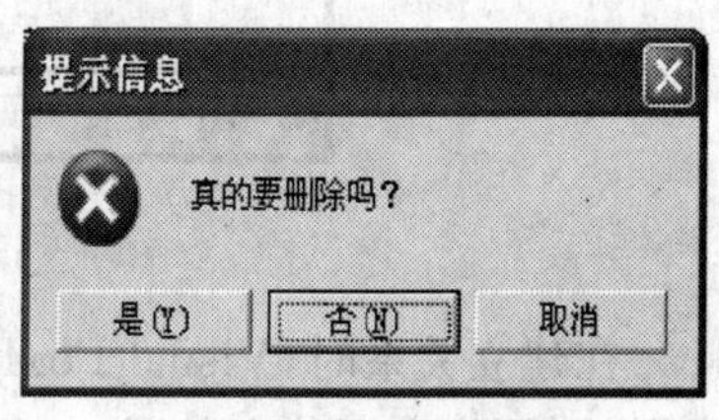

图 5-8 使用触发器

5.2.4 创建永久关系

永久关系是数据库表之间存在的某种关系，正是这种关系使得相关数据库表在逻辑上成为一个整体，它存储在数据库文件(.dbc)中。相对于用 SET RELATION TO 命令建立的临时关系，这种关系一般在自由表操作时用到。而数据库中各数据库表之间建立永久关系更为合适，而表之间的参照完整性正是建立在这种永久关系基础之上的。

我们将数据库表之间的永久关系可分为两种：一对一关系和一对多关系。要建立关系的两个数据库表需要有公共字段以及依据这些字段的相应索引。其中，包含主关键字段(建立主索引的字段)的表称为父表，另一个包含外部关键字段的表称为子表。

1. 建立关系 我们在数据库设计器中可以很方便、快捷地建立永久关系，具体方法是：在"数据库设计器"中选中父表的主索引名，然后按下鼠标左键，并拖动鼠标到子表的对应索引名(同名字段索引)，鼠标箭头会变为小矩形状，松开鼠标，即在建立关系的两表之间出现一条联系数据库表索引的直线，这样永久关系就建好了。前提是我们在两表已建立了相应的索引。

【例 5-13】 在病人管理数据库(数据库名：brgl.dbc)中，将病人费用项目表(数据库表名：xmb.bdf)与病人费用表(数据库表名：fyb.dbf)，以"项目编号"为关键字建立永久关系。

操作步骤如下：

(1) 打开"brgl"数据库，选取其中的 xmb.dbf，建立以"项目编号"的主索引(打开其表设计器，选择"项目编号"字段，接着选择"索引"选项卡，在"类型"栏中下拉找到"主索引"选择即可)。

(2) 选取 fyb.dbf，建立以"项目编号"的普通索引。

(3) 在数据库设计器中，用鼠标直接将 xmb.dbf 的"项目编号"主索引项拖动到 fyb.dbf 的"项目编号"普通索引项上，松开就产生了一条永久关系连线，如图 5-9 所示。

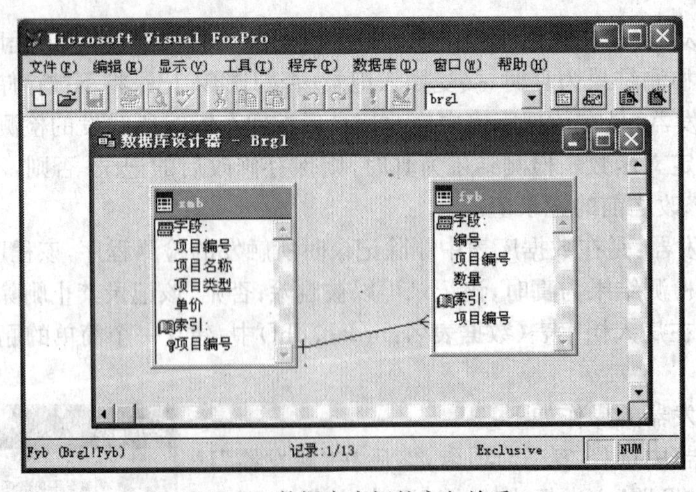

图 5-9 数据库表间的永久关系

在建立关系时，Visual FoxPro 会自动根据索引类型来决定关系的类型。若子表为普通索引，则两表之间建立的是一对多关系，如图 5-9 所示；若子表也为主索引或候选索引，则两表之间建立的是一对一关系。

2. 编辑关系 在数据库设计器中可对已建立的关系重新编辑修改，具体方法：鼠标右键单击关系线,线条变粗,从快捷菜单中选择"编辑关系"命令,出现如图 5-10 所示"编辑关系"对话框。只要从下拉列表框中重新选择表或相关表的索引名即可修改关系。

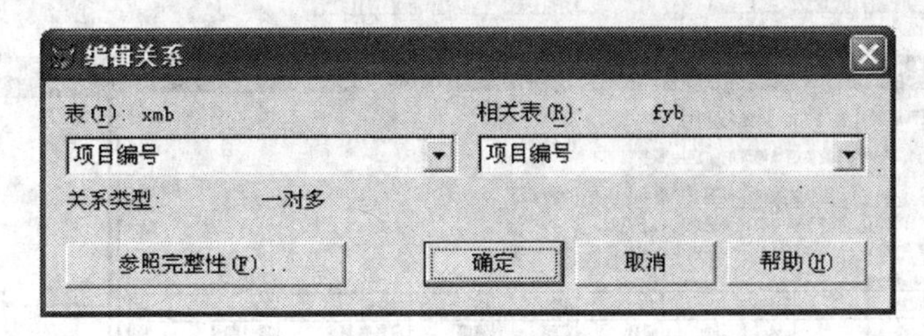

图 5-10 "编辑关系"对话框

3. 删除关系 如果想删除数据库表之间的永久关系,可以在数据库设计器中单击两表之间的关系线,选中后(关系线变粗),按键盘上 DELETE 键即可。

5.2.5 设置参照完整性

1. 参照完整性概念 参照完整性(referential integrity,简称 RI)是建立一组规则,当我们插入、更新或删除一个数据表中的记录时,通过参照另一个与之有关系的数据库表中的记录,来检查对当前表的数据操作是否正确。在 Visual FoxPro 中,对于两个建立关系的数据库表通过参照完整性规则可以确保:

(1) 当父表中没有相应的记录时,相应的子表中不得添加相关的记录。

(2) 若由于主表中的数据被改变而将导致关联中出现孤立记录时,则父表中的这个数据不能被改变。

(3) 若主表中的记录在关联表中面匹配记录,则父表中的这个记录不能被删除。

设置参照完整性的操作包括:建立参照完整性的规则类型、指定应实施规则的数据库表以及具体的实施规则。

2. 参照完整性设置

(1) 在设置参照完整性之前,我们必须首先清理数据库。就是要物理删除数据库各个数据表内带有删除标记的记录。具体方法是:打开要清理的数据库中,然后选择"数据库"菜单下的"清理数据库"命令。注意:我们在清理时要关闭清理的数据库表。

(2) 在主窗口中的"数据库"菜单,选择"编辑参照完整性"命令,弹出如图 5-11 所示的"参照完整性生成器"对话框。其中包含"更新规则"、"删除规则"和"插入规则"三个选项卡。

(3) "更新规则"、"删除规则"和"插入规则"说明:

1) "更新规则"选项卡用于指定修改父表中关键字值所应遵循的规则,包括"级联"、"限制"和"忽略"三个单选按键。

"级联"用于修改父表中的关键字段值时,系统将自动更改子表中所以相应记录的值。

"限制"用于修改父表中的关键字段值时如果子表有相关记录,将禁止修改父表记录,并出现"触发器失败"提示信息。

"忽略"用于不进行参照完整性检查,可随意修改父表中的关键字段值时。

2) "删除规则"选项卡用于指定删除父表中的记录时所应遵循的规则,也包括"级联"、"限制"和"忽略"三个单选按键。

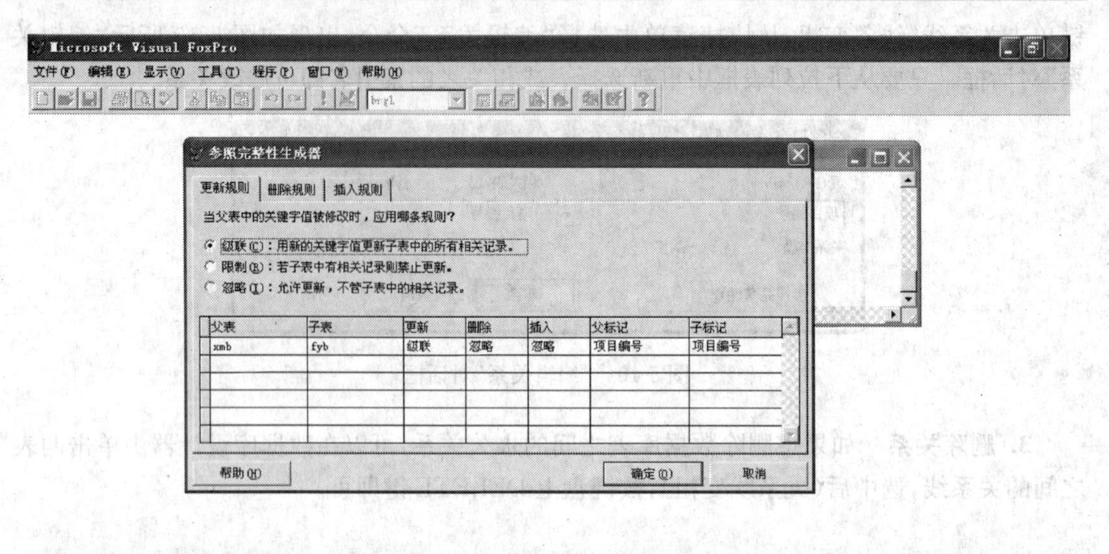

图 5-11 “参照完整性生成器”对话框

若选“级联”，则在删除父表中的记录时，系统将自动删除子表中相关记录。

若选“限制”，则删除父表中的记录时如果子表有相关记录，将禁止删除父表记录，并出现“触发器失败”提示信息。

“忽略”用于不进行参照完整性检查，可随意删除父表中的记录。

3）“插入规则”选项卡用于指定在子表中插入记录或更新已存在的记录时所应遵循的规则，只包括“限制”和“忽略”两个单选按键。

若选“限制”，则如果父表中的没有相关记录，将禁止在子表中插入相应的记录。

若选“忽略”，不进行参照完整性检查，可随意在子表中的插入新记录或更新已有记录。

【例 5-14】 在病人管理数据库（数据库名：brgl. dbc）中，设置“更新规则”的参照完整性规则为“限制”。具体操作步骤如下：

（1）打开 brgl. dbc 数据库，弹出数据库设计器窗口。

（2）清理数据库，具体操作：主窗口的“数据库菜单”选择“清理数据库”命令。

（3）设置数据库“更新规则”的设置参照完整性，具体操作：主窗口的“数据库菜单”选择“编辑参照完整性”命令。弹出“参照完整性生成器”，选择“更新规则”选项卡，选择“限制”单项选择按钮。

第 3 节　查询的建立及使用

Visual FoxPro 的查询是从一个或多个相关的数据表中提取查找所需的数据，并可按指定的顺序、分组与查询的去向等进行输出。Visual FoxPro 提供了查询向导、查询设计器和查询命令等方法来实现查询。由于查询向导主要是针对初学者而设计的，查找可以通过系统提供的操作步骤一步一步跟着进行下去，非常费时。本节主要是介绍查询设计器实现查询的方法。作为操作练习，我们本节详细学习查询的设计，而下一节视图相对简单介绍，所以要认真学习本节查询功能。

5.3.1　查询设计器的使用

前面我们学习的是几个简单的查询命令，如 LOCATE FOR、FIND、SEEK，主要针对数据表的单表操作，如果查询的是数据库表或要求多表的查询，我们可利用查询设计器按要求查询，基本操作步骤如下：

我们打开“查询设计器”窗口；接着指定被查询的数据表，如果是多表建立联接条件；接着选择出现在查询结果中的字段；设置查询筛选条件；设置排序条件；设置分组查询；指定查询结果的输出方向；建立查询文件，将保存查询设置保存在一个查询文件改为(扩展名为. QPR)中；最后运行查询，检查并观察查询结果。

打开“查询设计器”窗口的方式有几种，我们可以通过项目管理器、通过菜单方式，也可以通过命令方式打开查询设计器，我们可用下面方法之一：

方法 1：在主窗口中“文件”菜单下选择“新建”命令，在弹出的“新建”对话框中选取“查询”，然后单击“新建文件”按钮。

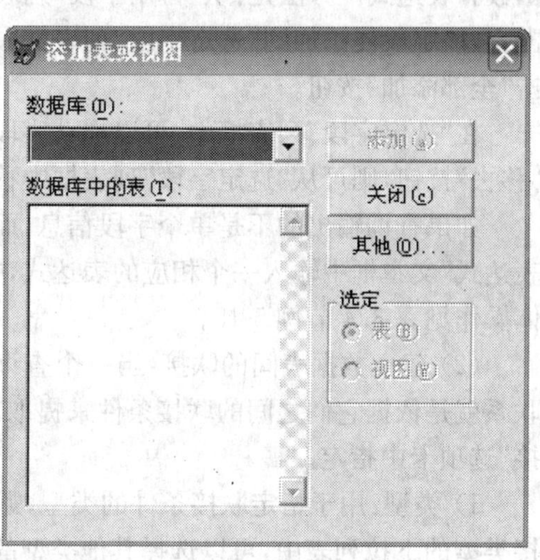

图 5-12　“添加表或视图”对话框

方法 2：在命令窗口中输入 CREATE QUERY 命令。

方法 3：在项目管理器的“数据”选项卡中选择“查询”，然后单击“新建”按钮。

无论使用哪种方法都将弹出如图 5-12 所示的“添加表或视图”对话框和如图 5-13 所示“查询设计器”窗口，要求查找指定被查询的表或视图(有关视图的概念将在下一节介绍)。在弹出的对话框中按所需的数据源添加到“查询设计器”中。

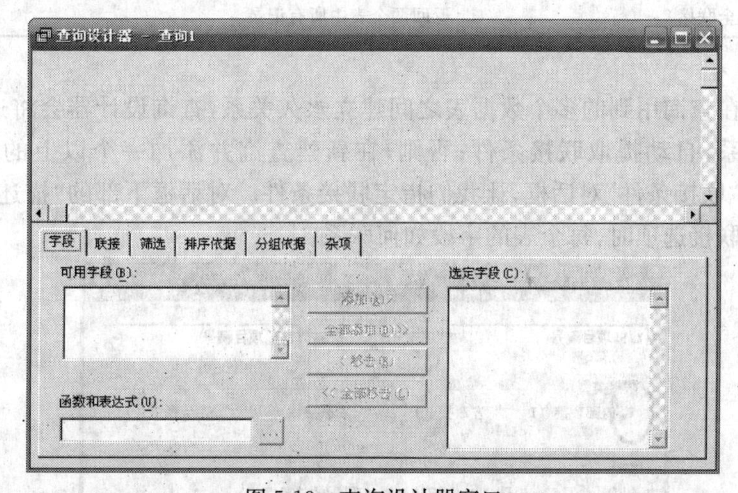

图 5-13　查询设计器窗口

5.3.2　查询设计器的设置

“查询设计器”为我们提供一个可视化交互设计界面，整个设计器窗口分为上下两部分：

上部显示的是数据源部分，即查询中用到的数据表或视图，其中包含了该数据表中的字段及其索引信息；如果两个数据表间存在关联关系，还显示一条关系线。“查询设计器”下部有“字段”、“联接”、“筛选”、“排序依据”、“分组依据”和“杂项”六个选项卡，我们根据实际需求对不同的选项卡进行相应的设置，逐步操作即可完成查询的设计。

(1) 选择查询输出的字段：如图 5-13 所示，在“字段”选项卡中指定查询要输出的字段、函数和表达式。方法是：从“可用字段”列表框中选定所字段，然后单击“添加”按钮或直接双击它，该字段便添加到“选定字段”列表框中。当需要全部字段都被选为可查询字段时，可单击“全部添加”按钮。

在“选定字段”列表框中，可以拖动字段左边的垂直箭头来调整字段的输出顺序。单击“移去”按钮，则可从“选定字段”列表框中移去选项。

如果查询输出的不是单个字段信息，而是由该字段构成的一个表达式时，可在“函数和表达式”文本框中输入一个相应的表达式，并为该表达式指定一个易阅读和理解的别名。具体操作见 5.3.4 节例 5-15。

(2) 建立数据表间的联接：当一个查询是基于多个表时，这些表之间必须是有联系的，联系就是依据它们之间的联接条件来提取表中相关联的信息。数据表间的联接条件在“联接”选项卡中指定。

1) 类型：用于指定联接条件的类型，默认情况下，联接条件的类型为“内部联接”。在联接类型的下拉列表中，可以选择其他类型的联接条件，其含义如表 5-1 所示。

表 5-1　联接条件类型及含义

联接类型	含义
Inner Join(内部联接)	只返回完全满足联接条件的记录(是最常用的联接类型)
Right Outer Join(右联接)	返回右侧表中的所有记录以及左侧表中相匹配的记录
Left Join(左联接)	返回左侧表中的所有记录以及右侧表中相匹配的记录
Full Join(完全联接)	返回两个表中所有记录

如果我们在查询用到的多个数据表之间建立永久关系，查询设计器会将这种关系作为表间的默认联系，自动提取联接条件；否则，在新建查询并添加一个以上的表时，出现如图 5-14所示的“联接条件”对话框，让我们指定联接条件。对话框下部的“描述”中详细说明了当选择不同联接选项时，每个表的字段如何联系。

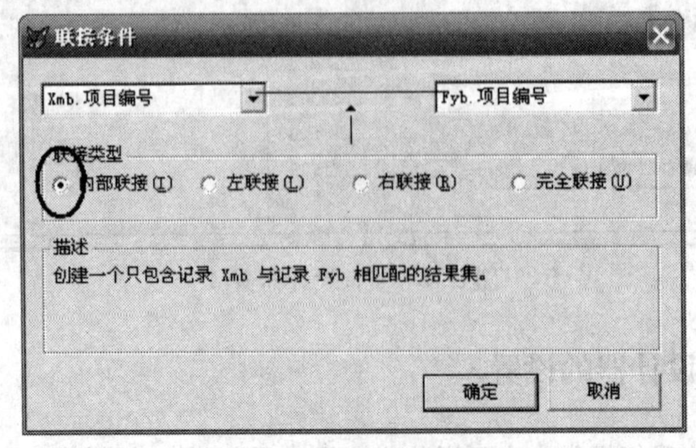

图 5-14　“联接条件”对话框

2）字段名：用于指定一个作为联接条件的父关联字段。当创建一个新的联接条件时，可单击字段文本框右边的下拉按钮，从列出的所有可用字段中选择一个字段。

3）条件：用于指定一个运算符，比较联接条件左边与右边的值，如表5-2所示。

表5-2　条件运算符及其含义

运算符	含义
=	左边字段的值与右边的值相等
Like	左边字段的值包含与右边的值相匹配的字符
==	左边字段的值与右边的值必须逐字符完全匹配
>	左边字段的值大于右边的值
>=	左边字段的值大于或等于右边的值
<	左边字段的值小于右边的值
<=	左边字段的值小于或等于右边的值
IS NULL	左边字段的值是NULL(空值)
Between	左边字段的值包含在右边用逗号分隔的两个值之间
In	左边字段的值必须与右边用逗号分隔的几个值中的一个相匹配

若要进行与指定条件相反的比较，可选中“条件”框左边的“否”选项，表示反转该条件。

4）值：用于指定一个作为联接条件的子关联字段。

5）逻辑：用于指定各联接条件之间的“AND(与)”和“OR(或)”的关系。

单击“类型”项左边的“↔”(联接条件)按钮，将打开图5-14所示的“联接条件”对话框，重新编辑联接条件。单击对话框下方的“插入”按钮，可选定行前面插入一个新的联接；单击“移去”按钮，可删除选定的联接。

(3) 指定查询条件：常用查询都是按某个或某几个条件来进行的，如5.3.4节图5-16所示，在“筛选”选项卡中可建立筛选表达式，以选择满足查询条件的记录。

在“筛选”选项卡中可以建立表达式，以选择满足查询条件的记录。

1）字段名：指定用于筛选条件的字段名，单击文本框右边的下拉按钮，可显示所有可用字段。注意，备注型字段和通用型字段是不允许建立筛选表达式的。

2）条件：指定比较操作的运算符，与“联接”选项卡中的条件运算符含义相同。

3）实例：指定查询条件的值。若该值为字符串，需要加上字符定界符。

4）大小写：单击“大小写”选项，可指定比较时是否区分大小写。

5）逻辑：根据需要，查询条件可以设置一条或多条。当有多个查询条件时，需要指定这些条件是“AND(与)”还是“OR(或)”的关系。

(4) 组织查询结果：为便于查询管理，对于查询得到的数据，可以按某特定的顺序排列或分组排列。

1）设置数据排序：如5.3.4节图5-17所示，在“排序依据”选项卡中可以指定排序的依据，在查询结果中将哪些字段指定为排序关键字，以及按升序或降序排列。

2）设置分组排序：分组排序对即将查询输出的结果按某字段中相同的数据来分组。该功能与某些累计操作，如SUM()、AVG()、COUNT()、MAX()和MIN()等联合使用时，效果较好，可以完成一组记录的计算，使得在查询得到的结果中不仅有单项字段的数据信息，还有经过各种运算后得到的统计信息。在“分组依据”选项卡中可以指定分组依据，具体操作见例 5-16。

(5) 杂项:如 5.3.4 节图 5-18 所示,在"杂项"选项卡中可以选择要输出的记录范围,系统默认将查询得到的结果全部输出。

1) "无重复记录"复选框:选中它,表示输出结果中不允许有重复记录存在;否则,可以出现重复记录。

2) "全部"复选框:选中它,表示输出所有符合条件的记录;否则,可在"记录个数"框中指定输出记录数目,或指定占有可能输出记录的百分比。

5.3.3 查询菜单的使用

我们在前面操作中碰到,在不同的操作环境下,会有特别的菜单。打开"查询设计器"窗口后,在主窗口中将自动增加一个"查询"菜单,该菜单中包含了一些"查询设计器"窗口中各选项卡功能对应的命令,同时包含了相当有用的"查看 SQL"命令和"查询去向"命令。

1. 见例 5-15 操作过程 事实上,查找在"查询设计器"中所设计的查询,最终将由系统自动生成对应的 SQL 语言命令保存在一个扩展名为 .QPR 的查询文件中。如果对其内容感兴趣,可在查询文件打开的情况下(此时,查询设计器同时被启动),在主窗口"查询"菜单中选择"查看 SQL"命令,即可在弹出的窗口中看到对应于当前所创建查询的 SQL 命令。有关结构查询语言 SQL 将在下一章作专门介绍。我们也可通过"查看 SQL"命令打开相应的 SQL 命令内容,作简单的了解 SQL 查询语句的结构 SELECT—FROM—WHERE。

2. 选择查询去向 在默认情况下,查询的结果将在浏览窗口中输出。此外,查找可以根据需要选择其他输出形式。打开"查询设计器"后,在主窗口的"查询"菜单中选择"查询|查询去向"命令,可打开图 5-19 所示的"查询去向"对话框,其中列出七种输出去向。我们常用的输出方式主要是浏览和数据表输出方式。

(1) 浏览:将查询结果输出到浏览窗口(系统默认的查询输出去向)。

(2) 临时表:将查询结果存入一个临时的只读数据表中。关闭此数据表,查询结果将丢失。

(3) 表:将查询结果存入一个数据表文件。关闭数据表后,查询结果仍保留在表文件中,可以作为一个自由表使用。

(4) 图形:将查询结果以图形方式输出。图形类型有:直方图、圆饼图、曲线图,查找还可以根据需要选择平面图形或立体图形。

(5) 屏幕:将查询结果输出到屏幕上。

(6) 报表:将查询结果输出到一个报表文件中。

(7) 标签:将查询结果输出到一个标签文件中。

5.3.4 查询文件的保存与运行

1. 保存查询文件 对于一个新建的查询文件,Visual FoxPro 默认的文件名为"查询 1.QPR"、"查询 2.QPR"等。当查找完成查询设计后,可以选择"文件|另存为"命令,在"另存为"对话框中选择新的存储位置,并输入合适的查询文件名,进行保存。

另外,如果查找没有保存新建的查询,单击查询设计器窗口右上角的"关闭"按钮,退出查询设计器时,系统会显示一个提示框,询问查找是否保存当前的查询文件。根据提示,选择相应的操作。

2. 运行查询　利用查询设计器进行的设置将得到一个查询文件(.QPR),在该文件中保存了建立查询时查找所做的各种设置信息,而非查询结果。只有运行该查询文件,才能按指定的查询去向输出查询结果。操作方法如下几种:

(1) 如果要运行一个已查询文件,可以从项目管理器的“数据”选项卡是展开查询项,选定要运行的查询,然后单击“运行”按钮运行查询。

(2) 当查询设计器处于打开状态时,在主窗口中选择“查询”菜单中“运行查询”命令,或单击工具栏中的运行按钮(!)运行查询。

(3) 命令方式

格式:DO ＜查询文件名＞

说明:查询文件名中必须带扩展名 .QPR。

3. 修改查询　如果查询结果有错误,可以重新打开查询设计器,选择不同的选项卡,修改相应的设置。

(1) 项目管理器方式:打开项目管理器,展开“查询”项,选中要修改的查询文件后单击“修改”按钮,重新进入查询设计器。

(2) 命令方式

格式:MODIFY QUERY [查询文件名]

功能:打开查询设计器,修改查询。

【例 5-15】　建立名为“男病人信息 .QPR”的查询,输出男性病人的信息,包括:编号、姓名、性别、就诊日期和详细地址等基本信息。操作过程如下:

(1) 在主窗口中选择“文件”→“新建”→“查询”→“新建文件”,弹出“查询设计器”,添加数据表“brdab.dbf”(添加数据表)。

(2) 选择“字段”选项卡,从左侧“可用字段”文本框中分别选定“编号”、“姓名”、“性别”、“就诊日期”和“详细地址”几个字段,添加到右侧“选定字段”文本框中(选择字段),如图 5-15 所示。

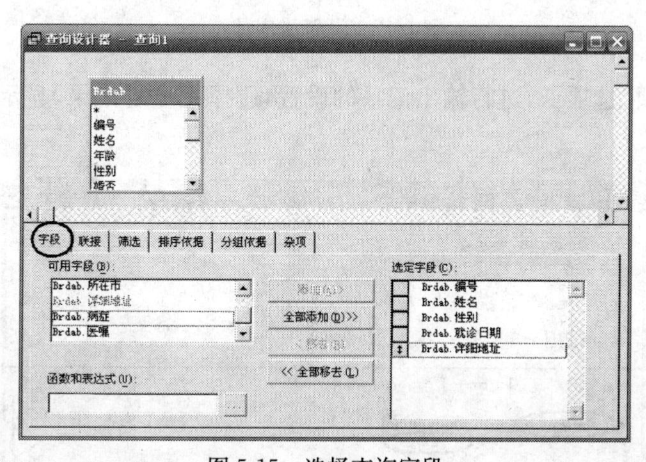

图 5-15　选择查询字段

(3) 单个数据表,不用“联接”选项卡,进行表间联接条件,如果关系到多个数据表信息就需通过“联接”选项卡进行操作。

(4) 选择“筛选”选项卡,在“字段名”文本框下拉列表中选择“brdab. 性别”,“条件”栏下拉框中选择“＝”，在“实例”下拉栏中输入文本串：“男”，如图 5-16 所示。

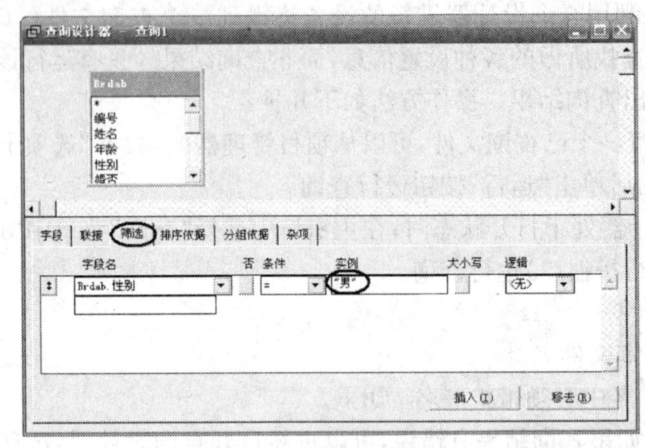

图 5-16　设置查询条件

(5) 根据病人的就诊日期进行降序排列。请考虑具体查询结果，如图 5-17 所示。

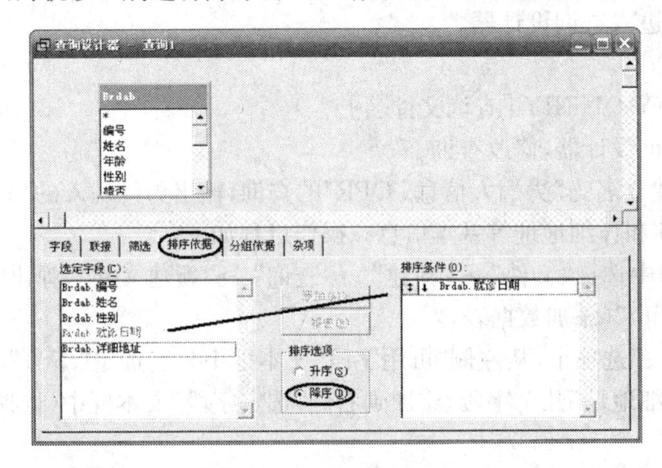

图 5-17　设置排序依据

(6) 选择“杂项”选项卡，进行输出记录的设置，选择无重复记录，显示前三个记录，如图 5-18 所示。

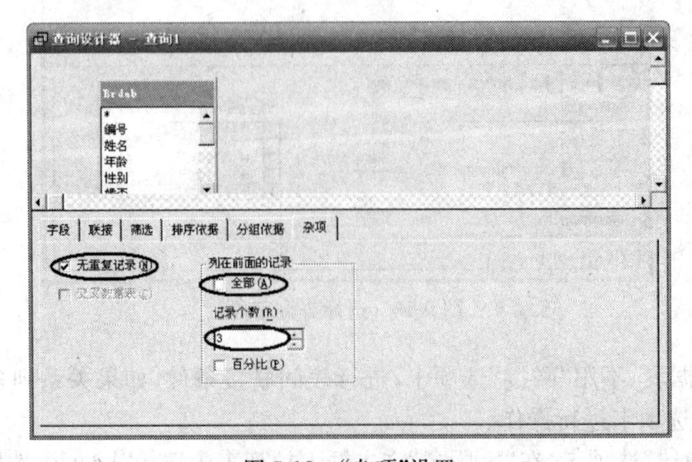

图 5-18　“杂项”设置

(7) 在主窗口"查询"菜单中选择"查询去向"命令，弹出如图5-19对话框，默认为"浏览"输出查询结果。

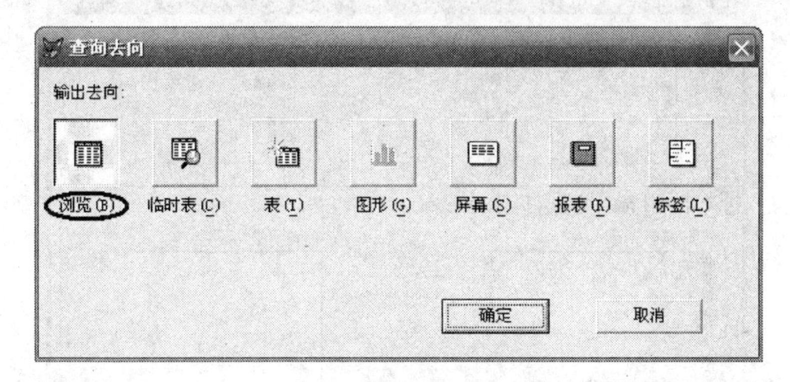

图5-19　"查询去向"对话框

(8) 保存查询文件，在主窗口"文件"菜单中选择"另存为"，弹出保存对话框，选择保存地址，查询文件名为：男病人信息.QPR，如图5-20所示。

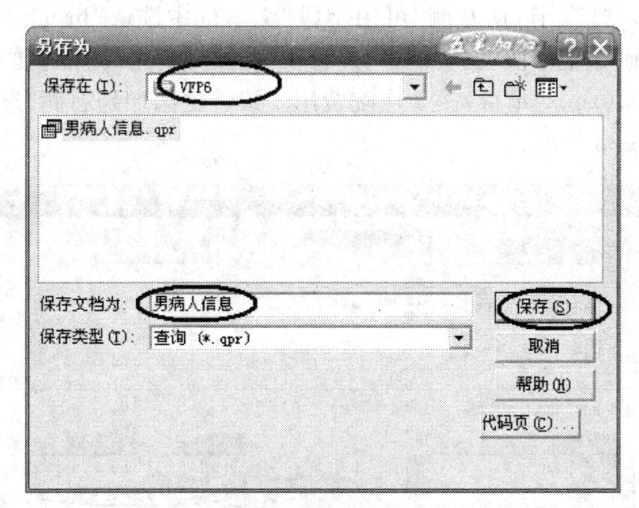

图5-20　保存查询文件

(9) 运行查询，鼠标左单击菜单下面"常用"工具栏中的"!"运行查询，观察结果。结果为前三位男病人"编号"、"姓名"、"性别"、"就诊日期"和"详细地址"字段的信息，如图5-21所示。

查询

编号	姓名	性别	就诊日期	详细地址
1000004	聂志强	男	08/12/08	天河区棠下中山大道188号
1000002	王晓明	男	05/11/08	霞山区人民南路27号
1000011	张强	男	02/28/08	南岗区东大直街352号

图5-21　查询结果"浏览"窗口输出

【例5-16】 建立名为"病人住院费用统计.QPR"的查询并按费用高至低排列，以数据表：brfyb.dbf保存。操作过程如下：

(1) 在主窗口中选择"文件"→"新建"→"查询"→"新建文件"，弹出"查询设计器"。

(2) 添加数据表“brdab. dbf”、“xmb. dbf”和“fyb. dbf”，如图 5-22 所示。

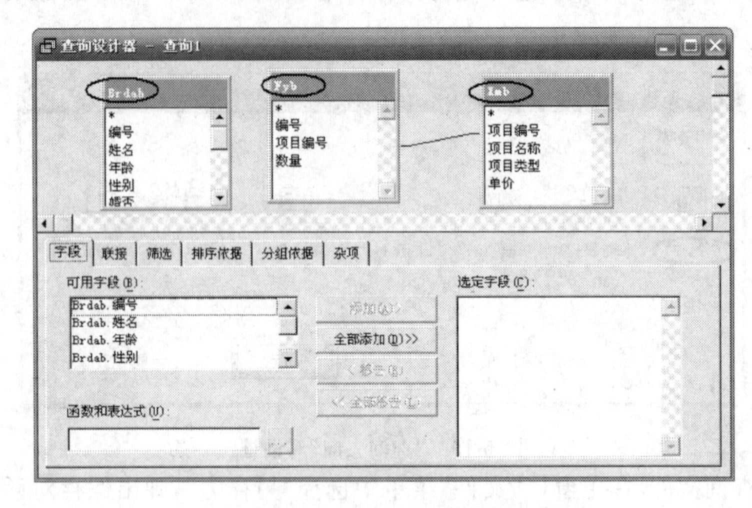

图 5-22 查询设计器添加数据表

(3) 选择“字段”选项卡，从左侧“可用字段”文本框中选取“brdab. 编号”、“brdab. 姓名”分别添加到右侧“选定字段”文本框中，接着在“函数和表达式”文本框中输入病人费用总和统计表达式：SUM(xmb. 单价) AS 住院费用。接着也添加到右侧“选定字段”文本框中(选择字段)，如图 5-23 所示。

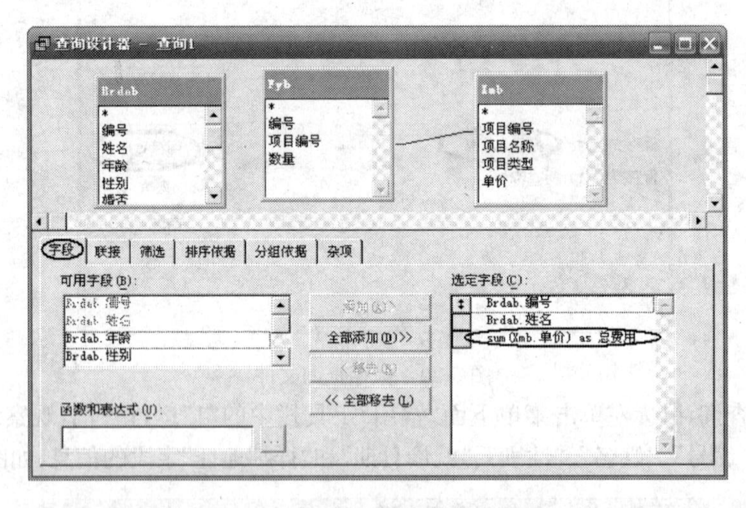

图 5-23 选择制作统计查询字段

(4) 选择 “联接”选项卡，进行表间联接条件，由于本例中用到三个数据表，要建立两两关联：

通过“编号”字段建立“brdab. dbf”和“fyb. dbf”，联接类型选择“内部联接”。

通过“项目编号”字段建立“xmb. dbf”和“fyb. bdf”，联接类型选择“内部联接”。

建立了三个数据表的联接关系，如图 5-24 所示。

记录内容不作条件选择，所以不用到“筛选”选项卡。

(5) 根据病人费用的多少降序排列，如图 5-25 所示。

(6) 选择“分组依据”选项卡，进行每位病人住院费用的统计求和，按编号进行分组求和。所以从“可选字段”文本框中选择“brdab. 编号”添加到“分组字段”文本框中。完成“分组依据”的设置，如图 5-26 所示。

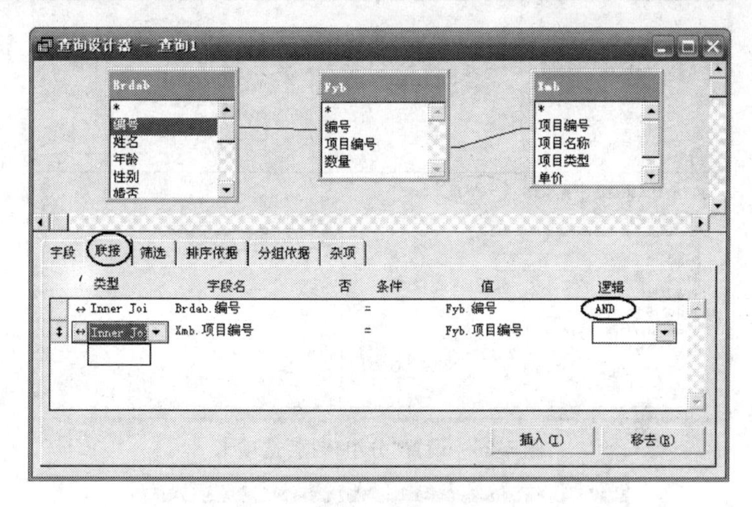

图 5-24　建立数据表间的联接

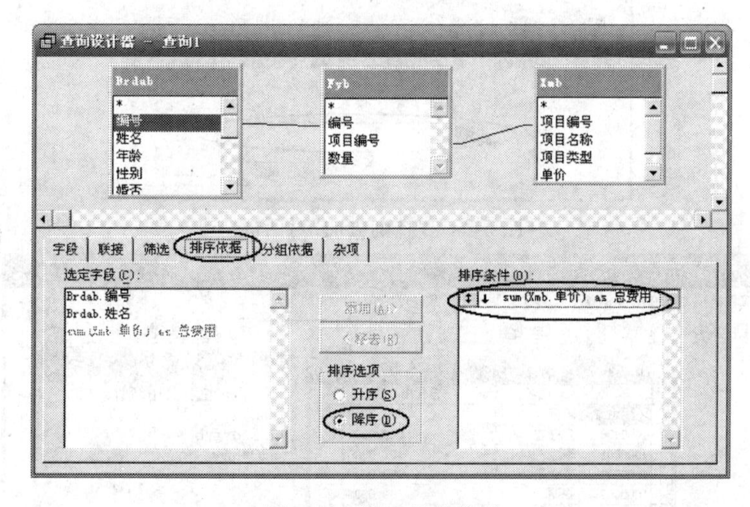

图 5-25　设置排序依据

(7) 选择“杂项”选项卡无特别要求，默认“全部”复选框。

(8) 在主窗口“查询”菜单中选择“查询去向”命令，鼠标左单击如图 5-27 对话框中“表”按钮，接着在“表名”文本框中输入数据表名：brfyb. dbf，或在鼠标左键单击“…”按钮，按弹出的“打开”对话框，选择保存位置及文件名保存查询运行结果。

(9) 保存查询文件，在主窗口“文件”菜单中选择“另存为”，弹出保存对话框，选择保存位置及查询文件名为：病人住院费用统计 . QPR。注意查询文件名与查询结果表的区别。

(10) 关闭查询设计器窗口，接着在命令窗口运行下列命令：

```
DO 病人住院费用统计 . QPR
USE
USE brfyb
BROWSE
```

病人住院费用统计结果如图 5-28 所示，即数据表 brfyb. dbf 的记录信息。

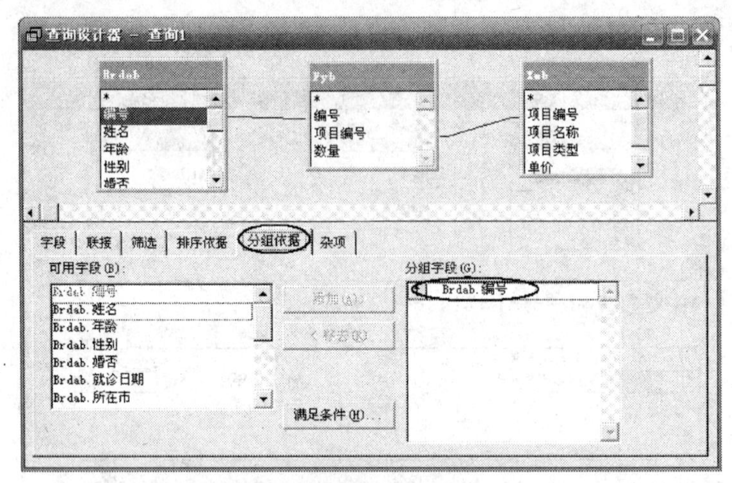

图 5-26　设置“分组依据”选项卡

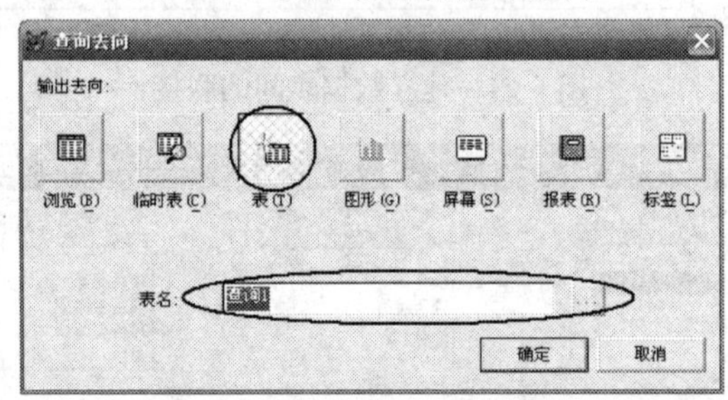

图 5-27　“查询去向”对话框

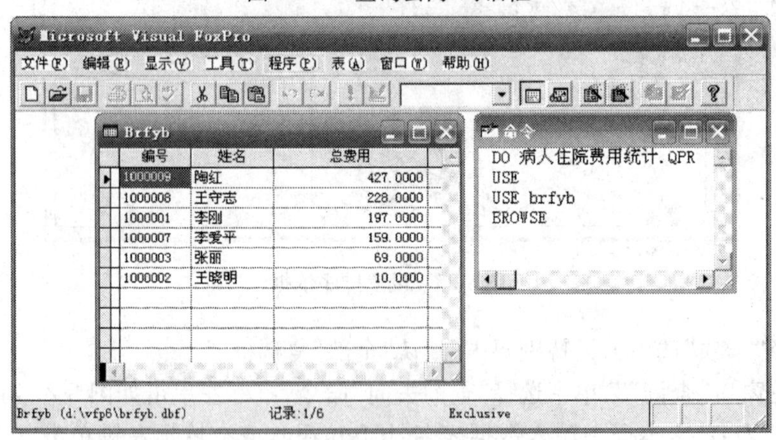

图 5-28　运行查询并显示查询结果

第 4 节　视图的建立与使用

5.4.1　视图的概念

从上节查询设计器的学习,再进一步学习视图就比较容易了。我们先来了解视图的概念,视图是在数据表基础上创建的、依赖于数据库存在的一种虚拟表。视图之所以是虚拟的,是因为视图中的数据是按照查找指定的条件从已有的一个或多个数据表或其他视图中提取而来的,这些数据在数据库中并不另加存储,而只是在该数据库的数据字典中存储这个视图的定义。所以，某个视图一旦定义，便作为数据库中的一个组成部分，并且具有与普通数据库表类似的功能，可以像数据库表一样接受查找访问。

因此，视图只能依赖于某一个数据库而存在，并且只有在打开相关数据库后，才能创建和使用视图。查找不仅可以通过视图从单个或多个数据表中提取数据，更重要的是还可以通过视图来更新原来的数据。它兼有“表”和“查询”的特点，与查询类似的是，它可以从一个或多个相关联的表中提取有用信息；与表类似的是，它可以更新其中的信息，并将更新结果永久保存在磁盘上。视图的设计及操作更与查询有许多相似的地方，所以在学习使用时，在掌握查询设计器的基础上来掌握视图比较容易。

视图通常分为本地视图和远程视图两种。前者使用 Visual FoxPro 的 SQL 语法从视图或表中选择信息；后者使用远程 SQL 语法从远程 ODBC(Open Database Connectivity，开放数据库互连)的远程数据源(例如网络服务器)中提取数据。查找要可以将一个或多个远程视图添加到本地视图中，以便能在同一个视图中同时访问本地数据库中的数据和远程ODBC数据源中的数据。本节主要介绍本地视图的建立和使用，但在实际工作中远程视图的使用更为重要，我们可以通过参考书或其他资料进一步学习掌握远程视图的使用。

5.4.2　视图的创建

像查询创建一样，Visual FoxPro 可以通过视图向导、视图设计器和有关命令等多种方法来创建视图。这里主要介绍后两种方法，打开视图设计器在交互环境下创建视图，方法与创建查询相似，而前面介绍过大部分相似的操作，在这略讲，我们重点掌握数据更新。

1. 启动视图设计器　由于视图必须依赖一个数据库，是数据库中一个特有功能，创建后成为某数据库定义的一部分。因此，我们要创建基于本地表(包括 Visual FoxPro 数据表、任何使用 .DBF 格式的表和存储在本地服务器上的表)的视图，首先应创建或打开一个数据库。步骤如下：

(1) 创建或打开某一数据库。

(2) 打开本地视图，方式与查询相似，可以通过菜单方式和命令方式打开。

2. 视图设计器的使用　打开视图设计器后，我们认真比较查询设计器选项卡，视图设计器中只多了一个“更新”选项卡，其他都相同。同时我们也比较查询工具栏与视图工具栏，找出不同之处。因此，两者的使用方式几乎完全一样。如数据源和输出字段，指定表的联接，设置筛选记录条件，组织数据的输出结果等。表 5-3 给出了查询与视图的比较。

表 5-3　查询与视图的比较

特性	查询	视图
文件属性	作为独立文件(. QPR)存储在磁盘中，不属于数据库	不是一个独立的文件，只是数据库的一部分，只是有定义
数据来源	本地表、其他视图	本地其他视图、远程数据源
结果的存储形式	结果可以存储在数据表、图表、报表、标签等文件中	只能是临时的数据表，虚拟表
数据引用	不能被引用	可以作为表单、报表、查询或其他视图的数据源
更新数据	查询的结果是只读的	可以更新数据并回送到数据源表中

5.4.3 视图的数据更新

视图定义存在于数据库文件之中，在数据库中看到是由一个或多个数据表派生出来的虚拟表。默认情况下，对视图中的数据更新不会在源数据表中得到反映，为了能够通过视图更新源数据表中的数据，需要我们打开“视图设计器”窗口，选择“更新条件”选项卡，选取其左下角的“发送 SQL 更新”复选框，如图 5-29 所示。

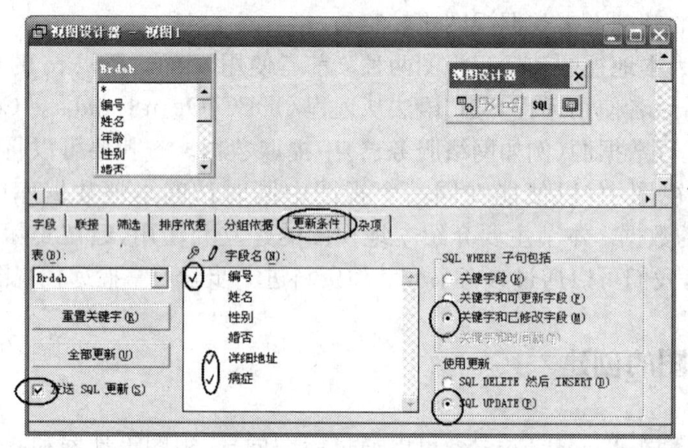

图 5-29　视图设计器中“更新条件”选项设置

有关“更新条件”选项卡中的选项及操作说明如下：

1. 指定可更新的表　我们如果要创建的视图是基于多个表的，则默认为更新“全部表”的有关字段。如果只是更新某个数据表，则可单击“表”下拉列表框中指定可更新的表。

2. 指定可更新的字段　在“字段名”列表框中列出了与更新有关的字段，字段名左侧的“钥匙”标记所列出的列表示关键字、“铅笔”标记可以更新。在相应列下的某个字段名前单击可改变当前的更新状态。默认可更新所有非关键字字段，如图 5-30 所示。

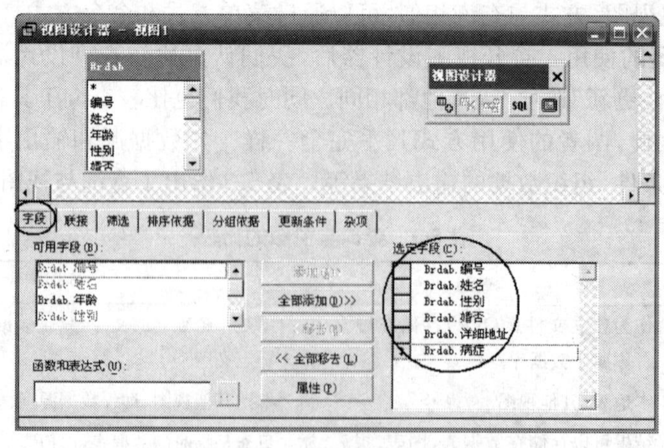

图 5-30　视图设计器中“字段”选项设置

3. 选取“发送 SQL 更新”复选框　在窗体左下角“发送 SQL 更新”复选框中选中，则视图记录中的修改传送回到源数据表，否则，视图修改结果不传送回源数据表。

4. “SQL WHERE 子句包括”区域　“SQL WHERE 子句包括”区域中的选项是我们用

来管理遇到多查找访问同一数据库时，应该如何处理数据更新。在允许我们更新之前，Visual FoxPro 先检查远程数据源表中的指定字段，看它们在记录被提取到视图中后有没有改变。如果数据源表中的这些记录被修改，就不允许更新操作。“SQL WHERE 子句包括”区域中各选项的含义如表 5-4 所示。

表 5-4 SQL WHERE 子句选项的含义

选项	含义
关键字段	当源表中的关键字段被改变时，更新失败
关键字和可更新字段	当源表中标记为可更新的字段被改变时，更新失败
关键字和已修改字段	当视图中改变的任一字段的值在源表中已被改变时，更新失败
关键字和时间戳	当源表上记录的时间戳在首次检索之后被改变时，更新失败

“使用更新”选项，一般使用系统默认。“SQL DELETE 然后 INSERT”方式，表示先删除源表中被更新的原记录，再向源表中插入更新后的新记录。“SQL UPDATE”方式，表示用视图中的更新结果来修改源表中的旧记录。

5.4.4 视图的使用

1. 视图的使用 Visual FoxPro 允许对视图进行以下操作。

(1) 在打开数据后使用 USE 命令打开指定的视图或关闭视图。

(2) 在“浏览”窗口中显示和修改视图中的数据内容。

(3) 使用 SQL 命令对视图进行操作。

(4) 在查询、表单、报表中将视图作为数据源。

2. 视图维护命令 对视图进行修改、重新命名或者加以删除时，首先需要打开其所在的数据库，然后根据需要选用下面的命令对指定的视图进行操作。

(1) 修改视图

格式：MODIFY VIEW ＜视图名＞

(2) 重命名视图

格式：RENAME VIEW ＜视图名＞ TO ＜新视图名＞

删除视图

(3) 格式：DELETE VIEW ＜视图名＞

【例 5-17】 在数据库“brgl. dbc”中，用数据表 brdab. dbf 建立名为“已婚病人基本信息视图”的视图，要求更新已婚的病人档案基本信息，更新其中的“住址”和“病症”字段。操作过程如下：

(1) OPEN DATA brgl，打开数据库，添加数据表 brdab. dbf，新建一个视图。

(2) “字段”选项卡中，选择“编号”、“姓名”、“性别”、“婚否”、“详细地址”和“病症”等字段，如图 5-30 所示。

(3) 选择“筛选字段”要求符合已婚条件的记录，在“筛选”选项卡中“字段名”栏内选择“Brdab. 婚否”，在“条件”栏中选择“＝”，在“实例”栏中输入内容“. t. ”，操作内容如下图 5-31如示。

(4) 更新条件：选择要更新的表，指定要更新的字段，如图 5-29 所示。

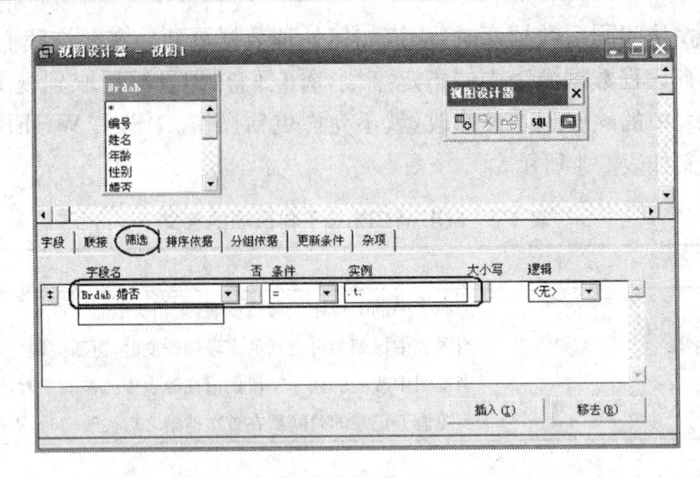

图 5-31 视图设计器中"筛选"选项设置

(5) 在主窗口"文件"菜单中选择"另存为",弹出对话框,输入视图名:已婚病人基本信息视图,注意此名只是数据库中的一个定义,不是文件名。随后,退出视图设计器窗口。

(6) 打开数据库设计器窗口,看到增加了一个视图:已婚病人基本信息视图。在命令窗口中用下述命令:

```
USE 已婚病人基本信息视图                        && 打开视图
BROWSE
GO 5
REPLACE 详细地址 WITH "北京市东大街 5 号"   && 更改视图第 5 条记录信息
CLOSE ALL                                     && 关闭所有的数据表
USE brdab
BROWSE
```

源数据表 brdab. dbf 的浏览窗口如图 5-32 所示。

Brdab

病人编号	姓名	年龄	性别	婚否	就诊日期	所在市	详细地址
1000001	李刚	34	男	T	07/12/07	茂名	健康中路12号
1000002	王晓明	65	男	T	05/11/08	湛江	霞山区人民南路27号
1000003	张丽	21	女	F	12/06/08	东莞	南城区西湖路31号
1000004	聂志强	38	男	T	08/12/08	广州	天河区棠下中山大道188号
1000005	杜梅	29	女	T	09/29/07	深圳	南山区白石洲路世纪村5栋122号
1000006	蒋萌萌	25	女	F	03/21/08	茂名	油城四路91号
1000007	李爱平	17	女	F	06/17/06	乌鲁木齐	团结路56号
1000008	王守志	12	男	F	11/09/07	东莞	东莞市城区东纵大道东湖花园2栋30号
1000009	陶红	46	女	T	10/31/07	深圳	北京市东大街5号
1000010	李娜	71	女	T	04/23/08	东莞	松山湖开发区新城大道1号
1000011	张强	54	男	T	02/28/08	哈尔滨	南岗区东大直街352号
1000012	刘思源	26	男	T	08/14/06	江门	新会市会城中心路28号
1000013	欧阳晓辉	13	男	F	10/09/07	肇庆	德庆县朝阳东路89号
1000014	段文玉	30	女	T	01/24/06	佛山	禅城区市东上路8号怡东花园B座12号
1000015	马博维	29	男	F	04/15/07	东莞	茶山镇茶山大道南34号
1000016	王洁	18	女	F	01/22/08	湛江	徐闻县徐城东方一路65号

图 5-32 "brdab. dbf"表浏览显示更新后的结果

【例 5-18】 在数据库“brgl.dbc”中，用数据表 brdab.dbf 建立名为“2008 年以后就诊的病人基本信息”的视图，要求有“姓名”、“性别”、“就诊日期”和“病症”字段。操作过程如下：

（1）OPEN DATA brgl，打开数据库，新建一个视图。

（2）“字段”选项卡中，选择“编号”、“姓名”、“性别”、“就诊日期”和“病症”等字段。

（3）选择“筛选字段”要求符合已婚条件的记录，在“筛选”选项卡中“字段名”栏内选择“Brdab.就诊日期”，在“条件”栏中选择“>=”，在“实例”栏中输入内容“{^2008-1-1}”，操作内容如图 5-33 如示。

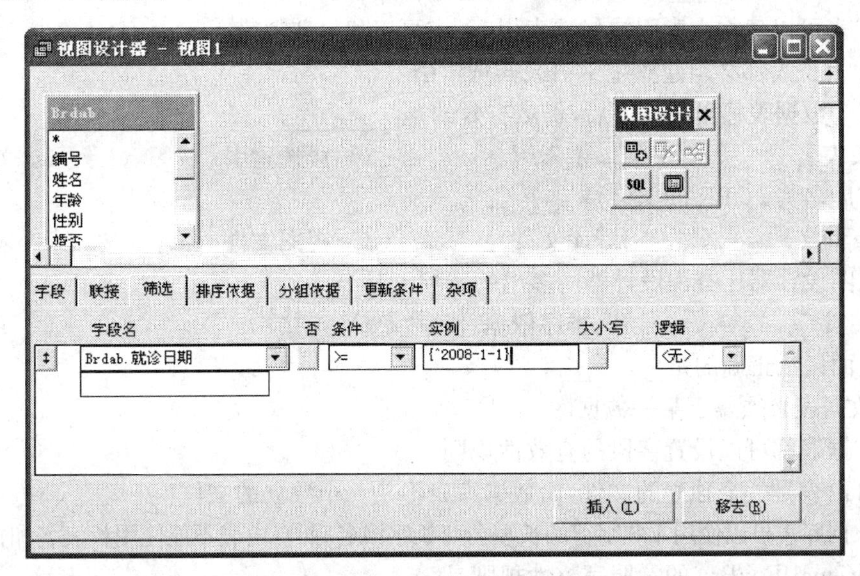

图 5-33 视图设计器中“筛选”选项设置

（4）在主窗口“文件”菜单中选择“另存为”，弹出对话框，输入视图名：2008 年以后就诊病人基本信息，保存即视图完成。

练 习 题

一、单项选择题

1. 能够打开“数据库设计器”窗口命令是________。

A. DATABASE OPEN　　B. CREATE DATABASE

C. MODIFY DATABASE　　D. OPEN DATEBASE

2. 下面是关于主索引的说法的正确的是________。

A. 在自由表和数据库表中都可以建立主索引

B. 可以在一个数据库表中建立多个主索引

C. 数据库中任何一个数据表只能建立一个主索引

D. 主索引的关键字值可以为 NULL

3. 下面有关数据库表和自由表的叙述中，正确的是________。

A. 数据库表必须依附于某个数据库

B. 数据库表的一个独立的文件，自由表不是

C. 自由表是一个独立的文件，数据库表不是

D. 数据库表和自由表都是一个独立的文件

4. 不允许数据库表中作为索引关键字的字段出现重复值的索引是________。

A. 只有主索引　　B. 主索引与候选索引

C. 主索引与唯一索引　　D. 主索引、候选索引与唯一索引

5. 在数据库中创建数据库表间的“一对多”永久关系时，以下说法正确的是________。

A. 父表必须建立主索引，子表可以不建立索引

B. 父表必须建立候选索引，子表可以建立普通索引

C. 父表可以建立主索引或候选索引，子表可以建立普通索引

D. 父表子表都必须建立主索引或候选索引

6. 某个数据表移出数据库后，仍然有效的是________。

A. 长表名　　B. 主索引　　C. 候选索引　　D. 关联规则

7. 扩展名为 .QPR 的文件是________。

A. 查询文件　　B. 库文件　　C. 视图文件　　D. 表单文件

8. 视图设计器比查询设计器所多出的选项卡是________。

A. 字段　　B. 排序依据　　C. 连接　　D. 更新条件

9. 下面说法正确的是________。

A. 数据表必须属于某一数据库

B. 数据表都可以设置字段的有效性规则

C. 自由表是一个独立的文件，而数据库表不是一个独立的文件

D. 数据库表可以使用128字符的长表名与长字段名，而自由表不能使用长表名和长字段名

10. Visual FoxPro 的参照完整性规则是________。

A. 字段的有效性　　B. 记录的有效性

C. 对表与表之间数据的一致性进行控制　　D. 防止记录被删除

二、多项选择题

1. 允许关键字表达式有重复值或 NULL 值的索引是________。

A. 主索引　　B. 普通索引　　C. 候选索引　　D. 唯一索引

2. 假设两表 Student 表与 Borrow 表都有学号字段，想建立一对多的永久性的关系，需要对 Student 表与 Borrow 表建立索引，下面说法正确的是________。

A. Student 表用学号建主索引，Borrow 表用学号建普通索引

B. Student 表用学号建普通索引，Borrow 表用学号建普通索引

C. Student 表用学号建唯一索引，Borrow 表用学号建普通索引

D. Student 表用学号建候选索引，Borrow 表用学号建普通索引

3. 假设 Zgda 表是数据库表，设置年龄字段的有效性规则是：年龄＞＝18 and 年龄＜＝60，那么下列说法正确的是________。

A. 无法删除年龄在 18 岁至 60 岁的记录

B. 无法插入年龄在 18 岁至 60 岁的记录

C. 在修改记录时，应该使年龄在 18 至 60 岁之间，否则会发生错误

D. 所添加的记录的年龄应该在 18 至 60 岁之间，否则添加不成功

三、填空题

1. 用于建立主索引与候选索引的关键字段，要求该字段的各个值必须是________的，

一个数据表可以建立________个主索引和________个候选索引。

2. 数据库中的各个数据表之间可以具有各种关系,分别为:一对一________、________的关系,其中最常见的是________的关系。

3. 视图与查询最根本的区别就在于:查询只能查阅指定的数据,而视图不但可以查阅数据,还可以________,并把________送回源数据表中。

四、操作练习题

1. 建立以“病人信息管理.DBC”命名的数据库,并在库中加入数据表 BRDAB.DBF 和 FYB.DBF,一表建立主索引,一表建立普通索引后,再建立两表之间的 1 对多的永久联系。

2. 有数据表 BRDAB.DBF、FYB.DBF,现要建立一个查询,两表按“编号”进行内部联结。要求:依次从 BRDAB.DBF 中选取“编号”、“姓名”两个字段,在 FYB.DBF 中选取“数量”字段。

3. 在“病人信息管理.DBC”数据库中在 BRDAB.DBF、FYB.DBF 上再加入数据表 XMB.DBF,并在内部联结建立视图,视图名以操作者的姓名命名。视图字段规定依次从 BRDAB 表中选:编号、姓名,在 XMB 表中选:价格,最后从 FYB 表中选:数量。思考如何建立联接,如何建立视图?

参考答案

一、单项选择题

1. C 2. C 3. A 4. B 5. C 6. C 7. A 8. D 9. D 10. C

二、多项选择题

1. BD 2. AD 3. CD

三、填空题

1. 唯一,1,若开 2. 一对多,多对多,一对多 3. 更新数据,结果

四、操作练习题

略。

第6章　结构化查询语言SQL

SQL是结构化查询语言Structured Query Language的缩写，它是关系型数据库的标准数据语言，几乎所有的关系型数据库管理系统都支持SQL，Visual FoxPro当然也不例外。由于它功能丰富、语言简洁、使用灵活等特点，在计算机应用中深受广大用户的欢迎，并且SQL语言已经成为关系型数据库语言的国际标准。

标准SQL语言包含数据定义、数据操纵、数据查询和数据控制四个方面的功能。Visual FoxPro从很早就开始支持SQL，现在的Visual FoxPro在这方面的功能也日趋完善。

第1节　SQL语言概述

最早的SQL标准是1986年10月由美国ANSI(American National Standards Insitute)公布的。随后在1989年国际标准化组织ISO(International Organization for Standardization)将SQL定为国际标准。

SQL语言的主要特点包含如下几点：

1. SQL是一种一体化的语言　SQL提供了完整的数据定义、数据查询、数据操纵和数据控制等方面的功能。通过使用SQL语言，可以实现数据库活动中的全部工作，包括定义数据库和表结构，实现表中数据的输入、修改、删除、查询和维护，以及实现数据库的重构、数据库安全性控制等一系列操作要求。

2. SQL语言简单易学　虽然SQL语言功能强大，但是它只有为数不多的几条命令。常用的SQL命令语句如表6-1所示。另外SQL的语法结构接近自然语言(英语)，因此用户很容易学习并掌握。

表6-1　常用的SQL命令语句

SQL功能	命令语句
数据定义	CREATE、DROP、ALTER
数据操纵	INSERT、UPDATE、DELETE
数据查询	SELECT
数据控制	GRANT、REVOKE

3. SQL是一种高度非过程化的语言　用户不必了解数据的存储格式、存取路径以及SQL命令的内部执行过程，只需说明用户想要执行什么样的操作，就可以方便的对关系型数据库进行操作。SQL语言可以将要求交给系统，自动完成全部工作，并且在执行过程中进行优化。

4. SQL语言执行方式多样　SQL语言既能在VFP的命令窗口中以交互方式直接执行，也可以作为一种语言嵌入到其他高级程序设计语言中执行。无论采用哪种执行方式，SQL语言的语法结构都是一致的。目前很多数据库应用开发工具都将SQL语言直接融入自身的语言之中，使用起来更加方便，VFP就是如此。

由于Visual FoxPro自身在安全控制方面的缺陷，所以它没有提供数据控制功能。因此，本章将分别介绍Visual FoxPro中的数据定义、数据操纵、数据查询三个功能。

第2节　SQL 的定义功能

标准 SQL 的数据定义功能包括数据库的定义、表的定义、视图的定义、存储过程的定义、规则的定义和索引的定义等多方面内容。本节主要介绍 Visual FoxPro 所支持的表定义功能和视图定义功能。

6.2.1　表的定义

在前面第4章中已经学习了通过 Visual FoxPro 提供的表设计器创建表结构的方法，除此之外，用户还可以使用 SQL 提供的 CREATE TABLE 命令来建立表结构。

```
格式:CREATE TABLE | DBF <表名1> [NAME <长表名>][FREE]
(<字段名1> <字段类型>[(字段宽度[,小数位数])] [NULL | NOT NULL]
   [CHECK <逻辑表达式1> [ERROR<文本信息1>]]
   [DEFAULT <表达式1>]
   [PRIMARY KEY | UNIQUE]
   [REFERENCES <表名2> [TAG <标识名1>]]
   [NOCPTRANS]
[, <字段名2>…]
[, PRIMARY KEY <表达式2> TAG <标识名2>]
[, UNIQUE <表达式3> TAG <标识名3>]
[, FOREIGN KEY <表达式4> TAG <标识名4>
        REFERENCES <表名3> [TAG <标识名5>]]
[, CHECK <逻辑表达式2> [ERROR <文本信息2>]])
| FROM ARRAY <数组名>
```

从以上语法结构可以看出，CREATE TABLE 命令可以完成表设计器包括的所有操作。除了建立表结构的基本功能外，CREATE TABLE 命令还包括设置参照完整性、建立表之间的联系等方面的内容。

说明：

(1) CREATE TABEL 和 CREATE DBF 是等价的，都可用于建立表文件。不同的是，前者是标准的 SQL 语言，后者是 Visual FoxPro 所特有的。

(2) NAME <长表名>短语：为建立的数据表指定一个长表名。只有打开数据库，在数据库中创建表时，才需要指定一个长表名。

(3) FREE 短语：用于在数据库打开的情况下，指明建立一个自由表。默认在数据库未打开的情况下，创建的是自由表，在数据库打开时创建的是数据库表。

(4) NULL 或 NOT NULL 短语：用来说明该字段是否允许为空值。默认值为 NOT NULL。

(5) CHECK <逻辑表达式>短语：用来为字段指定合法值以及该字段的有效性规则。

(6) ERROR <文本信息>短语：用来指定当输入的字段值不满足 CHECK 子句的合法值时所显示的出错提示信息。

(7) DEFAULT <表达式>短语:用来为字段指定一个默认值。需要注意的是<表达式>的数据类型与字段的数据类型要一致。

(8) PRIMARY KEY 短语:用来指定该字段为主索引关键字,索引标识名与字段名相同。UNIQUE 短语指定该字段为候选索引关键字,索引标识名与字段名相同。

(9) REFERENCES <表名> [TAG <标识名>]短语:指定建立永久关系的父表,同时以该字段为索引关键字建立外索引,索引标识名与字段名相同。<表名>为父表的表名,并且父表不能是自由表。<标识名>为父表中的索引标识名。如果省略索引标识名,则用父表的主索引关键字建立关系,否则不能省略。如果指定了索引标识名,则在父表中存在的索引标识字段上建立关系。

(10) NOCPTRANS 短语:用来禁止转换为其他代码页。它仅用于字符型或备注型字段。

(11) PRIMARY KEY <表达式> TAG <标识名>短语:用来创建一个以<表达式>为关键字索引的主索引,索引名为<标识名>。UNIQUE <表达式> TAG <标识名>短语:用来创建一个以<表达式>为关键字索引的候选索引,索引名为<标识名>。

(12) FROM ARRAY<数组名>短语:指定用数组内容创建表结构。数组的元素依次是每一个字段的字段名、数据类型、字段宽度等。建议不使用这种方法。

在第 4 章中利用表设计器建立了病人档案表 brdab,现在利用 SQL 命令来建立相同的数据表。然后利用表设计器来检验用 SQL 命令建立的数据表,读者可以从中做一些对比。

【例 6-1】 使用 SQL 命令创建病人档案表 brdab,其结构见第 4 章的表 4-1。

在命令窗口执行如下语句:

```
CREATE TABLE brdab FREE (编号 C(10),姓名 C(8),年龄 N(3,0),;
                        性别 C(2),婚否 L, 就诊日期 D,所在市 C(10),;
                        详细地址 C(40),病历 M,医嘱 M,照片 G,其他 M)
MODIFY STRUCTURE
```

执行结果如图 6-1 所示。

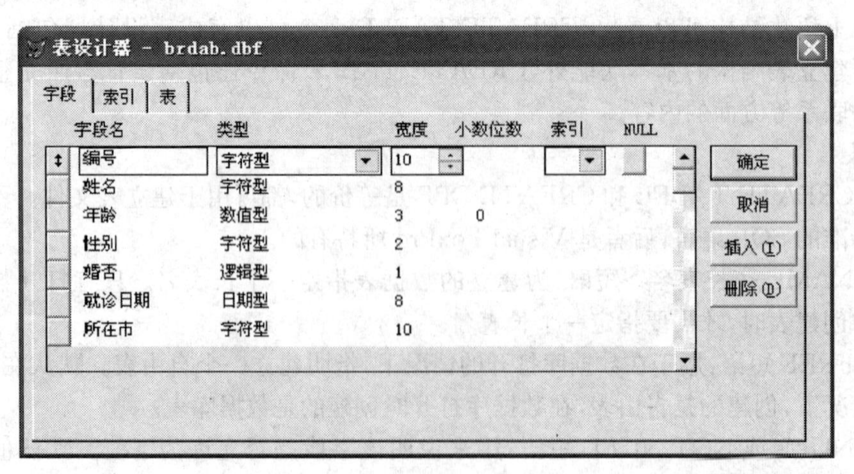

图 6-1　brdab 的"表设计器"界面

通过上图可以看出用 SQL 的 CREATE TABLE 语句创建的 brdab 表结构和第 4 章中用表设计器创建的表结构是一样的。

需要注意的是:用 CREATE TABLE 命令建立自由表,则该命令中的很多选项在命令中不能使用,如 NAME、CHECK、DEFAULT、FOREIGN KEY、PRIMARY KEY、REFERENCES 等。这和前面用表设计器创建表是一致的,数据库表的表设计器比自由表的表设计器设置的内容多,包括长表明的设置、字段有效性的设置、主关键字的设置、默认值的设置等等。

【例 6-2】 创建一个名字为 brgl 的病人管理数据库,其中包含一个名为 xmb 的项目表和一个名为 fyb 的费用表。并且 xmb 和 fyb 之间通过“项目编号”字段建立一对多的联系。

在命令窗口执行如下语句:

```
*用命令建立“brgl”数据库
CREATE DATABASE brgl
*用 SQL CREATE 命令建立“xmb”表
CREATE TABLE xmb (项目编号 C(8) PRIMARY KEY,;
                  项目名称 C(30),;
                  项目类型 C(20) DEFAULT “医疗项目”,单价 Y)
*用 SQL CREATE 命令建立“fyb”表
CREATE TABLE fyb (编号 C(10) NOT NULL ,;
                 项目编号 C(8), 数量 I,;
                 FOREIGN KEY 项目编号 TAG 项目编号 REFERENCES xmb)
MODIFY DATABASE
```

说明:在建立“xmb”表的 SQL CREATE 命令中,其中“项目编号”字段是主关键字(即主索引,用 PRIMARY KEY 说明);用 DEFAULT 短语说明“项目类型”字段的默认值(“医疗项目”)。在建立“fyb”表的 SQL CREATE 命令中,用“NOT NULL”说明“编号”字段不允许为空值;用“FOREIGN KEY 项目编号 TAG 项目编号”短语在“项目编号”字段上建立了一个索引名为“项目编号”的普通索引,并通过“REFERENCES xmb”短语与 xmb 表建立了联系。

以上建立表的命令执行完后可以在数据库设计器中看到如图 6-2 所示的界面,从中可以看到通过 SQL CREATE 命令不但可以创建表,同时还建立了表之间的联系。然后可以用第 5 章中介绍的方法来编辑参照完整性,进一步完善数据库的设计。

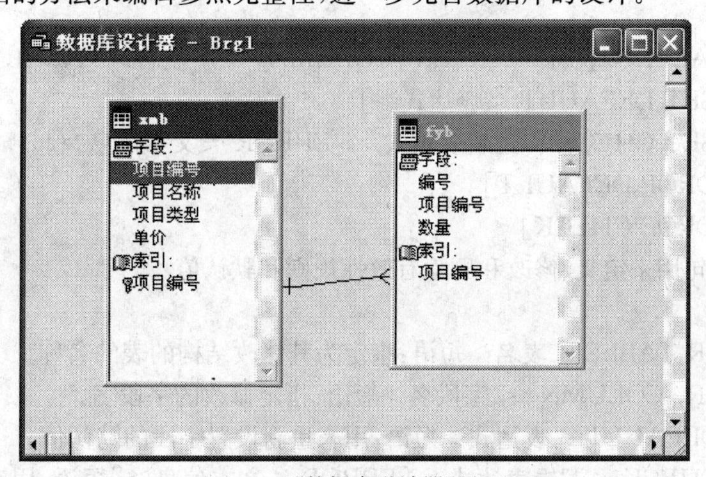

图 6-2 “数据库设计器”界面

6.2.2 修改表结构

除了通过 Visual FoxPro 提供的表设计器修改表结构之外，用户还可以使用 SQL 提供的 ALTER TABLE 命令来修改表结构。该命令有 3 种格式。

语句格式 1

```
ALTER TABLE <表名 1> ADD | ALTER [COLUMN]
    <字段名 1> <字段类型> [(<字段宽度>[,<小数位数>])] [NULL | NOT NULL]
    [CHECK <逻辑表达式> [ERROR <文本信息>]]
    [DEFAULT <表达式>]
    [PRIMARY KEY | UNIQUE]
    [REFERENCES <表名 2> [TAG <标识名>]]
    [NOCPTRANS]
```

功能：该语句不但可以用来向数据表中增加新字段，还可以修改已有的字段，可以修改字段的类型、宽度、有效性规则、错误信息、默认值，定义主关键字和联系等。但是不能修改字段名，不能删除字段，也不能删除已经定义的规则等。

说明：

(1) ALTER TABLE <表名>短语：指定为其修改结构的表的名称。

(2) ADD [COLUMN]子句：用来增加新字段，并指定新字段的名称、类型等信息。

(3) ALTER [COLUMN]子句：用来修改指定字段，可以修改字段的类型、宽度、小数位数、有效性规则等信息，但是不能修改字段名。

(4) 命令中使用 CHECK 短语时，要求指定字段的已有数据满足 CHECK 规则；使用 PRIMARY KEY 或 UNIQUE 短语时，要求指定字段的已有数据满足唯一性。

【例 6-3】 在例 6-2 的 xmb 中，增加一个新字段，字段名为"库存量"，字段类型为整型。

```
ALTER TABLE xmb;
        ADD 库存量 I CHECK 库存量>=0 ERROR "库存量大于等于 0"
```

【例 6-4】 在例 6-2 的 xmb 中，将"项目名称"字段的宽度改为 20(原来为 30)。

```
ALTER TABLE xmb ALTER 项目名称 C(20)
```

语句格式 2

```
ALTER TABLE <表名> ALTER [COLUMN] <字段名> [NULL | NOT NULL]
        [SET DEFAULT <表达式>]
        [SET CHECK <逻辑表达式> [ERROR <文本信息>]]
        [DROP DEFAULT]
        [DROP CHECK]
```

功能：该语句用来定义、修改和删除有效性规则和默认值。

说明：

(1) ALTER TABLE <表名>短语：指定为其修改结构的表的名称。

(2) ALTER [COLUMN] <字段名>短语：指定修改的字段名。

(3) SET DEFAULT <表达式>短语：用来重新设置字段的默认值。

(4) SET CHECK <逻辑表达式> [ERROR <文本信息>]短语：用来重新设置字段

的约束条件。

(5) DROP DEFAULT 短语：用来删除默认值。

(6) DROP CHECK 短语：用来删除字段的约束条件。

(7) 该命令格式只能用于数据库表。

【例 6-5】 在例 6-2 的 xmb 中，删除"项目类型"字段的默认值。

ALTER TABLE xmb ALTER 项目类型 DROP DEFAULT

【例 6-6】 在例 6-2 的 fyb 中，为"数量"字段设置约束条件，要求其字段值必须大于 0。

ALTER TABLE fyb ALTER 数量 SET CHECK 数量＞0；
ERROR "输入数据必须大于零"

语句格式 3

ALTER TABLE ＜表名 1＞ [DROP [COLUMN] ＜字段名 1＞]
[SET CHECK ＜逻辑表达式 1＞ [ERROR ＜文本信息＞]]
[DROP CHECK]
[ADD PRIMARY KEY ＜表达式 1＞ TAG ＜标识名 1＞]
[DROP PRIMARY KEY]
[ADD UNIQUE ＜表达式 2＞ [TAG ＜标识名 2＞]]
[DROP UNIQUE TAG ＜标识名 3＞]
[ADD FOREIGN KEY ＜表达式 3＞ TAG ＜标识名 4＞
REFENENCES ＜表名 2＞ [TAG ＜标识名 5＞]]
[DROP FOREIGN KEY TAG ＜标识名 6＞ [SAVE]]
[RENAME COLUMN ＜字段名 2＞ TO ＜字段名 3＞]
[NOVALIDATE]

功能：格式 1 和格式 2 中都不能删除字段，也不能修改字段名，所有修改是在字段一级。而格式 3 可以用来删除表中指定字段，修改字段名，修改表的完整性规则，包括添加或删除主索引、外索引、候选索引。

说明：

(1) DROP [COLUMN]短语：从表中删除指定字段。

(2) SET CHECK ＜逻辑表达式＞ [ERROR ＜文本信息＞]短语：用来为该表指定约束条件以及出错提示信息；DROP CHECK 短语：用来删除表的约束条件。

(3) ADD PRIMARY KEY ＜表达式 1＞ TAG ＜标识名 1＞短语：用来为该表建立主索引；DROP PRIMARY KEY 短语：用来删除该表的主索引。

(4) ADD UNIQUE ＜表达式＞ [TAG ＜标识名＞]短语：用来为该表建立候选索引；DROP UNIQUE TAG ＜标识名 3＞短语：用来删除指定的候选索引。

(5) ADD FOREIGN KEY 短语：用来为该表建立外索引，与指定的父表建立关系；DROP FOREIGN KEY 短语：用来删除外索引，并取消与父表的关系。

(6) RENAME COLUMN ＜字段名 2＞ TO ＜字段名 3＞短语：用来把已有的＜字段名 2＞修改为新的＜字段名 3＞。

(7) NOVALIDATE 短语：指明在修改表结构时允许违反该表的数据完整性规则。缺省该短语时，则禁止违反数据完整性规则。

需要注意的是：修改自由表时，不能使用 SET、DEFAULT、FOREIGN KEY、PRIMA-

RY KEY、REFERENCES 短语。

【例 6-7】 将项目表 xmb 中,"项目类型"的字段名改为"收费类型"。

ALTER TABLE xmb RENAME COLUMN 项目类型 TO 收费类型

【例 6-8】 将项目表 xmb 中,名为"库存量"的字段删除。

ALTER TABLE xmb DROP 库存量

6.2.3 删除表

可以用 SQL 语言创建数据表,也可以删除已经存在的数据表。

格式:DROP TABLE <表名>

功能:该命令语句直接从磁盘上删除指定的数据表文件。

说明:如果删除的是数据库中的表,则应该在相应数据库打开的情况下执行该命令;否则虽然从磁盘上删除数据表,但是记录在数据库中的信息却没有删除,从而造成以后对该数据库操作的失败。因此要删除数据库中的表时,应首先使数据库是当前打开数据库,然后在数据库中进行删除操作。

【例 6-9】 删除病人管理数据库 brgl 中的费用表 fyb。

在命令窗口中执行如下语句:

```
CLOSE ALL
OPEN DATABASE brgl
DROP TABLE fyb
```

6.2.4 视图的定义

前面第 5 章中已经介绍了视图的概念,在 VFP 中不但可以通过视图设计器来创建视图,还可以使用 SQL 中的命令。

格式:CREATE SQL VIEW <视图名> [(字段名 1 [,字段名 2],…)];

　　　　AS <SELECT 语句>

功能:用来建立名字为<视图名>的视图。

说明:

(1) (字段名 1 [,字段名 2],…)短语:是视图中的字段名列表,它的数目应该与 SELECT 子句给出的字段名一致。如果字段名列表缺省,则以 SELECT 子句中给出的为准。

(2) AS <SELECT 语句>短语:指定视图显示的数据源。AS 后面必须是一个正确的 SELECT 语句,并且该语句不能用引号括起来。

【例 6-10】 在病人管理数据库 brgl 的病人档案表 brdab 上建立一个年龄在 40 岁以下的关于病人基本信息的视图。

```
CREATE SQL VIEW brxi;
        AS SELECT 编号,姓名,年龄,婚否,就诊日期 FROM brdab;
        WHERE 年龄<40
```

视图是从数据表中派生出来的,不存在修改结构的问题,但是可以删除视图。删除视图的语句格式为:

DROP VIEW <视图名>

需要注意的是：当数据表被删除后，尽管建立在该表上的视图还保留着，但是已经无法继续使用。

第3节　SQL的操纵功能

数据操纵功能主要包括对表中的记录进行插入、删除和更新三个方面，对应的SQL命令分别是INSERT(插入)、DELETE(删除)、UPDATE(更新)组成。

6.3.1　插入记录

使用INSERT语句可以在数据表的尾部追加新记录。SQL的插入命令包括2种格式。

格式1：INSERT INTO <表名> [(<字段名1>[,<字段名2>,…])]；

VALUES(<表达式1>[,<表达式2>,…])

格式2：INSERT INTO <表名> FROM ARRAY <数组名> | FROM MEMVAR

功能：上述两条语句的功能都是在指定表的尾部添加一条新记录，不同的是格式1中追加的新记录的各个字段值来自于语句中的表达式，而格式2中追加的新记录的各个字段值来自于给定的数组或者内存变量。

说明：

(1) INSERT INTO <表名>短语：指定为其追加新记录的表的名称。

(2) (<字段名1>[,<字段名2>,…])短语：指定新记录中插入字段值的字段的名称。如果缺省字段名，则表示需要插入记录的所有字段数据。如果只是插入表中某些字段的数据，那么必须列出插入数据的字段名。

(3) VALUES(<表达式1>[,<表达式2>,…])短语：各个表达式的值即为所插入记录的字段值。各表达式的类型、宽度和先后顺序必须与指定的各字段名对应。当需要插入记录的所有字段数据时，插入的数据必须与表的结构完全吻合，也就是数据类型、宽度和先后顺序保持一致。

(4) FROM ARRAY <数组名>短语：表示将给定的一维数组元素的值作为新记录的字段值。数组中各元素与表中各字段顺序对应。如果数组中元素的数据类型与对应的字段类型不一致，则对应字段值为空值；如果记录字段个数大于数组元素个数，则多出的字段值为空值。

(5) FROM MEMVAR短语：表示将同名的内存变量的值作为新记录的字段值，如果同名内存变量不存在，则对应的字段值为空。

(6) 新记录追加结束后，记录指针将停留在新记录上。

【例6-11】 在病人档案表brdab的尾部插入一条新记录，新记录的姓名为"赵海"，年龄为"32"，性别为"男"，未婚，就诊日期为2009年1月4日。

方法1：INSERT INTO brdab (编号,姓名,年龄,性别,婚否,就诊日期)；

VALUES("1000017","赵海",32,"男",.F.,{^2009-1-4})

方法2：在命令窗口执行如下语句：

编号="1000017"

```
姓名="赵海"
年龄=32
性别="男"
婚否=.F.
就诊日期={^2009-1-4}
INSERT INTO brdab FROM MEMVAR
```

方法 3:在命令窗口执行如下语句:

```
DECLARE x(6)
x(1)="1000017"
x(2)="赵海”
x(3)=32
x(4)="男"
x(5)=.F.
x(6)={^2009-1-4}
INSERT INTO brdab FROM ARRAY x
```

需要注意的是:用 INSERT 语句为数据表插入记录,可以在数据表未打开的情况下进行。在数据表未打开时,系统自动将其在另外一个工作区以独占的方式打开,并将新的记录追加到末尾。追加完记录后,系统仍保持在当前工作区。如果数据表已经打开,INSERT 语句会将新的记录追加到表的末尾。

6.3.2 删除记录

格式:DELETE FROM <表名> [WHERE <逻辑表达式>]

功能:对指定数据表中符合条件的记录,进行逻辑删除。DELETE 命令可以删除数据表中符合删除条件的多条记录。

说明:

(1) DELETE FROM <表名>短语:指定删除记录所属的表。

(2) WHERE <逻辑表达式>短语:用来指定被删除的记录所要满足的条件。可以指定多个条件,各个条件之间用 AND 或者 OR 运算符连接,还可以用 NOT 运算符对逻辑表达式求反,或者用 EMPTY()检查字段值是否为空。如果缺省该短语,则删除表中的所有记录。

【例 6-12】 利用 DELETE 语句,将病人档案表 brdab 中年龄小于 20 岁的记录删除。

在命令窗口执行如下语句:

```
USE brdab
DELETE FROM brdab WHERE 年龄<20
BROWSE
```

DELETE 语句对指定数据表中的符合条件的记录进行逻辑删除,即对要删除的记录设置删除标记“*”。设置了删除标记的记录并没有从物理上删除,只有在执行了 PACK 命令后,这些记录才被真正删除。对设置了删除标记的记录可以使用 RECALL 命令取消删除标记。

6.3.3　更新数据

更新表中的数据也就是修改表中的记录数据。

格式：UPDATE ＜表名＞；

　　SET ＜字段名1＞＝＜表达式1＞[，＜字段名2＞＝＜表达式2＞，…]；

　　　[WHERE ＜逻辑表达式＞]

功能：更新表中记录的字段值，也就是修改表中的记录数据。

说明：

(1) UPDATE ＜表名＞短语：指定更新记录的所属表。

(2) SET ＜字段名1＞＝＜表达式1＞[，＜字段名2＞＝＜表达式2＞，…]短语：用于指定要修改的字段名和更新后的数据。如果缺省WHERE短语，则所有行中的这一列都改为同一值。

(3) WHERE ＜逻辑表达式＞短语：用来限定表中需要更新的记录。如果缺省该短语，则更新表中的所有记录。

【例6-13】　利用UPDATE语句，将病人档案表brdab中的姓名为“陶红”的记录的“年龄”字段改为“49”。

UPDATE brdab SET 年龄＝49 WHERE 姓名＝"陶红"

【例6-14】　利用UPDATE语句，将病人档案表brdab中所有记录的“年龄”增加1岁。

UPDATE brdab SET 年龄＝年龄＋1

需要注意的是：UPDATE语句仅修改指定数据表中的数据，如果数据库中的多个表之间有关联，则会破坏数据库中各表的一致性。因此，UPDATE语句最好用于对自由表的修改。

第4节　SQL的查询功能

SQL语言的核心是查询，SQL语言的查询命令也称为SELECT命令。因此首先介绍SELECT语句的格式。

6.4.1　SELECT语句格式

查询是数据库的核心操作，因此SQL的核心就是查询操作。在SQL语言中，查询语言中有一条查询命令，即SELECT语句。它的基本形式为SELECT－FROM－WHERE查询模块，多个查询也可以嵌套执行。

格式：SELECT [ALL | DISTINCT] [TOP ＜数值表达式＞ [PERCENT]]

　　　　＜检索项＞ [AS ＜列名＞][，＜检索项＞ [AS ＜列名＞]…]

　　FROM [＜数据库名＞!] ＜表名＞ [[AS] ＜逻辑别名＞]

　　[[INNER | LEFT [OUTER] | RIGHT [OUTER] | FULL [OUTER]

　　JOIN [＜数据库名＞!] ＜表名＞ [[AS] ＜逻辑别名＞][ON ＜连接条件＞]]

　　[[INTO ＜查询结果＞] | [TO FILE ＜文件名＞ [ADDITIVE] |

TO PRINTER [PROMPT] | TO SCERRN]]

[WHERE <连接条件 1> [AND <连接条件 2>…][AND | OR <筛选条件>]]

[GROUP BY <字段名 1>[,<字段名 2>…]] [HAVING <筛选条件>]

[UNION [ALL] <SELECT 语句>]

[ORDER BY <关键字表达式>][ASC | DESC][,< 关键字表达式> [ASC | DESC]…]

说明：

(1) SELECT 子句用来指定在查询结果中显示的内容。可以使用的关键字和短语为：

1) ALL 短语：用来指定输出所有符合查询条件的记录；DISTINCT 短语：用来取消查询结果中的重复记录。

2) TOP <数值表达式> [PERCENT]短语：指定在符合条件的记录中，选取指定数量或百分比的记录。

3) <检索项> [AS <列名>]短语：<检索项>可以是字段名或字段表达式；<列名>用于指定显示时使用的列标题，可以不同于字段名。

(2) FROM 子句用来指定查询的一个或多个表。如果来自多个表，则表名之间要用逗号分隔。

1) [AS] <逻辑别名>短语：指定表的临时别名。

2) JOIN 短语：连接其左右两个<表名>所指定的表；INNER | LEFT | RIGHT | [OUTER] | FULL [OUTER]指定两个表的连接方式。

3) INTO 子句：用来指定查询结果的输出去向。默认查询结果显示在浏览窗口中。INTO ARRAY 表示输出到数组；INTO CURSOR 表示输出到临时表；INTO DBF 或者 INTO TABLE 表示输出到数据表。

4) TO FILE 短语：表示输出到指定文本文件，并取代原文件的内容，ADDITIVE 表示只添加新数据，不清除原文件的内容；TO PRINTER 短语：表示输出到打印机，PROMPT 表示打印前先显示打印确认框；TO SCREEN 短语：表示输出到屏幕。

(3) WHERE 子句用来指定查询的筛选条件。如果是多表查询，还可以在 WHERE 短语中指定表之间的连接条件。

(4) 其他短语

1) GROUP BY 短语：对查询结果进行分组输出。

2) HAVING 短语：指定包含在查询结果中的分组必须满足的条件。HAVING 短语应和 GROUP BY 短语一块使用。

3) UNION 短语：将一个 SELECT 的查询结果和另外一个 SELECT 的查询结果合并在一起输出，但输出的字段类型和宽度必须一致。默认情况下，UNION 短语检查合并后的结果，并去掉重复的记录。关键字 ALL 的作用是禁止 UNION 去掉合并结果中的重复行。

4) ORDER BY 短语：对查询结果按照<关键字表达式>进行排序。其中 ASC 为升序排列，DESC 为降序排列，默认为升序。

SELECT 语句的语法格式相当复杂，但在具体使用过程中，不可能在 个 SELECT 语句中将所有的子句全部用完，因此下面分解讲述 SELECT 语句的使用。下面查询的例子都是基于第 5 章中建立的病人管理数据库 brgl。

6.4.2 简单查询

SQL 中最简单的查询一般是基于单个表，或者有简单的查询条件。这样的查询可以由 SELECT 和 FROM 短语构成无条件查询，也可以由 SELECT、FROM 和 WHERE 短语构成条件查询。

【例 6-15】 查询病人档案表 brdab 中的所有记录的姓名、年龄、婚否三个字段。

SELECT 姓名，年龄，婚否 FROM brdab

【例 6-16】 查询病人档案表 brdab 中的所有记录。

SELECT * FROM brdab

如果要在查询结果中显示记录的所有字段，可以有两种方法。一种方法就是在 SELECT 关键字后面列出所有字段名；如果字段的显示顺序与其在表中的顺序相同，也可以简单地将＜检索项＞指定为 *。

【例 6-17】 查询病人档案表 brdab 中记录的姓名及其出生年份。

SELECT 姓名，2009-年龄 FROM brdab

在 brdab 表中只记录了病人的年龄，而没有记录病人的出生年份，但可以经过计算得到，即用当前年(假设为 2009)减去年龄得到出生年份。

【例 6-18】 查询病人档案表 brdab 中 40 岁以上男病人的信息。

SELECT * FROM brdab WHERE 性别＝"男" AND 年龄＞40

这里用 WHERE 短语指定了查询条件，查询条件可以是任意复杂的逻辑表达式。

【例 6-19】 查询病人档案表 brdab 中的病人来自于哪些城市。

SELECT 所在市 FROM brdab

该命令的查询结果如图 6-3 所示。

查询

所在市
茂名
湛江
东莞
广州
深圳
茂名
乌鲁木齐
东莞
深圳
东莞
哈尔滨
江门
肇庆
佛山
东莞
湛江

图 6-3 查询结果

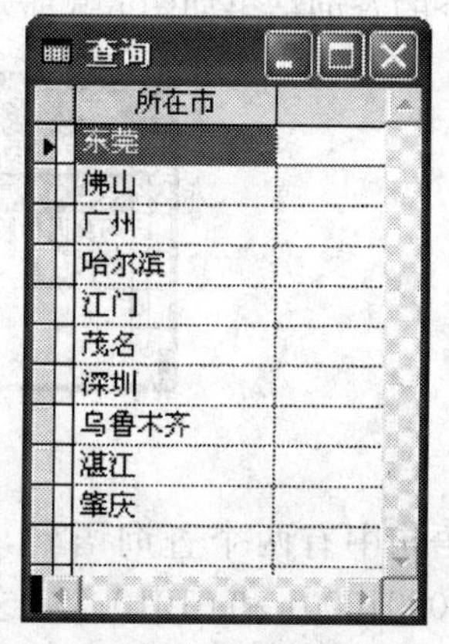

图 6-4 查询结果

病人档案表 brdab 中的“所在市”字段有重复值，而在查询结果中只需要显示重复行中的一行。如果想去掉结果表中的重复行，可以通过在基本 SELECT 语句中加入 DISTINCT

关键字的方法实现。如果不加此关键字，则查询结果中显示全部行。特别要注意的是，每条 SELECT 语句中只能使用一次 DISTINCT 短语。

SELECT DISTINCT 所在市 FROM brdab

该命令的查询结果如图 6-4 所示。

【例 6-20】 查询病人档案表 brdab 中年龄最大的五名病人记录。

SELECT * TOP 5 FROM brdab ORDER BY 年龄 DESC

在查询中，有时只需要满足条件的前几个记录，这时可以使用 TOP ＜数值表达式＞ [PERCENT]短语。当不使用 PERCENT 时，＜数值表达式＞是一个 1～32767 之间的整数，用来指定显示前几个记录；当使用 PERCENT 时，＜数值表达式＞是一个 0.01～99.99 之间的实数，用来指定显示查询结果中前百分之几的记录。需要注意的是 TOP 短语要与 ORDER BY 短语同时使用才有效。

【例 6-21】 查询病人档案表 brdab 中年龄最大的 5%病人记录。

SELECT * TOP 5 PERCENT FROM brdab ORDER BY 年龄 DESC

6.4.3 嵌套查询

在 SQL 语句中，一个 SELECT－FROM－WHERE 语句称为一个查询块。将一个查询块嵌套在另一个查询块的 WHERE 短语中，形成外层查询包含内层查询的嵌套查询。外层查询也称为父查询或主查询，内层查询也称为子查询或下层查询。系统对嵌套查询的求解过程是由里向外处理，即先做子查询，在子查询的基础上再进行父查询。

嵌套查询使我们可以用多个简单查询构成复杂的查询，从而增强 SQL 的查询能力。以层层嵌套的方式来构造查询正是 SQL 中"结构化"的含义所在。

【例 6-22】 查询病人管理数据库 brgl 中，使用数量在两个以上的药品名称。

```
SELECT 项目名称,单价 FROM xmb;
        WHERE 项目类型="药品项目";
                AND 项目编号 IN(SELECT 项目编号 FROM fyb WHERE 数量>2)
```

该命令的查询结果如图 6-5 所示。

查询

项目名称	单价
同仁堂感冒颗粒	59.0000
阿莫西林胶囊	15.0000
环丙沙星	16.0000

图 6-5 查询结果

上述语句中有两个查询语句，首先处理内层查询，检索到的项目编号是 01020002、01010002、02010001 和 01010003，这样就可以写出等价的命令：

```
SELECT 项目名称,单价 FROM xmb WHERE 项目类型="药品项目" AND;
项目编号 IN(01020002,01010002,02010001,01010003)
```

【例 6-23】 查询病人管理数据库 brgl 中，使用过医疗项目的病人信息。

SELECT 姓名,年龄,性别,就诊日期 FROM brdab;

WHERE 编号 IN (SELECT 编号 FROM fyb)

内层查询检索出所有在费用表 fyb 中出现过的病人编号的集合,然后再从病人档案表 brdab 中查询出现在集合中的每个病人记录的信息。

6.4.4 对查询结果进行排序

在 SQL 的 SELECT 语句中可以使用 ORDER BY 短语,对将查询结果进行排序。该子句的格式为:

ORDER BY ＜关键字表达式＞ [ASC|DESC][,＜关键字表达式＞[ASC|DESC]…]

说明:

(1) ＜关键字表达式＞可以是要排序的字段名。ASC 表示按升序排列,DESC 表示按降序排列,缺省时默认按照升序排列。

(2) 在 ORDER BY 子句中可以指定多个字段名作为排序依据,这些字段名在该子句中出现的顺序决定了如何对结果进行排序。如果按照多个字段对结果进行排序,首先按排在最前面的字段进行排序,如果有两个或两个以上字段值相同的记录,则对这些值相同的记录依据排在第二位的字段进行排序,依此类推。

【例 6-24】 查询病人档案表 brdab 中所有记录,并对查询结果按照年龄进行排序。

SELECT 编号,姓名,年龄,性别 FROM brdab ORDER BY 年龄

【例 6-25】 查询病人档案表 brdab 中所有记录,查询结果按照所在市的市名升序排列,同一城市的病人按年龄的降序排列。

SELECT 编号,姓名,年龄,性别 FROM brdab ORDER BY 所在市,年龄 DESC

特别要注意的是:ORDER BY 短语只能对最终的 SELECT 查询结果进行排序,因此 ORDER BY 短语出现在 SELECT 语句的最后,并且在子查询中不可以使用该短语。

6.4.5 特殊运算符的查询

查询满足指定条件的记录可以通过 WHERE 子句实现,在 WHERE 子句除了可以使用熟知的关系运算符,还可以使用如表 6-2 所示的一些特殊运算符。

表 6-2 WHERE 子句的特殊运算符

运算符	功能
BETWEEN … AND …或 NOT BETWEEN…AND…	确定范围
IN(集合列表)或 NOT IN(集合列表)	确定集合
LIKE 或 NOT LIKE	字符匹配
IS NULL 或 IS NOT NULL	是否为空值

1. 确定范围 BETWEEN…AND…和 NOT BETWEEN…AND…可以用来查找字段值在(或不在)指定范围内的元组,其中 BETWEEN 后面是范围的下限(即低值),AND 后是范围的上限(即高值)。带 BETWEEN…AND…或 NOT BETWEEN…AND…运算符的 WHERE 短语的格式是:

WHERE ＜字段名＞ [NOT] BETWEEN 下限值 AND 上限值

说明：

(1) BETWEEN 下限值 AND 上限值的含义是：如果字段值在下限值和上限值之间，则结果为 TRUE，表明此记录符合查询条件。

(2) NOT BETWEEN 下限值 AND 上限值的含义正好相反：如果字段值在下限值和上限值之间，则结果为 FALSE，表明此记录不符合查询条件。

【例 6-26】 查询病人档案表 brdab 中年龄在 30 至 50 岁之间的所有记录。

这个查询的条件是在什么范围之间，显然可以用 BETWEEN…AND，因此查询语句如下所示：

SELECT 编号，姓名，年龄，性别 FROM brdab WHERE 年龄 BETWEEN 30 AND 50

上述命令等价于：

SELECT 编号，姓名，年龄，性别 FROM brdab WHERE 年龄＞＝30 AND 年龄＜＝50

【例 6-27】 查询病人档案表 brdab 中年龄不在 30 至 50 岁之间的所有记录。

SELECT 编号，姓名，年龄，性别 FROM brdab WHERE 年龄 NOT BETWEEN 30 AND 50

等价于：

SELECT 编号，姓名，年龄，性别 FROM brdab WHERE 年龄＜30 OR 年龄＞50

2. 确定集合 运算符 IN 可以用来查找字段值属于指定集合的记录。使用 IN 运算符的 WHERE 语句格式为：

WHERE ＜字段名＞［NOT］IN（＜常量 1＞，＜常量 2＞，…，＜常量 n＞）

说明：

(1) IN 的含义是当列中的值与 IN 中的某个常量值相等时，则结果为 TRUE，表明此记录为符合查询条件的记录。

(2) NOT IN 的含义正好相反，当列中的值与某个常量值相等时，则结果为 FALSE，表明此记录为不符合查询条件的记录。

【例 6-28】 查询病人档案表 brdab 中来自深圳、广州、东莞三个城市病人记录。

SELECT 编号，姓名，年龄，性别 FROM brdab;
    WHERE 所在市 IN("深圳","广州","东莞")

【例 6-29】 查询病人档案表 brdab 中除深圳、广州、东莞三个城市之外的病人记录。

SELECT 编号，姓名，年龄，性别 FROM brdab;
    WHERE 所在市 NOT IN("深圳","广州","东莞")

3. 字符匹配 运算符 LIKE 可以用来进行字符串的匹配。使用 LIKE 的 WHERE 语句格式为：

WHERE ＜字段名＞［NOT］LIKE"＜匹配串＞"

其含义是查找指定的字段值与＜匹配串＞相匹配的记录。

说明：

(1) LIKE"＜匹配串＞"的含义是当字段值与＜匹配串＞相匹配时，则结果为 TRUE，表明此记录为符合查询条件的记录。

(2) NOT LIKE"＜匹配串＞"的含义是当字段值与＜匹配串＞相匹配时，则结果为 FALSE，表明此记录为不符合查询条件的记录。

(3) ＜匹配串＞可以是一个完整的字符串，也可以包含通配符。

(4) SQL 可以使用的通配符有两种：下划线"_"，用来通配任何一个字符；百分号"%"，用来通配任意个字符。

需要注意的是：在第 3 章介绍的 VFP 命令中的 LIKE 关键字可以使用的通配符是"*"和"?"，在 SQL 中是无效的，它们和其他字符一样，仅表示本身。

【例 6-30】 查询病人档案表 brdab 中所有姓"李"的记录。

SELECT * FROM brdab WHERE 姓名 LIKE "李%"

【例 6-31】 查询病人档案表 brdab 中所有不姓"李"的记录。

SELECT * FROM brdab WHERE 姓名 NOT LIKE "李%"

4. 涉及空值的查询 前面已经介绍过空值的概念，在 SQL 中支持空值，也可以利用空值进行查询。在 SQL 中，判断某个值是否为空值，不能使用普通的比较运算符(！=、<>等)，而只能使用专门的判断空值的子句来完成。

【例 6-32】 有些病人在登记个人信息时，并未填写婚姻状况，因此在病人档案表 brdab 中的"婚否"字段有可能为空值。查询 brdab 中"婚否"字段为空值的记录。

SELECT 姓名，年龄，性别 FROM brdab WHERE 婚否 IS NULL

需要注意的是：查询空值时要使用"IS NULL"，而使用"=NULL"则无效，因为空值不是一个确定的值，所以不可以使用"="这样的运算符进行比较。

【例 6-33】 查询 brdab 中"婚否"字段不为空值的记录。

SELECT 姓名，年龄，性别 FROM brdab WHERE 婚否 IS NOT NULL

6.4.6 统计查询

在 SELECT 语句格式中，<检索项>不但可以是字段名或字段表达式，还可以包含 SQL 语言所提供的一些计算函数。使用计算函数后，SQL 不但具有一般的查询能力，而且还有计算功能，比如查询某个字段的平均值或者查询某个字段的最高值等等。用于计算检索的函数如表 6-3 所示。

【例 6-34】 统计病人档案表 brdab 中男病人的平均年龄。

SELECT AVG(年龄) FROM brdab WHERE；性别="男"

【例 6-35】 统计病人档案表 brdab 中"年龄"的最小值，和最近一个病人的"就诊日期"。

SELECT MIN(年龄)，MAX(就诊日期)；FROM brdab

表 6-3 计算函数

函数名	函数功能
SUM()	计算指定数据列的总和
AVG()	计算指定数据列的平均值
MAX()	求指定列的最大值
MIN()	求指定列的最小值
COUNT()	求某个字段中值的个数
COUNT(*)	求查询结果中的记录个数

在查询结果中为了便于人们的理解，可以将列名用含义更明确的别名输出，这可以通过 AS 关键字实现。AS 关键字的后面跟上用户为列起的别名，当别名为字符串常量时，无须加字符串定界符。上述 SELECT 语句可以改写为：

SELECT MIN(年龄) AS 最小年龄，MAX(就诊日期) AS 最近就诊日期；
　　FROM brdab

【例 6-36】 计算病人档案表 brdab 中的病人来自几个不同的城市。

SELECT COUNT(DISTINCT 所在市) FROM brdab

这里计算的是不同城市的个数，而对来自于同一个城市的病人只计算一次，因此“所在市”前面加了 DISTINCT 短语，是指不重复计算“所在市”相同的记录。

【例 6-37】 统计病人档案表 brdab 中记录的个数。

SELECT COUNT(*) FROM brdab

6.4.7 分组与计算查询

有时需要对记录进行分组，然后再对每个组进行计算，而非对全表进行计算。因此，分组目的是细化计算函数的作用对象。SELECT 语句允许通过 GROUP BY 短语实现分组查询。

GROUP BY 短语格式是：[GROUP BY <字段名 1>[,<字段名 2>…]] [HAVING <筛选条件>]

说明：HAVING 短语总是跟在 GROUP BY 短语之后，不能单独使用。HAVING 短语和 WHERE 短语不矛盾，在查询中首先使用 WHERE 短语选出满足条件的记录，然后对选出的记录进行分组，最后再把满足 HAVING 条件的分组输出显示。

【例 6-38】 统计病人档案表 brdab 中来自不同城市的人数。

SELECT 所在市，COUNT(编号) AS 人数 FROM brdab GROUP BY 所在市

该语句是首先对查询结果按“所在市”的值分组，所有具有相同“所在市”值的记录归为一组，然后再对每一组使用 COUNT 计算，求得每组的病人人数。

【例 6-39】 统计病人档案表 brdab 中有两个以上病人的城市。

SELECT 所在市，COUNT(编号) AS 人数 FROM brdab;

GROUP BY 所在市 HAVING COUNT(编号)>2

如果分组后还要求按一定的条件对这些组进行筛选，最终只输出满足指定条件的组，则可以使用 HAVING 短语指定筛选条件。

6.4.8 连接查询

在一个数据库中的多个表之间一般都存在着某些联系，在一个 SELECT 查询语句中同时涉及两个或两个以上的数据表时，这种查询称之为连接查询（也称为多表查询）。在多表之间查询必须处理表与表之间的连接关系，实现方法常用的有两种，一种是在 WHERE 短语中设置连接条件，另一种是用 FROM 子句中的连接短语实现。

1. 用 WHERE 短语实现的连接查询 使用 WHERE 短语进行连接查询时，不需要指明连接类型，只要把连接条件直接写入 WHERE 短语即可。

【例 6-40】 查询每个病人编号所使用的医药项目和数量。

SELECT 编号，项目名称，项目类型，数量 FROM fyb，xmb;

WHERE fyb. 项目编号＝xmb. 项目编号

木题查询的数据分别来自 fyb 表和 xmb 表，这样的查询肯定要使用连接查询来实现。其中，“fyb. 项目编号＝xmb. 项目编号”是连接条件。查询时，对于不同表中的同名字段必须在字段名前面添加表名作为前缀，以免引起混淆，比如 fyb. 项目编号；如果字段名唯一，则可以只写出字段名。该命令的查询结果如图 6-6 所示。

查询

编号	项目名称	项目类型	数量
1000001	三精双黄连	药品项目	2
1000001	环丙沙星	药品项目	3
1000001	检查费	医疗项目	1
1000002	诊查费	医疗项目	1
1000003	诊查费	医疗项目	1
1000003	同仁堂感冒颗粒	药品项目	3
1000007	检查费	医疗项目	1
1000008	手术费	医疗项目	1
1000009	诊查费	医疗项目	1
1000009	床位费	医疗项目	5
1000009	手术费	医疗项目	1
1000009	检查费	医疗项目	1
1000009	阿莫西林胶囊	药品项目	3

图6-6　查询结果

2. 指定连接类型的多表查询　通过包含在SQL SELECT语句中的FROM…JOIN…ON短语来实现指定连接类型的多表查询。FROM…JOIN…ON的语法格式是：

SELECT …;
FROM ＜表名＞ INNER | LEFT | RIGHT | FULL JOIN ＜表名＞;
ON ＜连接条件＞;
WHERE…

说明：

(1) 内连接(INNER JOIN)：等价于JOIN，也叫普通连接，是一种最常用的连接类型。使用内连接时，如果两个表的相关字段满足连接条件，则从这两个表中提取数据并组合成新的记录。

(2) 左连接(LEFT JOIN)：除了满足连接条件的记录出现在查询结果中，左表(即FROM后面的表)中不满足连接条件的也出现在查询结果中。

(3) 右连接(RIGHT JOIN)：除了满足连接条件的记录出现在查询结果中，右表(即JOIN后面的表)中不满足连接条件的也出现在查询结果中。

(4) 完全连接(FULL JOIN)：无论两个表中的记录是否满足连接条件，都将全部记录选入到查询结果中。

(5) ON ＜连接条件＞：用来指定两个表的连接条件。

【例6-41】　根据病人档案表brdab和费用表fyb的数据，查询使用过医疗项目的病人的姓名、年龄、项目编号、数量。

SELECT 姓名,年龄,项目编号,数量 FROM brdab;
INNER JOIN fyb ON brdab.编号=fyb.编号

等价于：SELECT 姓名,年龄,项目编号,数量 FROM brdab;
　　　JOIN fyb ON brdab.编号=fyb.编号

等价于：SELECT 姓名,年龄,项目编号,数量 FROM brdab,fyb;
　　　WHERE brdab.编号=fyb.编号

【例6-42】　根据项目表xmb和费用表fyb的数据，使用左连接查询所有药品项目的使用情况。

SELECT 项目名称,xmb.项目编号,数量 FROM xmb;

LEFT JOIN fyb ON fyb. 项目编号＝xmb. 项目编号；

WHERE 项目类型＝"药品项目"

该命令的查询结果如图 6-7 所示。

	项目名称	项目编号	数量
▸	三精双黄连	01010001	2
	同仁堂感冒颗粒	01010002	3
	阿莫西林胶囊	01010003	3
	甲硝唑片	01020001	.NULL.
	环丙沙星	01020002	3

图 6-7　查询结果

上述语句使用两个表的左连接进行查询，查询结果中包含了左侧 xmb 表中与连接条件不匹配的记录，即“甲硝唑片”这个药品项目在右侧 fyb 中没有对应的使用记录，所以相应字段值为 NULL 值。

【例 6-43】 根据费用表 fyb 和病人档案表 brdab 的数据，使用右连接查询年龄在 40 岁以上的病人使用医药项目的情况。

SELECT 姓名，年龄，项目编号，数量 FROM fyb

RIGHT JOIN brdab ON fyb. 编号＝brdab. 编号；

WHERE 年龄＞＝40

该命令的查询结果如图 6-8 所示。

	姓名	年龄	项目编号	数量
▸	王晓明	65	02020002	1
	陶红	46	02020002	1
	陶红	46	02010001	5
	陶红	46	02030003	1
	陶红	46	02040004	1
	陶红	46	01010003	3
	李娜	71	.NULL.	.NULL.
	张强	54	.NULL.	.NULL.

图 6-8　查询结果

6.4.9　集合的并运算

SQL 支持集合的并(UNION)运算，可以将两个 SELECT 语句的查询结果通过并运算合并为一个查询结果，使用 UNION 的格式为：

SELECT 语句 1 UNION SELECT 语句 2

需要注意的是：为了进行并运算，要求这样的两个查询结果必须具有相同的字段个数，并且对应字段必须具有相同的数据类型和取值范围。

【例 6-44】 在病人档案表 brdab 中，查询来自东莞的病人以及年龄不大于 30 的病人。

SELECT * FROM brdab WHERE 所在市="东莞"；
UNION；
SELECT * FROM brdab WHERE 年龄<=30

本查询实际上是求来自东莞的所有病人与年龄不大于30岁的病人的并集。使用UNION将两个查询结果合并起来时，系统会自动去掉重复的记录。

练　习　题

一、单项选择题

1. 下列选项中不是SQL语言所具有的功能的是________。

A. 数据查询　　B. 数据定义　　C. 数据操纵　　D. 数据重构

2. 以下有关SELECT语句的叙述中错误的是________。

A. SELECT语句中可以使用别名

B. SELECT语句中只能包含表中的列及其构成的表达式

C. SELECT语句规定了结果集中的顺序

D. 如果FROM短语引用的两个表有同名的列，则SELECT短语引用它们时必须使用表名前缀加以限定

3. SQL语句中删除视图的命令是________。

A. DROP TABLE　　B. DROP VIEW

C. ERASE TABLE　　D. ERASE VIEW

4. 下列不属于数据定义功能的SQL语句是________。

A. CREATE TABLE　　B. CREATE CURSOR

C. UPDATE　　D. ALTER TABLE

5. HAVING短语不能单独使用，必须跟在________短语之后。

A. ORDER BY　　B. FROM　　C. WHERE　　D. GROUP BY

6. 在SQL SELECT语句中为了将查询结果存储到临时表应该使用短语________。

A. TO CURSOR　　B. INTO CURSOR　　C. INTO DBF　　D. TO DBF

7. 在SQL的ALTER TABLE语句中，为了增加一个新的字段应该使用短语________。

A. CREATE　　B. APPEND　　C. COLUMN　　D. ADD

8. 在SELECT语句中使用ORDER BY是为了指定________。

A. 查询的表　　B. 查询结果的顺序　　C. 查询的条件　　D. 查询的字段

9. 设有订单表order(其中包括字段：订单号，客户号，职员号，签订日期，金额)，查询2007年所签订单的信息，并按金额降序排序，正确的SQL命令是________。

A. SELECT * FROM order WHERE YEAR(签订日期)=2007 ORDER BY 金额 DESC

B. SELECT * FROM order WHILE YEAR(签订日期)=2007 ORDER BY 金额 ASC

C. SELECT * FROM order WHERE YEAR(签订日期)=2007 ORDER BY 金额 ASC

D. SELECT * FROM order WHILE YEAR(签订日期)=2007 ORDER BY 金额 DESC

10. 为"商品"表增加一个字段"价格"，该字段的数据类型是货币型，正确的SQL语句是________。

A. CHANGE TABLE 商品 ADD 价格 Y　　B. ALTER DATA 商品 ADD 价格 Y

C. ALTER TABLE 商品 ADD 价格 Y　　D. CHANGE TABLE 商品 INSERT 价格 I

11. 以下不属于 SQL 数据操作命令的是________。

A. MODIFY　　B. INSERT　　C. UPDATE　　D. DELETE

12. SQL 的 SELECT 语句中，“HAVING＜条件表达式＞”用来筛选满足条件的________。

A. 列　　B. 行　　C. 关系　　D. 分组

13. 设有关系 SC(学号，课程号，成绩)，其中学号和课程号为字符型，成绩为数值型。若要把学号为“1001”，课程号为“C1”，成绩为 98 的记录插到表 SC 中，正确的语句是________。

A. INSERT INTO SC(学号，课程号，成绩) VALUES(‘1001’，‘C1’，‘98’)

B. INSERT INTO SC(学号，课程号，成绩) VALUES(1001, C1, 98)

C. INSERT (‘1001’，‘C1’，’98’) INTO SC

D. INSERT INTO SC VALUES (‘1001’，‘C1’，98)

14. 在 SQL 语句中，与表达式“年龄 BETWEEN 20 AND 57”功能相同的表达式是________。

A. 年龄＞＝20 OR＜＝57　　B. 年龄＞＝20 AND＜＝57

C. 年龄＞＝20 OR 年龄＜＝57　　D. 年龄＞＝20 AND 年龄＜＝57

15. 在 SELECT 语句中，以下有关 HAVING 语句的正确叙述是________。

A. HAVING 短语必须与 GROUP BY 短语同时使用

B. 使用 HAVING 短语的同时不能使用 WHERE 短语

C. HAVING 短语可以在任意的一个位置出现

D. HAVING 短语与 WHERE 短语功能相同

16. 以下关于查询的描述正确的是________。

A. 不能用自由表建立查询　　B. 只能使用自由表建立查询

C. 不能用数据库表建立查询　　D. 可以用数据库表和自由表建立查询

17. 在 Visual FoxPro 中，如果要将学生表 S(学号，姓名，性别，年龄)中“年龄”字段删除，正确的 SQL 命令是________。

A. ALTER TABLE S DROP COLUMN 年龄

B. DELETE 年龄 FROM S

C. ALTER TABLE S DELETE COLUMN 年龄

D. ALTEER TABLE S DELETE 年龄

二、填空题

1. SQL 插入记录的命令是 INSERT，删除记录的命令是________，修改记录的命令是________。

2. 在 SQL 语言中，空值用________表示。

3. 在 SQL 的 SELECT 查询中，HAVING 字句不可以单独使用，总是跟在________子句之后一起使用。

4. 在 SQL 的 SELECT 查询时，使用________子句实现消除查询结果中的重复记录。

5. 在 SQL 中，插入、删除、更新命令依次是 INSERT、DELETE 和________。

6. 在 SQL 语句中要查询表 s 在“工资”字段上取空值的记录，正确的 SQL 语句为：SELECT * FROM s WHERE ________。

7. 使用 SQL 的 CREATE TABLE 语句定义表结构时，用________短语说明主索引关键字。

8. 在SQL的WHERE子句的条件表达式中，字符串匹配（模糊查询）的运算符是＿＿＿＿＿＿＿＿＿＿＿＿。

三、思考题

1. SQL的全称是什么？它有哪些特点？

2. SQL的主要功能有哪些？分别用什么命令来实现？

3. 在SQL的SELECT命令中，WHERE短语和HAVING短语的功能分别是什么？它们之间有何异同点？

4. 在SQL的SELECT命令中，WHERE短语中可以使用哪些特殊的运算符？各自有什么作用？

参考答案

一、单项选择题

1. D　2. D　3. B　4. C　5. D　6. B　7. D　8. B　9. A　10. C　11. A　12. D　13. D　14. D　15. A　16. D　17. A

二、填空题

1. DELETE UPDATE　2. NULL　3. GROUP BY　4. DISTINCT　5. UPDATE　6. 工资 IS NULL　7. PRIMARY KEY　8. LIKE

三、思考题

略。

第 7 章 结构化程序设计

Visual FoxPro 为用户提供了多种操作方式。用户可以通过菜单选择方式进行部分操作,或者在命令窗口逐条输入和执行命令,也可以通过编写程序的方式完成复杂的数据处理。前面章节主要是介绍数据表的基本操作,通过在命令窗口执行命令来熟悉基本命令的使用。对数据的复杂处理可通过程序执行方式来组合和执行命令,完成所要求的功能。

第 1 节 程序文件的建立与运行

Visual FoxPro 8.0 支持过程化程序设计和和面向对象程序设计两种方法。过程化程序设计是采用结构化编程语句编写程序。通常的方式是将一个复杂的程序细分为若干个模块,采用自顶向下的方法设计开发。过程化程序设计的程序流程由开发人员控制,由于过于偏重过程而忽视了结构,当程序的规模庞大后可维护性明显降低。面向对象程序设计通过类和事件驱动较好地解决了代码复用问题,可以更好地进行复杂系统的开发。

7.1.1 程序文件的建立与修改

大多数任务都需要许多命令先后执行才能完成。如果在命令窗口中逐个命令输入执行,命令多时比较麻烦;如果需要多次完成相同任务,则要重复执行相同命令。此时,可以编写程序,通过程序中命令的批处理快速完成任务。

程序设计是根据解决问题的步骤,按照一定的逻辑将命令组合的过程,因此,程序是一组能够完成特定任务的命令集合,当运行程序时,计算机将自动连续地执行其中的命令。

程序文件的建立和编辑有两种方式:

1. 命令方式

格式:MODIFY COMMAND [<程序文件名>|?]

功能:在编辑器中建立或修改程序。

说明:

(1) 若指定<程序文件名>的文件不存在,系统新建指定的程序文件。若存在指定<程序文件名>的文件,系统将打开该文件并在编辑器中显示,以便编辑修改。若无指定<程序文件名>,第一次默认的文件名为“程序 1”,如图 7-1 所示。

(2) 程序文件的扩展名是 .prg,可省略,系统会自动添加。

(3) Visual FoxPro 中的命令若带有文件名,则文件名中可以指定文件存储的盘符和路径,若无指定,则使用默认的盘符和路径。

(4) <程序文件名>中可用通配符 * 或? 同时打开多个文件。仅用命令 MODIFY COMMAND ?,系统弹出对话框让用户选择打开的文件。

(5) 命令输入或修改完毕,按“Ctrl+W”存盘,按“Ctrl+Q”或“ESC”键放弃存盘。

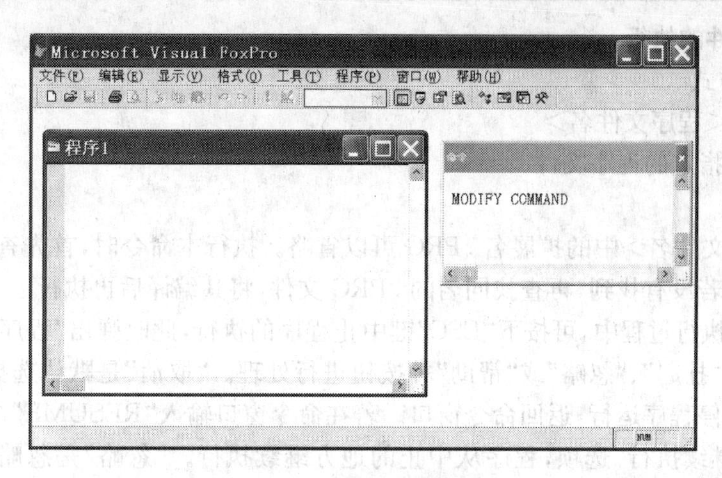

图7-1 程序编辑窗口

2. 菜单方式

(1) 用菜单方式建立程序文件的步骤如下：

1) 选择“文件”菜单中的“新建”选项，在弹出的“新建”对话框中选择“程序”，然后单击“新建”按钮，显示编辑窗口。

2) 在编辑窗口中输入程序命令。

3) 输入完毕，选择“文件”菜单中的“保存”选项，或者按“Ctrl＋W”，弹出“另存为”对话框，选择文件的存放位置和输入文件名后单击“保存”按钮。

(2) 用菜单方式编辑程序文件的步骤如下：

1) 选择“文件”菜单中的“打开”选项，在弹出的“打开”对话框中选择文件存放的位置、文件类型和文件名，然后单击“确定”按钮，系统将打开该文件并在编辑器中显示，以便编辑修改。

2) 编辑修改完毕，选择“文件”菜单中的“保存”选项，或者按“Ctrl＋W”，系统将保存文件，而修改之前的文件则自动另存为扩展名为 .BAK 的文件。若选择“文件”菜单中的“另存为”选项，可将文件另作存储。按“Ctrl＋Q”或“ESC”键，可放弃对文件的修改并退出编辑窗口。

7.1.2 程序文件的运行

1. 程序文件的编译 计算机只能识别二进制机器语言，因此，用编程语言编写的程序需经过编译转化成为机器语言计算机才能执行。编译过程可分为六个阶段：词法分析、语法分析、语义检查、中间代码生成、代码优化、目标代码生成。最主要是词法和语法分析，若发现有语法错误，给出提示信息。Visual FoxPro 提供了编译功能，编译后生成的目标文件扩展名为 .FXP。

(1) 命令方式

格式：COMPILE ＜程序文件名＞

功能：编译指定的程序文件，生成扩展名为 .FXP 的目标文件。

(2) 菜单方式：选择“程序”菜单中的“编译”选项，在弹出的“编译”对话框选择需要编译的程序文件，然后单击“编译”按钮。

2. 程序文件的执行

(1) 命令方式

格式:DO <程序文件名>

功能:执行指定的程序文件。

说明:

1) <程序文件名>中的扩展名 . PRG 可以省略。执行本命令时,首先查找以 . FXP 为扩展名的文件,若没有找到,再查找同名的 . PRG 文件,将其编译后再执行。

2) 在程序执行过程中,可按下"ESC"键中止程序的执行,此时弹出"程序错误"对话框,可选择"取消"、"挂起"、"忽略"或"帮助"等按钮进行处理。"取消"是默认选择,中止程序运行;"挂起"是暂停程序运行,返回命令窗口。若在命令窗口输入"RESUME"命令或选择"程序"菜单中的"继续执行"选项,程序从中止的地方继续执行。"忽略"是忽略按下的"ESC"键,继续执行程序。"帮助"是显示 Visual FoxPro 帮助。

(2) 菜单方式:选择"程序"菜单中的"运行"选项,弹出"运行"对话框,如图 7-2 所示,选择文件夹和文件,然后单击"运行"按钮。

图 7-2 运行对话框

7.1.3 程序设计辅助命令

在程序设计过程中,还需要用到一些辅助命令,作为程序的必要补充部分。

1. 注释命令 程序代码中的注释大多是关于程序说明、设计思路、问题解决方法等方面的陈述,增强程序的可读性和便于程序维护工作的开展,所以是必要的。注释命令仅作注解用途,系统不进行任何操作。

格式 1:NOTE/ * <注释信息>

功能:写在一行的开头,用于整行注释,注释信息不需要定界符。

格式 2:&& <注释信息>

功能:写在命令的尾部,注释行中的部分内容,注释信息不需要定界符。

2. 结束及返回运行命令 程序的模块化设计使得程序存在多级调用,需要用返回命令指明执行结束后的走向。

格式 1:RETURN [TO MASTER|TO ProcedureName]

功能:终止程序、过程或函数的运行并返回给调用程序、最上层调用程序、另一个程序或命令窗口。

说明:TO MASTER 表明结束后返回给最高层次的调用程序。TO ProcedureName 表明结束后返回给指定过程。缺省选项则默认返回上一级调用程序。

执行 RETURN 命令时,Visual FoxPro 释放私有和局部内存变量。通常将 RETURN 命令放在程序、过程或函数的末尾,用于结束后返回上级程序。若省略 RETURN 命令,系统也自动隐含执行简单的 RETURN 命令返回上一级调用。

格式 2:CANCEL

功能:结束当前程序的执行。

说明:若执行的是独立的发布应用程序,CANCEL 命令将终止该应用程序并返回 Windows。若是在 Visual FoxPro 中执行程序,CANCEL 命令将终止程序并返回命令窗口。CANCEL 执行时将释放所有私有和局部内存变量。

格式 3:QUIT

功能:停止所有程序的执行,关闭所有文件,退出 Visual FoxPro。

格式 4:SUSPEND

功能:可暂停程序的执行,并返回到 Visual FoxPro 的交互状态,可以执行诸如检查内存变量值、打开跟踪窗口和调试窗口等命令。

说明:当程序暂停时,创建的所有内存变量都是私有变量。可使用 RESUME 命令从 SUSPEND 命令行的下一行继续执行。

格式 5:CLOSE ALL

功能:关闭所有打开的文件,并选择工作区 1 作为当前工作区。

3. 常用的其他命令 程序编写中用到的其他命令。

格式:CLEAR

功能:删除 Visual FoxPro 主窗口或当前用户自定义窗口中显示的内容。

格式:CLEAR ALL

功能:释放内存中所有的内存变量和所有用户自定义的菜单栏、菜单和窗口。关闭所有表,包括所有相关的索引、格式和备注文件,并选择工作区 1 作为当前工作区。

【例 7-1】 在命令窗口中输入 MODIFY COMMAND LI7_1 命令(后面的例子可参照此命名方式),在编辑窗口中完成下列程序内容的编写并保存,然后在命令窗口中输入 DO LI7_1 命令并执行。

```
* 功能说明:基本命令的应用
* 文件名:可用 LI7_1. PRG 作为程序文件名
NOTE 首先进行系统运行设置
SET TALK OFF              && 关闭人机对话,不显示一些命令的结果
SET ESCAPE OFF            && 不允许通过按"ESC"键中止程序的执行
SET CENTURY ON            && 不显示日期的世纪部分
USE BRDAB
CLEAR
```

```
DISP ALL
USE
SET TALK ON
SET ESCAPE ON
SET CENTURY OFF
RETURN
```

7.1.4 程序设计交互命令

在程序的运行过程中，往往要进行人机交互，接收用户输入的数据和在屏幕显示数据。因此，Visual FoxPro 提供了多个交互命令。

1. 字符接收命令

格式：ACCEPT [<提示信息>] TO <内存变量名>

功能：等待用户输入并将接收的字符串存入指定的内存变量。

说明：

(1) <提示信息>是一个字符表达式，用以显示在屏幕上提示用户输入。提示信息是可选项，缺省则没有提示信息。

(2) 用户输入的内容不需要添加定界符，内容输入完毕按"Enter"键表示结束输入。若没有输入内容而直接按"Enter"键，则接收到空字符串。

(3) 接收的内容存入指定的内存变量。若此变量事先没有定义，系统将自动创建。

【例 7-2】 新建一个程序文件，在编辑窗口输入以下命令，实现根据用户的输入打开相应的数据表并进行浏览和查找。

```
SET TALK OFF
CLEAR
ACCEPT "请输入需打开的数据表文件名" TO FILENAME      && 可输入 BRDAB
USE &FILENAME      && 或使用 USE (FILENAME)命令可实现相同功能
BROWSE NOMODIFY
ACCEPT "请输入姓名" TO PATIENTNAME               && 可输入张强
LOCATE FOR 姓名=PATIENTNAME
DISPLAY
USE
SET TALK ON
RETURN
```

2. 通用数据接收命令

格式：INPUT [<提示信息>] TO <内存变量名>

功能：等待用户输入表达式并计算，将计算结果存入指定的内存变量。

说明：

(1) <提示信息>是一个字符表达式，用以显示在屏幕上提示用户输入。提示信息是可选项，缺省则没有提示信息。

(2) 按"Enter"键表示结束输入。

(3) 表达式计算结果存入指定的内存变量。若此变量事先没有定义，系统将自动创建。计算结果的数据类型决定了内存变量的数据类型，可以是数值型、字符型、日期型和逻辑型。

(4) 若输入的是非数值型常量，则需要加上相应的定界符。

【例 7-3】 新建一个程序文件，在编辑窗口输入以下命令，理解使用 INPUT 命令时数据的输入。

```
CLEAR ALL
K="北京市"
INPUT "姓名" TO A              && 输入内容:[张三]
INPUT "年龄" TO B              && 输入内容:30+3
INPUT "出生日期" TO C          && 输入内容:{^1986/01/10}
INPUT "地址" TO D              && 输入内容:K+"王府井"
INPUT "婚否" TO E              && 输入内容:.T.
? A,B,C,D,E
```

练习时可以改变输入内容，了解用 INPUT 命令接收时定界符该如何使用。

3. 等待/单字符接收命令

格式：WAIT [<提示信息>] [TO <内存变量名>] [WINDOWS] [TIMEOUT nSeconds]

功能：显示信息并暂停程序的执行，按某个键或单击鼠标后继续执行。

说明：

(1) <提示信息>是一个字符表达式，用以显示在屏幕上提示用户输入。提示信息是可选项，默认是"按任意键继续..."。

(2) 用户只能输入一个字符，不需要加定界符，不需要按"Enter"键表示结束输入。若直接按"Enter"键或单击鼠标，接收的内容是空字符串。

(3) 接收的字符存入指定的内存变量。若此变量事先没有定义，系统将自动创建。若没有指定内存变量，则接收的内容不作保留。

(4) WINDOWS 表示在 Visual FoxPro 主窗口右上角的系统信息窗口中显示信息。按"Ctrl"键或"Shift"键可以暂时隐藏该窗口。

(5) TIMEOUT nSeconds 指定在中止 WAIT 命令之前等待键盘或鼠标输入的时间(秒数)，若在指定时间内键盘或鼠标没有动作，程序自动继续执行。

【例 7-4】 新建一个程序文件，在编辑窗口输入以下命令，实现停顿显示 50 岁以下(含 50 岁)及 50 岁以上的患者信息。

```
SET TALK OFF
CLEAR
USE BRDAB
WAIT "按任意键显示 50 岁以下(含 50 岁)的患者信息"
DISP FOR 年龄<=50
WAIT "10 秒后显示 50 岁以上患者信息" TIMEOUT 10
DISP FOR 年龄>50
USE
SET TALK ON
```

```
RETURN
```

4. 定位输入输出命令

格式 1:@＜行,列＞ SAY ＜表达式＞

功能:在屏幕指定的行列位置显示表达式的结果。

说明:先计算表达式的结果,然后在指定位置显示。

【例 7-5】 熟悉定位输入输出命令的使用,将例 7-2 作适当修改,实现根据用户的输入进行查找并显示有关信息。

```
SET TALK OFF
CLEAR
USE BRDAB
BROWSE NOMODIFY
@7,6 say "请输入姓名"
ACCEPT TO PATIENTNAME
LOCATE FOR 姓名=PATIENTNAME
@9,6 SAY "编号:"+编号
@11,6 SAY"姓名:"+姓名
@13,6 SAY "年龄:"+STR(年龄)
USE
SET TALK ON
RETURN
```

格式 2:@＜行,列＞[SAY ＜表达式＞] GET ＜变量＞ [RANGE ＜表达式 1＞,＜表达式 2＞][VALID ＜条件＞]

功能:在屏幕指定的行列位置显示表达式的结果和变量的值,并可接收输入新的变量值。

说明:

(1) GET 后面的变量如果是字段变量,则必须先打开相应的数据表;如果是内存变量,则变量必须有值。因为变量的类型和宽度决定了输入数据的类型和宽度。

(2) 此命令后面必须执行 READ 命令激活屏幕才能接收数据输入,否则不能接收,仅起到显示作用。

(3) RANGE 用以限定变量输入数据(日期型或数值型)的取值范围,其中＜表达式 1＞、＜表达式 2＞以及变量的数据类型必须相同。

(4) VALID 后面的条件是逻辑表达式,用以限定输入数据必须满足的条件。

【例 7-6】 将例 7-5 作一些修改,实现根据用户的输入进行查找并显示有关信息。

```
SET TALK OFF
CLEAR
USE BRDAB
BROWSE NOMODIFY
PATIENTNAME=SPACE(8)
@7,6 SAY "请输入姓名" GET PATIENTNAME    &&PATIENTNAME 变量须事先定义
READ
```

```
LOCATE FOR 姓名=PATIENTNAME
@9,6 SAY "编号:" GET 编号          && 编号是字段变量,所在数据表须事先打开
@11,6 SAY "姓名:" GET 姓名
@13,6 SAY "年龄:" GET 年龄
USE
SET TALK ON
RETURN
```

【例 7-7】 打开 BRDAB 表并根据用户输入添加一个新记录。

```
SET TALK OFF
CLEAR
USE BRDAB
APPEND BLANK          && 在数据表最后添加空白记录,且记录指针指向该记录
@7,6 SAY "请输入新记录的信息"
@9,6 SAY "编号:" GET 编号          && 编号是字段变量,所在数据表须事先打开
@11,6 SAY "姓名:" GET 姓名
@13,6 SAY "年龄:" GET 年龄 RANGE 0,200
@15,6 SAY "性别:" GET 性别 VALID 性别="男" OR 性别="女"
READ
USE
SET TALK ON
RETURN
```

在例 7-6 中,如果在显示记录内容的同时允许用户进行修改,应添加什么命令?如果只允许修改编号和姓名,应如何处理?

7.1.5 程序的基本组成部分

大型应用程序的开发要遵循软件工程的方法去进行设计和开展,一般程序由以下五个部分组成。

1. 说明部分　通过注释等方法对程序的功能、开发人员等基本信息进行描述。

2. 初始化部分　对程序运行环境进行初始设置。

3. 程序主体部分　程序的功能实现。

4. 还原部分　对系统环境进行还原,与第二部分内容相对应。

5. 程序的退出

例 7-1 的程序具有上述的组成部分,但比较简单。由于本章内容的其他例子功能简单,命令数量不多,不需要太多的环境设置,所以基本上只编写程序的主体部分。对于大型应用程序的开发,应具备完整的组成部分。

第 2 节　程序的基本结构

程序结构是指程序中命令和语句执行的流程结构。基本的程序结构有顺序结构、分支

结构和循环结构。通过三种结构的灵活配合控制命令的执行，程序能完成复杂的应用功能。

1. 顺序结构　顺序结构是最简单、最常见的基本结构，其特点是根据各个命令的先后顺序依次执行。本章先前的例子都是顺序结构，按照排列顺序逐个执行命令。

2. 分支结构　在程序执行过程中，经常要进行条件判断，根据判断结果执行相应的操作。分支结构可以根据不同的条件执行不同的命令，用于解决需要判断选择的问题。

3. 循环结构　在程序执行过程中，经常要重复进行某些有规律的操作。循环结构的程序可以在一定条件下重复执行命令。

第 3 节　分 支 结 构

分支结构可分为单选择分支结构、双选择分支结构、多选择分支结构。

7.3.1　单选择分支结构

单选择分支结构用于一种情况的判断，如果判断条件成立，则执行相应的操作。

格式：IF ＜条件＞

```
IF <条件>
        <命令序列>
ENDIF
```

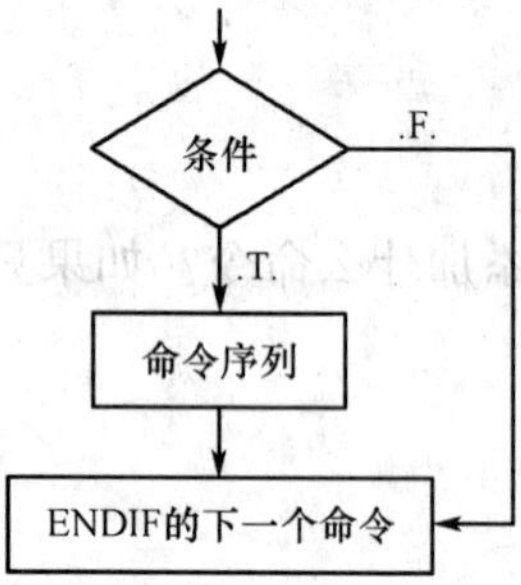

条件 .T. .F. 命令序列 ENDIF的下一个命令

图 7-3　单选择分支结构

说明：

(1) ＜条件＞是逻辑表达式，运算结果是逻辑值。如果条件成立，即判断结果是 .T.，执行 IF 和 ENDIF 之间的命令序列，然后继续执行 ENDIF 后面的命令。如果条件不成立，即判断结果是 .F.，直接执行 ENDIF 后面的命令，如图 7-3 所示。

(2) IF 和 ENDIF 必须各占一行，并且要配对使用。

(3) ＜命令序列＞中的语句，建议向右缩进，这样可使命令错落有致，结构层次分明，程序的可读性强。本章后面讲到的分支结构和循环结构，也同样适用。

【例 7-8】 计算 1500 公里以下的特快专递资费，收费标准是物件重量 500 克以内资费为 20 元，每增加 500 克资费增加 6 元。

```
SET TALK OFF
CLEAR
INPUT "重量" TO WEIGHT
EXPENSES=20
IF WEIGHT>500
    EXPENSES=EXPENSES+CEILING((WEIGHT-500)/500)*6
ENDIF
?"您邮寄快递的费用是:", EXPENSES
SET TALK ON
RETURN
```

7.3.2　双选择分支结构

双选择分支结构用于两种情况的判断。如果判断条件成立就执行某些操作，如果判断条件不成立则执行其他操作。

```
格式：IF ＜条件＞
          ＜命令序列 1＞
      ELSE
          ＜命令序列 2＞
      ENDIF
```

说明：

（1）＜条件＞是逻辑表达式，运算结果是逻辑值。如果条件成立，即判断结果是 .T.，执行＜命令序列 1＞中的命令，然后继续执行 ENDIF 后面的命令。如果条件不成立，即判断结果是 .F.，执行＜命令序列 2＞中的命令，然后继续执行 ENDIF 后面的命令，如图 7-4 所示。

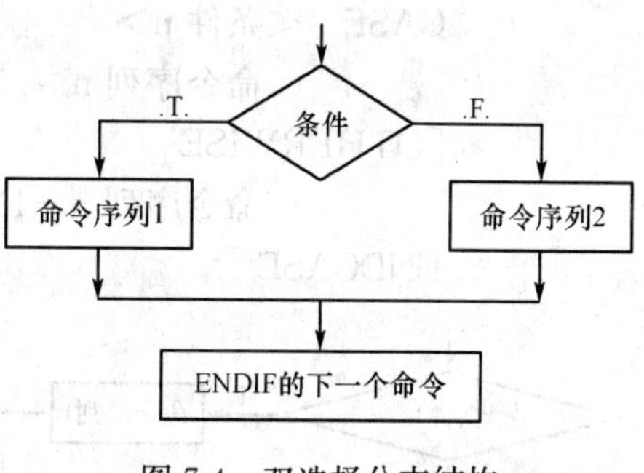

图 7-4　双选择分支结构

（2）IF、ELSE 和 ENDIF 必须各占一行，IF 和 ENDIF 要配对使用。

【例 7-9】　对例 7-6 通过以下的改变具有更强的功能，实现根据用户的输入进行查找，如果找到就显示有关信息，否则显示“查无此人”的提示。

```
SET TALK OFF
CLEAR
USE BRDAB
BROWSE NOMODIFY
PATIENTNAME=SPACE(8)
@7,6 SAY "请输入姓名" GET PATIENTNAME        &&PATIENTNAME 变量须事先定义
READ
LOCATE FOR 姓名=PATIENTNAME
IF NOT EOF()                                 && 也可用 IF FOUND()，原因是什么？
    @9,6 SAY "编号：" GET 编号
    @11,6 SAY "姓名：" GET 姓名
    @13,6 SAY "年龄：" GET 年龄
ELSE
    @9,6 SAY "查无此人！"
ENDIF
USE
SET TALK ON
RETURN
```

请用双选择分支结构对例 7-8 进行修改，使程序实现相同的功能。

7.3.3 多选择分支结构

对于多种情况的判断，可使用多选择分支结构来解决程序的多重走向。

格式：DO CASE

```
CASE  ＜条件 1＞
      ＜命令序列 1＞
CASE  ＜条件 2＞
      ＜命令序列 2＞
      ……
CASE  ＜条件 n＞
      ＜命令序列 n＞
[OTHERWISE
      ＜命令序列 n＋1＞]
ENDCASE
```

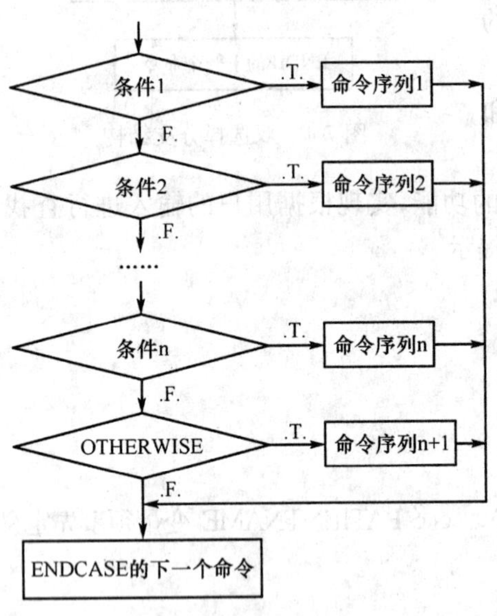

图 7-5　多选择分支结构

说明：

(1) 依次对各个条件进行判断，一旦条件 m（1≤m≤n）成立，执行＜命令序列 m＞，然后继续执行 ENDCASE 后面的命令，不再进行其他条件的判断。

(2) 当所有的条件都不成立，如果有 OTHERWISE 选项，执行＜命令序列 n＋1＞，然后继续执行 ENDCASE 后面的命令；如果没有 OTHERWISE 选项，直接执行 ENDCASE 后面的命令，所有的命令序列都没有被执行，如图 7-5 所示。

(3) DO CASE 和 ENDCASE 必须各占一行，并且要配对使用。DO CASE 和第一个 CASE 之间不能书写其他命令，即使书写了也不被执行。

(4) 各个条件应按先后顺序排列，因为很多时候不同的排列顺序会导致程序运行结果不同，需要考虑清楚。通常是按照条件判断的升序或者降序排列。

【例 7-10】 用户输入成绩，根据成绩分数给出相应的评级。

```
SET TALK OFF
CLEAR
INPUT "请输入成绩：" TO NSCORE
DO  CASE
    CASE  NSCORE>=90
          ?"成绩优秀"
    CASE  NSCORE>=80
          ?"成绩良好"
```

```
    CASE  NSCORE>=70
          ?"成绩中等"
    CASE  NSCORE>=60
          ?"成绩不理想"
    CASE  NSCORE>=0
          ?"成绩不及格,同学继续努力!"
    OTHERWISE
          ?"成绩不应小于0,数据有错"
ENDCASE
SET TALK ON
RETURN
```

上例是按照降序排列条件和命令序列,也可以按照升序排列,如果将其中两个条件和命令序列互换顺序,结果就会发生错误。

7.3.4 分支结构的嵌套

在需要根据多种条件选择执行命令时,可以用多选择分支结构,也可以用分支结构的嵌套实现。分支结构的嵌套是指在某个分支结构中可以包含另一个分支结构。

【例7-11】 计算特快专递资费,收费标准是物件重量500克以内资费为20元,总路程在1500公里及以下每加500克增加6元,总路程在1500公里以上至2500公里每加500克增加9元,总路程在2500公里以上每加500克增加15元。

```
SET TALK OFF
CLEAR
INPUT "重量" TO WEIGHT
INPUT "路程公里数:" TO DISTANCE
EXPENSES=20
IF WEIGHT>500
  IF  DISTANCE<=1500
      INCREMENT=6
  ELSE
      IF  DISTANCE<=2500
          INCREMENT=9
      ELSE
          INCREMENT=15
      ENDIF
  ENDIF
EXPENSES=EXPENSES+CEILING((WEIGHT-500)/500) * INCREMENT
ENDIF
?"您邮寄快递的费用是:", EXPENSES
SET TALK ON
```

```
RETURN
```

当判断的条件太多时,简单地使用 IF 分支结构的嵌套会导致嵌套过多、层次不够分明、可读性差,使用多选择分支结构会更好。

【例 7-12】 对例 7-10 作一些修改,程序实现相同功能。

```
SET TALK OFF
CLEAR
INPUT "请输入成绩:" TO NSCORE
DO  CASE
    CASE  NSCORE>=90
          ?"成绩优秀"
    CASE  NSCORE>=80
          ?"成绩良好"
    CASE  NSCORE>=70
          ?"成绩中等"
    CASE  NSCORE>=60
          ?"成绩不理想"
    OTHERWISE
       IF NSCORE>=0
          ?"成绩不及格,同学继续努力!"
       ELSE
          ?"成绩不应小于 0,数据有错"
       ENDIF
ENDCASE
SET TALK ON
RETURN
```

上例的目的是展示 DO CASE 分支结构中嵌套 IF 分支结构,但其结构的清晰性和可读性比不上例 7-10。

在使用分支结构嵌套时注意内外层的结构要分明,不可混淆。

第 4 节　循 环 结 构

在日常事务中按一定规律进行重复处理的事情在计算机程序中可用循环结构解决。循环结构可分为条件循环、步长循环、扫描循环。

7.4.1　条件循环结构

条件循环通常简称为 DO 循环,在三种循环结构中使用较多。

格式:DO WHILE <条件>

```
            <命令序列 1>
            [LOOP]
```

```
        [EXIT]
        [命令序列 2]
ENDDO
```

执行过程：

＜条件＞是逻辑表达式，运算结果是逻辑值。当条件成立，判断结果是 .T.，执行 DO WHILE 和 ENDDO 之间的命令序列，然后继续进行条件判断。一旦条件不成立，判断结果是 .F.，直接执行 ENDDO 后面的命令。如图 7-6 所示。

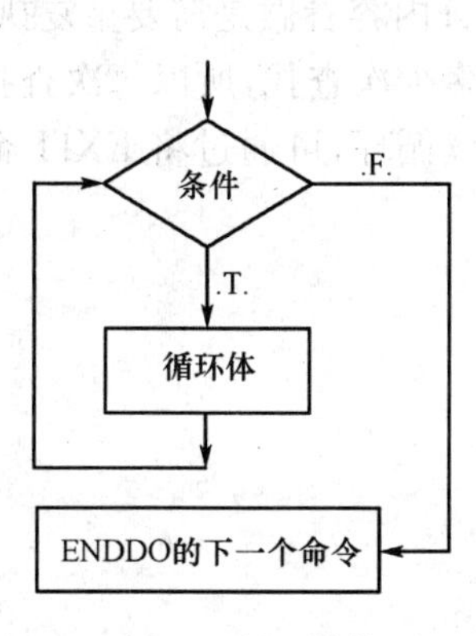

图 7-6　循环结构

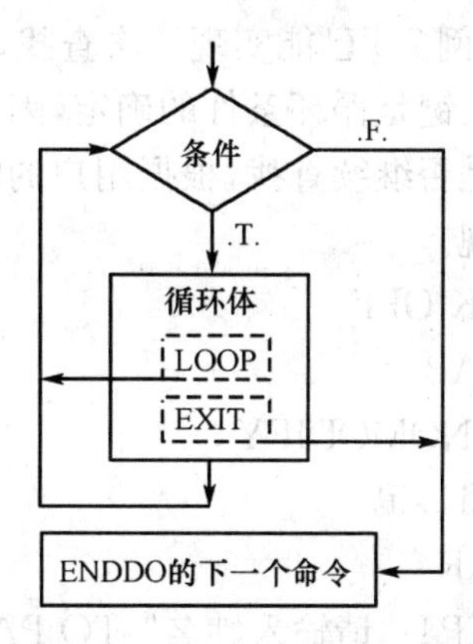

图 7-7　包含 LOOP 或 EXIT 命令的循环结构

说明：

(1) DO WHILE 和 ENDDO 必须各占一行，DO WHILE 和 ENDDO 要配对使用。

(2) ENDDO 标志循环内容的终止，DO WHILE 和 ENDDO 之间的命令序列简称为循环体。

(3) 循环体中可用 LOOP 或 EXIT 命令改变循环的执行。

LOOP 命令的作用是不再执行 LOOP 和 ENDDO 之间的命令，结束本次循环，返回 DO WHILE 进行条件判断，由判断结果决定是否继续循环。

EXIT 命令的作用是退出循环，然后执行 ENDDO 后面的命令。

通常 LOOP 和 EXIT 命令是使用在循环体内的分支结构中，当某种条件满足，程序执行进入包含 LOOP 或 EXIT 命令的分支，从而改变循环，如图 7-7 所示。

【例 7-13】　编写程序，完成 S＝1＋2＋…＋1000 的计算。

解题思路：S＝1＋2＋…＋1000 中相加的数是有规律的，后一个数比前一个数大 1，因此 S 可看做是多次进行两个数相加。首先设 S＝1 及 A＝2，把 S 与 A 相加，然后将和赋予 S，A 的值增加 1，如此重复操作，一直执行到 A＞1000。

```
CLEAR
SET TALK OFF
S=1
A=2
DO WHILE A<=1000              && 或 DO WHILE NOT A>1000
    S=S+A
    A=A+1
ENDDO
@6,10 SAY "1+2+…+1000 的和为："+ALLTRIM(STR(S))
```

```
SET TALK ON
RETURN
```

循环程序的编写首先要归纳出可重复的规律,从而确定什么操作是需要重复执行,出现在循环体内,哪些操作不需要重复执行,放在循环体之外。再者就是要确定循环条件,循环条件一旦写错,循环的结果也极有可能不符合要求了。

【例 7-14】 在例 7-9 中仅能实现根据用户的输入进行一次查找,如果找到就显示有关信息,否则显示“查无此人”的提示。如果用户需要多次查找,程序如何实现呢?

解题思路:例 7-9 已能实现一次查找,可将例 7-9 大部分内容看做是需要重复执行的,也就是循环体。关键是循环条件的确定,因为用户决定进行多少次查找,所以每次查找结束后需要询问用户是否继续查找,根据用户的输入决定是否继续循环,可通过将 EXIT 命令放在分支结构中实现。

```
SET TALK OFF
USE BRDAB
BROWSE NOMODIFY
DO WHILE .T.
    CLEAR
    ACCEPT "请输入姓名" TO PATIENTNAME
    LOCATE FOR 姓名=PATIENTNAME
    IF NOT EOF()
      @9,6 SAY "编号:" GET 编号
      @11,6 SAY "姓名:" GET 姓名
      @13,6 SAY "年龄:" GET 年龄
    ELSE
      @9,6 SAY "查无此人!"
    ENDIF
    WAIT "还要继续查找吗?(Y/N)" TO DA
    IF UPPER(DA)<>"Y"
      EXIT
    ENDIF
ENDDO
USE
SET TALK ON
RETURN
```

【例 7-15】 编写程序,逐条显示 BRDAB 数据表中年龄小于 30 岁的记录,每条记录显示间隔 2 秒,并统计其中未婚的人数。

解题思路:可用 LOCATE 命令进行查找,要做到逐条显示记录需使用 CONTINUE 命令来配合指针的跳转。显示记录、统计人数以及指针移动是重复执行的操作,放在循环体内。

```
SET TALK OFF
CLEAR
```

```
USE BRDAB
N=0
LOCATE FOR 年龄<30
DO WHILE NOT EOF()        && 指针未指向文件末尾,还有满足条件的记录,注释转下
    DISPLAY               && 也可用  DO WHILE FOUND()
    N=IIF(婚否=.F.,N+1,N)
    WAIT TIMEOUT 2
    CONTINUE
ENDDO
USE
?"30 岁以下的未婚人数是:",N
SET TALK ON
RETURN
```

【例 7-16】 用另一种方法实现例 7-15 的功能,比较两种方法,哪种更好?

```
SET TALK OFF
CLEAR
USE BRDAB
N=0
DO WHILE NOT EOF()       && 指针未指向文件末尾,还有满足条件的记录,注释转下
    IF 年龄>=30          && 也可用 DO WHILE FOUND()
      SKIP
      LOOP
    ENDIF
    DISPLAY
    IF ! 婚否            && 可用 IF 婚否=.F.
        N=N+1
    ENDIF
    WAIT TIMEOUT 2
    SKIP
ENDDO
USE
?"30 岁以下的未婚人数是:",N
SET TALK ON
RETURN
```

7.4.2 步长循环结构

步长循环通常简称为 FOR 循环,大多用于循环次数已知的循环。

格式:FOR <循环控制变量>=<初值> TO <终值> [STEP 步长]
            <命令序列 1>

```
        [LOOP]
        [EXIT]
        [命令序列 2]
    ENDFOR
```

执行过程：开始执行 FOR 循环时，先将初值赋予循环控制变量，然后判断循环控制变量是否超过终值，如果没有超过，执行循环体内的命令序列，否则退出循环继续执行 ENDFOR 后面的命令。当循环体内的命令序列执行完毕，接着执行 ENDFOR 时，系统会自动给循环控制变量增加一个步长，然后返回 FOR 命令判断循环控制变量是否超过终值，依此类推。

说明：

(1) 当步长为正数时，超过理解为循环控制变量大于终值；当步长为负数时，超过理解为循环控制变量小于终值。如果省略 STEP 步长，默认步长为 1。

(2) FOR 和 ENDFOR 必须各占一行，FOR 和 ENDFOR 要配对使用。

(3) ENDFOR 标志循环内容的终止，FOR 和 ENDFOR 之间的命令序列简称为循环体。

(4) 循环体中可用 LOOP 或 EXIT 命令改变循环的执行，用法与前述相同。

(5) 在循环体内不要随意改变循环控制变量的值，否则会引起循环次数的改变甚至出现死循环。

(6) 如果在循环体中没有改变循环控制变量的值，则循环次数=INT[(终值−初值)/步长]+1。

【例 7-17】 编写程序，完成 S=1+2+…+1000 的计算。

```
CLEAR
SET TALK OFF
S=1
FOR K=2 TO 1000
    S=S+K
ENDFOR
@6,10 SAY "1+2+…+1000 的和为："+ALLTRIM(STR(S))
SET TALK ON
RETURN
```

在上例的循环执行过程中，每次执行到 ENDFOR 命令时，循环控制变量 K 的值会自动增加一个步长。当执行到 SET TALK ON 命令时，K 的值是多少呢？如果在循环体中增加命令 K=K+1，程序如下，将会得到什么结果？

```
CLEAR
SET TALK OFF
S=1
FOR K=2 TO 1000
    S=S+K
    K=K+1
ENDFOR
@6,10 SAY "总和为："+ALLTRIM(STR(S))
SET TALK ON
```

```
RETURN
```

【例 7-18】 计算数值 N 的阶乘。

```
CLEAR
SET TALK OFF
INPUT "请输入需计算阶乘的数值 N:" TO N
S=1
FOR K=N TO 1 STEP -1
    S=S*K
ENDFOR
? N,"的阶乘是:",S
SET TALK ON
RETURN
```

【例 7-19】 红铅笔每支 0.19 元，蓝铅笔每支 0.11 元，两种铅笔共买了 16 支，花了 2.80 元。问红、蓝铅笔各买几支？

解题思路：一般是列出方程，然后解方程即可，但是用计算机解方程比较麻烦。本题可使用枚举法，遍试每种组合，通过步长循环完成。

```
SET TALK OFF
FOR RED=1 TO 16
    BLUE=16-RED
    EXPENSES=RED*0.19+BLUE*0.11
    IF EXPENSES=2.8
      EXIT
    ENDIF
ENDFOR
CLEAR
?"红铅笔",RED,"支"
?"蓝铅笔",BLUE,"支"
SET TALK ON
RETURN
```

FOR 循环执行结束后，共循环了多少次？如果使用条件循环结构，程序如何编写呢？

7.4.3 扫描循环结构

扫描循环是专用于数据表的循环。

格式：

```
SCAN [<范围>] [FOR <条件>] [WHILE <条件>]
    <命令序列 1>
    [LOOP]
    [EXIT]
    [命令序列 2]
```

```
    ENDSCAN
```

执行过程：开始执行 SCAN 循环时，如果当前记录符合指定条件，执行循环体内的命令序列，遇到 ENDSCAN 时，如果当前记录在指定范围之内，系统会自动将记录指针下移(相当于执行 SKIP 命令)，然后返回 SCAN 处判断当前记录是否符合指定条件。如果当前记录不符合指定条件，直接跳转到 ENDSCAN，若当前记录在指定范围之内，系统会自动将记录指针下移，然后返回 SCAN 处进行条件判断。依此类推，直至记录指针到达指定范围的末尾。

说明：

(1) SCAN 和 ENDSCAN 必须各占一行，SCAN 和 ENDSCAN 要配对使用。

(2) ENDSCAN 标志循环内容的终止，SCAN 和 ENDSCAN 之间的命令序列简称为循环体。

(3) 循环体中可用 LOOP 或 EXIT 命令改变循环的执行。

(4) SCAN 循环开始前必须先打开相应的数据表，范围默认值为 ALL。

【例 7-20】 逐条显示 BRDAB 数据表中年龄小于 30 岁的记录，每条记录显示间隔 2 秒，并统计其中未婚的人数。

```
SET TALK OFF
CLEAR
USE BRDAB
N=0
SCAN FOR 年龄<30
    DISPLAY
    IF ! 婚否
      N=N+1
    ENDIF
    WAIT TIMEOUT 2
ENDSCAN
USE
?"30 岁以下的未婚人数是:",N
SET TALK ON
RETURN
```

例 7-16 若用扫描循环结构，程序如何实现呢？

7.4.4 循环结构的嵌套

一个循环的循环体中包含另一个循环体，称为多重循环或循环嵌套。三种循环结构可以根据需要进行混合嵌套。编写循环嵌套时，内层和外层循环必须层次分明，内层循环的所有命令必须完全嵌套在外层循环之中。

【例 7-21】 编写程序，根据用户输入的姓名查找，显示该人的所有记录(用户可以中途中止)，并统计记录个数。用户可以进行多人次的查找，如果在输入姓名时直接按回车则结束查找。

解题思路：因为用户需要中途中止查找某人的记录，所以某人的记录只能逐条显示，可使用扫描循环完成。因为用户需要进行多人次的查找，所以要在扫描循环外面嵌套一个循环。

```
SET TALK OFF
CLEAR
USE BRDAB
DO WHILE .T.
   ACCEPT "输入要查找的姓名直接按回车可退出查询:" TO XM
   IF LEN(XM)=0        && 直接回车则退出循环
     EXIT
   ENDIF
   K=0
   SCAN  FOR 姓名=XM
     K=K+1
     ?"找到第",K,"条记录。"
     DISP
     WAIT  "继续显示吗?(Y/N)" TO DA
     IF DA $ "Nn"
       EXIT
     ENDIF
   ENDSCAN
   IF K=0
     ?"查无此人!"
   ENDIF
ENDDO
USE
SET TALK ON
RETURN
```

【例 7-22】 编写程序,显示左侧的图案。

解题思路:图案是规则的。共有 7 行,可用一个循环来完成,循环 7 次,每次显示一行。第 J 行显示的 * 号个数是 2 * J-1 个,所以每行图案的显示可用循环完成,一次循环显示一个 * 号,显示第 J 行的图案需循环 2 * J-1 次。

```
      *
     * * *
    * * * * *
   * * * * * * *
  * * * * * * * * *
 * * * * * * * * * * *
* * * * * * * * * * * * *
```

```
SET TALK OFF
CLEAR
FOR J=1 TO 7              && 显示 7 行的图案
   ? SPACE(30-2 * J)      && 定位每行第一个 * 号的位置,其中 30 可以改为其他数值
   FOR K=1 TO 2 * J-1     && 显示每行的图形
      ??" * "             && 为了图案显示不拥挤,每次显示内容是空格和 *
   ENDFOR
ENDFOR
SET TALK ON
RETURN
```

```
       *
      ***
     *****
    *******
   *********
  ***********
 *************
       *
      ***
     *****
    *******
   *********
  ***********
 *************
***************
*****************
      ***
      ***
      ***
      ***
      ***
      ***
```

【例 7-23】 编写程序，显示右侧的图案。

解题思路：图案分为三个部分，上面两个三角形，下面一个长方形。在生成三角形的程序代码外面嵌套一个循环，控制显示两个三角形。由于两个三角形大小不同，分别是 7 行和 9 行，所以第 Y 个三角形的行数是 5+2*Y 行。

```
SET TALK OFF
CLEAR
FOR Y= 1 TO 2              && 显示两个三角形
FOR J=1 TO 5+2*Y           && 显示每个三角形的各行
  ? SPACE(20-2*J)
  FOR K=1 TO 2*J-1         && 显示每行的图案
      ??" * "
    ENDFOR
   ENDFOR
  ENDFOR
  FOR K=1 TO 6             && 显示第三部分图案
   ? SPACE(16)             &&16 是根据显示的内容和 SPACE(20-2*J)确定的
   ??" *  *  * "
 ENDFOR
SET TALK ON
RETURN
```

第 5 节　数组的应用

【例 7-24】 编写以下程序，观察和理解数组元素发生的变化。

```
CLEAR ALL                  && 命令的其中一个功能是释放所有内存变量
CLEAR
DIMENSION A(10)
FOR J=1 TO 10
  A(J)=2*J
ENDFOR
DISPLAY MEMORY LIKE A*
WAIT
DIMENSION A(2,3)
DISPLAY MEMORY LIKE A*
WAIT
DIMENSION A(8)
DISPLAY MEMORY LIKE A*
```

上例执行过程中，第一次定义数组并赋值，第二次定义相同名称的数组，原有的数组被修改，数组元素减少了，原有的元素值依次复制到新定义数组元素中，多余的数组元素自动被释放。第三次定义相同名称的数组,原有的数组被修改,数组元素增加了,原有的元素值依次复制到新定义数组元素中,多增加的数组元素默认值为 .F. 。

【例 7-25】 由用户输入若干个数,由大到小排列顺序并显示。

解题思路:假定接收用户输入 K 个数,采用冒泡排序法,第 1 个位置的数与第 2 个至第 K 个位置的数分别依次比较,如果后面的数比第 1 个位置的数大,就将两者交换,这样比较结束后第 1 个位置的数比它后面所有的数都要大,依此类推,前面的 K-1 个位置的数都与后面的数比较完毕,第 K 个位置的数是最小的。

```
SET TALK OFF
CLEAR
INPUT "需要多少个数进行排序?" TO K
DIMENSION A(K)
FOR J=1 TO K
    INPUT "请输入第"+LTRIM(STR(J))+"个数" TO A(J)
ENDFOR
FOR J= 1 TO K-1          && 前面的 K-1 个数都分别要与其后面的数依次逐个比较
  FOR N=J+1 TO K         && 实现第 J 个位置的数与其后面的数依次逐个比较
    IF A(J)<A(N)
      S=A(J)             && 利用中间变量 S 来完成两个数的互换
      A(J)=A(N)
      A(N)=S
    ENDIF
  ENDFOR
ENDFOR
FOR J=1 TO K
? "第"+LTRIM(STR(j))+"个数是",A(J)
ENDFOR
SET TALK ON
RETURN
```

第 6 节 模块化程序设计

大型应用程序系统的结构和命令都比较复杂,如果只写在一个程序文件中,会导致文件冗长、结构不清晰。另外,某个功能可能会多次重复使用,功能所对应的程序代码如果多次重复编写,导致代码重复过长和维护困难。因此,可将重复使用的程序段独立出来,形成模块(过程或函数)。另外,将系统划分为多个功能单一的模块,不仅可以增加系统设计的灵活性、加快开发进度,还可以使程序易于阅读和维护。

7.6.1 程序的模块化设计

1. 程序模块概述 模块是一个功能相对独立的程序,一般可以单独设计和调试,一个模块一般保存为一个独立的程序文件。模块间的调用通过 DO <程序名>命令进行。根据调用关系,发出调用命令的程序被称为主模块(主程序),被调用的程序被称为子模块(子程序),可见,主模块和子模块的概念是相对的,一个程序模块可以拥有"双重身份",可以被其他模块调用,也可以调用其他模块。

由于存在调用和被调用关系,在子模块的最后一个命令一般是 RETURN,RETURN 命令有多种使用方式,可以指明子模块执行完毕下一步如何进行。

如图 7-8 所示,在主模块中调用模块 A,转而从模块 A 的第一命令开始执行,当中调用模块 B,转而从模块 B 的第一命令开始执行。当模块 B 执行到最后一个 RETURN 命令时,返回上一层调用,接着执行模块 A 中 DO B 命令后面的命令。当执行命令 Do　C 调用模块 C,转而从模块 C 的第一命令开始执行。当模块 C 执行到最后一个 RETURN TO MASTER 命令时,直接返回到最上层调用,接着执行主模块中 DO A 命令后面的命令。

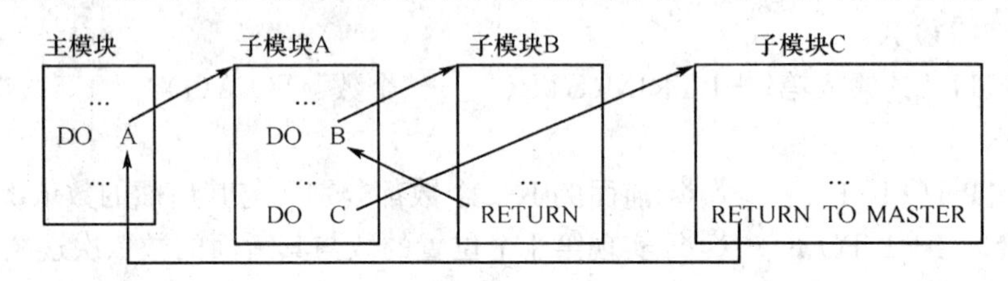

图 7-8　模块调用的执行过程

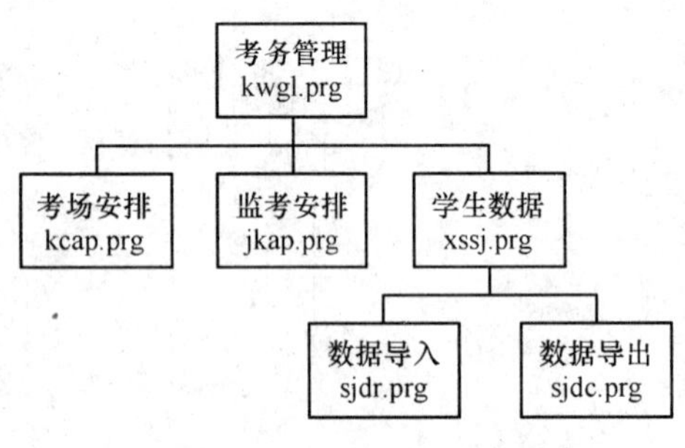

图 7-9　考务管理系统模块化设计

2. 程序的模块化设计　一个应用程序系统的设计可以看作是将一个大任务划分为若干个小任务,并把这些小任务组合在一起的过程。在划分时采用模块化程序设计思想和自顶向下、逐步求精的设计方法,每个小任务相当于一个模块。

如图 7-9 所示,简单的考务管理系统根据功能划分为三个模块,考务管理是主模块,考场安排、监考安排、学生数据三个子模块,其中学生数据模块可划分为数据导入、数据导出两个子模块。每个模块都保存为一个独立的程序文件。

【例 7-26】　简短的考务管理(KWGL. PRG)主模块。

```
SET DATE TO YMD
SET TALK OFF
CLEAR ALL
DO WHILE .T.
    CLEAR
    @3,20 SAY "考务管理系统"
    @4,20 SAY "K_考场安排 J_监考安排 X_学生数据"
    @5,20 SAY "直接按回车键退出"
    S=SPACE(1)
    @7,20 SAY "请选择:" GET S
    READ
```

```
    S=UPPER(S)
    DO CASE
      CASE ALLTRIM(S)==""
        MESSAGEBOX("现在退出系统,感谢您的使用")
        EXIT
      CASE S="K"
        DO KCAP
      CASE S="J"
        DO JCAP
      CASE S="X"
        DO XSSJ
      OTHERWISE
        MESSAGEBOX("选择错误,请重新选择")
        LOOP
    ENDCASE
ENDDO
CLOSE ALL
SET TALK ON
RETURN
```

执行 KWGL.PRG 时,系统根据用户选择调用相应的子模块。子模块的具体内容在此不作详述。

7.6.2　参数传递

在程序执行过程中,各模块间通常需要进行信息的交流,表现为数据的相互传递。上级模块需要将必要的数据作为参数传送给下级模块,下级模块也需要将结果数据回传给上级模块。因此,模块间的调用有两种形式,无参调用和带参调用。无参调用是指模块调用过程中不进行参数的传递。带参调用是指模块调用过程中进行数据的传递。

1. 模块调用命令

格式1:DO <程序名>

说明:无参调用。

格式2:DO <程序名> WITH <参数列表>

功能:执行指定的程序,并按顺序将参数传递给被调用模块。

说明:

(1) 一个参数是一个表达式,可以是常量、变量、函数和可计算的表达式,又称为实参。

(2) 被调用的程序中应具有接收参数的命令。

2. 接收参数命令

格式:PARAMETERS <参数列表>

功能:接收调用命令传递的参数。

说明:

(1) 本命令应是程序中的第一个可执行命令。

(2) 一个参数应是一个内存变量,又称为形参。

【例 7-27】 通过带参模块调用计算用户输入数字 N 的阶乘 N!。

```
**计算一个数的阶乘。主模块 LI7_27.PRG
SET TALK OFF
CLEAR
INPUT "请输入一个数:" TO N
K=1
DO JC WITH N+1,K      && 用 N+1 做实参的目的见例后说明
? N, "阶乘的值为:",K
SET TALK ON
RETURN

**计算阶乘的实现。子模块 JC.PRG
PARAMETERS A,B
FOR Y=1 TO A-1   && 如果主模块用 DO JC WITH N,K 更好,此处用 FOR Y=1 TO A
    B=B*Y
ENDFOR
A=0              && 此命令是为了验证形参 A 不能回传给对应的实参
RETURN
```

调用程序模块时,系统自动将实参传送给对应的形参。上例中定义变量 K 的作用是要接收被调用模块回传的阶乘值。执行命令 DO JC WITH N+1,K 调用时,实参 N+1 和 K 分别传递给形参 A 和 B,子模块执行完毕,参数 B 回传给 K,参数 A 不能回传。因为只能对实参中的变量进行回传,对实参中的常量和表达式不能回传。主模块中的命令 DO JC WITH N+1,K 而不用 DO JC WITH N,K 的目的就是要说明这个问题,因此,上例不是一个执行效率高的程序。

如果不需要将形参回传给对应的实参变量,可在实参变量前后加括号。

【例 7-28】 通过带参模块调用计算用户输入数字 N 的阶乘 N!。

```
**计算一个数的阶乘。主模块 LI7_28.PRG
SET TALK OFF
CLEAR
INPUT "请输入一个数:" TO N
K=1
DO JC WITH (N),K
? N, "阶乘的值为:",K
SET TALK ON
RETURN

**计算阶乘的实现。子模块 JC.PRG
PARAMETERS A,B
```

```
FOR Y=1 TO A
  B=B*Y
ENDFOR
A=0
RETURN
```

需要注意的是：形参与实参的数据类型必须一致。形参的个数不能少于实参的个数，否则执行时出现错误；如果形参的个数多于实参的个数，多余的形参值为 .F. 。

7.6.3 内存变量的作用域

在程序模块的执行过程中，内存变量的使用非常普遍。每一个内存变量的有效作用范围称为作用域。根据作用范围，内存变量可分为全局变量、私有变量以及局部变量。

1. 全局变量 在任何模块中都可以使用的变量称为全局变量或公共变量。通常用 PUBLIC 命令进行定义。

格式：PUBLIC <内存变量列表>

说明：

(1) 定义的内存变量初值为逻辑值 .F. 。

(2) 只要没有退出 Visual FoxPro，全局变量一旦定义后不会被自动释放，在各个模块中都有效，即使它的创建模块运行结束了也不释放。

(3) 释放全局变量，可用 CLEAR MEMORY 或 RELEASE 命令。

(4) 在命令窗口中建立的变量，默认是全局变量。

(5) 要先定义后使用，不能对已存在的变量使用 PUBLIC 命令进行定义。

2. 局部变量 不能在上级模块和下级模块中使用的变量称为局部变量或本地变量，通常用 LOCAL 命令进行定义。

格式：LOCAL <内存变量列表>

说明：

(1) 定义的内存变量初值为逻辑值 .F. 。

(2) 当局部变量的创建模块运行结束，局部变量会自动被释放。

(3) 只能在创建的当前模块中使用。

(4) 为避免与 LOCATE 命令发生冲突，LOCAL 不能简单输入为 LOCA。

(5) 如果上级模块或下级模块中的变量与当前模块的局部变量同名，在当前模块运行过程中将被隐藏起来，直至当前模块运行结束。

3. 私有变量 在程序中没有用 PUBLIC 或 LOCAL 命令定义而直接建立的变量称为私有变量。通常也可用 PRIVATE 命令进行定义。

格式 1：PRIVATE <内存变量列表>

格式 2：PRIVATE ALL [LIKE <通配符>|EXCEPT <通配符>]

说明：

(1) 私有变量只能在创建的当前模块以及下级模块中使用。

(2) 如果上级模块或其他模块中的变量与当前模块的私有变量同名，在当前模块运行过程中将被隐藏起来，直至当前模块运行结束。

(3) 当私有变量的创建模块运行结束,私有变量会自动被释放。

(4) PRIVATE ALL 命令,指定当前模块中建立的所有内存变量都是私有变量。

(5) 在程序中所有未经声明而建立的内存变量,默认为私有变量。

【例 7-29】 内存变量作用域说明程序。

```
**本程序在于验证内存变量的作用域。主模块保存为 LI7_29.PRG
SET TALK OFF
CLEAR
PUBLIC A                 && 定义全局变量 A
LOCAL B                  && 定义局部变量 B
PRIVATE C                && 定义私有变量 C
A="GOOD"
B=12
C=.T.
?"未调用子模块前"
?"A=",A,"B=",B,"C=",C
DO SP
?"调用子模块后"
?"A=",A,"B=",B,"C=",C
?"D=",D                  &&D 是子模块中的私有变量,提示出错
SET TALK ON
RETURN

**子模块保存为 SP.PRG
D=100                    && 建立私有变量 D
A=90
C=.F.
?"子模块执行时"
?"A=",A,"C=",C,"D=",D
?"B=",B                  &&B 是主模块中的局部变量,提示出错
```

在上例执行过程中,会两次弹出"程序错误"对话框,如图 7-10 所示,可单击"忽略"按钮让程序继续执行下去,然后分析执行的结果。

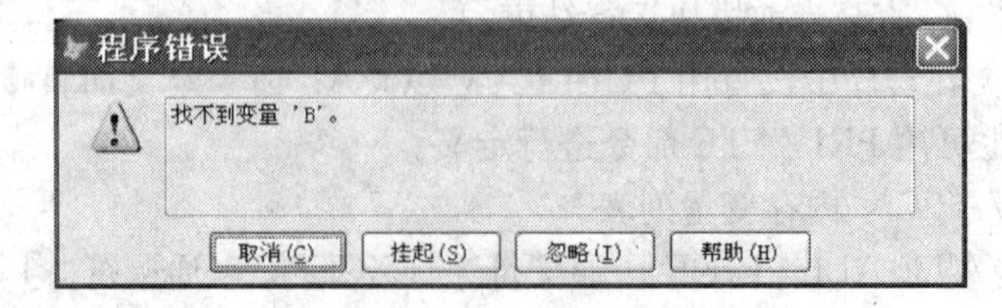

图 7-10 "程序错误"对话框

【例 7-30】 输入圆的半径,然后计算圆的面积。

```
**计算圆的面积。主模块 LI7_30.PRG
```

```
SET TALK OFF
CLEAR
INPUT "请输入圆的半径：" TO BJ
STORE 0 TO M                    && 变量M是私有变量,可以在下级模块中使用
DO MJ2 WITH BJ
?"圆的面积是：",M

**子模块,独立保存在程序 MJ2.PRG
PARAMETERS C
M=PI()*C^2
RETURN
```

变量M是在主模块 LI7_30.PRG 中通过变量的作用域实现在子模块中使用。因为在子模块 MJ2.PRG 并没有定义变量M,因此 M=PI()*C^2 中的变量M是主模块中的私有变量M。

7.6.4　过程与过程文件

如果在一个程序中某些运算或处理过程需要重复地使用,可将重复使用的程序段独立出来形成过程,其调用方式与模块调用相同。

1. 过程　过程是一个程序段,定义如下。

格式：

```
PROCEDURE <过程名>
          [PARAMETERS <参数列表>]
          <命令序列>
    ENDPROC
```

说明：

(1) 过程可以是无参调用,也可以是带参调用。

(2) 过程可以作为程序的一部分编写在调用程序的后面。

【例 7-31】　输入圆的半径,然后计算圆的周长和面积。

```
**下列所有命令都保持为程序文件 LI7_31.PRG
SET TALK OFF
CLEAR
INPUT "请输入圆的半径：" TO BJ
STORE 0 TO Z,M
DO ZC WITH BJ,Z
DO MJ WITH BJ,M
?"圆的周长是：",Z
?"圆的面积是：",M

**过程 ZC,与上面的调用程序保存在同一个文件中
PROCEDURE ZC
```

```
PARAMETERS A,B
B=2 * PI() * A
ENDPROC

* * 过程 MJ,与上面的调用程序保存在同一个文件中
PROCEDURE MJ
PARAMETERS C,D
D=PI() * C^2
ENDPROC
```

2. 过程文件 模块、过程、过程文件以及后面讲到的自定义函数都体现了程序模块化设计的思想,只不过是根据具体的使用情况而有不同的表现形式。

一个应用程序系统由多个模块组成。如果将每个子模块都独立保存为一个文件,系统的文件个数增加,调用模块时磁盘的查找时间也随之增加,降低了系统的运行效率。因此,可将一个子模块作为一个过程,然后把这些过程保存在一个文件中。保存过程的文件称为过程文件。

```
格式:PROCEDURE <过程名 1>
        [PARAMETERS <参数列表 1>]
        <命令序列 1>
     ENDPROC
     PROCEDURE <过程名 2>
        [PARAMETERS <参数列表 2>]
        <命令序列 2>
     ENDPROC
     ……
    PROCEDURE <过程名 N>
        [PARAMETERS <参数列表 N>]
        <命令序列 N>
    ENDPROC
```

调用过程文件中的过程有以下两种方式。

方式 1:DO <过程名> [WITH <参数列表>] [IN <过程文件名>]

功能:调用指定过程文件中的某个过程。

方式 2:DO <过程名> [WITH <参数列表>]

说明:

(1) 调用前必须先用命令 SET PROCEDURE TO <过程文件名>打开相应的过程文件。当执行一个过程时,如果在当前执行程序中找不到该过程,就将查找过程文件。

(2) 在确定不需要调用过程文件中的过程时,可用命令 SET PROCEDURE TO 或 RELEASE PROCEDURE 关闭过程文件。

格式:SET PROCEDURE TO [<过程文件名 1>][,<过程文件名 2>...] [ADDITIVE]

说明:

(1) <过程文件名 1>等指定需要打开的文件,可同时打开多个过程文件。

(2) [ADDITIVE]表示打开过程文件时不关闭当前已打开的过程文件。

(3) 不带任何文件名的 SET PROCEDURE TO 的命令关闭所有打开的过程文件。

格式:RELEASE PROCEDURE <过程文件名 1>[,<过程文件名 2>...]

说明:关闭指定的过程文件。

【例 7-32】 输入三角形的边长,计算该三角形的周长和面积。

```
* * 下面的两个过程都保存在过程文件 TRIANGLE. PRG 中
PROCEDURE AREA
   PARAMETERS D,E,F,G
   P=(D+E+F)/2                          &&P 是半周长
   G=SQRT(P * (P-D) * (P-E) * (P-F))    && 海伦一秦九韶公式
ENDPROC

PROCEDURE PERIMETER
    PARAMETERS X,Y,Z,W
    W=X+Y+Z
ENDPROC

* * 下面的主模块保存在程序文件 LI7_32. PRG
SET TALK OFF
CLEAR
INPUT "请输入三角形的边长:" TO A
INPUT "请输入三角形的边长:" TO B
INPUT "请输入三角形的边长:" TO C
STORE 0 TO M,S
SET PROCEDURE TO TRIANGLE
DO PERIMETER WITH A,B,C,S
?"三角形的周长是:",S
DO AREA WITH A,B,C,M
?"三角形的面积是:",M
SET PROCEDURE TO
SET TALK ON
RETURN
```

根据过程调用方式的不同,上面的主模块可写成以下形式:

```
SET TALK OFF
CLEAR
INPUT "请输入三角形的边长:" TO A
INPUT "请输入三角形的边长:" TO B
INPUT "请输入三角形的边长:" TO C
STORE 0 TO M,S
DO PERIMETER WITH A,B,C,S IN TRIANGLE
```

```
?"三角形的周长是:",S
DO AREA WITH A,B,C,M IN TRIANGLE
?"三角形的面积是:",M
SET TALK ON
RETURN
```

7.6.5 自定义函数

虽然 Visual FoxPro 提供了许多常用函数,但并不能满足用户的某些特殊需求,因此,系统允许用户可以自己定义一些有特别功能的函数,增强编程的灵活性和通用性。与过程类似,自定义函数可以放在调用程序的后面,也可以独立保存成一个文件。自定义函数与一般过程的区别是 RETURN 命令包含表达式,该表达式的运算结算是函数的返回值。自定义函数与系统函数的使用是相同的。

```
格式:FUNCTION ＜函数名＞
            [PARAMETERS ＜参数列表＞]
            ＜命令序列＞
            RETURN ＜表达式＞
     ENDFUNC
```

说明:

(1) 自定义函数一般放在调用程序的后面,如果缺少 FUNCTION ＜函数名＞,那么该函数应独立保存成一个文件,且文件名就是函数名。

(2) PARAMETERS ＜参数列表＞是可选项,定义了函数调用时需接收的数据,如果省略则调用函数时不需要传递参数。

(3) RETURN ＜表达式＞中的表达式是函数返回值,其运算结果的数据类型决定了自定义函数的数据类型。

(4) 调用自定义函数时参数的个数和数据类型必须与 PARAMETERS ＜参数列表＞中定义的一致。

【例 7-33】 编写自定义函数,将字符串中的数字抽取出来并形成以“#”为起始和结束标记的数字串。

```
*以下命令全编写在一个程序文件中
CLEAR
SET TALK OFF
ACCEPT "请输入字符串:" TO RT
B=CN(RT)
IF B=="##"
   ?"字符串中未含有数字"
ELSE
   ?RT+"中的数字串是"+CN(RT)
ENDIF
SET TALK ON
```

```
RETURN

FUNCTION CN      && 若省略此行,须将以下代码独立存放在以 CN.PRG 为名的文件中
PARAMETERS S
A=1
C=""
DO WHILE LEN(S)>=A
    K=SUBSTR(S,A,1)
    IF ASC(K)>=48 AND ASC(K)<=57
      C=C+K
    ENDIF
    A=A+1
ENDDO
RETURN "#"+C+"#"
ENDFUNC
```

【例 7-34】 编写自定义函数,计算圆的面积。

```
**主模块 LI7_34.PRG
SET TALK OFF
CLEAR
INPUT "请输入圆的半径:"TO BJ
S=MJ(BJ)
?"半径为",BJ,"的圆面积为:",S
SET TALK ON
RETURN
**独立的自定义函数,保存为程序文件 MJ.PRG。
PARAMETERS A
K=3.14*A^2
RETURN K
```

练 习 题

一、单项选择题

1. 在程序模块中使用 PRIVATE 命令定义的内存变量________。

A. 只能在定义该变量的模块中使用

B. 只能在定义该变量的模块及其上层模块中使用

C. 可以在该程序的所有模块中使用

D. 只能在定义该变量的模块及其下属模块中使用

2. 使用数组元素更新当前数据表的当前记录,应使用命令________。

A. SCATTER TO <数组名>　　　　B. DIMENSION <数组名>

C. APPEND FROM <数组名>　　　D. GATHER FROM <数组名>

3. 执行如下程序：

```
STORE " " TO ANS
DO WHILE .T.
    CLEAR
    @3,10 SAY "1. 添加 2. 删除 3. 修改 4. 退出"
    @5,15 SAY "请输入选择：" GET ANS
    READ
    IF TYPE("ANS")="C" AND VAL(ANS)<=3 AND VAL(ANS)<>0
        PROG="PROG"+ANS+".PRG"
        DO &PROG
    ENDIF
    QUIT
ENDDO
```

如果在"请输入选择："时，键入 4，则系统________。

A. 调用子程序 PROG4. PRG　　B. 调用子程序 &PROG. PRG

C. 退出 VFP　　D. 返回命令窗口

4. 有程序如下：

```
USE CJ
M.ZF=0
SCAN
    M.ZF=M.ZF+ZF
ENDSCAN
? M.ZF
RETURN
```

其中数据库文件 CJ. DBF 中有 2 条记录，内容如下

	XM	ZF
1	李四	300.00
2	张三	200.00

运行该程序的结果应当是________。

A. 500.00　　B. 400.00　　C. 800.00　　D. 200

5. SCAN 循环语句是________扫描式循环

A. 数组　　B. 数据表　　C. 内存变量　　D. 程序

6. 在永真条件 DO WHILE .T. 的循环中，为退出循环可使用________。

A. LOOP　　B. EXIT　　C. CLOSE　　D. CLEAR

7. 执行命令 INPUT "请输入数据：" TO XYZ 时，可以通过键盘输入的内容包括________。

A. 字符串　　B. 数值和字符串

C. 数值、字符串和逻辑值　　D. 数值、字符串、逻辑值和表达式

8. 有以下程序段：

```
Do CASE
Case 计算机<60
```

```
    ?"计算机成绩是:"+"不及格"
Case 计算机>=60
    ?"计算机成绩是:"+"及格"
Case 计算机>=70
    ?"计算机成绩是:"+"中"
Case 计算机>=80
    ?"计算机成绩是:"+"良"
Case 计算机>=90
?"计算机成绩是:"+"优"
Endcase
```

设学生数据表当前记录的"计算机"字段的值是89,执行下面程序段之后,屏幕输出____。

A. 计算机成绩是:不及格　　B. 计算机成绩是:及格

C. 计算机成绩是:良　　D. 计算机成绩是:优

9. 下面关于过程调用的陈述中,哪个是正确的________。

A. 实参与形参的数量必须相等

B. 当实参的数量多于形参的数量时,多余的实参被忽略

C. 当形参的数量多于实参的数量时,多余的形参取逻辑假

D. 上面 B 和 C 都对

10. 有如下程序:

```
INPUT TO A
IF A=10
  S=0
ENDIF
S=1
? S
```

假定从键盘输入的 A 的值一定是数值型,那么上面程序的执行结果是________。

A. 0　　B. 1　　C. 由 A 的值决定　　D. 程序出错

11. 下列关于 FOR-ENDFOR 循环结构的说法不正确的是________。

A. 循环的次数一般都已确定好

B. 循环体中的 LOOP 命令可用来跳出循环体

C. 循环体中的 EXIT 命令可用来结束循环的执行

D. 循环体中如果包含改变循环变量值的命令,循环次数将会改变

12. 有如下程序:

```
STORE 0 TO X,Y
DO WHILE .T.
  X=X+1
  Y=X+1
  IF X>=100
    EXIT
  ENDIF
```

```
ENDDO
?"Y="+STR(Y,3)
```

那么上面程序的显示结果是________。

A. 100　　B. 101　　C. 102　　D. 103

二、填空题

1. 定义公共变量用命令________，定义私有变量用命令________，定义局部变量用命令________。

2. 三种基本的程序结构分别是________、________和________。

3. 在 Visual FoxPro 中，程序文件的扩展名是________。

4. INPUT、ACCEPT 和 WAIT 命令中，________和________只能接收字符型数据，其中________只能接收一个字符。

5. 数组定义后，所有数组元素的初值为________。

6. 有如下程序：

```
FOR T=1 TO 5 STEP 2
    ? T
ENDFOR
```

当循环结束后，循环变量的值为________，共循环了________次。

7. 有如下程序：

```
USE BRDAB
S=0
SCAN
  S=MAX(年龄,S)
ENDSCAN
? S
RETURN
```

执行程序后，S 的显示值是 BRDAB 表中的________。

8. SCAN 循环之前，必须要做的是________。

9. 通过 PUBLIC 命令建立的内存变量，系统默认的初值为________。

10. 有如下程序：

```
S=0
T=1
INPUT "X=" TO X
DO WHILE S<=X
  S=S+T
  T=T+1
ENDDO
? S
```

如果输入 X 的值是 5，执行程序后，S 的显示值是________。

三、思考题

1. 简述常用的输入输出命令的异同。

2. 简述三种循环结构的异同,它们之间能否相互转换?

3. 简述全局变量、局部变量和私有变量的作用范围。

4. 分支结构嵌套和循环结构嵌套分别要注意哪些方面?

5. 简述过程和函数的区别。

四、上机练习题

1. 编写程序,要求如果密码输入正确显示“欢迎进入系统”,如果输入错误达到三次,显示“连续输入错误,不能登录系统”。

2. 编写程序,输入任意的10个数,找出其中的最大值和最小值。

3. 编写程序,输入任意的10个数,统计其中正数、零和负数的个数。

4. 编写程序,计算 W=1/1! +1/2! +1/3! +…+1/10!

5. 编写程序,在程序中事先设定一个数由用户猜,直到猜中为止,在猜的过程中程序给予用户相应的提示。

6. 将一个日期型表达式表示的日期转换为用汉字显示,如{^2009/01/23}显示为二零零玖年一月二十三日,分别用过程和自定义函数实现此功能,并编写主程序进行调用。

7. 编写程序,输出九九乘法表。

参考答案

一、单项选择题

1.D 2.D 3.C 4.A 5.B 6.B 7.D 8.B 9.C 10.B 11.B 12.B

二、填空题

1.PUBLIC,PRIVATE,LOCAL 2.顺序结构,分支结构,循环结构 3.PRG
4.ACCEPT,WAIT,WAIT 5..F. 6.5,3 7.最大年龄 8.在当前工作区打开数据表
9..F. 10.6

三、思考题

略。

四、上机练习题

略。

第 8 章　表单设计与应用

在 Windows 应用程序中，表单(Form)是计算机用户与计算机系统相互通讯的主要界面，因此，表单也称为屏幕或窗口。表单是有属性、事件和方法的编程对象，是数据输入、输出、修改的用户界面，是应用程序的主要容器控件。表单设计是可视化程序设计的基础，用户界面的简单可用性是应用程序可操作性的主要评价标准。本章将介绍应用“表单设计器”创建表单的一般方法，重点介绍常用表单控件的主要属性、方法、事件及其应用，同时简单地介绍面向对象编程的基本原理。

第 1 节　表单设计概述

在 Visual FoxPro 应用程序中，表单为数据表记录的显示、输入和编辑提供了非常简便的方法，用 Visual FoxPro 表单可以快速地设计出应用程序的数据管理界面。在 Visual FoxPro 中，可以用下面的任意一种方法创建表单：

(1) 使用“表单向导”创建简单的数据表维护表单。

(2) 使用“表单设计器”设计个性化的表单，使用“表单设计器”中的“表单生成器”可以快速地创建与数据表相关的表单。

(3) 使用面向过程的程序设计方法设计表单，即用编程的方式设计表单。

8.1.1　表单新建、修改与运行

Visual FoxPro 提供了“表单向导”与“表单设计器”两种设计工具，用户可以通过“菜单”与“命令”方式来调用这两种设计工具。用“表单设计器”创建表单时，可以向表单添加自己想要的控件，设计满足应用需要的可视化表单；也可以用“表单设计器”中的“表单生成器”快速地生成简易表单，再用“表单设计器”进行修改。用面向过程的程序设计方法创建表单，就是编写相应的程序文件(prg 文件)，而表单是在程序运行时创建。

1. 新建表单　用“表单向导”或“表单设计器”创建表单时，首先应该打开“表单向导”或“表单设计器”。打开“表单向导”或“表单设计器”的常用方法有：

(1) 在“项目管理器”对话框中，选定“文档”页面中的“表单”选项，然后，单击“新建”按钮，在弹出的“新建表单”对话框中单击“表单向导”或“新建表单”按钮，如图 8-1 所示，从而可以打开“表单向导”或“表单设计器”。

(2) 执行“文件”菜单中的“新建”命令(也可以直接单击常用工具栏中的新建按钮)，在弹出的“新建”对话框中选择“表单”单选按钮，然后单击“表单向导”或“新建表单”按钮，如图 8-2 所示。

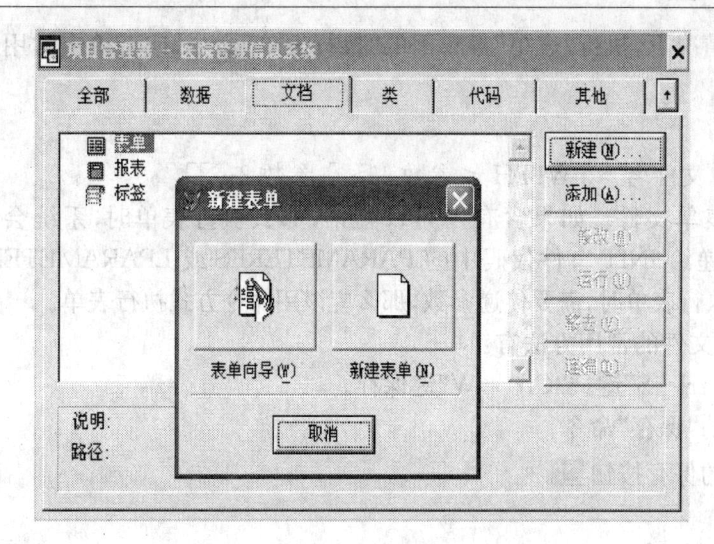

图 8-1　用“项目管理器”新建表单

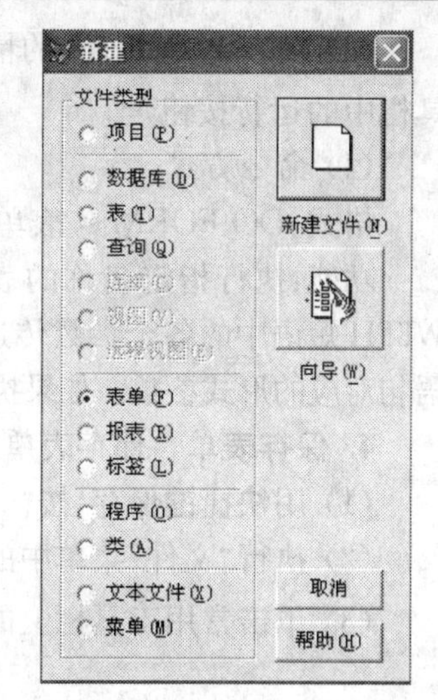

图 8-2　“新建”对话框

(3) 使用命令创建表单，打开“表单设计器”。

格式：CREATE FORM [表单文件名]

功能：打开“表单设计器”窗口，创建指定文件名的表单，如果缺少表单文件名，保存时会弹出“另存为”对话框。

表单文件被保存之后，系统将产生两个文件(编程方式创建的表单除外)，其中一个扩展文件名为 SCX，是表单文件，另一个扩展文件名为 SCT，是表单备注文件。

2. 表单的修改　“表单设计器”是创建、修改和设计表单的专门工具，除用编程方式所创建的表单外，其他任何方式所创建的表单都可以用“表单设计器”进行修改。打开表单文件的方法有：

(1) 在“项目管理器”对话框中，选择“文档”页面，在“表单”选项中选定要修改的表单文件，然后单击“修改”按钮。

(2) 执行“文件”菜单中的“打开”命令(也可以单击常用工具栏中的打开按钮)，在“打开”对话框中选择“表单”文件类型，然后选择要修改的表单文件，单击“确定”按钮。

(3) 命令方式

格式：MODIFY FORM [表单文件名]

功能：用“表单设计器”打开表单文件，如果没有指定表单文件名，则首先弹出“打开”对话框，只要在对话框中选择要修改的表单文件，就可以在“表单设计器”中打开表单文件。如果指定的表单文件名并不存在，则创建新的表单。

(4) 在“资源管理器”中，用鼠标双击要打开的表单文件，或用“资源管理器”的打开命令。

3. 表单的运行　当表单设计完成后，就可以直接运行表单，展示设计效果，运行表单的方法有：

(1) 在“项目管理器”对话框中，选择“文档”页面内的“表单”项，再选择要运行的表单文件，然后单击“运行”按钮。

(2) 执行“程序”菜单中的“运行”命令，在弹出的“运行”对话框中，选择要执行的表单文件，然后单击“确定”按钮。

(3) 在表单文件打开的情况下,执行“表单”菜单下的“执行表单”命令,或者单击常用工具栏中的运行按钮!。

(4) 命令方式

格式:DO FORM ＜表单文件名＞ [WITH ＜参数 1＞ [,参数 2…]]

功能:执行指定名称的表单文件。如果含有 WITH 短语,那么执行表单时,系统会将 WITH 短语中的各个参数传递给 INIT 事件代码中的 PARAMETERES 或 LPARAMETERS 语句对应的形式参数。如果执行表单时,需要传递参数,那么应该用命令方式执行表单。

4. 保存表单 保存表单文件的常用方法有:

(1) 用快捷键保存,按“Ctrl＋S”键或“Ctrl＋W”键保存。

(2) 执行“文件”菜单中的“保存”命令。

(3) 单击常用工具栏上的保存按钮。

8.1.2 用表单向导创建表单

Visual FoxPro 所提供的“表单向导”工具可以引导用户创建简单表单。用向导创建表单,其方法简单快捷,不需要用户编写代码。用向导创建的表单主要是用于维护指定的数据表,因此,在表单界面中包含了相应数据表的字段,并且自动地创建了操作数据的命令按钮,如查找、打印、编辑及删除等。但是用“表单向导”创建的表单界面比较单一,而且用“表单向导”所创建的表单与数据表有关,主要用于管理后台数据表中的数据。用“表单向导”可创建两种类型表单:单表表单与一对多表单。

1. 创建单表表单

【例 8-1】 用“表单向导”创建一个新表单,表单标题为“病人档案表”,该表单用于维护 brdab. dbf。

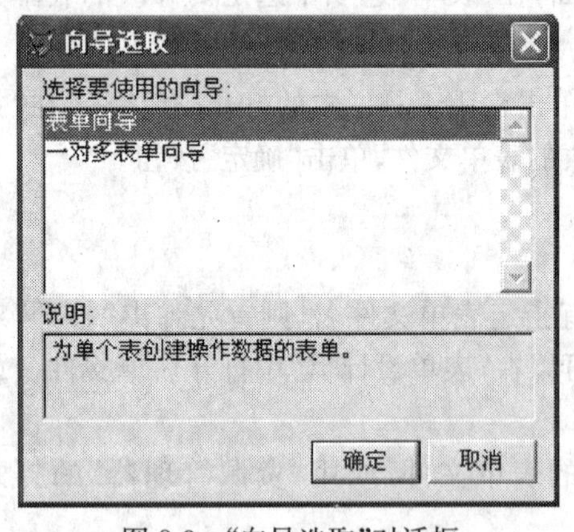

图 8-3 “向导选取”对话框

(1) 执行“文件”菜单中的“新建”命令,在“新建”对话框中选择“表单”单选按钮,然后单击“向导”按钮,弹出“向导选取”对话框,如图 8-3 所示。

(2) 在“向导选取”的列表框中选择“表单向导”选项,单击“确定”按钮,弹出“表单向导”对话框,此时向导的下拉框中显示为“步骤 1-字段选取”。

(3) 单击对话框中的“数据库和表”下的…按钮,弹出“打开”对话框。在“打开”对话框中选取 brdab. dbf,单击“确定”按钮,这时 brdab 表被添加到“表单向导”对话框中,如图 8-4。单击“表单向导”对话框中的按钮,把“可用字段”列表中的所有字段添加到“选定字段”列表中。单击“下一步”按钮,进入到表单向导的“步骤 2-选取表单样式”。

(4) 在“样式”列表中选取“标准式”,在“按钮类型”选项组中选取“文本按钮”,如图 8-5 所示,然后单击“下一步”按钮进入到向导的“步骤 3-排序次序”。

(5) 在“可用字段或索引标识”列表中选取“编号”,单击“添加”按钮,如图 8-6 所示,然后单击“下一步”按钮,进入到表单向导的“步骤 4-完成”。

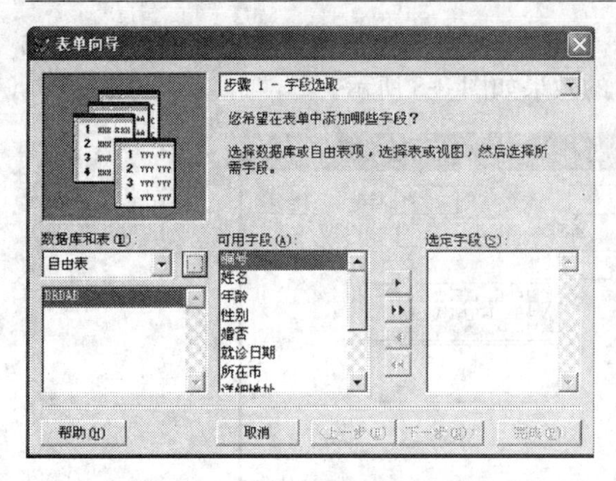

图 8-4 “表单向导”——字段选取

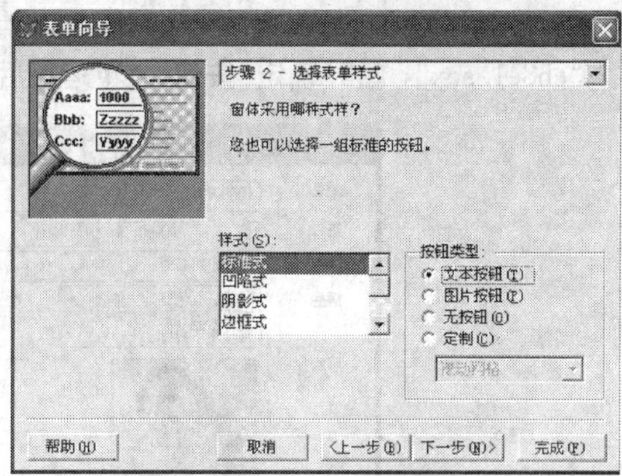

图 8-5 “表单向导”——选取表单样式

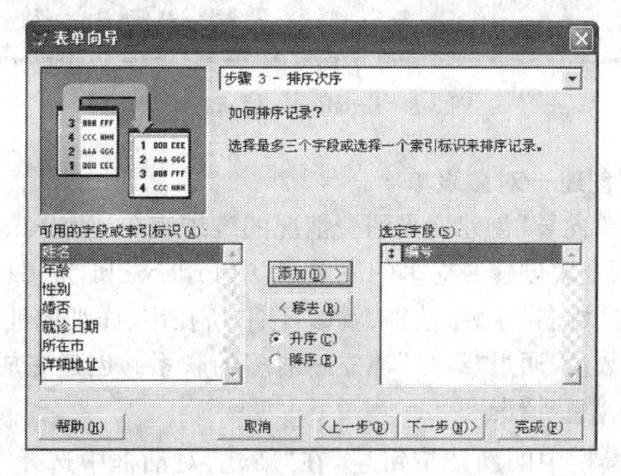

图 8-6 “表单向导”——排序方式

(6) 如图 8-7 所示，单击“预览”按钮，预览实际效果。预览完成后，单击“返回向导”按钮返回“表单向导”对话框。如果预览效果不满意，可单击“上一步”按钮进行修改。在“请键入表单标题”文本框中输入表单标题，这里输入“病人档案表”，选取“保存并运行表单”单选按钮，单击“完成”按钮。

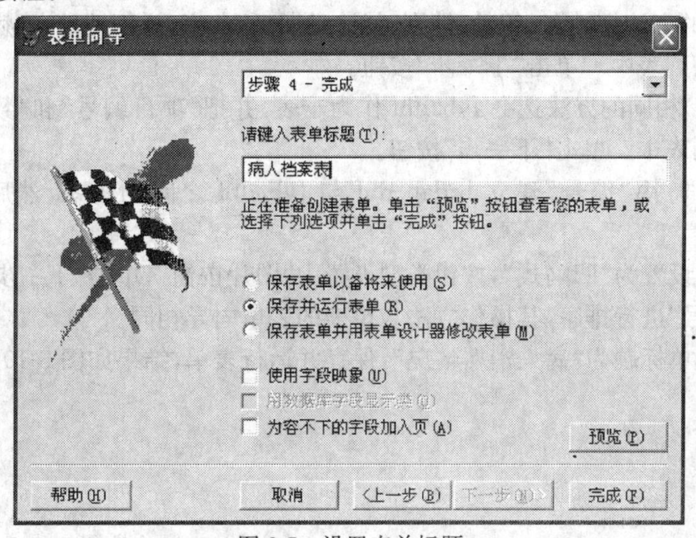

图 8-7 设置表单标题

(7) 在弹出的“另存为”对话框中的“保存表单为”文本框中输入表单文件名，在这里输入“ch8e1. scx”，单击“确定”按钮，表单运行后的效果如图 8-8 所示。

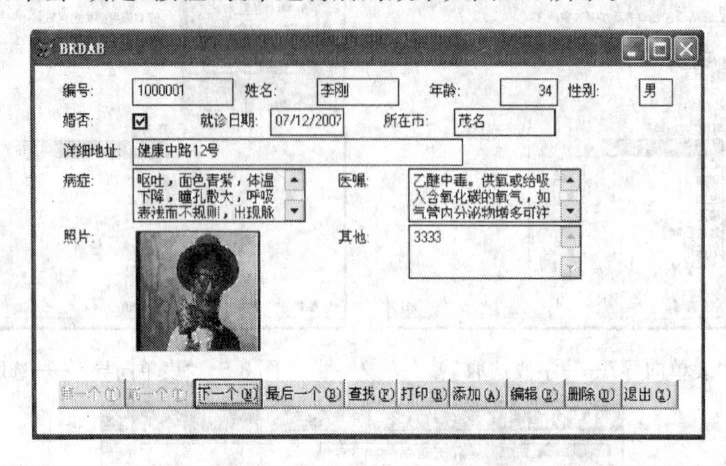

图 8-8　brdab. scx 的运行效果

2. 用“表单向导”创建一对多表单

【例 8-2】 用“表单向导”创建病人消费情况的维护表单，假设 brdab. dbf 与 fyb. dbf 都是自由表，现在用这两个表创建一对多的表单，其中 brdab. dbf 为父表，fyb. dbf 为子表。在父表中选取字段：编号、姓名、年龄、性别、就诊日期、所在市、详细地址、病症、医嘱，在子表中选取字段：项目编号、数量，通过“编号”建立一对多的联系。创建完成后，保存并运行表单，设置表单标题为“病人消费情况”。

(1) 单击常用工具栏中的新建按钮，在“新建”对话框中选择“表单”单选按钮，单击“向导”按钮，弹出“向导选取”对话框。

(2) 在“向导选取”对话框中选取“一对多表单向导”选项，然后单击“确定”按钮，弹出“一对多表单向导”对话框。

(3) 单击“数据库和表”下的…按钮，在“打开”对话框中选取父表 brdab. dbf，再单击“确定”按钮。在“可用字段”列表中选取字段“编号”，单击按钮 ▸，把“编号”添加到“选定字段”列表中，用同样的方法把姓名、年龄、性别、就诊日期、所在市、详细地址、病症、医嘱等字段添加到“选定字段”列表中。单击“下一步”按钮。

(4) 用与(3)相同的方法选择 fyb. dbf 作为子表，并把“项目编号”和“数量”两字段添加到“选定字段”列表中。单击“下一步”按钮。

(5) 如图 8-9，用“编号”建立 brdab. dbf 与 fyb. dbf 之间的关系，然后单击“下一步”按钮。

(6) 把样式设置为“凹陷式”，按钮类型设置为“图片按钮”，单击“下一步”按钮。

(7) 用“编号”进行排序，其操作方法与单表的表单向导相同。

(8) 设置表单标题为“病人消费情况”，保存并运行表单，结果如图 8-10 所示。

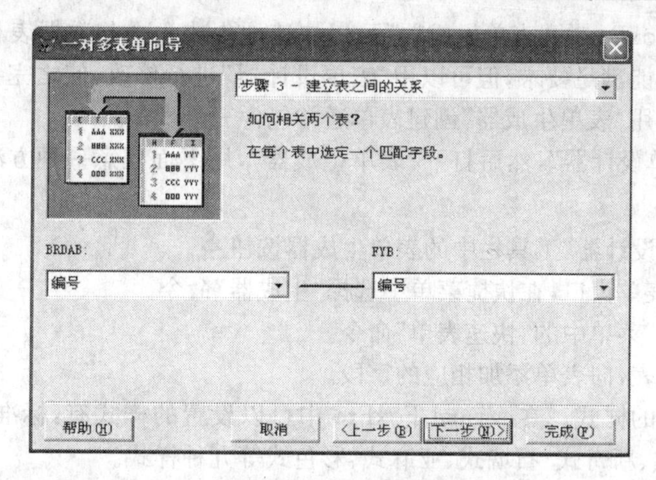

图 8-9　建立表之间的关系

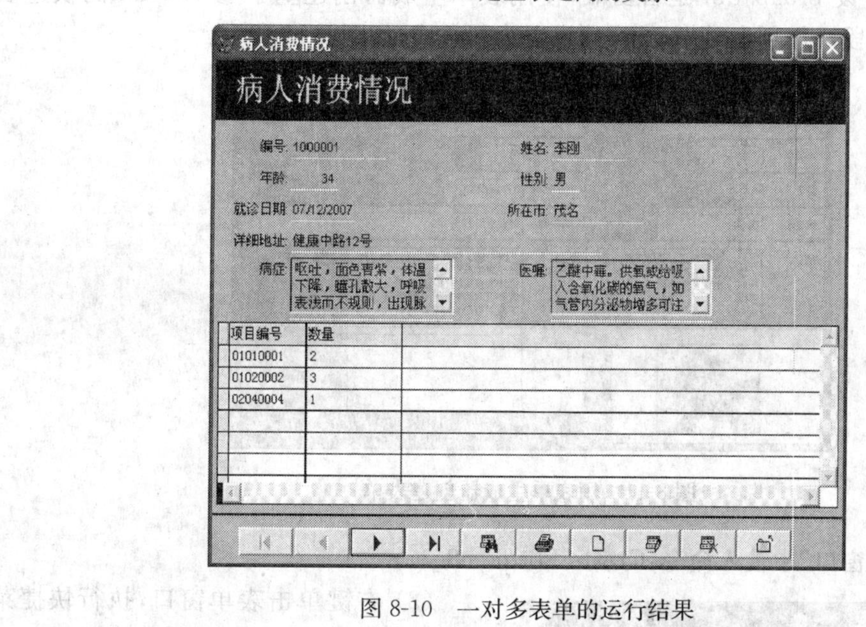

图 8-10　一对多表单的运行结果

8.1.3　用“表单设计器”设计表单

在应用程序设计中，一般用“表单设计器”设计应用程序窗口。使用“表单设计器”不仅可以向表单添加所需要的各种控件，而且可以设置表单以及表单内控件的属性，合理地安排表单内控件的布局，同时，可根据需要编写相应的事件代码，因此，使用“表单设计器”可设计满足各种需要的应用程序窗口。使用“表单设计器”创建表单，通常包含以下一些步骤：

(1) 启动“表单设计器”。

(2) 设置表单的数据环境(必要时)。

(3) 添加控件，设计表单与控件的布局。

(4) 为表单、控件设置相关属性。

(5) 编写事件代码。

(6) 运行并调试表单程序，然后保存表单文件。

使用 Visual FoxPro 的"表单生成器"可以快速地生成一个与数据表相关的表单,虽然生成的表单一般不能满足要求,但可以用"表单设计器"进行修改,使之完善,从而提高应用程序的开发效率。用"表单生成器"创建表单通常包含三个步骤。

(1) 打开"表单设计器",然后打开"表单生成器",用下面任意一种方法都可打开"表单生成器":

1) 单击"表单设计器"工具栏中的表单生成器按钮。

2) 右键单击表单窗口,在快捷菜单中选择"生成器"命令。

3) 执行"表单"菜单中的"快速表单"命令。

(2) 选取数据表,向表单添加相应的字段。

(3) 设置表单的样式。在 Visual FoxPro 中可以设置的样式有:标准式、凹陷式、阴影式、边框式、浮雕式、新奇式、石墙式、亚麻式、彩色式等九种样式。

【例 8-3】 假设 brdab. dbf 是自由表,使用表单生成器创建基于 brdab. dbf 的快速表单,要求把所有字段添加到表单中,把样式设置为新奇式,如图 8-11 所示。

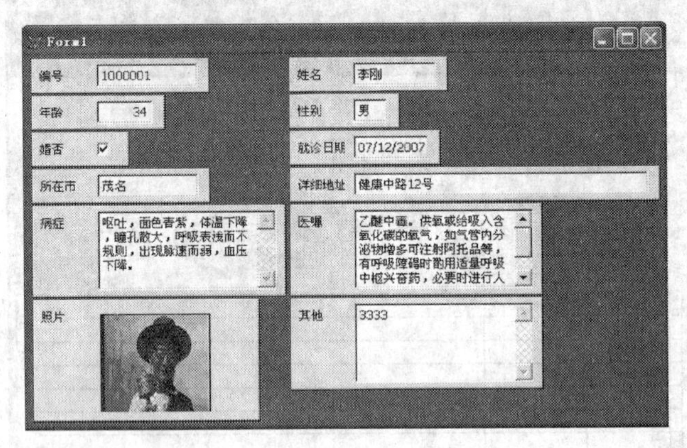

图 8-11 用表单生成器创建表单

(1) 在"命令窗口"中输入命令:Create Form ch8e3。

(2) 右键单击表单窗口,执行快捷菜单的"生成器"命令,打开"表单生成器"对话框。

(3) 在对话框的"字段选取"页面中选定 brdab. dbf。如果在当前工作区中已经打开了表文件 brdab. dbf,则数据表 brdab. dbf 会自动地添加到"数据库和表"列表中,否则,可以通过单击"字段选取"页面中的浏览按钮 ,添加数据表 brdab. dbf。

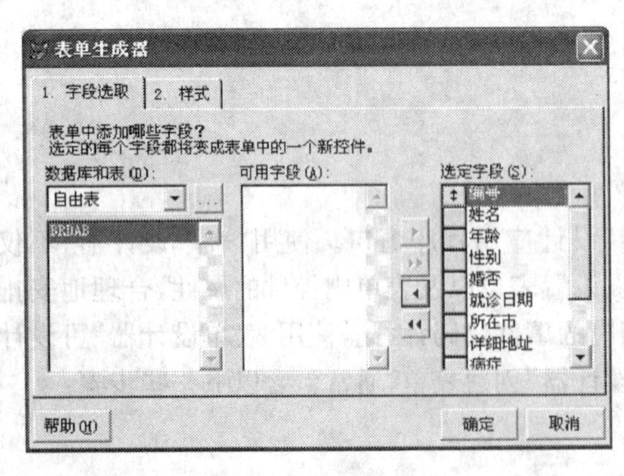

图 8-12 表单生成器

(4) 单击按钮,把 brdab. dbf 表中的全部字段从"可用字段"列表移到"选定字段"列表中,如图 8-12 所示。

(5) 选择"样式"页面,选定"新奇式",单击"确定"按钮。

(6) 保存并运行表单。

8.1.4　表单事件、属性与方法

用“表单设计器”设计表单的一个主要任务是设计表单及其表单内控件的属性，编写事件代码、调用表单及控件的方法以完成一定任务，因此，表单常用事件、属性、方法是掌握表单程序设计的要点。

1. 表单属性

(1) 常用属性

1) AlwaysOnBottom 属性：该属性值为逻辑型，把它设置为 .T. 时，可以防止其他应用程序窗口被该表单所覆盖；若设置为 .F. 时，则表单在运行过程中会覆盖先前运行的其他窗口，默认值为 .F. 。

2) AlwaysOnTop 属性：该属性值为逻辑型，值为 .T. 时，可以防止被其他窗口覆盖；否则，后面运行的程序窗口可以覆盖该表单，默认值为 .F. 。

3) AutoCenter 属性：指定表单在首先显示时，是否自动显示在 Visual FoxPro 主窗口的中央，值为 .T. 时，显示在容器正中央；否则，不会显示在窗口的正中央，默认值为 .F. 。

4) BackColor 属性：表单的背景颜色，用 RGB 函数指定。

5) BorderStyle 属性：表单的边框属性，默认值为 3，即表单的边框大小可以用鼠标等进行调整，0 表示无边框，1 表示单线边框，2 表示固定对话框，当取值为 0、1、2 时，表单边框大小都不能用鼠标等进行调整。

6) Caption 属性：指定表单标题栏中所显示的标题内容，其类型为字符型。

7) DeskTop 属性：指定表单是否包含在 Visual FoxPro 主窗口中，若为 .F.(默认值)，则显示在 Visual FoxPro 主窗口中；否则，显示在 Windows 桌面中。

8) Height 属性与 Width 属性：设置表单高与宽的值，默认状况下以像素为单位。

9) MDIForm 属性：指定表单是否为多文档界面窗口，若其值为 .T.，则为多文档界面窗口；否则，为单文档界面窗口，默认值为 .F. 。

10) MaxButton 属性：指定表单标题栏右端(即表单的右上角)是否有最大化按钮，默认情况下为 .T. ，即有最大化按钮。

11) MinButton 属性：指定表单标题栏是否有最小化按钮，默认情况下为 .T. ，即有最小化按钮。

12) Name 属性：指定表单的名称，该名称是程序代码引用的名称，类型为字符型，如果指定当前表单的 Name 属性值为“myfrm”，则执行命令 intWidth = myfrm. Width 后，变量 intWidth 的值为当前表单的宽度。

13) ShowWindow 属性：指定表单是顶层表单或子表单，默认值是 0，表示当前表单是 Visual FoxPro 的子表单；为 1 时，表示当前表单是 Visaul FoxPro 主窗口或其他父表单的子表单；为 2 时，表示当前表单是顶层表单。

14) TitleBar 属性：指定当前表单的标题栏是否显示，默认值为 1，表示显示标题栏，若设置值为 0，表示关闭当前表单的标题栏。

15) Visible 属性：设置当前表单是否可见，默认值为 .T. ，即表单是可见的；否则，表单在运行时是不可见。

16) WindowState 属性：指定表单在运行时的显示状态，默认值为 0，表示表单在运行时

按表单的实际大小显示；为 1 时，表单运行时最小化；为 2 时，表单运行时最大化。

(2) 设置属性值：通过设置表单的属性值，能设计出不同个性的表单，可以通过两种方法来设置属性值。

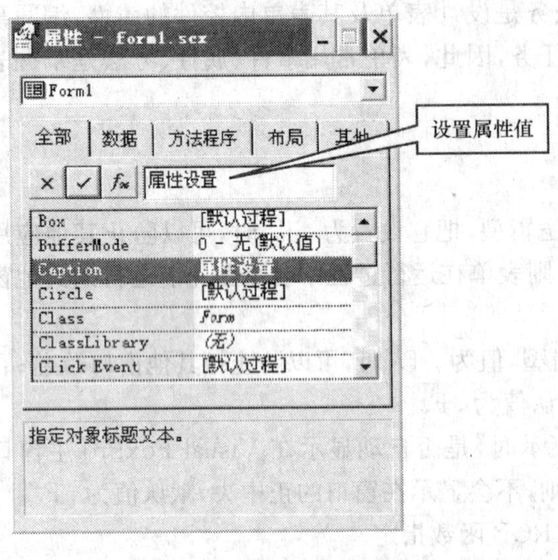

图 8-13　静态设置属性

1) 静态设置表单属性值：打开"属性"对话框，找到要设置的属性，然后输入要设置的属性值，如图 8-13 所示。

2) 动态地设置表单属性值：格式：Store ＜表达式＞ To [表单名 .]＜属性名＞，或[表单名 .]＜属性名＞=＜表达式＞

功能：把指定表达式的值赋值给指定的属性，这种方法也称为运行时设置属性值。例如，在 Form1 的 Activate 事件中输入命令：This. Caption='属性设置'，如图 8-14 所示。

需要注意的是在 Visual FoxPro 中，有些属性值在程序运行过程中是只读属性，不能用赋值语句动态地设置。

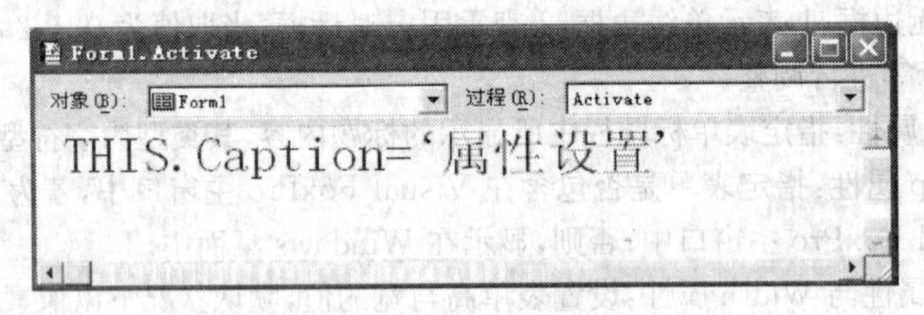

图 8-14　动态设置属性

(3) 获取属性值：由于应用程序开发的需要，有时需要得到表单的属性值。可以通过赋值语句获得表单的属性值，也可以用表单的属性值直接参加运算。用内存变量获取表单属性值的方法是：

格式：Store [表单名 .]＜属性名＞ to ＜变量＞，或＜变量＞=[表单名 .]＜属性名＞

功能：把指定属性名的属性值赋值给指定的变量。如 a=THISFORM. Width 表示把当前表单的宽度赋值给变量 a。对于其他控件的属性设置与获取的方法与表单类似。

2. 常用表单方法　表单方法是由 Visual FoxPro 系统定义的内部函数，是为了操作表单对象的程序。

(1) RELEASE 方法：将对象从内存中释放。若释放一个表单，也就是将此表单关闭。

(2) REFRESH 方法：刷新表单对象的信息。当一个表单被刷新时，该表单中所有控件的内容将同时被刷新。

(3) SHOW 方法：显示表单，相当于把表单的 Visible 属性设置为 . T. ，并使该表单成为活动对象。

(4) HIDE 方法：隐藏表单，相当于把表单的 Visible 属性设置为 . F. ，因而表单是不可见。

(5) SETFOCUS 方法：让表单内的对象获得焦点，使其成为活动对象。如果一个对象的 Enabled 属性或者 Visible 属性为 .F. ，则不能获得焦点。

3. 常用表单事件　事件是指由 Visual FoxPro 预先定义好的，能被表单所识别的动作。

(1) INIT 事件：在表单对象创建时引发。在表单对象的 INIT 事件引发之前，首先引发它所包含的各控件对象的 INIT 事件，所以在表单对象的 INIT 事件代码中能够访问它所包含的所有控件对象。

(2) ACTIVATE 事件：在表单集、表单或页面对象激活时引发，即当表单集、表单或页面成为活动对象时引发。

(3) DESTROY 事件。在表单对象释放时引发。表单对象的 DESTROY 事件在它所包含的各个控件对象的 DESTROY 事件之前引发，所以在表单对象的 DESTROY 事件代码中能够访问它所包含的所有控件对象。

(4) LOAD 事件：在表单对象建立之前引发。在运行表单时，先引发表单的 LOAD 事件，再引发表单的 INIT 事件，最后才引发表单的 ACTIVATE 事件。

(5) UNLOAD 事件：在表单对象释放时引发，是表单释放时最后一个要引发的事件。例如在关闭含有一个命令按钮的表单时，先引发该表单的 DESTROY 事件，然后引发命令按钮的 DESTROY 事件，最后引发表单的 UNLOAD 事件。

(6) ERROR 事件：当对象的方法或事件代码在运行中产生错误时引发。该事件发生后，事件代码将根据系统提供的错误类型和错误发生的位置等信息，对出现的错误进行相应的处理。

(7) GOTFOCUS 事件：当对象获得焦点时引发，表单通常会包含许多对象，但某一时刻仅允许对一个已被选定的对象进行操作。一个对象被选定时，该对象就获得了焦点。例如，文本框获得焦点的标志是其内闪烁的光标，命令按钮获得焦点的标志是其内的虚线框。焦点可以通过单击对象或按“Tab”键切换对象获得，也可以通过执行对象的 SETFOCUS 方法获得。

(8) CLICK 事件：用鼠标单击表单的空白处，将引发表单的 Click 事件。此外，单击表单内的某个控件时，也会引发该控件的 Click 事件。

8.1.5　表单对象引用

表单是一类重要的容器型控件，可以向其内部添加许多其他类型的控件，如命令按钮、文本框等，在表单程序设计过程中，有时需要引用某控件对象的属性或调用某控件对象的方法，甚至事件过程。其引用格式如下：

格式：＜对象引用＞.＜属性＞

格式：＜对象引用＞.＜方法＞

功能：引用指定对象的属性或方法。

在引用某个具体对象的属性或方法时，按引用方式可以分为绝对引用或相对引用。

1. 绝对引用　在引用表单、表单内控件的属性与方法时，可以像 Windows 操作系统指定文件那样，从最外层的表单或表单集开始逐层引用到某个子对象的方法，称之为绝对引用。例如，在 Form1 表单中有一个文本框 Text1，命令：Form1. Text1. value＝‘绝对引用’，所采用的就是绝对引用。

2. 相对引用 在引用表单内某个对象时，可以由特定的参照对象出发逐层地引用到某对象的方法或属性，称为相对引用。在相对引用某对象的属性或方法时，可以用下面四种特定的参照关键字来引用某对象。

(1) Parent：本对象的父对象

(2) This：本对象

(3) Thisform：包含本对象的表单

(4) ThisFormSet：包含本对象的表单集

例如：在表单 Form1 内有一个标签控件 Label1，一个命令按钮 Command1，假设所设计表单程序在鼠标单击 Command1 时，把 Label1 的标题设置为“相对引用”，可在命令按钮 Command1 的 Click 事件中编写如下代码：

```
This. Parent. Label1. Caption ＝ '相对引用'
Thisform. refresh
```

上面两条语句都是相对引用，其中 This 就是命令按钮 Command1，而 This. Parent 指的是 Form1，Thisform 指的是 Form1，因此，这里的 This. Parent 与 Thisform、Form1 都是同一个对象。

第 2 节 表单程序设计

使用“表单设计器”设计表单是面向对象程序设计最常用的方法，因此，用“表单设计器”设计表单之前，必须熟悉“表单设计器”的工作环境，其中包括表单工具的使用，数据环境的设置等，如何使用这些工具定制自己的表单，如何编制事件代码等。

8.2.1 表单工具

当新建或修改表单时，“表单设计器”窗口都会在 Visual FoxPro 主窗口中出现，同时“表单设计器”工具栏一般也会出在主窗口中。通过单击“表单设计器”工具栏可以显示其他表单设计工具，如“表单控件”工具栏、“布局”工具栏、“属性”窗口等。

1. “表单设计器”工具栏 “表单设计器”工具栏是表单设计的工具箱，工具栏上每一个按钮代表一种设计工具，如图 8-15 所示。

图 8-15 “表单设计器”工具栏

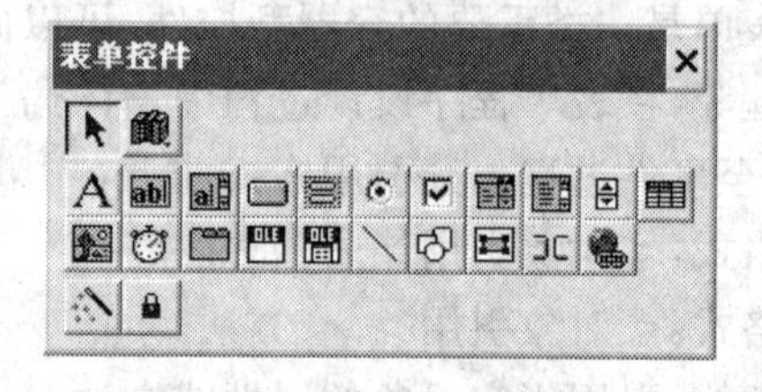

图 8-16 “表单控件”工具栏

当单击某个按钮，使其处于按下状态，这时该按钮所对应的工具栏或窗口就可以在 Visual FoxPro 主窗口中显示，而当按下“设置 Tab 键次序”后，表单内控件的 Tab 键次序就会显示出来。表 8-1 是“表单设计器” 工具栏中的各个按钮的意义。

表8-1　"表单设计器"工具栏

按钮	意义	按钮	意义	按钮	意义
	设置 Tab 键次序		代码窗口		布局工具栏
	数据环境		表单控件工具栏		表单生成器
	属性窗口		调色板工具栏		自动格式

提示：当"表单设计器"工具栏被隐藏时，可以通过单击"显示"菜单中的"工具栏"命令，在弹出的"工具栏"对话框中选定"表单设计器"，然后单击"确定"按钮即可；也可以右键单击工具栏的空白处，在弹出的快捷菜单单击"表单设计器"命令。

2. "表单控件"工具栏

(1) 工具栏内的控件：如图8-16所示，"表单控件"工具栏是用于设计表单各个控件的工具箱，主要集成了 Visual FoxPro 的常用控件，每个控件或辅助按钮的意义如表8-2所示。

表8-2　"表单控件"工具栏

按钮	意义	按钮	意义	按钮	意义
	选定对象		组合框		线条
	查看类		列表框		形状
	标签		微调按钮		容器
	文本框		表格		分隔符
	编辑框		图像		超级链接
	命令按钮		计时器		生成器锁定
	命令按钮组		页框		按钮锁定
	选项按钮组		ActiveX 控件		
	复选框		ActiveX 绑定控件		

(2) 辅助按钮：在工具栏中还有四个辅助按钮，即选定对象按钮，查看类按钮，生成器锁定按钮与按钮锁定按钮。

1) 选定对象按钮：当该按钮处于按下状态时，表示不能在表单内创建控件，只能对表单内已创建的控件进行编辑；当此按钮未被按下时，必有其他常用控件按钮已被按下，这时可以在表单内创建控件。

2) 查看类按钮：用于显示其他类库中的控件，如用户自定义的控件。

3) 生成器锁定按钮：当该按钮处于按下状态时，表示每次在表单内创建控件时，系统都会自动地打开与此控件相关的生成器，如创建文本框时，系统会自动地弹出"文本框生成器"对话框。

4) 按钮锁定按钮：当该按钮处于按下状态时，单击"表单控件"工具栏中的某个常用控件按钮后，这时可以在表单内连续地创建多个控件。

(3) 向表单添加控件：用"表单控件"工具栏可以向表单添加控件，其操作如下：

1) 打开"表单设计器"，如果"表单控件"工具栏被隐藏，则单击"表单设计器"工具栏中的表单控件工具栏按钮；或者右键单击工具栏的空白处，在弹出的快捷菜单单击"表单控件"命令。

2）在“表单控件”工具栏中单击要添加的控件，如添加标签，则单击标签按钮A。

3）鼠标移到在表单内，在要放置控件的位置单击鼠标，或拖动鼠标指针建立一个矩形框。

3. “布局”工具栏 “布局”工具栏主要是用于设计表单内各个控件的位置、大小以及对齐方式的工具箱，如图 8-17 所示。在该工具栏内有 13 个命令按钮，其具体意义如表 8-3 所示。应用“布局”工具栏可以方便地调整表单内控件的相对位置、大小等。

表 8-3 “布局”工具栏

按钮	意义	按钮	意义	按钮	意义
	左边对齐		水平居中对齐		水平居中
	右边对齐		相同宽度		垂直居中
	顶边对齐		相同高度		置前
	底边对齐		相同大小		置后
	垂直居中对齐				

4. 设置 Tab 键次序 表单在运行时，用户按“Tab”键后，表单上的控件会以即定的顺序获得焦点，而这种规定的顺序是表单设计时设置的，设置这种 Tab 键次序的最简单方法是应用“设置 Tab 键次序”工具进行设计。

应用“设置 Tab 键次序”工具设计表单控件的 Tab 键次序可以分两种方式：“交互”与“按列表”，在默认的状态下，Visual FoxPro 是按“交互”方式设置表单控件的 Tab 键次序，若想改为“按列表”方式设计 Tab 键次序，可以按下面的步骤进行设置：

(1) 从“工具”菜单中选择“选项”命令。

(2) 在弹出的“选项”对话框中选择“表单”页面。

(3) 在 Tab 键次序列表中，选择“按列表”。

5. 属性窗口 在表单设计阶段，可以通过“属性窗口”直接设置表单控件的属性值，如控件的大小、位置、颜色等。打开“属性窗口”的常用方法有：

(1) 单击“表单设计器”工具栏上的属性窗口按钮。

(2) 执行“显示”菜单中“属性”命令。

(3) 鼠标右键单击表单，在快捷菜单中执行“属性”命令。

属性窗口如图 8-18 所示，从窗口的上部至下部依次为对象下拉列表框、属性分类选项卡、属性值设置框、属性列表框、属性说明框。

(4) 对象下拉列表框中列出了当前表单的所有对象，单击对象下拉列表框右侧的下拉按钮，即可以选择想要设置的控件对象。

(5) 属性分类选项卡是按照属性的用途进行分类显示，从而可以快速地找到用户想要操作属性，如果选择“全部”页面，则在属性列表框中会显示所选控件对象的全部属性。

(6) 属性列表框显示所选对象的属性及其属性值，该列表框有两列，左列是属性名称，右列是对应于该属性的属性值。单击属性列表框中的某个属性后，就可以在属性值设置框中设置该属性值，如图 8-18 所示，单击 Caption 属性，再在属性值设置框输入“属性设置”，则 Form1 对象的标题(Caption)为“属性设置”。

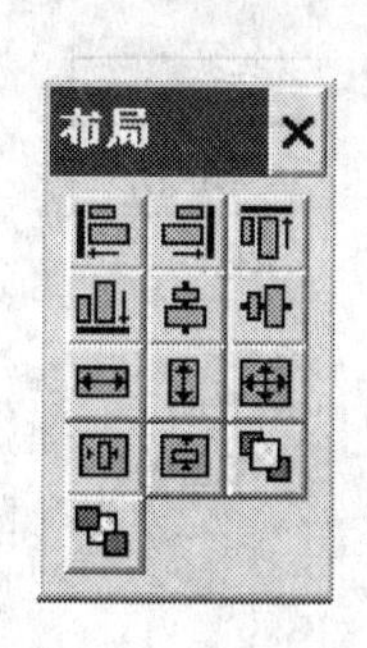

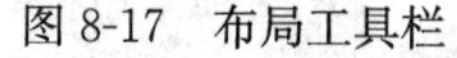
图 8-17　布局工具栏

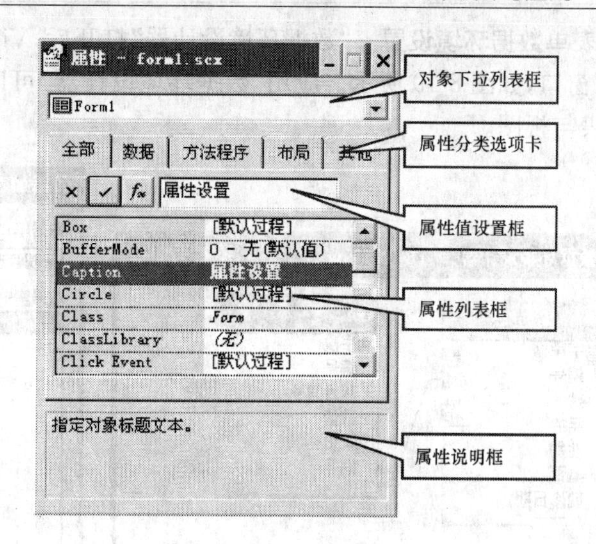

图 8-18　属性窗口

(7) 属性值设置框是用于设置所选属性的属性值，设置完成后，按确认按钮 ✓ 或按“Enter”键确认，按撤销按钮 × 或按“ESC”键可以撤销当前输入。若想输入表达式，应先输入等号“=”，再输入表达式；或者单击插入函数按钮 f_x，再弹出的“表达式生成器”对话框中输入表达式。

(8)属性说明框给出了当前所选属性的说明信息，如类型、默认值、每个值的意义等。

6. 代码窗口　“代码窗口”是用于编写表单对象或表单内控件对象的事件过程的程序编辑器，打开“代码窗口”的常用方法有：

(1) 单击“表单设计器”工具栏上的代码窗口按钮。

(2) 执行“显示”菜单中“代码”命令。

(3) 鼠标右键单击要编写代码的对象，在快捷菜单中选择“代码”命令。

(4) 鼠标双击表单或控件。

(5) 在“属性窗口”中，双击要编写代码的事件。

编辑代码时，首先要选定编辑对象，然后选定要编辑事件，最后在“代码窗口”输入相应的程序代码。用鼠标双击打开代码窗口时，代码窗口所指向的对象就是鼠标双击的对象。

8.2.2　数据环境

在数据库应用程序中，表单往往与数据表相关联，用表单作为操作界面，对数据表进行操作。在 Visual FoxPro 中，最简单的做法是用与表单相关联的表或视图作为表单的数据环境，把数据表相关字段与表单中的控件进行绑定，达到应用表单维护数据表的目的。数据环境就是与表单进行关联的表或视图，当把数据表或视图添加到表单的数据环境后，在 Visual FoxPro 中可以通过控件的 ControlSource 等属性实现字段与控件的数据绑定。

1. 显示“数据环境设计器”　在“表单设计器”打开的条件下，打开“数据环境设计器”的方法有：

(1) 执行“显示”菜单中“数据环境”命令。

(2) 在表单中，单击鼠标右键，在快捷菜单中执行“数据环境”命令。

(3) 单击“表单设计器”工具栏上的数据环境按钮。

2. 表单数据环境设置 “数据环境设计器”打开后，Visual FoxPro 主窗口中会显示“数据环境”窗口，如图 8-19 所示。应用“数据环境设计器”可以向表单的数据环境中添加或删除数据表与视图。

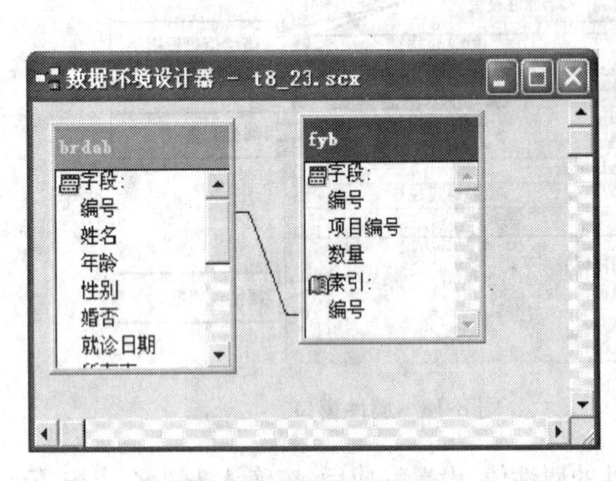

图 8-19 数据环境设计器

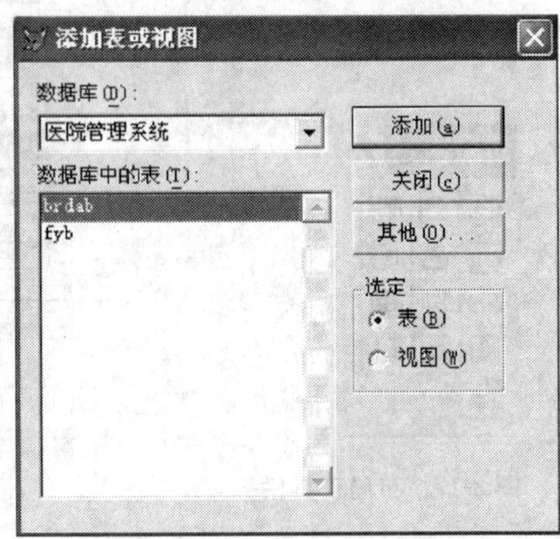

图 8-20 添加表与视图对话框

(1) 向数据环境中添加表或视图：用以下步骤可以向数据环境添加表或视图：

1) 在“数据环境设计器”空白处单击鼠标右键，执行快捷菜单中的“添加”命令；或者执行“数据环境”菜单中的“添加”命令。

2) 在“添加表或视图”对话框中，如图 8-20 所示，选择“表”或“视图”选项。

3) 在“添加表或视图”对话框的列表中选择所需的表或视图，或者单击“其他”按钮，在“打开”对话框中选择其他数据库中表、视图或自由表。

4) 单击“确定”按钮。

(2) 移去数据环境中的表或者视图：用下面的两者之一都可以从“数据环境设计器”移去数据表或视图：

1) 从“数据环境设计器”中选定要删除的表或视图，单击鼠标右键，选择快捷菜单中的“移去”命令。

2) 从“数据环境设计器”中选定要删除的表或视图，执行“数据环境”菜单中的“移去”命令。

(3) 在数据环境中设置表间的关系：如果所添加的表或视图是数据库中的表或视图，并且已经建立了永久性关系，那么与之对应的关系也将自动地添加到数据环境中来。若所添加表是自由表，或者它们之间没有建立永久性关系，这时可以在“数据环境设计器”中建立永久性关系，操作如下：

1) 选择父表中要通过它建立关系的字段，如图 8-19 所示，选定 brdab 中的“编号”字段。

2) 用鼠标拖动该字段到子表中与之对应的字段上，如把 brdab 的“编号”拖到 fyb 的“编号”字段上。

删除数据环境中两表间的关系的操作方法是：单击永久性关系的连线，再按“Delete”键。

3. 数据绑定 数据绑定是指将表单中的某个控件与对应的数据源联系起来，当该控件的值发生变化时，对应的数据源的数据将随之变化；反之，当对应数据源的数据发生变化时，该控件的值也将随之变化，从而实现数据源与表单控件同步。一般可由控件对象的ControlSource属性指定与之绑定的数据源，而数据源有两种：字段和内存变量，前者来自数据环境中的表或视图，后者来自已经创建的数组变量等。

在设计表单时，多数控件都可以与特定的数据进行数据绑定，数据绑定的关键步骤是设置控件相关属性值，表8-4列出了与数据绑定相关的属性。

表8-4　与数据绑定有关的属性

属性	说明	属性	说明
ControlSource	指定与控件对象绑定的数据源	RowSource	指定与组合框或列表框绑定的数据源
RecordSource	指定与表格控件绑定的数据源	RowSourceType	指定与组合框或列表框绑定的数据源类型
RecordSourceType	指定与表格控件绑定的数据源类型		

在大多数情况下，控件与数据源绑定后，控件的值便与其对应的数据源一致。例如，表单中的某个文本框与数据表中的某个字段绑定后，此时文本框的值将由该字段的值决定，而该字段的值也将随文本框的值改变而改变，从而实现表单控件与数据表字段互传数据的目的。但是某些控件（如列表框）与数据源字段绑定后，只能将控件的值传递给字段。

4. 由数据环境向表单添加字段　Visual FoxPro允许用户从“数据环境设计器”窗口直接将字段、表或视图拖入到正在设计的表单中，此时系统会自动产生与之相应的控件，同时自动地实现与拖入对象的数据绑定。在默认的情况下，拖入的数据类型与产生的控件类型有如表8-5所示的对应关系。

表8-5　拖入字段类型与自动产生的控件的对应关系

拖入字段类型或表/视图	自动产生的字段	拖入字段类型或表/视图	自动产生的字段
字符型或数值型	文本框	通用型	ActiveX绑定控件
逻辑型	复选框	表/视图	表格
备注型	编辑框		

需要注意的是表8-5所示的对应关系是系统默认的对应关系，可以通过“选项”对话框进行“字段映像”设置。

8.2.3　表单编辑

在8.1.3中，介绍了用“表单设计器”设计表单的一般步骤，“表单设计器”打开之后，一般都需要向表单添加控件，并设置表单及其控件的外观，如控件的位置、大小、颜色，甚至Tab键次序等，即表单布局。

1. 给表单添加控件　向表单添加控件有下面几种方法。

(1) 从“表单控件工具栏”向表单添加控件。

(2) 利用数据环境向表单添加控件。

(3) 使用表单生成器创建快速表单，系统自动地创建所选字段所对应的控件。

(4) 用鼠标拖动“项目管理器”或“数据库设计器”中的表/视图及其字段到表单中，系统将自动产生与之对应的控件。

2. 修改表单 添加控件后的表单，或者使用向导或生成器生成的表单不完全符合要求，需要对表单进行修改。除用编程方法创建的表单外，表单的修改与编辑都在“表单设计器”中进行。

(1) 选择控件

1) 选定表单上的单个控件：单击表单内要选择的控件，或者在“属性窗口”中选定要选择的控件对象。

2) 选定多个控件：用下面的方法之一可以选定多个控件：

• 在“表单控件工具栏”中单击选定对象按钮，然后在表单中选定第一个控件，按住“Shift”键后，再用鼠标单击余下要选择的控件。

• 在“表单控件工具栏”中单击选定对象按钮，用鼠标在表单中画一个矩形框，使要选定的控件落在矩形框中，即可选定相邻区域中的多个控件。

• 激活“表单设计器”，然后按“Ctrl＋A”键，可以选定表单中的全部控件。

(2) 调整控件的位置：用下面方法之一都可以调整控件的位置：

1) 用鼠标拖动被选定的控件到新的位置。

2) 当控件被选定后，按键盘上的方向键可以移动控件，“→”表示向右移，“←”表示向左移，“↑”表示向上移，“↓”表示向下移。

3) 选定控件后，可以通过设置该控件的 Top 属性与 Left 属性来调整控件位置。

4) 选定多个控件后，使用“布局工具栏”中的对齐按钮，可以调整多个控件的相对位置。

(3) 设置控件大小：除个别控件外(如计时器)，大部分控件是可见的，是可以调整大小的。调整控件大小的方法有：

1) 选定某个控件，这时被选定的对象周围有 8 个小黑点，用鼠标拖动小黑点即可调整控件的大小。

2) 选定一个或多个控件，设置 Width 属性与 Length 属性可以改变控件的大小。

3) 选定一个或多个控件，然后按住“Shift”键，再按方向键即可调整控件的大小，其中“→”表示宽度变大，“←”表示宽度变小，“↑”表示高度变小，“↓”表示高度变大。

4) 选定多个控件后，再使用“布局工具栏”中的相应按钮，设置多个控件的相对大小。

(4) 复制和删除表单控件

1) 设计表单时，有时需要复制一个已在表单上的控件。复制控件的操作步骤如下：

• 选取被复制的控件。

• 执行“编辑”菜单中的“复制”命令，或执行快捷菜单中的“复制”命令，或按“Ctrl＋C”键。

• 执行“编辑”菜单中的“粘贴”命令，或执行快捷菜单中的“粘贴”命令，或按“Ctrl＋V”键。

2) 在表单设计过程中，有时需要删除已创建的控件。删除控件的方法有：

• 选定要删除的控件，再执行“编辑”菜单上的“剪切”命令。

• 选定要删除的控件，再按“Delete”键。

• 选定要删除的控件，再按“Ctrl＋X”键。

• 右键单击要删除的控件，再执行快捷菜单中的“剪切”命令。

3. 设置控件的 Tab 键次序 表单运行时，用户可以按下 Tab 键使焦点在不同控件上移动，而移动顺序是由表单的 Tab 键次序决定，Visual FoxPro 可以用两种方法设置 Tab 键次序：

(1) 用“设置 Tab 键次序”工具设置。

(2) 设置表单中各个控件的 TabIndex 属性。

设置好 Tab 键次序后，在表单程序运行时，可以通过 SetFocus 方法改变控件获得焦点的次序,例如在表单 Form1 的 Activate 事件中输入代码:Thisform. Text2. SetFocus,尽管 Text2 文本框的 TabIndex 值是 2,Text1 文本框的 TabIndex 值是 1,但表单运行时,首先获得焦点是 Text2 文本框,不是 Text1 文本框。

8.2.4 表单代码

表单程序往往是可以完成一定功能可视化程序,也就是说,表单设计的另一个重要工作是根据需要设计响应表单及其控件的事件代码。编写事件代码有三个关键的问题,即如何编写事件代码、编写哪些事件的代码、事件代码怎样去设计,第一个问题确切地说是在什么地方用什么工具来编写事件代码,而后两个问题往往与实际问题有关,也是表单程序设计的核心,必须以第 7 章的知识作为基础。

1. 编辑事件代码 事件过程的程序代码一般是在"代码窗口"中编写,首先要求打开"代码窗口"。编写事件代码时,除 Init、Valid 和 When 事件中的 RETURN 语句外,在其他事件代码中都可以忽略最后的 RETURN 语句。控件的事件过程(即事件代码)可以在应用程序的任意位置调用,但是,事件代码必须在事件触发时已经启动执行,如果强行调用事件代码来运行,则不会导致事件的发生。例如在 Command2 的 Click 事件中,可以调用 Command1 的 click 事件,即在 Command2 的 Click 事件代码中输入命令:Thisform. Command1. Click,此时 Command1 的 Click 事件并未发生,只是调用了 Command1 的 Click 代码。

2. 表单管理 在表单程序中,除了对业务数据(如病人档案)、系统设备(如打印机)进行管理外,还要对表单、表单内的控件进行管理,如隐藏表单、释放表单、传递参数、返回值以及命令按钮的显示 / 隐藏、菜单的显示 / 隐藏等。

(1) 隐藏表单:定义并激活表单后,可以调用 Hide 方法来隐藏表单,使其在屏幕上不可见。例如:Thisform. Hide,该命令可隐藏当前表单。在表单隐藏后,不能交互访问表单中的控件,但在程序中仍可以访问。隐藏起来的表单可以使用 Show 方法重显,例如:Thisform. Show。

(2) 传递参数:在运行表单时,经常要给表单中的属性设置属性值,或者指定默认值,这时可能需要向表单传递参数。要进行表单参数传递,首先要在表单的 Init 事件代码中定义形式参数,即在 Init 事件中第一条可执行语句应该是 PARAMETERS 语句,假设当前的表单文件名为 frmFind. scx,在 Init 事件中包含如下代码:

```
PARAMETERS cString,nNumber
```

在执行该表单程序时,应该使用 With 子句传递实际参数值,例如执行 frmFind. scx 时,可用下面的命令进行参数传递:

```
DO FORM frmFind WITH"李刚",34
```

表单执行过程中,其中 cString 的值为"李刚",而 nNumber 的值为 34。

(3) 从表单返回值:表单执行时,父表单可以获取调用子表单的返回值,获取返回值的方法如下:

1) 将子表单的 WindowType 属性设置为 1。

2) 在子表单的 UnLoad 事件代码中包含 RETURN 语句来返回一个值。

执行子表单时,在 DO FORM 命令中包含 TO 子句,以便将子表单的返回值存到 TO 子句指定的变量中。

【例 8-4】 设计两个表单 frmFind. scx、frmMain. scx,实现两个表单之间的参数传递。

1) 创建子表单 frmFind. scx,设置 Form1 的 Caption 为"子表单",设置 WindowType 的值为 1。

2) 在子表单 frmFind 中,编写 Form1 的 Init 事件代码。

```
PARAMETERS cString, nNumber
MESSAGEBOX("传入的第一个参数是:"+cString+",第二个参数是:"+LTRIM
(STR(nNumber)), 64,"子表单")
```

3) 在子表单 frmFind 中,编写 Form1 的 Unload 事件代码,即输入代码:RETURN"您已经找到该病人的档案!"。

4) 创建父表单 frmMain. scx,设置 Caption 为"父表单";并添加一个命令按钮,命名为(即设置 Name 属性)cmdFound,设置命令按钮的 Caption 为"找到",并设置字体大小等。

5) 在 cmdFound 的 Click 事件输入下面两条命令代码:

```
DO FORM frmFind WITH "李刚",34 To sRetSting
MESSAGEBOX("父表单得到的返回值是产:"+sRetString, 64,"父表单")
```

6) 执行表单 frmMain. scx,单击 frmMain 上的命令按钮后,观察结果并说明为什么?然后单击子表单标题栏上的关闭按钮,观察结果并说明为什么?

(4) 关闭活动表单:活动表单的关闭通常是通过单击表单右上角的关闭按钮来实现,为此必须在"属性窗口"中设置表单的 Closable 属性值为真(.T.)。也可以在某事件代码中执行 RELEASE 命令或表单的 Release 方法,例如,关闭 MyForm 表单可以使用如下命令:

RELEASE MyForm 或 Myform. RELEASE

3. 控件管理 类似于表单管理,对于表单内的控件,有时因为某种原因需要使某个控件不可见或者不可用,有时需要显示该控件或者使该控件变为可用状态。可以通过改变该控件的 Visible 与 Enabled 的属性值进行控制。另外,可以通过改变控件的 Caption 属性指示该控件的当前状态。

【例 8-5】 设计表单用于显示与隐藏标签。

(1) 新建表单,添加一个标签(Label1)、两个命令按钮(Command1、Command2),并按表 8-6 设置表单、表单内控件的属性,如图 8-21 所示。

表 8-6 表单与控件的属性值

对象	属性	属性值
Form1	Caption	控件管理
	Height	200
	Width	300
Label1	Caption	欢迎使用 Visual FoxPro
	Width	250
	Height	40
	FontName	黑体
	FontSize	16
	Alignment	2
	Left	25
	Top	40

续表

对象	属性	属性值
Command1	Caption	显示标签
	FontSize	14
	Left	25
	Top	128
	Height	37
Command2	Caption	退出
	FontSize	14
	Left	170
	Top	128
	Height	37

(2) 编写 Form1 的 Init 代码

```
THISFORM. label1. VISIBLE=. F.
```

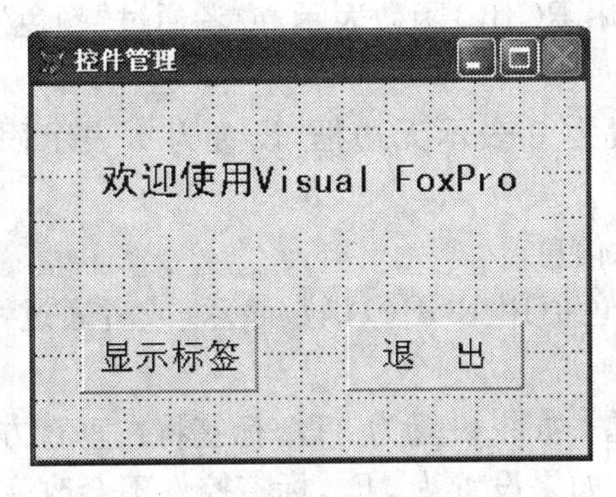

图 8-21　控件管理表单设计

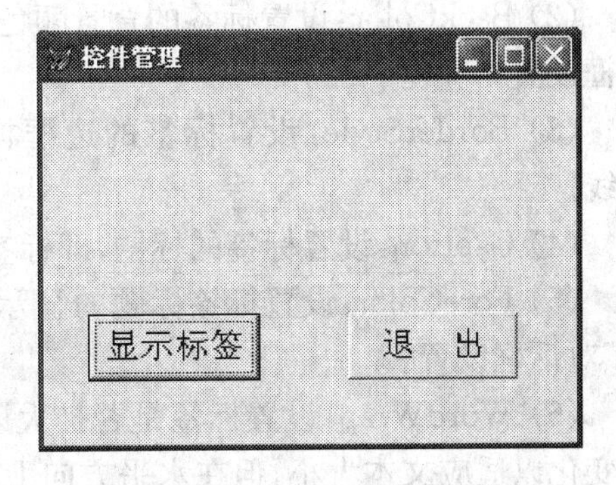

图 8-22　控件管理表单运行结果

(3) 编写 Command2 的 Click 代码

```
THISFORM. RELEASE
```

(4) 编写 Command1 的 Click 代码

```
IF THIS. CAPTION='显示标签'
    THISFORM. label1. VISIBLE=. T.
    THIS. CAPTION='隐藏标签'
ELSE
    THISFORM. label1. VISIBLE=. F.
    THIS. CAPTION='显示标签'
ENDIF
```

(5) 保存并运行表单,结果如图 8-22 所示,通过单击第一个命令按钮,可以交替地改变标签的显示与隐藏,同时可以看到它的 Caption 属性交互式地改变。

第 3 节　常用表单控件

控件是 Visual FoxPro 中用于设计用户界面的基本元素,是表单的主要构成部分,也是最直观、最能体现友好用户界面的 Visual FoxPro 构件，它们用于显示和操作数据。

8.3.1 标签与命令按钮

1. 标签 标签(Label)的一般功能是显示各种文本类型的提示信息，可以用作标题、栏目名，或者用于对输入或输出区域的标识。标签本身没有数据处理的功能，只用于显示，所以无法用鼠标来获得焦点，也不能用 Tab 键选择它。标签没有数据源，不能直接编辑标签，只需把显示的字符串直接赋给标签的标题即可，因此，在程序运行过程中，不能手工修改标签数据，只能在运行过程中动态地设置数据，或读取标签数据。标签主要用于显示一些提示信息，所以一般不使用标签的方法和事件。

标签的常用属性有：

(1) AutoSize：设置标签控件是否可以自动地调整大小以显示所有的内容。如果设置为 .T.，则标签的大小随文本内容的改变而变化；如果设置属性值为 .F.，则标签的大小不随文本内容的改变而变化。若希望在程序运行时改变标签大小，则应将该属性设置为 .T. 。

(2) BackColor：设置标签的背景颜色。颜色值用 RGB() 函数表示，或者通过“颜色”对话框设置。

(3) BorderStyle：设置标签的边框样式。设置为 0 表示无边框，设置为 1 表示固定单线。

(4) Caption：设置标签的标题，即标签上的显示信息。

(5) ForeColor：设置标签标题的显示颜色。颜色值用 RGB() 函数表示，或者通过“颜色”对话框设置。

(6) WordWrap：设置标签是否扩大以显示标题。如果设置为 .T.，标签将在垂直方向上变化以适应文本大小，但在水平方向上不起作用；如果设置为 .F.，标签控件不会改变垂直方向上的大小，但在水平方向上的大小可以取决于 AutoSize 的设置。

(7) FontName、FontSize 等：控制标签标题的字体、字体大小等。

(8) Left、Top、Height、Width：设置标签的位置与大小。

2. 命令按钮 在人机交互界面上，用户经常需要通过命令按钮来触发一些事件，以便完成一定的任务。Visual FoxPro 提供的命令按钮(CommandButton)通常用来启动一个事件，如关闭一个表单、添加一条记录或打印报表等操作，以便由用户控制启动时机。一般通过鼠标或键盘操作来触发命令按钮的事件。

命令按钮可以设计成多种类型，通常有“文字型命令按钮”和“图形命令按钮”。它们都是通过属性设置来实现的。常用的是文字型命令按钮，命令按钮上的文字就是 Caption 属性，可以使用 FontSize、FontStyle 等属性设置文字的大小、字体等；对于图形命令按钮，由 Picture 属性指定一个图像文件(BMP、GIF 和 JPEG 等格式)，使该图形直接在命令按钮上显示。

有时候，为了表述清楚命令按钮的功能，需要较长的文字，这样会使 Caption 属性值过长，使得命令按钮不太美观，这时可考虑在命令按钮上折行显示文本，将命令按钮的 WordWrap 属性设置为 .T.，即可实现折行显示。

由于命令按钮的 Caption 属性所显示的文字或图像能够表达的信息不是很充分，为此可设置命令按钮的文本提示属性 ToolTipText，该属性设置文字提示内容后，表单运行时，只需鼠标在该命令按钮上停留一会儿，即可出现 ToolTipText 属性所设置的文字提示，这样用户很容易明白该命令按钮的功能。

通过单击可以选择命令按钮。若命令按钮的 Default 属性设置为 .T.，则可按“Enter”键选择该命令按钮；若命令按钮的 Cancel 属性设置为 .T.，则可按“Esc”键选择该命令按钮。

对于命令按钮，有时想用热键方式来控制其触发事件，此时可在命令按钮的 Caption 属性中写入“\<”字符，其后跟热键名来指定一个热键，例如想用字母“C”作为一个“关闭”命令按钮的热键，则可将其 Caption 属性设置为“\<Close”，表单运行时，只要按下“Alt+C”键，就相当于用鼠标单击此命令按钮。

命令按钮的常用属性、事件：

(1) Caption：设置命令按钮的标题。

(2) Enabled：指定命令按钮是否响应用户引发的事件。

(3) Picture：指定命令按钮所显示的图像文件。

(4) ToolTipText：设置命令按钮的文本提示信息。

(5) Click：鼠标单击命令按钮时触发该事件。

(6) KeyPress：按下并释放键盘上的某个键时触发该事件。

(7) MiddleClick：按下鼠标中键时触发该事件。

(8) MouseDown：按下一个鼠标键时触发该事件。

(9) MouseMove：在命令按钮上移动鼠标时触发该事件。

(10) MouseUp：释放一个鼠标键时触发该事件。

(11) RightClick：用鼠标的右键单击命令按钮时触发该事件。

【例 8-6】 设计一个表单，用命令按钮实现标签字体颜色的改变。

(1) 创建表单，添加一个标签(Label1)、三个命令按钮。设置 Label1 的 FontSize 属性为 18、Alignment 属性为 2。设置三个命令按钮的 Name 属性分别为 cmdRed、cmdGreen、cmdBlue，Caption 属性分别为\<Red、\<Green、\<Blue，FontSize 属性为 16。调整表单的大小，调整标签与命令按钮的位置与大小，如图 8-23 所示。

(2) 编写事件代码。

1) Form1 的 Init 事件：

```
THISFORM.Label1.CAPTION ="枫桥夜泊"+CHR(13)+;&&CHR(13)为回车符
"张继"+CHR(13)+"月落乌啼霜满天"+CHR(13)+;
"江枫渔火对愁眠"+CHR(13)+"姑苏城外寒山寺"+CHR(13)+"夜半钟声到客船"
```

2) cmdRed 的 Click 事件：

```
THISFORM.label1.FORECOLOR=RGB(255,0,0)
```

3) cmdGreen 的 Click 事件：

```
THISFORM.label1.FORECOLOR=RGB(0,255,0)
```

4) cmdBlue 的 Click 事件：

```
THISFORM.label1.FORECOLOR=RGB(0,0,255)
```

(3) 保存并运行表单，如图 8-24 所示。

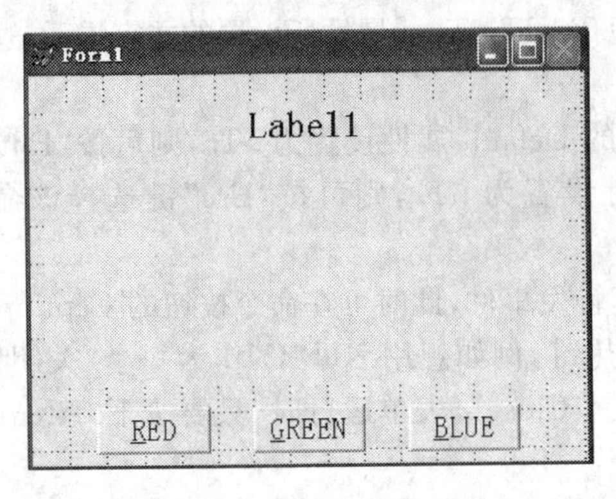

图 8-23 命令按钮设置字体

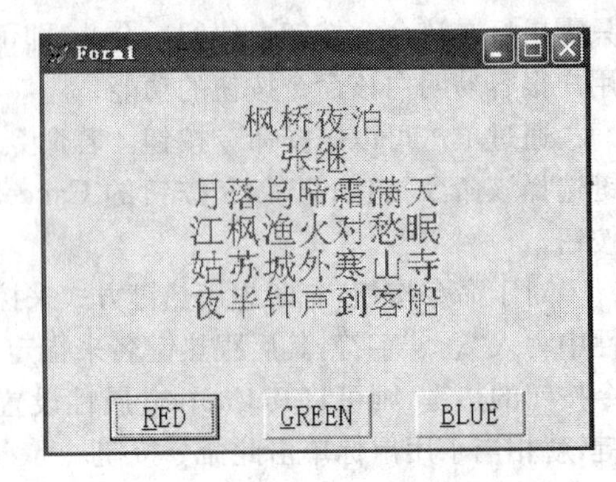

图 8-24 字体设置表单的运行结果

8.3.2 命令按钮组

除了提供命令按钮外，Visual FoxPro 还提供了命令按钮组(CommandGroup)。命令按钮组是一种容器控件，具备层次性，在其下一层可以设定一组命令按钮，用户可以向表单添加命令按钮组，然后向命令按钮组加入所需的命令按钮，其中命令按钮的数目可以由用户设定。在设计命令按钮组时，可通过设置相应的属性来调整命令按钮组的外观及布局。在默认状态下，一个命令按钮组包含两个垂直排列的命令按钮。命令按钮组的命令按钮数目由 ButtonCount 属性指定，比如将 ButtonCount 设置为 5，命令按钮组中的命令按钮数就变为 5 个；命令按钮组是把一组相关的命令按钮组合在一起，以加强逻辑控制的关联性。

命令组的常用属性、事件：

(1) AutoSize：确定命令按钮组是否根据其内容自动调整大小。

(2) ButtonCount：设置命令按钮组所包含的命令按钮的个数。

(3) Click：鼠标单击命令按钮组时触发该事件。

(4) Value：命令按钮组的状态，如果值为 n，那么表示第 n 个命令按钮处于活动状态。

【例 8-7】 设计表单，用命令按钮组浏览表文件 brdab. dbf。

(1) 创建表单，用表单生成器创建基于 brdab. dbf 的快速表单，添加一个命令按钮组 CommandGroup1。

(2) 右键单击命令按钮组，在快捷菜单中选择“生成器”命令，在弹出的“命令组生成器”的“按钮”页面中，设置按钮数目(ButtonCount)为 4，并设置每个命令按钮的标题(如图 8-25 所示)，在“布局”页面中设置按钮布局为“水平”。设置命令按钮组大小、调整位置，如图 8-26 所示。

(3) 编写命令按钮组 CommandGroup1 的 Click 事件代码，程序代码如下所示。

```
DO CASE
    CASE THIS. VALUE=1
        GO 1
        THIS. Command1. ENABLED=. F.
        THIS. Command2. ENABLED=. F.
        THIS. Command3. ENABLED=. T.
```

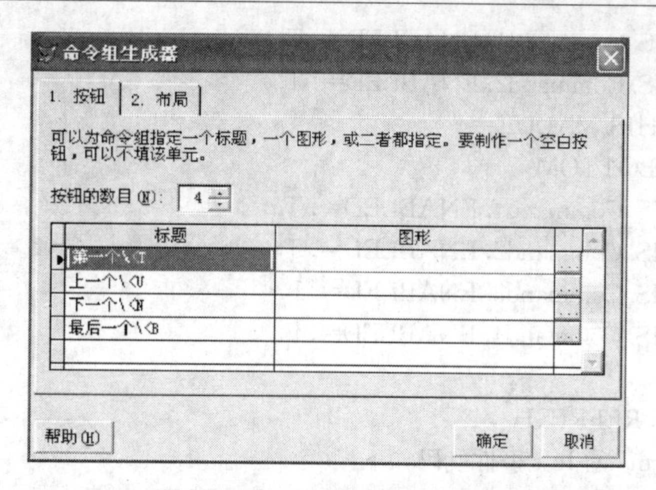

图 8-25　命令组生成器

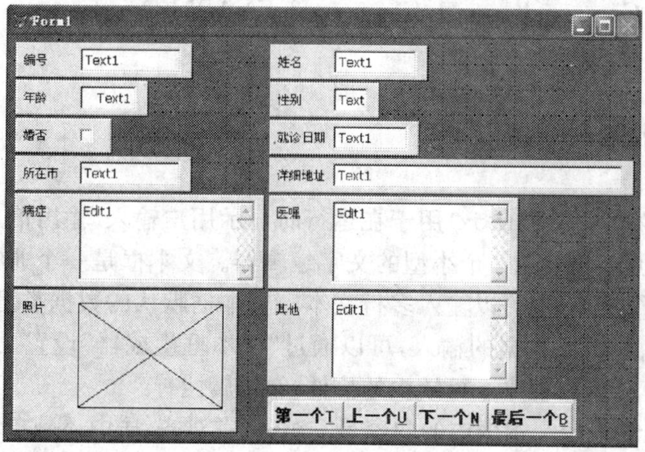

图 8-26　病人档案浏览表表单

```
        THIS. Command4. ENABLED=. T.
    CASE THIS. VALUE=2
        SKIP -1
        IF BOF()
            THIS. Command1. ENABLED=. F.
            THIS. Command2. ENABLED=. F.
        ENDIF
        THIS. Command3. ENABLED=. T.
        THIS. Command4. ENABLED=. T.
    CASE THIS. VALUE=3
        SKIP
        IF EOF()
            THIS. Command3. ENABLED=. F.
            THIS. Command4. ENABLED=. F.
        ENDIF
```

```
        THIS. Command1. ENABLED=. T.
        THIS. Command2. ENABLED=. T.
    CASE THIS. VALUE=4
        GO BOTTOM
        THIS. Command1. ENABLED=. T.
        THIS. Command2. ENABLED=. T.
        THIS. Command3. ENABLED=. F.
        THIS. Command4. ENABLED=. F.
ENDCASE
THISFORM. REFRESH
```

(4) 编写 Form1 的 Init 事件代码如下：

```
THISFORM. CommandGroup1. Command1. ENABLED=. F.
THISFORM. CommandGroup1. Command2. ENABLED=. F.
```

(5) 保存并运行表单。

8.3.3 文本框与编辑框

1. 文本框 文本框(TextBox)用于在运行时显示用户输入/输出信息。文本框提供了文字的基本处理功能,相当于一个小型的文字编辑器。文本框是一个非常灵活的数据输入工具,可以输入单行文本,也可以输入多行文本。文本框默认的数据类型为字符型,也可接受数值型、日期型、逻辑型数据的输入,可以通过"文本框生成器"设置文本框的数据类型。文本框是设计交互式应用程序不可缺少的控件,常用属性有：

(1) Alignment:设定文本框内的内容是左对齐、右对齐、居中还是自动对齐。

(2) ControlSource:设定文本框的数据源,将其 Value 属性与数据源关联起来。

(3) DisableBackColor:设定当文本框废止时文本框的背景色。

(4) DisableForeColor:设定当文本框废止时文本框的前景色。

(5) Enabled:指定文本框是否响应用户引发的事件。

(6) InputMask:设置文本框的文本输入格式。

(7) PasswordChar:设置用户输入口令时显示的字符。

(8) ReadOnly:设置文本框的文本是否只读。

(9) SelectedBackColor:设定文本框中选定文本的背景色。

(10) SelectedForeColor:设定文本框中选定文本的前景色。

(11) LostFocus:当文本框对象失去焦点时触发该事件。

(12) Valid:在文本框对象失去焦点之前触发该事件。

Visual FoxPro 的许多控件的主要属性都可以通过相应的"生成器"来设置。文本框生成器有:格式、样式、值三个页面,当"表单控件工具栏"中"生成器锁定"按钮处于按下状态时,创建文本框时会自动地打开生成器对话框,否则可以通过快捷菜单中的"生成器"命令打开"文本框生成器"对话框。

"格式"页面主要用于设置文本框的数据类型、输入掩码、是否只读等。"样式"页面用于设置文本框的外面效果,如有无边框、三维效果、对齐方式等。"值"页面用于设置文本框的数据源，即 ControlSource 属性。

【例 8-8】 如图 8-27 所示，设计表单程序用于计算存款利息。

(1) 添加三个标签、三个文本框(Text1、Text2、Text3)，按图 8-27 调整大小与位置。

(2) 设置三个标签的 Caption 分别为："本金"、"利率"、"利息"。

(3) 用"生成器"设置 Text1 的数据类型与输入掩码(InputMask)，具体操作如下：

1) 右键单击 Text1 文本框，在快捷菜单中选择"生成器"，弹出"文本框生成器"对话框。

2) 选择对话框的"格式"页面，如图 8-28 所示，设置数据类型为"数值型"，输入掩码为："999,999,999.99"。

(4) 设置 Text2 的数据类型为"数值型"、InputMask 为"9.9999"。设置 Text3 的数据类型为"数值型"、InputMask 为"9,999,999,999.99"、ReadOnly 为 .T. 。

(5) 编写文本框 Text2 的 LostFocus 事件代码。

```
THISFORM.text3.VALUE＝THISFORM.text1.VALUE * THISFORM.text2.VALUE
THISFORM.REFRESH
```

(6) 保存并运行表单。

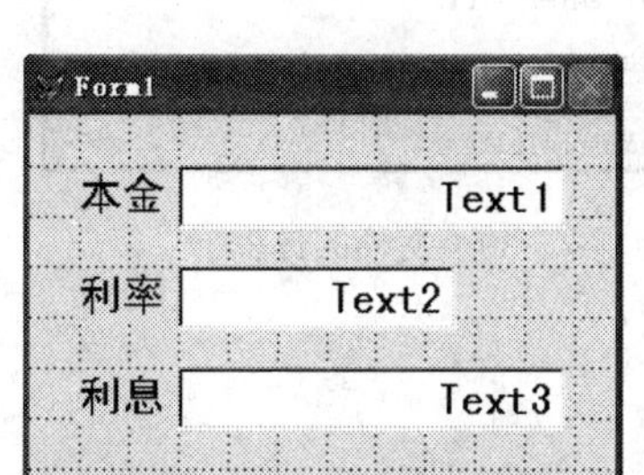

图 8-27　利息计算表单

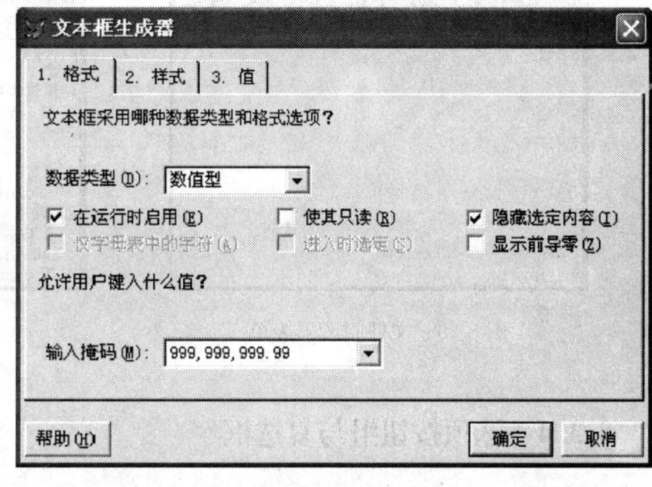

图 8-28　文本框生成器对话框

2. 编辑框　用文本框编辑字符型数据时，最多只能接受 255 个字符，若文本内容大于 255 个字符，就不能用文本框进行编辑。Visual FoxPro 提供了编辑框(EditBox)控件。编辑框能够接受字符型数据的输入输出，主要用于对字符类型变量、数组或备注字段内容进行编辑。编辑框具有垂直滚动条，当其中的内容较多时，可以上下移动编辑框中的内容。在应用编辑框编辑数据时，如果数据的长度未超过编辑区域，其滚动条呈灰色，为不可用状态；当数据内容超过编辑区域时，其滚动条自动变亮，为可用状态，用户可用滚动条来移动编辑框的内容。

编辑框的常用事件、属性：

(1) GotFocus：当编辑框接收焦点时触发该事件。

(2) InteractiveChange：当更改编辑框的文本内容时触发该事件。

(3) LostFocus：当编辑框失去焦点时触发该事件。

(4) Value：编辑框内的文本内容。

(5) ScrollBars：指定编辑框是否显示垂直滚动条，0 表示不显示垂直滚动条，2 表示显示垂直滚动条。

【例 8-9】 利用编辑框设计一个 .prg 文件阅读器。

(1) 创建表单，添加一个编辑框(Edit1)、一个命令按钮(Command1)、一个标签(Label1)，按图 8-29 所示设计表单的外观、字体名、字体大小，设置 Command1 的 Caption 属性为“打开文件”。

(2) 编写 Command1 的 Click 事件代码。

```
filename=GETFILE("prg")        && 显示"打开"对话框
IF EMPTY(filename)             && 若未打开文件，则返回
    RETURN
ENDIF
THISFORM.LABEL1.CAPTION=filename                  &&Label1 显示文件名
THISFORM.EDIT1.VALUE=FILETOSTR(filename)          &&Edit1 显示文件内容
```

(3) 保存并运行表单，表单运行后，单击“打开”按钮，在“打开”对话框中选择要打开的文件，单击“确定”按钮，结果如图 8-30 所示。

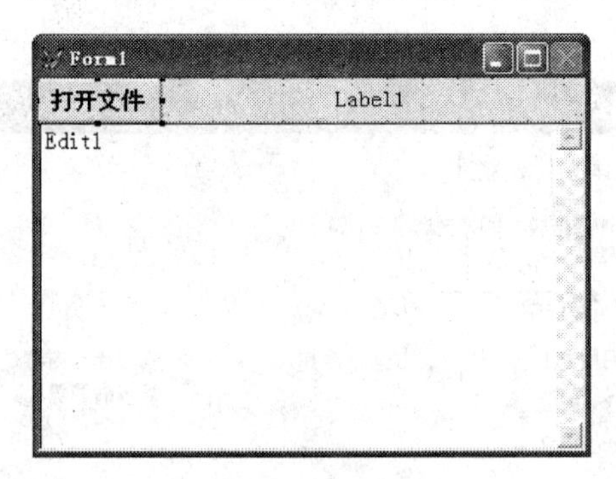

图 8-29 文件阅读器表单

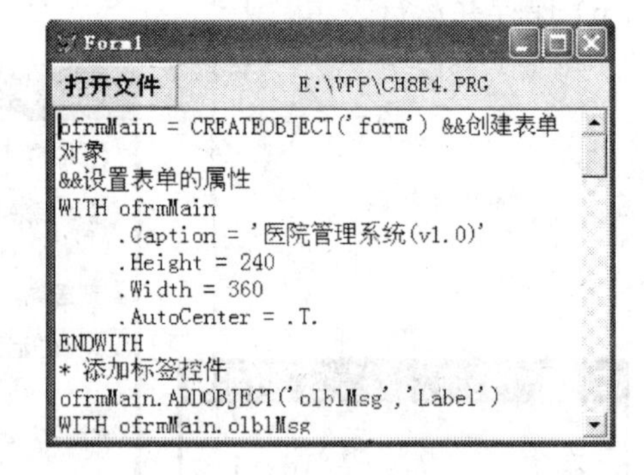

图 8-30 文件阅读器

8.3.4 选项按钮组与复选框

1. 选项按钮组 选项组(OptionGroup)是包含选项命令按钮的容器。选项按钮组允许用户选择一个选项命令按钮，选定某个选项命令按钮后，同时释放先前的选择，OptionGroup 的 Value 属性变为当前值。选项按钮组中的选项命令按钮旁边的圆点指示当前的选择。

在表单中创建一个选项按钮组时，默认情况下将包含两个选项命令按钮，可以通过改变 ButtonCount 属性来设置选项按钮组中的选项命令按钮个数。在默认情况下，选项按钮组中的选项命令按钮是垂直排列的，可以通过“选项组生成器”设置选项组的外观、按钮个数、Caption、ControlSource 等。从层次结构上看，选项按钮组的结构与命令组相似，选项按钮组的下一层是选项命令按钮。

选项按钮组的 Value 属性的默认值是 1(数值型)，表示选项按钮组所选定的是第一个命令按钮；如果选择的是第二个选项命令按钮，则选项按钮组的 Value 变为 2；若 Value 为 0，表示选项按钮组没有选择任何选项命令按钮。选项按钮组的 Value 属性所默认的数据类型为数值型，也可以将选项按钮组的 Value 属性值设置成字符型，此时选项按钮组的 Value 值为当前选择的选项命令按钮的 Caption 值；若将选项按钮组的 Value 属性值设置成空字符串，表示不选择任何选项命令按钮。

对于选项按钮组的选项命令按钮，有时想用热键的方式控制其触发事件，此时可在该选项命令按钮的 Caption 属性中写入“\<”字符，其后跟热键名来指定一个热键。选项按钮组通常用于多选一的情形，一般要求选项按钮组能包括字段或变量内容的各种可能性，比如性别只有两种可能，则可以创建一个包含两个选项命令按钮的选项按钮组与之对应。利用选项按钮组能给用户提供友好、美观的界面。

选项组的常用属性、事件：

(1) ButtonCount：设置选项按钮组中的选项命令按钮的个数。

(2) ControlSource：设置选项按钮组的数据源。

(3) Value：指定在选项按钮组中所选择的选项命令按钮，1 表示选择的是第一个选项命令按钮，2 表示选择的是第二个选项命令按钮，如此类推。

(4) Click：单击选项按钮组时触发该事件。

(5) RightClick：鼠标右键单击选项按钮组时触发该事件。

【例 8-10】 设计表单，用命令按钮移动一个标签，用选项按钮组控制标签移动的方向。

(1) 创建表单，添加一个选项按钮组(Optiongroup1)、一个命令按钮(Command1)、一个标签(Label1)。

(2) 鼠标右键单击选项按钮组，执行快捷菜单中的“生成器”命令，在“选项组生成器”对话框中选择“按钮”页面，把“标题”栏下的 Option1 改为“向下”、Option2 改为“向右”；选择对话框的“布局”页面，把按钮布局设置为“水平”，单击“确定”按钮关闭对话框。

(3) 设置 Optiongroup1 的 Value 值为 0，设置 Label1 的 Caption 为“移动方向?”，设置 Option1、Option2、Command1、Label1 的 FontSize 属性值为 14，调整 Optiongroup1、Option1、Option2、Command1、Label1 的大小与位置，如图 8-31 所示。

(4) 编写 Command1 的 Click 事件代码：

```
IF THISFORM. optiongroup1. VALUE=1
    y=5
ELSE
    y=0
ENDIF
IF THISFORM. optiongroup1. VALUE=2
    x=5
ELSE
    x=0
ENDIF
THISFORM. label1. TOP=THISFORM. label1. TOP+y
THISFORM. label1. LEFT=THISFORM. label1. LEFT+x
```

(5) 保存并运行，如图 8-32 所示，本例题可以使标签按两个方向移动。

2. 复选框　复选框(CheckBox)和选项按钮组不一样，在选项按钮组中只能选择一个选项命令按钮，而复选框组可以选择多项；另外，选项按钮组必须有两个以上的选项命令按钮，而复选框可以只有一个选项。

复选框的常用属性、事件：

(1) ControlSource：确定复选框的数据源。

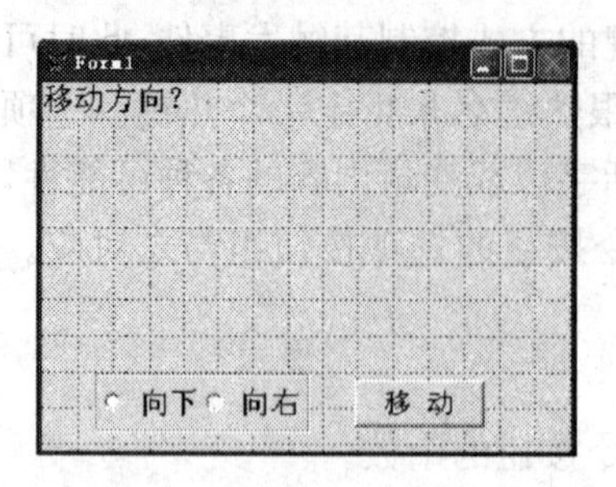

图 8-31 选项按钮组的应用

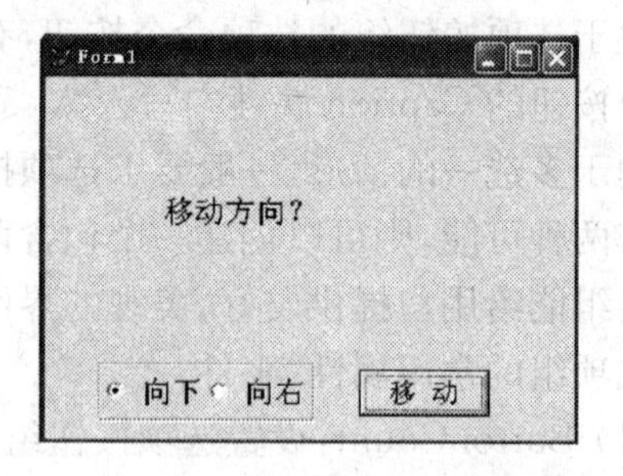

图 8-32 选项按钮组

(2) Value:确定复选框的当前状态。

(3) Click:单击复选框时触发该事件。

(4) RightClick:鼠标右键单击复选框时触发该事件。

【例 8-11】 设计表单,用命令按钮移动一个标签,要求用复选框控制标签的移动方向。

(1) 创建表单,添加两个复选框(Check1、Check2)、一个命令按钮(Command1)、一个标签(Label1)。

(2) 设置 Check1 与 Check2 的 Caption 属性值分别为"向下"、"向右",FontSize 属性值为 14,Command1 与 Label1 的属性设置与例题 8-10 相同,如图 8-33 所示。

(3) 编写 Command1 的 Click 事件代码:

```
IF THISFORM. Check1. VALUE=1
   y=5
ELSE
   y=0
ENDIF
IF THISFORM. Check2. VALUE=1
   x=5
ELSE
   x=0
ENDIF
THISFORM. label1. TOP=THISFORM. label1. TOP+y
THISFORM. label1. LEFT=THISFORM. label1. LEFT+x
```

(4) 保存表单并运行,如图 8-34 所示。选项按钮组只能多选一,因此例 8-10 中的标签只有两个运动方向;本例用复选框控制方向,标签可以向右、向下、向右下三个方向运动。

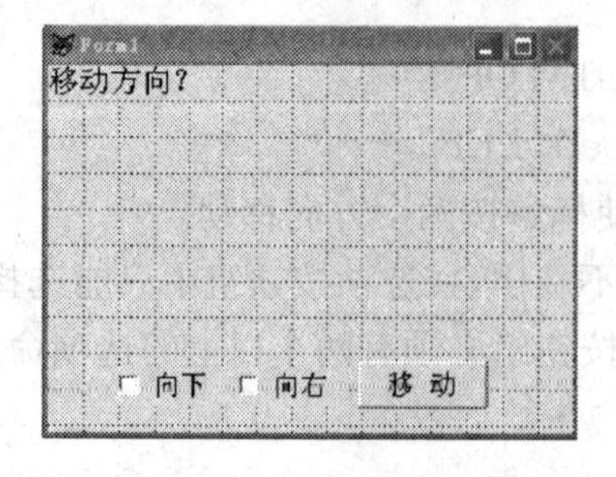

图 8-33 复选框的应用

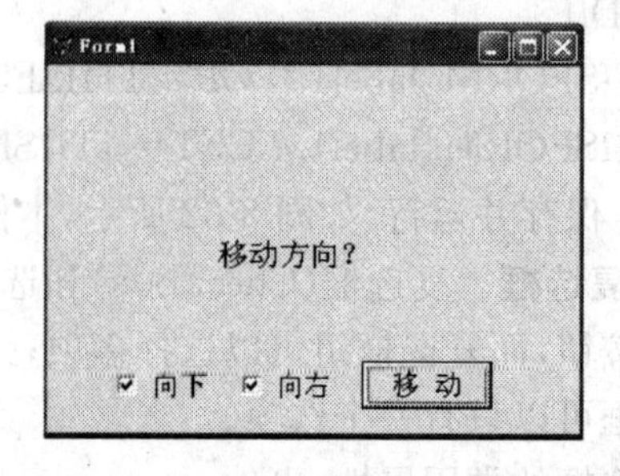

图 8-34 复选框表单运行结果

8.3.5　列表框与组合框

1. 列表框　列表框(ListBox)用于显示一系列数据项,用户可以从中选择一项或多项。列表框与组合框相似,不同的是组合框初始时只显示一个数据项,而列表框可显示多个数据项;列表框可以选择多个数据项,而组合框只能选择一个数据项;另外,列表框不允许用户输入新的数据项。

在列表框中,必须首先考虑其数据源,因为它确定了列表框的数据来源。可以通过 RowSourceType 属性设置数据源的类型,列表框的各种数据源类型如表 8-7 所示。

表 8-7　列表框数据源类型(RowSourceType)

值	数据源类型	说明
0	无	运行时通过 AddItem 或 AddlistItem 方法来加入数据项
1	值	直接设定显示的数据项内容,各数据项之间用逗号分隔开
2	别名	使用 ColumnCount 属性在数据表中选择字段
3	SQL 语句	SQL SELECT 命令用于创建一个表或一个临时表
4	查询(. qpr)	指定有 . qpr 扩展名的文件名
5	数组	设置列属性可以显示多维数组的多个列
6	字段	用逗号分隔的字段列表
7	文件	这时在 RowSource 属性中指定文件类型(如 * . dbf)
8	结构	由 RowSource 指定的表的字段填充列
9	弹出式菜单	该项设置是为了向下的兼容

列表框的 RowSourceType 属性和 RowSource 属性是相对应的,例如,若 RowSourceType 属性设置为"1-值",则 RowSource 属性必须设置为以逗号分隔的一组值;若 RowSourceType 属性设置为"2-别名",则表单必须设置数据环境,并将 RowSource 属性设置为某个表别名。如果两个属性设置不匹配,表单不会正确运行。假设在一个表单 myform 上设计一个列表框 mylist,则有如下几种基本操作,这些是编写列表框事件过程的基础。

(1) 引用列表框中第 n 行、第 m 列数据的方法是:

myform. mylist. list(n,m)

(2) 当用户选中列表框的第 n 行时,有:

myform. mylist. selected(n)=. T.

(3) 列表框中的数据项个数为:

myform. mylist. listcount

(4) 引用选中的某一数据项的方式为:

myform. mylist. value

将列表框的 MultiSelect 属性设置为真(. T.),允许从列表框中进行多行选择。如果需要在列表框中显示多列,其操作步骤是:

(1) 将 Columncount 属性设置为所需的列数。

(2) 设置 columnwidth 属性,例如,如果列表框中有两列,下面命令将两列的宽度分别设置为 80,40:

myform. mylist. columnwidth=“80,40”

(3) 将 Rowsourcetype 属性设置为 6。

(4) 将 Rowsource 属性设置成列中显示的字段，如下面命令将在列表框中显示数据源的姓名、性别：

myform. mylist. rowsource=“姓名，性别”

列表框的常用属性、事件、方法：

(1) BoundColumn：确定多列列表中的哪一列与列表框的 Value 属性绑定，或者说 Value 属性返回的是哪一列的值。

(2) ColumnCount：指定列表框中列的个数。

(3) ColumnWidths：指定列的宽度。

(4) IncrementalSearch：确定是否提供递增搜索功能。

(5) ListCount：统计列表框中所有数据项个数。

(6) ListIndex：确定被选中的数据项的索引。

(7) MultiSelect：确定是否能在列表框中进行多项选择。

(8) RowSource：确定列表框中数据的来源。

(9) RowSourceType：确定 RowSource 属性的类型。

(10) Sorted：确定列表框中的数据项是否有序排列。

(11) Click：鼠标单击列表框时触发该事件。

(12) DblClick：鼠标双击列表框时触发该事件。

(13) InteractiveChange：使用键盘或鼠标更改列表框值时触发该事件。

(14) AddItem：向列表框中添加一个数据项，允许用户指定数据项的索引位置，但这时的 RowSourceType 属性必须为 0 或 1。

(15) AddListItem：向列表框中添加一个数据项，允许用户指定数据项的选项编号，但这时的 RowSourceType 属性必须为 0 或 1。

(16) RemoveItem：从列表框中移去一个数据项，允许用户指定数据项的索引位置，但这时的 RowSourceType 属性必须为 0 或 1。

(17) RemoveListItem：从列表框中移去一个数据项，允许用户指定数据项的选项位置，但这时的 RowSourceType 属性必须为 0 或 1。

【例 8-12】 已知 brdab. dbf 有 16 条记录，其中第一条记录的姓名是“李刚”。创建一个含有列表框的表单，使得该列表框显示 brdab. dbf 的“姓名”、“性别”、“所在市”三个字段。

(1) 新建表单，添加一个列表框 List1 与一个命令按钮 Command1，按图 8-35 设计表单及其控件的布局。

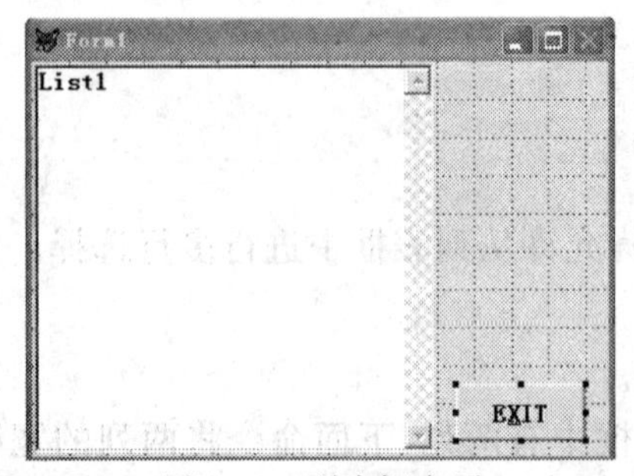

图 8-35　列表框应用

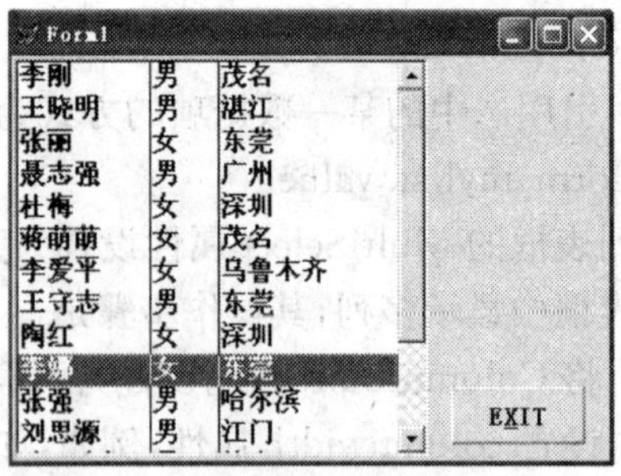

图 8-36　列表框表单的运行结果

(2) 编写 Form1 的 Init 事件代码。

```
THISFORM.list1.COLUMNCOUNT=3
THISFORM.list1.COLUMNWIDTHS="80,40,100"
THISFORM.list1.ROWSOURCETYPE=6
THISFORM.list1.ROWSOURCE="姓名,性别,所在市"
```

(3) 编写 Command1 的 Click 事件代码。

```
RELEASE THISFORM
```

(4) 保存并运行,运行结果如图 8-36 所示。

2. 组合框 组合框(ComboBox)相当于文本框和列表框的组合。利用组合框,通过选择数据项的方式,可快速、准确地进行数据的输入。组合框有两种表现方式,一种是下拉组合框,另一种是下拉列表框,这是通过设置 Style 属性实现的。这两种方式的区别在于:利用下拉组合框可以通过键盘输入内容;而下拉列表框只能选择列表中的值,无法用键盘输入,即具有只读特性。一般来说,对于引用关键数据(如银行业务的账号、学籍管理系统的学号、病人的门诊号)时,可以建立下拉列表框,用户只能从列表框中选择数据项,而不能直接输入内容。在组合框中,必须首先考虑其数据源,因为它确定了组合框的数据来源。可以通过 RowSourceType 属性设置其数据源的类型,组合框的各种数据源类型与列表框相同,如表 8-7 所示,有关 RowSourceType 和 RowSource 属性设置的注意事项也与列表框相同。组合框设置与列表框一样可以通过"组合框生成器"设置"样式"、"布局"、"数据源"等。

组合框的常用属性有:

(1) InputMask:在下拉组合框中指定允许输入的数值类型。

(2) IncrementalSearch:确定是否提供递增搜索功能。

(3) RowSource:确定组合框的数据来源。

(4) RowSourceType:确定 RowSource 属性的类型。

(5) Style:指定组合框为下拉组合框还是下拉列表框,默认设置为下拉组合框。

(6) Text:返回输入到组合框中的文本框部分的文本。在运行时只读。

组合框的常用事件与常用方法和列表框的相同。

8.3.6 表格

表格(Grid)控件类似于浏览窗口,它具有网格结构,有垂直滚动条和水平滚动条,可以同时操作和显示多行数据。表格是一个容器对象,包含列,这些列除了包含标头(Header)和控件外,每一列还拥有自己的一组属性、事件和方法。

用户可以为整个表格设置数据源,该数据源是通过 RecordSourceType 与 RecordSource 两个属性指定的,前者为记录源类型,后者为记录源。RecordSourceType 属性的取值如表 8-8 所示。

表 8-8 表格的 RecordSourceType 属性

值	数据源类型	说明
0	表	自动打开 RecordSource 属性设置中指定的表
1	别名	(默认值)按指定方式处理记录源
2	提示	在运行时向用户提示记录源
3	查询(.qpr)	RecordSource 属性设置指定一个.qpr 文件
4	SQL 语句	RecordSource 属性设置指定一个 SQL 语句

在表格中不仅可以显示字段数据，还可以在表格的列中嵌入控件，比如嵌入的文本框、复选框、下拉列表框、微调按钮等其他控件。用户可以用“表单设计器”向表格的列添加控件，也可以通过编写代码在运行时添加控件。交互地向表格的列添加控件的步骤如下：

(1) 在表单中添加一个表格。

(2) 在“属性窗口”中将表格的 ColumnCount 属性设置为所需的列数。

(3) 在“属性窗口”的对象下拉列表框中选择要添加控件的列。

(4) 在“表单控件工具栏”中选择要添加的控件，然后单击该列下的单元格。

(5) 在“属性窗口”的对象下拉列表框中，可以在该列的下方看到新添加的控件。如果添加的控件是复选框，应把该列的 Sparse 属性设置为 .F. 。

(6) 把该列的 ControlSource 属性设置为要绑定的字段。

(7) 把该列的 CurrentControl 属性设置为新添加的控件。

在“表单设计器”中移去表格列中的控件的步骤：

(1) 在“属性窗口”的对象下拉列表框中选择要移去的控件。

(2) 按“Delete”键即可。

表格的常用属性、事件、方法：

(1) ChildOrder：指定在子表中与父表关键字相连的外部关键字。

(2) ColumnCount：指定表格包含的列数。

(3) DeleteMark：指定在表格控件中是否出现删除标记列。

(4) LinkMaster：指定父表。

(5) ReadOnly：指定表格的记录是否为只读。

(6) RecordSourceType：确定表格的记录源的类型。

(7) RecordSource：指定表格的记录源。

(8) RowHeight：指定每一行的高度。

(9) SrollBars：指定表格所具有的滚动条类型，0 表示无滚动条，1 表示只有水平滚动条，2 表示只有垂直滚动条，3 表示既有水平又有垂直滚动条。

(10) AfterRowColChange：光标移到另一行或另一列后触发该事件。

(11) BeforeRowColChange：更改活动的行或列之前触发该事件。

(12) Deleted：打上删除标记、清除删除标记或执行 DELETE 命令时触发该事件。

(13) Refresh：刷新表格所显示的记录。

【例 8-13】 设计表单，根据组合框中“姓名”查找病人的“详细地址”，显示在表单的文本框内，同时查找该病人的消费信息，显示在表格中，数据来源于 brdab. dbf 与 fyb. dbf。

(1) 新建表单，把 brdab. dbf 与 fyb. dbf 添加到表单的数据环境中，通过“编号”建立两表之间的关系。

(2) 添加一个组合框(Combo1)、一个表格(Grid1)、一个文本框(Text1)，设置字体、字体大小，调整控件位置与大小，如图 8-37 所示。

(3) 在“属性”窗口中，设置 Combo1 的 RowSourceType 值为 6，RowSource 为“brdab. 姓名”；设置 Grid1 的 RecordSourceType 值为 1，RecordSource 为“fyb”；设置 Text1 的 ControlSource 值为“brdab. 详细地址”

(4) 编写 Combo1 的 InteractiveChange 事件代码。

```
THISFORM. REFRESH
```

(5) 保存并运行表单,运行结果见图 8-38。

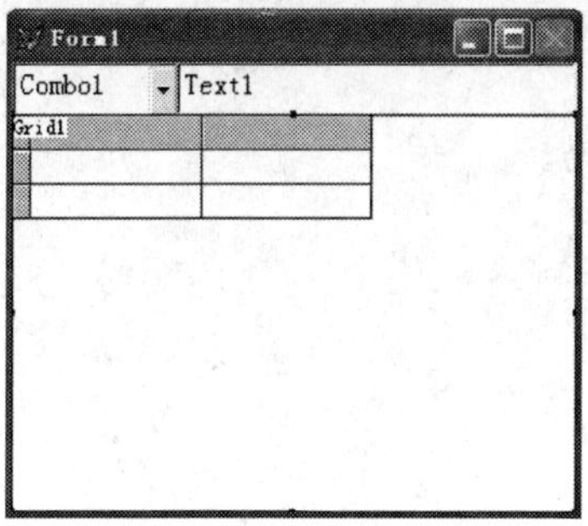

图 8-37　组合框与表格表单 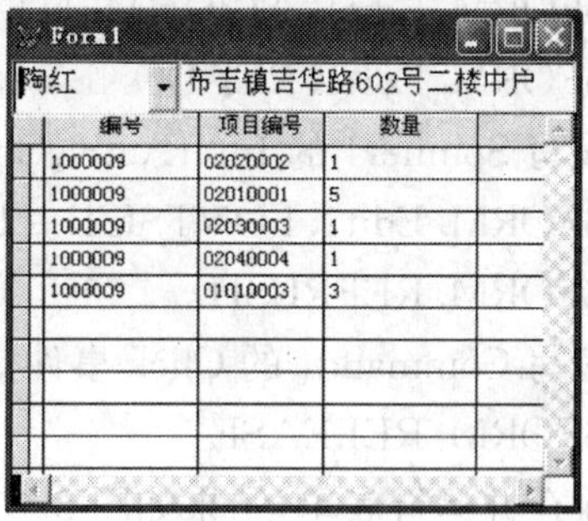　　　　图 8-38　组合框与表格表单运行结果

8.3.7　微调按钮

微调(Spinner)按钮用于接受指定范围内的数值输入。使用微调按钮,一方面可以代替键盘输入,另一方面可以在当前值的基础上做微小的增量或减量调节。可以通过微调按钮的向上箭头或向下箭头,或者在微调控件框内输入一个值,以实现通过微调在某一范围内的选择值。在默认状态下,其基准上限为 2 147 483 647,下限为－2 147 483 647。上下限数值又分为“微调上下限”和“直接输入上下限”,其中直接输入上下限可以大于微调设置的上下限。

微调按钮的常用属性、事件:

(1) Increment:设置微调按钮向上向下箭头的微调量,默认值为 1.00。

(2) KeyBoardHighValue:设置在微调按钮框中可以用键盘输入的最大值。

(3) KeyBoardLowValue:设置在微调按钮框中可以用键盘输入的最小值。

(4) SpinnerHighValue:设置在微调按钮框中单击微调命令按钮能调节的最大值。

(5) SpinnerLowValue:设置在微调按钮框中单击微调命令按钮能调节的最小值。

(6) Value:微调按钮框的状态,即微调按钮的值。

(7) DownClick:单击向下箭头时触发该事件。

(8) InteractiveChange:在使用键盘或鼠标更改微调按钮的值时触发该事件。

(9) UpClick:单击向上箭头时触发该事件。

【例 8-14】 用微调按钮设计一个改变字体大小的表单。

(1) 新建表单,添加一个编辑框(Edit1)、一个微调按钮(Spinner1)、一个命令按钮(Command1)。按图 8-39 所示设计表单。

(2) 编写 Form1 的 Init 事件代码。

```
THISFORM.Edit1.VALUE = "枫桥夜泊"+CHR(13)+"张继"+CHR(13)+;
"月落乌啼霜满天"+CHR(13)+"江枫渔火对愁眠"+CHR(13)+;
"姑苏城外寒山寺"+CHR(13)+"夜半钟声到客船"
THISFORM.Spinner1.INCREMENT=2
THISFORM.Spinner1.KEYBOARDHIGHVALUE=30
THISFORM.Spinner1.KEYBOARDLOWVALUE=8
THISFORM.Spinner1.SPINNERHIGHVALUE=30
```

```
THISFORM. Spinner1. SPINNERLOWVALUE=8
THISFORM. Edit1. ALIGNMENT=2
THISFORM. Edit1. READONLY=. T.
```

(3) 编写 Spinner1 的 InterActiveChange 事件代码。

```
THISFORM. Edit1. FONTSIZE=THIS. VALUE
THISFORM. REFRESH
```

(4) 编写 Command1 的 Click 事件代码。

```
THISFORM. RELEASE
```

(5) 保存并运行表单，结果如图 8-40 所示。

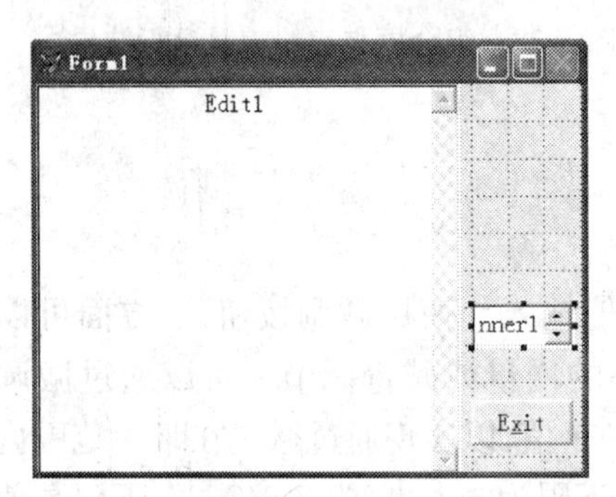

图 8-39 微调控件表单

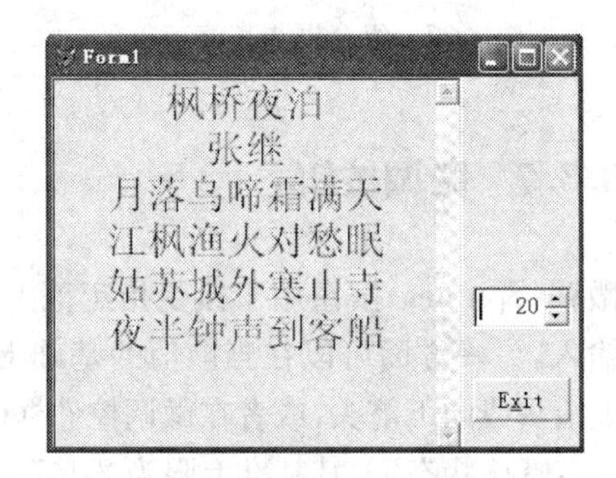

图 8-40 微调控件表单运行结果

8.3.8 计时器

在应用程序中，有时需要通过一定的时间间隔自动触发一些事件（如动画），以满足实际需要。Visual FoxPro 提供了计时器（Timer）控件，利用计时器控件，可以通过设置时间间隔（Interval）属性、编写 Timer 事件过程，完成实际应用中的周期性任务。使用计时器控件可以周期性的进行某些操作，该控件在运行时是不可见的。

计时器的常用属性、事件有：

(1) Interval：设置计时器的时间间隔，单位为毫秒。

(2) Timer：当经过 Interval 属性指定的毫秒数时触发该事件，当 Interval 为 0 时，不触发该事件。

【例 8-15】 设计形状模拟升旗。

(1) 新建表单，添加一个线条控件（Line1）、一个形状控件（Shape1）、一个计时器（Timer1）、一个命令按钮（Command1），如图 8-41 所示。

(2) 设置 Line1 的 BorderWidth 为 4；设置 Shape1 的 Curvature 值为 0、FillColor 为“255,0,0”、FillStyle 值为 0；设置 Command1 的 Caption 属性为“升旗”、FontSize 为 12。

(3) 编写 Form1 的 Init 事件代码。

```
PUBLIC h,x,y
x=THISFORM. shape1. LEFT
y=THISFORM. shape1. TOP
```

(4) 编写 Command1 的 Click 事件代码。

```
h=y
THISFORM.shape1.MOVE(x,y) && 恢复到最开始的位置
THISFORM.timer1.INTERVAL=20
```

(5) 编写 Timer1 的 Timer 事件代码。

```
h=h-1
IF h<=0
    h=0
    THIS.INTERVAL=0
ENDIF
THISFORM.shape1.MOVE(x,h)
```

(6) 保存并运行，结果如图 8-42 所示。

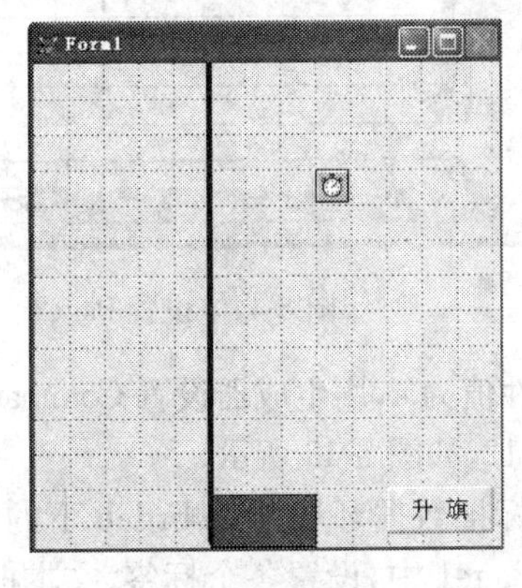

图 8-41　模拟升旗表单

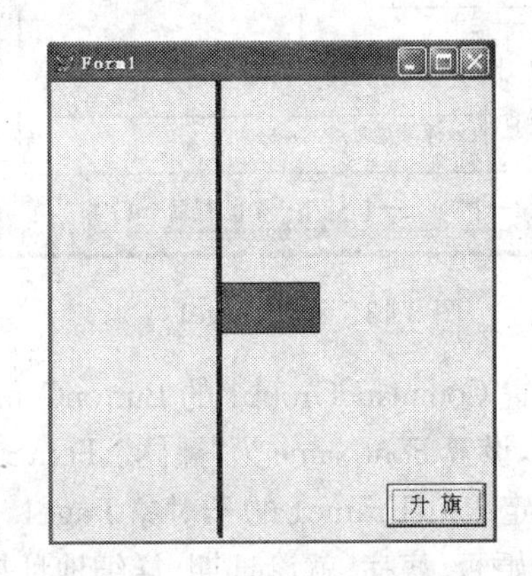

图 8-42　模拟升旗结果

8.3.9　页框

页框(PageFrame)是包含页面的容器对象，而页面可以包含控件。在表单中，一个页框可以有两个以上的页面，它们共同占有表单中的一块内存区域，在任何时刻只有一个活动页面，只有活动页面中的控件才是可见的。页框定义了页面的总体特性：大小和位置、边框类型和活动页面等。通过页框，可以快速地在多个页面间来回切换。若通过多个表单调用实现页面的功能会占用大量的内存资源，使运行效率降低，并且设计时也比较麻烦。设计页框时，先设置其页面个数(由 PageCount 属性确定)，然后右击鼠标，在出现的快捷菜单中选择“编辑”命令，就可以对页框进行修改，也可以通过“属性窗口”选择页框下的某个页面进行修改。

页框的常用属性、方法：

(1) ActivePage：确定多个页面页框的活动页。

(2) PageCount：确定页框的总页面数。

(3) Tabs：确定是否显示页面选项卡。为 .T. 时显示所有页面选项卡；为 .F. 时不显示页面选项卡。

(4) TabStretch：确定当页面在页框控件中显示不下时的页框动作。

(5) TabStyle：确定页面的显示方式。为 0 时将所有页面两端对齐显示；为 1 时页面左对齐显示。

(6) Refresh:只刷新活动的页面。

【例 8-16】 设计表单用于浏览 brdab. dbf 以及 fyb. dbf 中相应的记录。

(1) 新建表单,添加一个页框(PageFrame1)、一个命令按钮组(CommandGroup1)。把 brdab. dbf 与 fyb. dbf 添加到表单的数据环境中,并通过编号建立两数据表之间的关系。设置 PageFrame1 下的 Page1 与 Page2 的 Caption 为"病人档案"、"消费明细",设置 FontName 为"黑体"、FontSize 为 12、TabStyle 为 1,如图 8-43 所示。

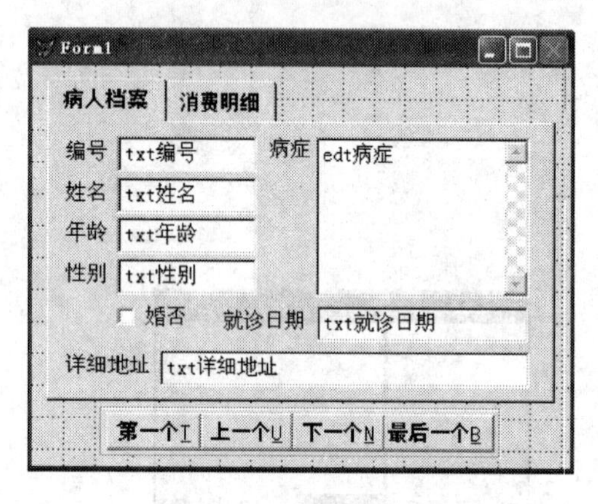

图 8-43 设置 Page1

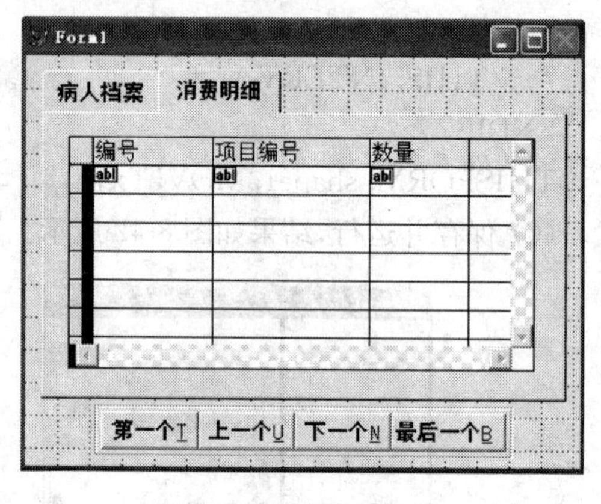

图 8-44 设置 Page2

(2) 设置 CommandGroup1 的 ButtonCount 属性值为 4,用生成器设置 CommandGroup1 的布局为水平,设置 FontName 为"黑体"、FontSize 为 12,如图 8-43 所示。

(3) 选定 PageFrame1 的子对象 Page1,用鼠标把数据环境中的 brdab 下的编号、姓名、年龄、性别、婚否、病症、就诊日期、详细地址拖到 Page1 中,设置各个标签、文本框、编辑框的 FontName 为"宋体"、FontSize 为 12,调整位置与大小,如图 8-43 所示。

(4) 选定 PageFrame1 的子对象 Page2,用鼠标把数据环境中的 fyb 拖到 Page2 中,设置表格 grdFyb 的 FontName 为"宋体"、FontSize 为 12,如图 8-44 所示。

(5) 编写 CommandGroup1 的 Click 事件代码。该事件代码与例 8-7 的 CommandGroup1 的 Click 事件代码相同。

(6) 保存并运行表单。当通过命令按钮移动记录时,消费明细与病人档案的记录会同步变化,图 8-45 与图 8-46 所示的是第 9 条记录的消费情况。

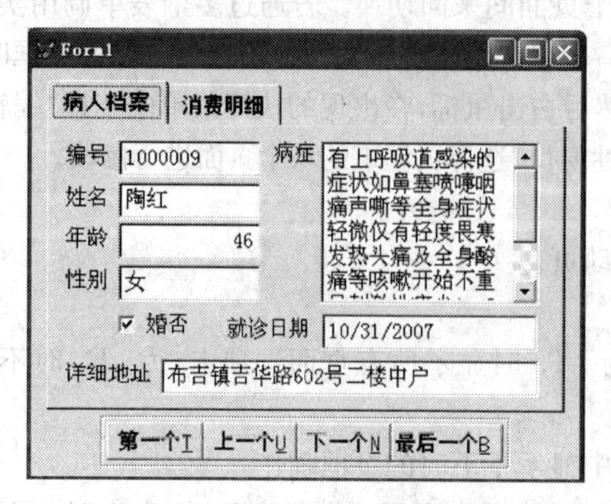

图 8-45 页框表单的运行结果一

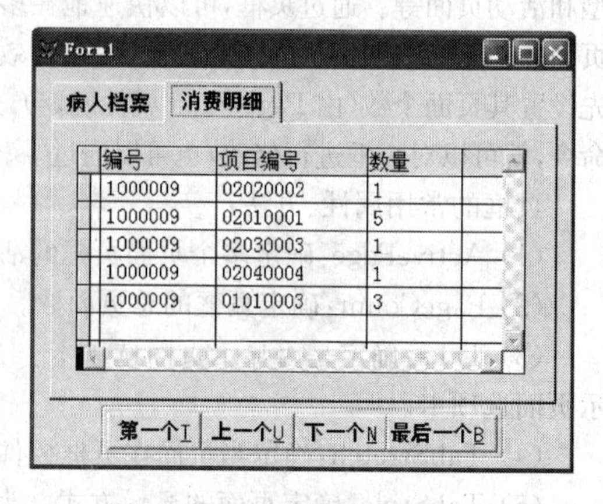

图 8-46 页框表单的运行结果二

8.3.10 ActiveX 控件

OLE 对象是指可供链接或嵌入的对象，它是 Windows 环境下提供的实现程序间共享信息资源的一种手段，在 Visual FoxPro 中可以通过 OLE 控件来显示和操作基于 Windows 应用程序的资源，典型的如 Microsoft Word 和 Microsoft Excel 等。OLE 对象可分为两类：OLE 绑定型对象和 OLE 容器。前者仅用于将依附于数据表的通用字段中的 OLE 对象添加到表单中，它也是将通用字段中的 OLE 对象添加到表单中的唯一方法；后者将不依附于数据表的通用字段中的 OLE 对象添加到表单中。

运用 OLE 技术，可以借助其他 Windows 应用程序来扩展 Visual FoxPro 的功能。在 Visual FoxPro 应用程序的表单或通用字段中，可以包含其他应用程序的数据，例如文本数据、声音数据、图像数据或视频数据，在表单中使用 OLE 技术，可以用可视方式查看或操作这些数据。

1. OLE 容器举例

【例 8-17】 设计表单用于播放 rmi 或 wav 音乐文件。

(1) 新建表单，添加一个命令按钮(Command1)，设置 Command1 的 FontSize 值为 12、Caption 属性为“播放”

(2) 添加一个 OLE 容器控件(Olecontrol1)，这时弹出“插入对象”对话框，单击“由文件创建”单选按钮，如图 8-47 所示，然后单击“浏览”按钮，在弹出的“浏览”对话框中找到要播放的音频文件(rmi 或 wav)，比如“致艾丽丝 .rmi”，单击“确定”按钮，即可创建一个基于音频的 OLE 容器控件，如图 8-48 所示。

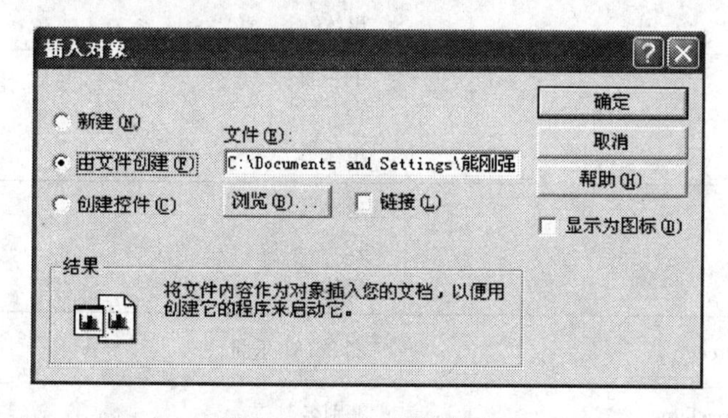

图 8-47 插入对象对话框

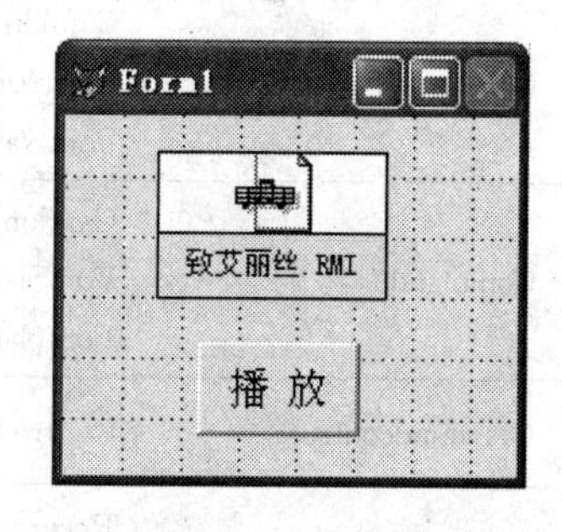

图 8-48 创建 OLE 容器表单

(3) 编写 Command1 的 Click 事件代码。

```
THISFORM.olecontrol1.DOVERB(0)
```

(4) 保存并运行表单，运行结果如图 8-49 所示。

2. OLE 绑定型对象举例

【例 8-18】 创建简易的音频播放器。

(1) 新建音频播放表 ch8e18.dbf，其表结构为如图 8-50 所示。

(2) 为 ch8e18.dbf 添加记录，把音频文件(rmi 或 wav)添加到通用型字段“乐曲”中。

(3) 新建表单，把 ch8e18.dbf 添加到表单的数据环境中。

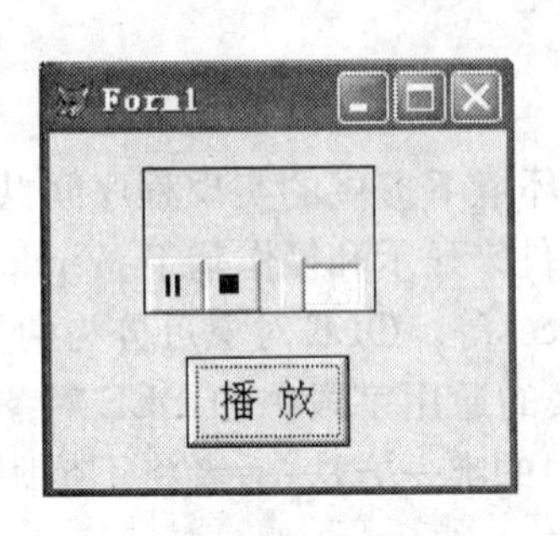

图 8-49　单音乐播放器

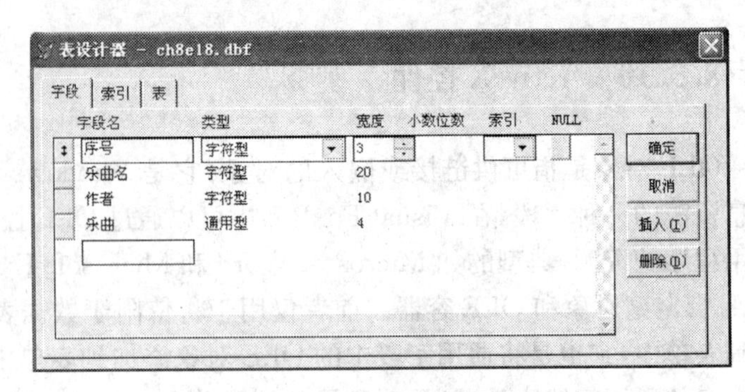

图 8-50　创建音频播放表结构

(4) 向表单添加一个图像控件(Image1)、一个表格(Grid1)、四个命令按钮(Command1、Command2、Command3、Command4)、一个 OLE 绑定控件(Oleboundcontrol1),并按表 8-9 设置各控件的属性,设计好表单界面的布局,如图 8-51 所示。

表 8-9　设置控件的属性值

对象	属性	属性值
Image1	Stretch	2
	Picture	E:\Visual FoxPro\巴黎.jpg
Command1	Caption	播放
	FontSize	12
	FontName	黑体
Command2	Caption	上一曲
	FontSize	12
	FontName	黑体
Command3	Caption	下一曲
	FontSize	12
	FontName	黑体
Command3	Caption	退出
	FontSize	12
	FontName	黑体
Oleboundcontrol1	ControlSource	Ch8e18. 乐曲
Grid1	RecordSourceType	1-别名
	RecordSource	Ch8e18

(5) 编写 Form1 的 Activate 事件代码。

```
THISFORM. command2. ENABLED=. F.
THISFORM. oleboundcontrol1. DOVERB(0)
```

(6) 编写 Command1 的 Click 事件代码。

```
THISFORM. oleboundcontrol1. DOVERB(0)
```

(7) 编写 Command2 的 Click 事件代码。

```
SKIP -1
THISFORM. oleboundcontrol1. REFRESH
```

```
THISFORM. oleboundcontrol1. DOVERB(0)
IF BOF()
   THIS. ENABLED=. F.
ENDIF
THISFORM. command3. ENABLED=. T.
```

(8) 编写 Command3 的 Click 事件代码。

```
SKIP 1
THISFORM. oleboundcontrol1. REFRESH
THISFORM. oleboundcontrol1. DOVERB(0)
IF EOF()
     THIS. ENABLED=. F.
ENDIF
THISFORM. command2. ENABLED=. T.
```

(9) 编写 Command4 的 Click 事件代码。

```
THISFORM. RELEASE
```

(10) 保存并运行表单,运行效果如图 8-52 所示。

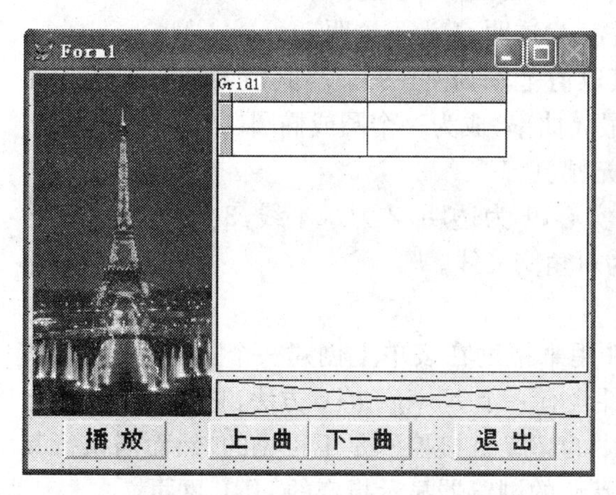

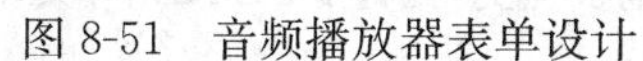
图 8-51 音频播放器表单设计

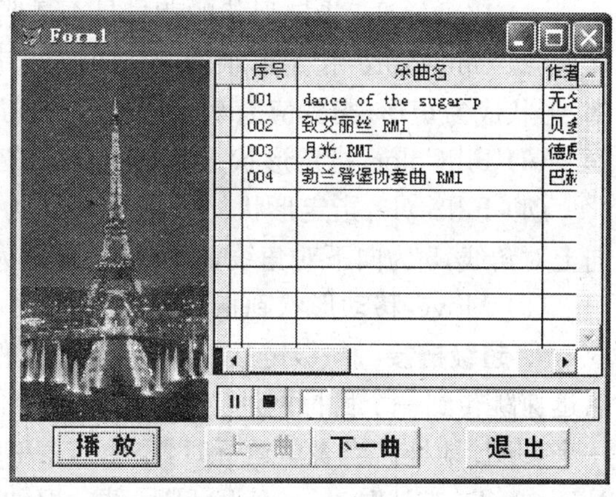

图 8-52 音频播放器的运行效果

8.3.11 其他控件

1. 图像 图像控件(Image)的功能是在表单上显示图像文件(.bmp、.gif、.jpg 和 .ico 文件格式均可),主要用于图像显示,但不能对它们进行编辑。通过使用图像控件,可以使应用程序的界面具有生机和活力。

图像控件的常用属性:

(1) BackStyle:确定图像是透明的还是不透明的。

(2) BorderColor:确定图像颜色。

(3) Stretch:指定控件中图像文件大小的调整方法,以适应图像控件区域的大小。该属性的数据类型为数值型,可以取如下值:

0--剪裁:当图像在控件区域显示不下时,将剪裁一部分以适应图像控件大小。

1--等比填充：图像将随图像控件区域的大小而变化，按照原始比例调整大小，以适应图像控件的大小。

2--变比填充：图像将随图像控件区域的大小而变化，但不是按照原始比例调整大小，其比例完全随图像控件的形状变化而变化。

2. 线条 线条(Line)控件用于创建水平线、垂直线或对角线。线条控件是一种图形控件，不能对其进行编辑。若要对线条进行修改，可以通过线条属性设置或用事件过程对其外观进行静态或动态修改。

线条控件的常用属性：

(1) BorderStyle：指定线条的边框样式，其取值：0 为透明，1 为实线，2 为虚线，3 为点线，4 为点划线，5 为双点划线，6 为内实线。

(2) BorderWidth：指定线条的边框宽度。

(3) LineSlant：指定线条倾斜方向，其取值：\为线条从左上到右下倾斜，/为线条从左下到右上倾斜。

3. 形状 形状(Shape)控件主要用于创建矩形、圆或椭圆形状的对象。形状是一种图形控件，不能直接对其进行修改，不过可以通过形状的属性设置来修改形状。

形状控件的常用属性、方法：

(1) BackStyle：指定形状的背景是否透明，0 为透明，1 为不透明。

(2) Curvature：指定形状的弯角曲率。其取值范围为 0～99。当其值为 0 时表示无曲率，形状成为矩形；当其值为 99 时，表示达到最大曲率，成为一个圆或椭圆。

(3) FillColor：指定形状上所画图案的填充颜色。

(4) FillStyle：指定形状的填充图案，0 为实心，1 为透明，2 为水平线，3 为垂直线，4 为向上对角线，5 为向下对角线，6 为十字线，7 为对角交叉线。

(5) Move：移动形状到指定的位置。

4. 超级链接 超级链接(Hyperlink)控件用来帮助在表单上创建一个热键，以便单击后迅速跳转到一个目标网址上。超级链接控件含有一个 NavigateTo 方法，它允许用户指定一个 URL 地址。当表单运行时，添加到表单中的超级链接控件是不可见的，然而当执行其 NavigateTo 方法时，Visual FoxPro 就会启动默认的浏览器显示指定的 URL 网页。

【例 8-19】 设计表单模拟形状的变化。

(1) 新建表单，添加一个计时器(Timer1)、一个形状(Shape1)、两个命令按钮(Command1、Command2)。设置 Command1、Command2 的 Caption 属性为“开始变换”、“停止变换”，FontSize 为 12，FontName 为“黑体”，如图 8-53 所示。

(2) 编写 Form1 的 Init 事件代码：

```
WITH THISFORM. shape1
    . CURVATURE=0
    . FILLSTYLE=0
    . FILLCOLOR=RGB(255,0,0)
    . BORDERCOLOR=RGB(255,0,0)
    . BORDERWIDTH=2
    . HEIGHT=40
    . WIDTH=40
```

```
    .TOP=0
    .LEFT=0
ENDWITH
THISFORM.timer1.INTERVAL=0
```

(3) 编写 Command1 的 Click 事件代码：

```
THISFORM.timer1.INTERVAL=400
```

(4) 编写 Comman2 的 Click 事件代码：

```
THISFORM.timer1.INTERVAL=0
```

(5) 编写 Timer1 的 Timer 事件代码：

```
THISFORM.shape1.CURVATURE=INT(99-99*RAND())
THISFORM.shape1.FILLCOLOR=RGB(INT(255*RAND()),INT(255*RAND()),INT(255*RAND()))
THISFORM.shape1.MOVE(270*RAND(),250*RAND())
```

(6) 保存并运行，如图 8-54 所示，可以看到形状的颜色、位置、曲率会随机的变化。

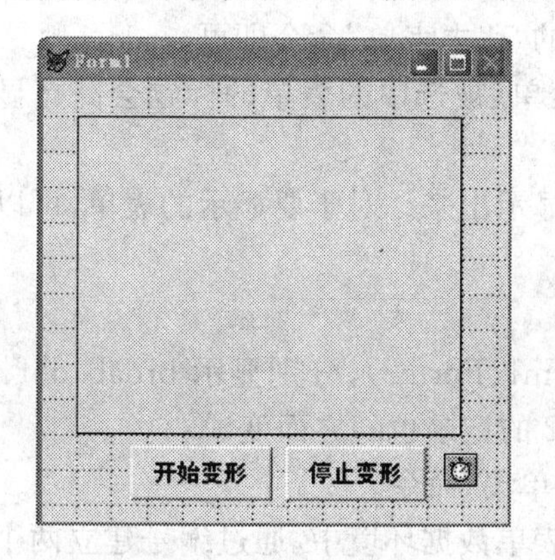

图 8-53 形状应用

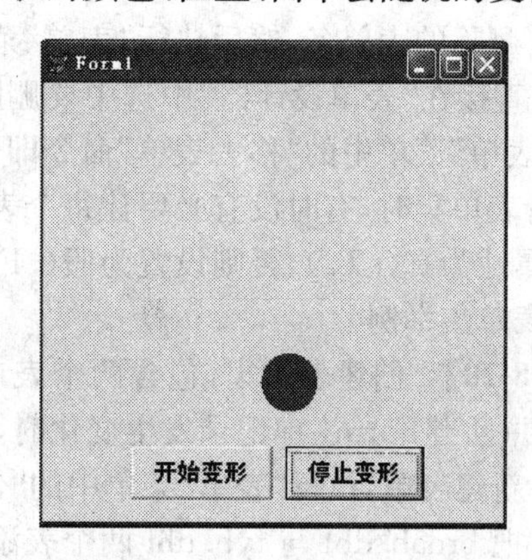

图 8-54 形状应用的运行结果

第 4 节 表单集与多重表单

8.4.1 表单集

在 Visual FoxPro 中，可以将多个表单包含在一个表单集中，这样可以对表单集中的所有表单进行统一操作。通过在表单集上建立数据环境，可以自动同步多个表单中的记录指针，即当改变某个表单内的父表的记录指针的位置时，放在其他表单内的子表的记录指针将自动调整。而且，启动运行表单集时，表单集中的所有表单将一同装入。

在 Visual FoxPro 中，表单是以表的形式存入文件中（扩展名为 .scx）。创建一个表单时，scx 表文件包含一条表单记录、一条数据环境记录和两条内部使用的记录。如果向表单或者数据环境添加对象，则每个对象在 scx 表单文件中拥有一条记录。如果创建一个表单集，则表单集和每个表单在 scx 表单文件中都有一条相应的记录。简单地说，表单集是表单对象的容器对象，使用表单有如下优点：

(1) 可以同时显示或隐藏表单集中的全部表单。

(2) 能可视地调整多个表单,控制它们的相对位置。

(3) 可以在一个表单中方便地操纵另外一个表单及表单内的对象。

(4) 可以自动地同步改变多个表单的记录指针。

1. 创建表单集 表单集是一个包含一个或多个表单的父层次的容器,可在"表单设计器"中创建表单集。创建步骤如下:

(1) 打开"表单设计器"。

(2) 选择"表单"菜单的"创建表单集"命令,即可创建表单集。

如果表单集中只有一个表单,则表单集没有意义,可以删除表单集,而保留表单集中的表单。删除表单集的方法是:选择"表单"菜单中的"移动表单集"命令。

2. 添加与删除表单 表单集创建后,一般只有一个表单,需要向表单集添加其他表单,向表单集添加表单的方法是:执行"表单"菜单中的"添加新表单"命令。

另外,由于设计的需要,有时必须删除表单集中多余的表单,用下面方法之一都可以删除表单:

(1) 打开"表单设计器"后,显示"属性"窗口,然后在"属性"窗口中的选择对象下拉列表中选择要删除的表单名,然后执行"表单"菜单中的"移去表单"命令即可。

(2) 直接在"表单设计器"中选中要删除的表单(被选中的表单的标题会高亮显示),然后执行"表单"菜单中的"移去表单"命令即可。

运行表单集时,有时没有必要让每个表单都显示出来。对于要显示的表单,可以设置其Visible 属性为真(.T.),否则设置为假(.F.)。

3. 表单集举例

【例 8-20】 创建表单集,包含两个表单(Form1、Form2),分别显示 brdab.dbf、fyb.dbf 的记录,并且当 Form1 中记录发生变化时,Form2 的记录也随之而变。

(1) 新建表单,执行"表单"菜单中的"创建表单集"命令。

(2) 把 brdab.dbf 与 fyb.dbf 两个表添加到表单数据环境中,通过编号建立两个表之间的关系。

(3) 按照下面的步骤设计 Form1 的控件。

1) 拖动数据环境中的 brdab 到表单 Form1 中,使之产生一个与 brdab.dbf 对应的表格。

2) 添加一个命令按钮(Command1)到 Form1 表单中,设置 Command1 的 Caption 为"退出表单集"、FontName 为"黑体"、FontSize 为 14。

3) 设置 Form1 的 Caption 属性为"病人档案",调整控件大小与位置,如图 8-55 所示。

图 8-55 表单集中的 Form1

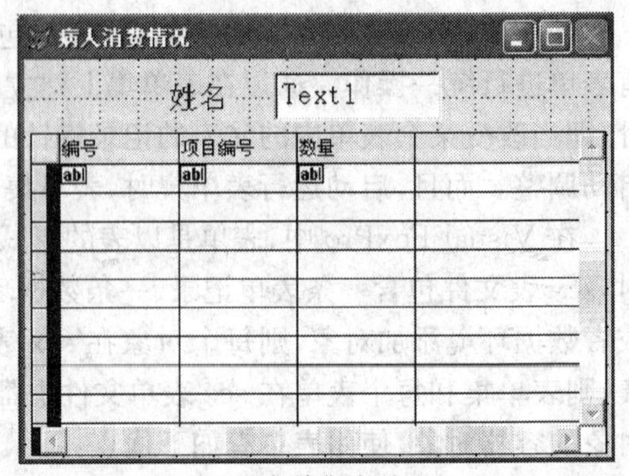

图 8-56 表单集中的 Form2

(4) 按照下面的步骤设计 Form2 的控件。

1) 拖动数据环境中的 fyb 到表单 Form2 中,使之产生一个与 fyb. dbf 对应的表格。

2) 添加一个标签(Label1)、一个文本框(Text1)到 Form2 中,设置 Label1 与 Text1 的 FontSize 为 14,设置 Text1 的 ControlSource 为"brdab. 姓名",设置 Label1 的 Caption 属性为"姓名"。

3) 设置 Form2 的 Caption 属性为"病人消费情况",调整 Form2 中的控件大小与位置,如图 8-56 所示。

(5) 编写 Form1 中的表格控件 grdBrdab 的 AfterRowColChange 事件代码。

```
LPARAMETERS nColIndex
THISFORMSET. form2. REFRESH
```

(6) 编写 Form1 中的命令按钮 Command1 的 Click 事件代码。

```
THISFORMSET. RELEASE
```

(7) 编写 Formset1 的 Init 事件代码。

```
THIS. form1. MAXBUTTON=. F.
THIS. form1. MINBUTTON=. F.
THIS. form2. MAXBUTTON=. F.
THIS. form2. MINBUTTON=. F.
THIS. form2. CLOSABLE=. F.
```

(8) 保存并运行表单,这时当单击 Form1 中的某条记录时,Form2 的记录也会随之移动到相应病人的记录上。运行结果如图 8-57 所示。

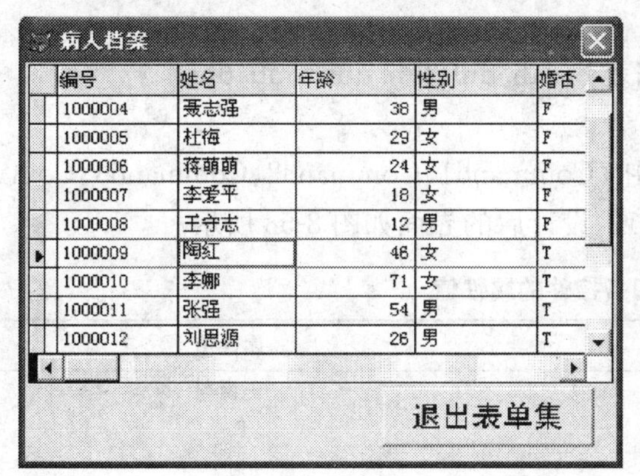

图 8-57　表单集的运行结果

8.4.2　多重表单

应用 Visual FoxPro 可以开发出两种界面的应用程序,即单文档界面(Single Document Interface,SDI)和多文档界面(Multiple Document Interface,MDI)。许多小型软件都是一个 SDI 应用程序,在这些软件中,系统的每条消息均显示在独立的窗口中,例如 Windows 系统自带的"记事本"程序,自始至终只有一个窗口,是一个单文档界面的应用程序。多文档界面的应用程序一般有主窗口,应用程序的其他窗口包含在主窗口中或浮动在主窗口顶端,例如 Visual FoxPro 系统软件就是一个 MDI 应用程序。

1. 表单类型　为了支持多文档界面应用程序，Visual FoxPro 允许用户创建三种类型的表单：子表单、浮动表单、顶层表单。

(1) 子表单：包含在另一个窗口中，用于创建 MDI 应用程序的表单。子表单不可移至父表单（主表单）边界之外，当其最小化时将显示在父表单的底部。若父表单最小化，则子表单最小化。

(2) 浮动表单：属于父表单的一部分，但不包含在父表单中。浮动表单可以被移至屏幕的任何位置，但不能在父表单后台移动。若将浮动表单最小化，它将显示在桌面的底部。若父表单最小化，则浮动表单最小化。浮动表单也可用于创建 MDI 应用程序。

(3) 顶层表单：没有父表单的独立表单，用于创建一个 MDI 应用，或用作 MDI 应用的其他子表单的父表单。顶层表单与其他 Windows 应用程序同级，可出现在前台或后台，显示在 Windows 任务栏中。

2. 表单类型的指定　可以用表单 ShowWindow 属性指定表单的类型。

(1) ShowWindow 属性设置为 0（默认值），指定该表单是 Visual FoxPro 主窗口中的子表单。

(2) ShowWindow 属性设置为 1，指定该表单为顶层表单的子表单。

(3) ShowWindow 属性设置为 2，指定该表单为显示在桌面上的顶层表单。

(4) 若要使子表单成为浮动表单，可将该表单的 Desktop 属性设置为 .T.。

(5) 若要使子表单最大化后与父表单成为一体（即包含在父表单中，共享父表单的标题栏，菜单和工具栏），可将该表单的 MDIForm 属性设置为 .T.；若要使子表单最大化后仍为一个独立的窗口，则应将该表单的 MDIForm 属性设置为 .F.。

3. 多重表单举例

【例 8-21】　创建表单，用子表单浏览数据表 brdab.dbf、fyb.dbf、xmb.dbf。

(1) 父表单设计，具体步骤如下：

1) 新建表单（Form1），添加四个命令按钮（Command1、Command2、Command3、Command4），设置表单与命令按钮的属性，见表 8-10，设计后的界面如图 8-58 所示。

表 8-10　主窗口各控件的属性值

控件	属性	属性值
Form1	Caption	主窗口
	AutoCenter	.T.
	Height	400
	ShowWindow	2
	Width	500
Command1	Caption	\<Brdab
	FontSize	12
Command2	Caption	\<Fyb
	FontSize	12
Command3	Caption	X\<mb
	FontSize	12
Command4	Caption	E\<xit
	FontSize	12

2）编写 Command1 的 Click 事件代码。

```
DO FORM ch8e21_brdab
```

3）编写 Command2 的 Click 事件代码。

```
DO FORM ch8e21_fyb
```

4）编写 Command3 的 Click 事件代码。

```
DO FORM ch8e21_xmb
```

5）编写 Command4 的 Click 事件代码。

```
THISFORM.RELEASE
```

6）保存主父表单文件为 ch8e21.scx。

（2）创建用于浏览 Brdab.dbf 的子表单，操作步骤如下：

1）新建表单（Form1），添加一个表格控件（Grid1）。把 brdab.dbf 表添加到数据环境中。

2）设置表单与表格的属性，见表 8-11。

表 8-11　病人档案子表单的属性

控件	属性	属性值
Form1	Caption	病人档案
	AutoCenter	.T.
	Height	300
	Width	400
	ShowWindow	1
Grid1	RecordSourceType	1
	RecordSource	Brdab
	Left	1
	Height	298
	Top	1
	Width	398

3）保存表单文件为 ch8e21_brdab.scx。

（3）创建用于浏览 fyb.dbf 的子表单，其操作步骤如下：

1）新建表单（Form1），添加一个表格控件（Grid1）。把 fyb.dbf 添加到数据环境中。

2）设置表单与表格的属性，设置值与（2）类似，把 Form1 的 Caption 属性设置为“病人消费情况”，Grid1 的 RecordSource 设置为“fyb”，其他属性与表 8-11 相同。

3）保存表单文件为 ch8e21_fyb.scx。

（4）创建用于浏览 xmb.dbf 的子表单，其操作步骤如下：

1）新建表单（Form1），添加一个表格控件（Grid1）。把 xmb.dbf 添加到数据环境中。

2）设置表单与表格的属性，设置值与（2）类似，把 Form1 的 Caption 属性设置为“医疗项目情况”，Grid1 的 RecordSource 设置为“xmb”，其他属性与表 8-11 相同。

3）保存表单文件为 ch8e21_xmb.scx。

（5）运行主表单文件 ch8e21.scx，运行效果如图 8-59 所示。

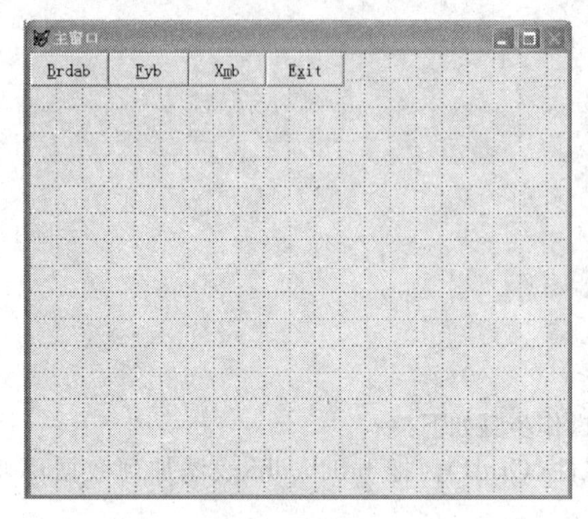

图 8-58　主窗口界面

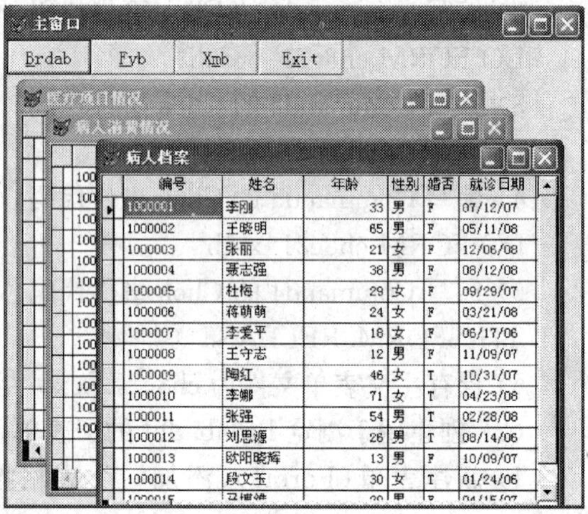

图 8-59　多重表单运行结果

第 5 节　面向对象程序设计

在第 7 章所讲述的是面向过程的程序设计方式，通过本章前面四节的学习，我们发现应用表单控件开发应用程序要比面向过程的程序设计方法的效率高，而且开发过程简单，不需要考虑繁琐的细节设计。在本章前面所讲的程序设计方法是一种称为面向对象的程序设计(object oriented programming,OOP)方法。

面向对象程序设计是近年来程序设计方法的主流方式。它克服了面向过程的程序设计方法的缺点，是程序设计在思维和方法上的巨大进步。在传统的面向过程的程序设计中，操作数据与操作代码是互相分离的，每当开发一个新的应用程序时，程序设计工作者都必须针对具体的应用编写大量程序代码，不能很好地利用以前开发过的程序代码，也就是说程序代码的复用性不高，因而必须花费大量的人力与时间用于对应用程序的开发与维护。

虽然有些应用程序并不完全相同，但是在很多方面它们有相似的地方，例如在数据管理系统中，经常需要浏览数据，因此，没有必要每次都编写一个表格程序，可以把表格的共性抽象出来，定义表格的数据结构和处理方法，然后根据不同的应用，只需对表格数据结构和数据处理方法稍做修改即可。这是因为对于不同应用的表格虽然有所不同，但其基本结构是一样，我们把它当成一个对象进行处理，只需改变的属性、基本事件处理方法就可以变为不同应用程序的表格。

综上所述，面向对象程序设计方法主要考虑的是对象与数据结构，而不是以操作和过程为中心。面向对象程序设计是用所谓的“对象”来表示各种事物、用“类”表示对象的抽象、用“消息”实现对象之间的联系、用“方法”实现对象处理的过程。因此，OOP 首先考虑的是如何对事物进行抽象，即定义类，然后考虑如何对该对象的行为进行处理，但不是针对具体的应用，而是考虑其“过程”的实现。

Visual FoxPro 为面向对象程序设计提供了一系列辅助设计工具，程序设计者可以很容易地应用 Visual FoxPro 所提供的类创建对象(如创建控件)，然后编写适量的事件代码，就可以实现友好的人机界面、完成应用程序所要求的业务处理过程。因此，把面向对象的程序设计与结构化程序设计结合在一起，可以方便地应用 Visual FoxPro 开发界面友好的应用软件。

8.5.1 对象与类

1. 对象(object) 对象是面向对象程序设计的基本单元,是一种将数据和操作过程结合在一起的数据结构,因此,对象是一个具有各种属性(数据)和方法(程序代码)的实体,也就是说,每个对象都有自己的属性和事件。在 Windows 系统中,窗口、菜单、对话框、命令按钮、文本框等都是对象,它们都有属性、方法与事件,如大小、颜色、字体、鼠标单击等。

(1) 属性(property):属性用于描述对象所具有的性质和特点。属性是对象本身的物理特性,它规定了对象的形状、位置和显示方式等诸多因素。比如,命令按钮的大小、颜色和标题等都是命令按钮的属性。对象中的每个属性都具有一定的含义,可以赋予一定的值。例如,Visual FoxPro 中命令按钮就有 Caption、Enabled、Name、SpecialEffect、Visible 等基本属性。

不同的对象有着许多共同的属性,可以通过对象名称来引用指定对象的属性。例如:在表单 Form1 中有命令按钮 Command1 与标签 Label1,它们两者都有 Caption 属性,用 Thisform. Command1. Caption 来引用命令按钮的 Caption,而不是标签的 Caption。对象的属性可以在用"属性窗口"中设置,也可以在运行时通过编程方式来设置。

(2) 事件(event):事件是能被对象识别和响应的动作,它是一种预先定义好的特定动作。每一个对象都有与之相关联的事件,比如,对于电话这个对象,当拿起电话听筒时将触发一个事件,开始拨号时也将触发一个事件。在 Visual FoxPro 中,用户单击鼠标、移动鼠标、按下键盘上的某个键时都会触发事件,初始化一个对象或者遇到导致错误的代码时也会启动事件。如单击鼠标左键,将产生 Click 事件,单击鼠标右键,将产生 RightClick 事件,移动鼠标时会产生 MouseMove 事件等等。在大多数情况下,事件是由用户操作而引起的。

在 Visual FoxPro 中,对象的事件可由用户动作引发,如 Click 事件;也可以由系统自动产生,如 Timer 事件。需要注意的是,尽管对象可以响应的事件的范围很广,但对象的事件都是由系统预定义的,用户不能扩充。Visual FoxPro 提供几个常用事件如下:

1) Init:对象创建时触发。

2) Load:对象装载时触发。

3) Click:单击对象时触发。

4) DblClick:双击对象时触发。

5) RightClick:右击对象时触发。

6) KeyPress:按下并释放键盘上的一个键时触发。

(3) 方法(method):对象能完成一件事情的行为或动作被称为对象的方法,其本质是对象为完成某些任务而定义的程序代码。如表单的显示、表格的刷新等都是对象的方法。在 Visual FoxPro 中常见的方法有:

1) Hide:隐藏表单、表单集、工具条等,相当设置这些对象的 Visible 属性为 .F.。

2) Line:在表单上画一条直线。

3) Move:移动对象。

4) Refresh:重画表单与控件,或者对象的某些数据。

5) Release:释放对象。

6) Show:显示表单。

7) SetFocus:让对象获得焦点。

(4) 事件过程：使用对象时，若想响应某一个事件，其实是应用程序要求在该事件下完成的任务。在面向对象程序设计中，总是通过响应某些事件来完成指定的任务，因此，程序设计者必须在指定的事件下，编写响应事件的代码来实现指定的任务。事件过程与事件紧密联系，一个事件必定有一个与之相对应的事件过程。用户的动作能够激活事件，但响应事件必须通过对应的事件过程来实现。例如，用户想通过单击命令按钮 Command1 使字体变大，鼠标单击 Command1 时会引发它的 Click 事件，但放大字体的代码需要计算机用户自己完成，即编写事件过程 Command1. Click 的程序代码，完成字体放大。

2. 类 类是对象的抽象与归纳，是对一类具有相似特性的对象的属性与方法的描述。类和对象是密切相关，类是创建对象的关键，所有对象的属性和事件都是在类定义中确定的。对象是由相应的类生成，即由类创建对象，对象是类的一个实体。类定义了由它生成的对象所具有的属性和事件，它所定义的是对象的共性；反过来，类的功能只能通过创建对象，并且通过引用该对象才能实现。比如说“小汽车”，它是泛指的一类机动车，换句话说，它是一类机动车的定义，有发动机、四个车轮等，相当于面向对象程序设计中的“类”；但是并没有具体到某辆小汽车，如果指定了“张三正在开的那辆小汽车”，那么这辆小汽车就是“小汽车”类中的某一个具体对象（实例）。通俗地说，类是集合，而对象是集合中的元素。在 Visual FoxPro 中，通过使用对象的属性、方法和事件来完成一定任务，如用表格控件浏览数据表，因此，面向对象程序设计的核心是类的设计和处理。

(1) 层次性：开发一个类并不是完全为了引用，而是在此基础上派生出更多的子类（或称派生类）。每个子类可以继承父类的属性和方法，并且可以添加新对象、属性和方法。因此，每个子类都具有父类的特征，又具有自己特有的属性和方法，也就是说，子类比父类更具体，父类比子类更抽象。这样把类划分为不同层次，根据实际需要，可以引用不同层次的子类对象，以满足不同层次的需求，减少数据冗余，从而提高程序代码的重用性，缩短应用程序的开发周期。

(2) 封装性：对象可以是真实世界中的具体事物，而从对象中归纳抽象出的类自然具备许多详细的内部或外部特征，具有许多行为和功能。就以电话为例，安装一部电话时，并不会关心这部电话呼号和拨号时的内部机制，也不会关心电话是如何与线路相连的，更不用关心按键如何转换成电讯信号的；用户在使用它的时候，只需要知道拿起听筒，如何拨电话号码、怎样通话即可，完全没有必要了解电话本身的内部技术细节。但并不是说，电话就没有了这些内部细节，只是将它们隐藏在电话的内部。

同样，对于对象的内在属性和方法，也可以进行抽象处理，将它们封装在对象的内部。当引用该对象或者创建一个新的对象时，该对象就具有封装在内的属性和方法，用户只能通过对象自身的方法才能访问该对象，用户使用该对象时并不需要知道对象的方法是如何实现的。这就是对象的封装性。

在使用 Visual FoxPro 提供的基类时，没有必要了解基类的内部方法是怎样实现的，只需要创建基类的一个实例（即对象），就可直接调用该对象的方法与属性。类的封装性使得应用程序的维护变得更加容易，因为对类的某一个方法或属性进行修改时，只会影响到该类的所有对象，不会影响到其他类的正常操作。

(3) 继承性：在面向对象程序设计中，可以由父类派生出许多子类，子类很自然地继承了基类的所有属性与方法。因此，当在父类中做出修改时，这种修改会自动地反映到子类中，没有必要逐个地修改所有子类。例如，在父类中发现问题时，就不需要逐个修改所有类，只需修改父类即可，这样可以节省应用程序开发的时间与精力，使得整个应用程序的开发工作得到简化，程序维护也变得更加简单。

(4) 抽象性:类的抽象性与封装性有着密切相联系。对象内部的数据与操作已被封闭在一个统一体内，用户在对某个对象进行操作时，可以忽略其内部的实现细节，隐藏其复杂性，因而对象就被抽象化了。而类是对具有相似特性的对象的抽象，因此，类具有抽象特性。

(5) 多态性:类的多态性是指由类派生的对象可以有不同的表现形式。好比小汽车有不同颜色、发动机、外形等，在面向对象程序设计中，同一类的不同对象也有不同属性，如大小、背景色、位置等，而且不同的对象对于相同的事件可以有不同动作，也就是说，相同功能有不同的实现方式。

8.5.2　VFP 的类

1. Visual FoxPro 基类　在 Visual FoxPro 中，可以从 Visual FoxPro 基类中创建对象或者派生出子类。表 8-12 是 Visual FoxPro 所提供的基类。

表 8-12　Visual FoxPro 的基类

ActiveDoc	ProjectHook	Form	CheckBox
FormSet	Column*	Line	Grid
ListBox	Header*	CommandButton	OLEControl
CommandGroup	OLEBoundControl	Spinner	Container
TextBox	Control	OptionGroup	Timer
Page*	HyperLink	Custom	PageFrame
DataEnvironment	Relation	ToolBar	EditBox
Label	ComboBox	Shape	OptionButton
Cursor	Image	Separator	

* 表示该类不能派生子类

2. Visual FoxPro 类层次　Visual FoxPro 中的类分为两种类型，即容器类和控件类。

(1) 容器类:容器类可以包含其他对象，并允许访问所包含的对象。例如，如果创建一个包含有两个列表框和两个命令按钮的容器类，然后将一个基于该类的对象添加到表单中，则在运行和设计时每个对象都是可操作的，而且可以改变列表框的位置、命令按钮的标题等。因此，容器类提供了一种将多个对象进行组合的功能。表 8-13 是 Visual FoxPro 的容器类以及每个容器类所能包含的对象。

表 8-13　Visual FoxPro 的容器类

容器	可包含的对象	容器	可包含的对象
CommandButtonGroup	命令按钮	Column	标头和除表单、表单集、工具栏、计时器外的对象
Container	任意控件	Grid	表格列
Control	任意控件	OptionButtonGroup	选项命令按钮

续表

容器	可包含的对象	容器	可包含的对象
Custom	任意控件、页框、容器、自定义对象	PageFrame	页面
FormSet	表单、工具栏	Page	任意控件、容器、自定义对象
Form	任意控件、页框、容器、自定义对象	ToolBar	任意控件、页框、容器

(2) 控件类:控件类比容器类封装得更完全。对于由控件类创建的对象,在设计和运行时是作为一个整体来对待,构成控件对象的各部分不能单独修改或操作。所有控件类都没有 AddObject 方法,即不能向控件对象中添加其他对象。表 8-14 是 Visual FoxPro 的控件类。

表 8-14 Visual FoxPro 的控件类

CheckBox	ListBox	ComboBox	OLEBoundControl
CommandButton	OLEControl	OptionButton	Shape
Label	Spinner	EditBox	TextBox
Image	Timer	Line	HyperLink

8.5.3 对象操作

通过"表单设计器"或者通过编程创建对象后,就可以通过修改对象的属性、调用对象的方法来操作对象。

1. 对象引用 对于容器层次中的对象,为了引用和操作,就必须标识出与其关联的容器类。例如,要操作表单集中某一表单中的控件,就必须引用表单集、表单,然后才是控件。Visual FoxPro 有两种对象引用方式,即绝对引用和相对引用。

(1) 绝对引用:Visual FoxPro 对象的绝对引用与表单的绝对引用类似(见 8.1.5 节)。例如,在 FormSet1 下有一个表单 Form1,然后在表单 Form1 中添加页框 PageFrame1,并向 PageFrame1 添加一个命令按钮 Command1,如果想设置 Command1 不可用,即 Enabled 属性为 .F.,那么可以使用下面的命令进行设置:

FormSet1. Form1. PageFrame1. Command1. Enabled=. f.

其中在引用 Command1 的 Enabled 的属性时,所采用的就是绝对引用。

(2) 相对引用:Visual FoxPro 对象的相对引用和 8.1.5 节所叙述的表单的相对引用一样,可以用 Parent、This、Thisform、ThisformSet 这四个关键字来标识对象的相对关系,引用对象的属性、方法与事件。例如:ThisformSet. Form1. Command1. Caption="退出",表示把当前表单集中的 Form1 表单的 Command1 命令按钮的标题设置为"退出"。

2. 设置属性 在 Visual FoxPro 中,对象的属性可以在设计或者运行时进行设置。在应用程序设计过程中,往往需要动态地设置对象的属性,可以使用下面的命令进行设置:

<父对象>[. <子对象 1>[…[. <子对象 n>]]]. <属性>=<表达式>

例如:Form1. Text1. Value=SPACE(10)

Thisform. Text1. BackColor＝RGB(192，192，192)

FormSet1. Form1. Text1. Value＝SPACE(10)

3. 调用方法　对象被创建后，就可以从应用程序的任意位置调用该对象的方法。Visual FoxPro 使用以下格式调用对象的方法：

＜父对象＞[. ＜子对象 1＞[…[. ＜子对象 n＞]]]. ＜方法＞

例如，FormSet1. From1. Show

Thisform. Command1. SetFocus

Thisform. Shape1. move(80,100)

在 Visual FoxPro 中，如果对象中的某个方法要返回一个值并用在表达式中，调用时必须在方法名的后面跟上一对圆括号。例如，

S＝Thisform. TextWidth('返回当前表单字符串的宽度!')

4. 事件过程　事件发生时，将执行包含在事件过程中的代码。例如，单击命令按钮时，将执行包含在命令按钮的 Click 事件过程中的代码。在 Visual FoxPro 中可以用鼠标引发 Click、DblClick、MouseMove 和 DragDrop 等事件，用 ERROR 命令来引发 Error 事件，用 KEYBOARD 命令引发 KeyPress 事件。根据应用程序的需要，可以设计相应事件发生时的事件代码，用以完成指定的任务。尽管不能通过编程来引发其他事件的发生，但是可以调用与事件相关联的过程。例如要执行 Form1 对象的 Activate 事件中的代码，则直接输入命令"Form1. Activate"。

练 习 题

一、单项选择题

1. 面向对象的程序设计是近年来程序设计方法的主流方式，简称 OOP。下面这些对于 OOP 的描述错误的是________。

A. OOP 以对象及数据结构为中心

B. OOP 用"对象"表现事物，用"类"表示对象的抽象

C. OOP 用"方法"表现处理事物的过程

D. OOP 工作的中心是程序代码的编写

2. ________是面向对象程序设计中程序运行的最基本实体。

A. 对象　　B. 类　　C. 方法　　D. 函数

3. 现实世界中的每一个事物都是一个对象，任何对象都有自己的属性和方法。对属性的正确描述是________。

A. 属性只是对象所具有的内部特征

B. 属性就是对象所具有的固有特征，一般用各种类型的数据来表示

C. 属性只是对象所具有的外部特征

D. 属性就是对象所具有的固有方法

4. 对象的属性是指________。

A. 对象所具有的行为　　B. 对象所具有的动作

C. 对象所具有的特征和状态　　D. 对象所具有的继承性

5. 每一个对象都可以对一个被称为事件的动作进行识别和响应。下面对于事件的描

述中________是错误的。

A. 事件是一种预先定义好的特定的动作，由用户或系统激活

B. Visual FoxPro 基类的事件集合是由系统预先定义好后，是唯一的

C. Visual FoxPro 基类的事件也可以由用户创建

D. 可以激活事件的用户动作有按键、单击鼠标、移动鼠标等

6. 下面关于“类”的描述，错误的是________。

A. 一个类包含了相似的有关对象的特征和行为方法

B. 类只是实例对象的抽象

C. 类并不执行任何行为操作，它仅仅表明该怎样做

D. 类可以按所定义的属性、事件和方法进行实际的行为操作

7. 下面对于控件类的各种描述中，________是错误的。

A. 控件类用于进行一种或多种相关的控制

B. 可以对控件类对象中的组件单独进行修改或操作

C. 控件类一般作为容器类中的控件

D. 控件类的封装性比容器类更加严密

8. 以下属于容器类控件的是________。

A. Text　　B. Form　　C. Label　　D. CommandButton

9. 以下属于非容器类控件的是________。

A. Form　　B. Label　　C. Page　　D. Containter

10. 在对象的“相对引用”中，可使用的关键字有________。

A. This，Thisform，Parent　　B. This，Thisformset，PageFrame

C. This，Thisform，formset　　D. This，Form，Formset

11. 假定所创建表单对象 myform 的 Click 事件可以修改其中的 Command1 对象的 Caption 属性。不能在程序中修改 Command1 对象的 Caption 属性的命令是________。

A. This. Caption＝“退出”

B. This. Command1. Caption＝“退出”

C. Myform. Command1. Caption＝“退出”

D. thisform. Command1. Caption＝“退出”

12. Form1 里有一个文本框 Text1 和一个表格 grid1，表格是一个容器对象。如果要在表格的标题 Header1 的某个方法中访问文本框 Text1 的 Value 属性值，下面式子正确的是________。

A. This. Thisform. Text1. Value　　B. This. Parent. Parent. Text1. Value

C. This. Parent. Text1. Value　　D. This. Parent. Parent. Parent. Text1. Value

13. 表单中含一个命令按钮，在运行表单时，下列有关事件引发次序的叙述中，正确的是________。

A. 先是命令按钮的 Init 事件，然后是表单的 Init 事件，最后是表单的 Load 事件

B. 先是表单的 Init 事件，然后是命令按钮的 Init 事件，最后是表单的 Load 事件

C. 先是表单的 Load 事件，然后是表单的 Init 事件，最后是命令按钮的 Init 事件

D. 先是表单的 Load 事件，然后是命令按钮的 Init 事件，最后是表单的 Init 事件

14. 单击表单中一个未被禁用的文本框，发生的三个事件的顺序是________。

A. GotFocus、When、Click　　B. When、GotFocus、Click
C. Click、GotFocus、When　　D. Click、When、GotFocus

15. 如果在表单中要为一个逻型字段创建一个对象，较为合适的控件类型是________。
A. TextBox　　B. CheckBox　　C. OptionGroup　　D. ComboBox

16. Grid 的集合属性和列计数属性是________。
A. Columns 和 ColumnCount　　B. Forms 和 FormCount
C. Pages 和 PageCount　　D. Controls 和 ControlCount

17. 对列表框的内容进行一次新的选择，不会发生________事件。
A. Click　　B. When　　C. InterativeChange　　D. GotFocus

18. 如果要在列表框中一次选择多个项(行)，必须设置________属性为 .T. 。
A. MultiSelect　　B. ListItem　　C. ListItemID　　D. Enabled

19. 下列控件中，________在运行时一定不可见。
A. OptionButton　　B. Page　　C. OptionGroup　　D. Timer

20. 计时器控件的主要属性是________。
A. Enabled　　B. Caption　　C. Interval　　D. Value

21. Timer 控件的 Interval 属性值设置为 100，表示________。
A. Timer 事件在 100 秒后失效
B. 100 秒后，计时器的 Enabled 属性自动为 .F.
C. Timer 事件发生的频率为 10 次/秒
D. Timer 事件发生的时间间隔为 100 秒

22. 下列各组控件中，全部可与表中数据绑定的控件是________。
A. EditBox、Grid、Line　　B. ListBox、Shape、OptionButton
C. ComboBox、Grid、TextBox　　D. CheckBox、Separator、EditBox

23. 选项按钮组中选项按钮的个数由________属性决定。
A. ControlCount　　B. OptionCount　　C. ButtonCount　　D. ObjectCount

24. 决定微调控件最大值的属性是________。
A. KeyBoardHighValue　　B. Value
C. KeyBoardLowValue　　D. Interval

25. 不可以作为文本框数据来源的是________。
A. 数值型字段　　B. 内存变量　　C. 字符型字段　　D. 备注型字段

26. 下面关于列表框和组合框的正确叙述是________。
A. 列表框可以实现多重选择，而组合框不能
B. 组合框可以实现多重选择，而列表框不能
C. 列表框和组合框都可以实现多重选择
D. 列表框和组合框都不能实现多重选择

27. InteractiveChange 事件的含义是________。
A. 当对象接受焦点时触发该事件　　B. 当对象的文本值发生改变时触发该事件
C. 当对象失去焦点时触发该事件　　D. 当单击对象时触发该事件

28. GotFocus 事件的含义是________。
A. 当对象接收焦点时触发该事件　　B. 当对象的文本值发生改变时触发该事件

C. 当对象失去焦点时触发该事件　　D. 当单击对象时触发该事件

29. LostFocus 事件的含义是________。

A. 当对象接收焦点时触发该事件　　B. 当对象的文本值发生改变时触发该事件

C. 当对象失去焦点时触发该事件　　D. 当单击对象时触发该事件

30. Click 事件的含义是________。

A. 当对象接收焦点时触发该事件　　B. 当对象的文本值发生改变时触发该事件

C. 当对象失去焦点时触发该事件　　D. 当单击对象时触发该事件

31. Caption 属性的含义是________。

A. 设置对象的标题　　B. 指定对象是否响应用户引发的事件

C. 设置对象标题的显示颜色　　D. 设置对象的文本提示信息

32. Enabled 属性的含义是________。

A. 设置对象的标题　　B. 指定对象是否响应用户引发的事件

C. 设置对象标题的显示颜色　　D. 设置对象的文本提示信息

33. ForeColor 属性的含义是________。

A. 设置对象的标题　　B. 指定对象是否响应用户引发的事件

C. 设置对象标题的显示颜色　　D. 设置对象的文本提示信息

34. ToolTipText 属性的含义是________。

A. 设置对象的标题　　B. 指定对象是否响应用户引发的事件

C. 设置对象标题的显示颜色　　D. 设置对象的文本提示信息

35. 在 Visual FoxPro 中，表单是指________。

A. 数据库中各个表的清单　　B. 一个表中各个记录的清单

C. 数据库查询的列表　　D. 窗口界面

36. 在表单内控件的事件代码中，可以改变表单的背景色的命令是________。

A. Myform. BackColor= RGB(0, 255,0)

B. This. Parent. BackColor= RGB(0,255,0)

C. Thisform. . BackColor=RGB(0,255,0)

D. This. BackColor=RGB(0,255,0)

37. 下列关于表单布局设计的叙述，不正确的是________。

A. 利用布局工具栏可以设置表单中控件的布局

B. 设置控件布局前可以不选中该控件

C. 用鼠标可以拖动表单中对象的位置，用箭头键可以微调对象的位置

D. 直接按 Del 键可以删除表单上的控件

38. 当调用一表单的 Show 方法时，可能激发表单的________。

A. Load 事件　　B. Init 事件　　C. Activate 事件　　D. Click 事件

39. 用表单设计器设计表单，下列叙述中错误的是________。

A. 可以创建表单集　　B. 可以向表单添加 ActiveX 控件

C. 可以对表单添加新事件　　D. 数据环境对象可以加到表单中

40. 表单的 Name 属性用于________。

A. 作为保存表单时的文件名　　B. 引用表单对象

C. 显示在表单标题栏中　　D. 作为运行表单时的表单名

41. 可以在表单的数据环境中添加________。

A. 表和视图　　B. 表之间的临时关系

C. 表字段　　D. 报表

42. 如果要向表单中传递参数，则应在表单的________事件代码中包含 PARAMETERS 语句。

A. Init　　B. Load

C. Activate　　D. 数据环境的 BeforeOpenTables

43. 从父表单获取所调用子表单的返回值，其方法是在子表单的________事件代码中包含 RETURN 语句来返回一个值。

A. Destroy　　B. Unload　　C. Load　　D. LostFocus

44. 表单 Form1 上有标签对象 Label，为使其在表单上横向居中，表单的 Init 事件代码为________。

A. Thisform. Label1. Left＝Thisform. Width/2

B. Thisform. Label1. Height＝Thisform. Height/2

C. Thisform. Label1. Width＝Thisform. Label1. Width/2

D. Thisform. Label1. Left＝(Thisform. Width-Thisform. Label1. Width)/2

45. 以下关于表单集的叙述中不正确的是________。

A. 表单集中的所有表单拥有同一个数据环境

B. 表单集中可以包含一个或多个表单对象，也可以不包含一个表单对象

C. 表单集被创建后仍可添加新表单

D. 表单集被隐藏，其所包含的全部表单也被自动隐藏

二、简答题

1. 文本框控件与编辑框控件有何不同？

2. 列表框控件与组合框控件有何不同？

3. 简述交互地在表格列中添加控件的步骤。

4. Visual FoxPro 有哪些基类？

5. Visual FoxPro 的基类分为容器类和控件类，它们有什么不同？

6. 在 Visual FoxPro 中有哪几种建立表单的方法？

7. 简述子表单和浮动表单的不同点。

8. 在激活一个表单后如何隐藏它？

9. 如何在表单运行时传递参数？

三、程序设计题

1. 如图 8-60 所示，创建表单，用编辑框来浏览不同的文本文件。要求在表单的标题栏显示文件名，编辑框中显示文本内容，打开命令按钮可以通过“打开”窗口打开文本文件，退出按钮用于退出表单。

2. 如图 8-61 所示，设计一个简单地计算器程序。要求通过界面输入运算表达式，单击“＝”按钮后，在文本框内显示结果，如果表达式不能计算，则用 Messagebox 函数错误提示信息。

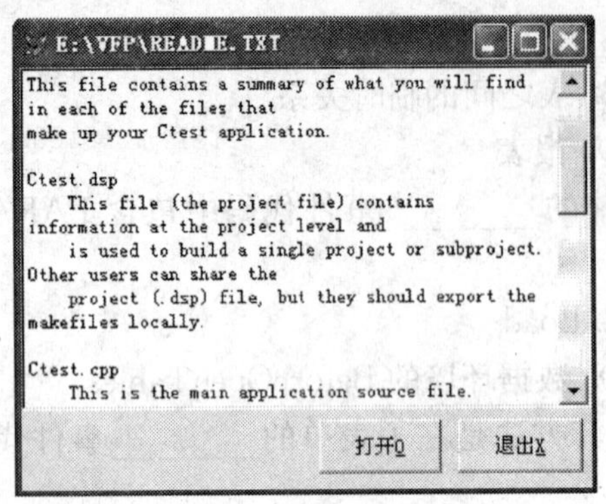

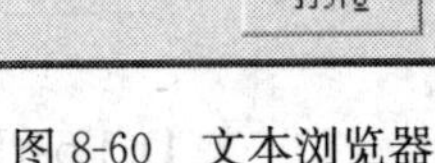

图 8-60　文本浏览器

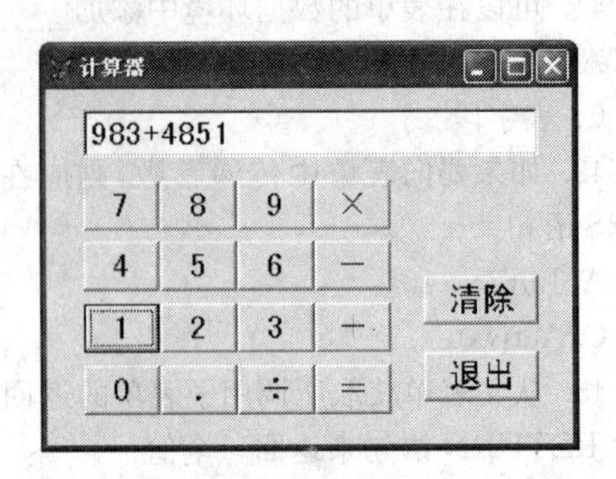

图 8-61　计算器程序

3. 如图 8-62 所示，设计用于计算存款本利之和的计算器。已知定期存款满半年的月利率为 0.221%，满一年后的月利率为 0.27%，满两年后的月利率为 0.31%，满三年的月利率为 0.36%，不足半年的月利率为 0.123%。在输入存期完毕之后，马上计算出本利之后，计算结果保留到小数点后两位，计算结果用文本框显示而且是只读的。

4. 设计表单用于显示当前鼠标在表单中的位置，如图 8-63 所示。

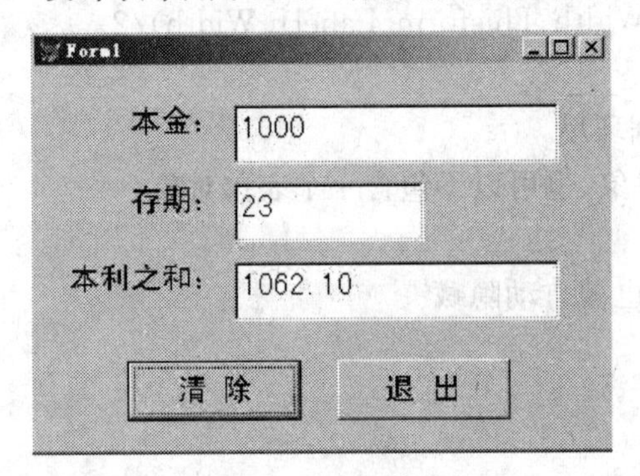

图 8-62　本利计算器

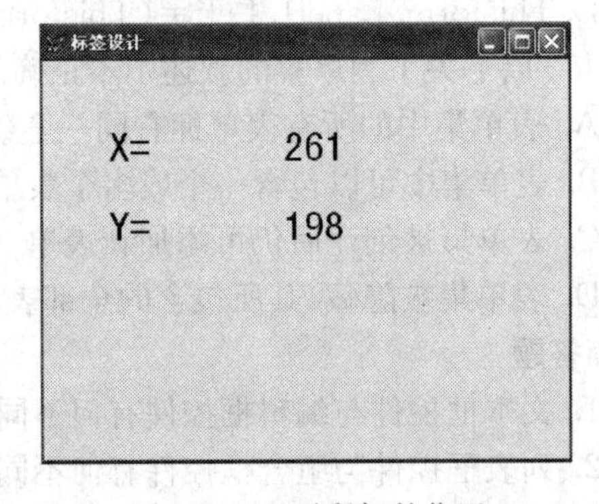

图 8-63　显示鼠标的位置

5. 如图 8-64 所示，设计表单，在其中有两个列表框和六个命令按钮。要求按钮“打开”按钮时，把指定表文件的字段名添加到左边的列表框中，然后按->按钮，把选定的字段名添加到右列表中，按>>按钮，把左表中的字段名全部添加到右表，按<-按钮，把选定的字段名添加到左表，按<<按钮，把右表的字段名全部添加到左表。

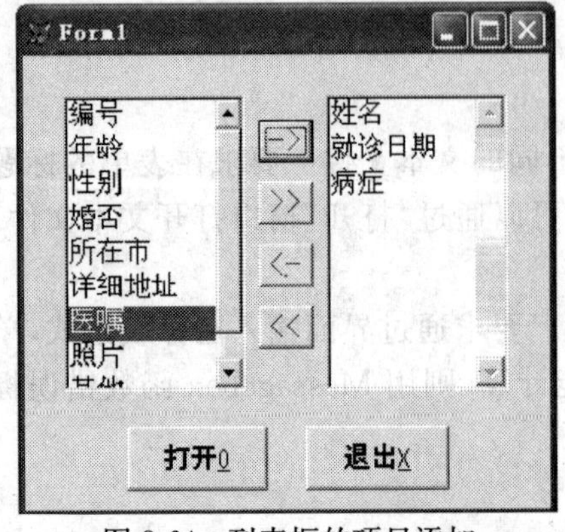

图 8-64　列表框的项目添加

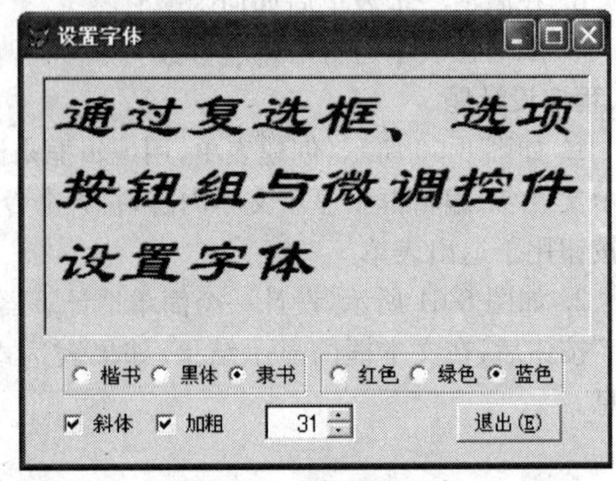

图 8-65　字体设置程序

6. 如图 8-65 所示，设计字体设置程序。

7. 设计表单，在表单中添加一个小球，并使小球沿着正弦曲线周期运动。

参考答案

一、单项选择题

1. D　2. A　3. B　4. C　5. C　6. D　7. B　8. B　9. B　10. A　11. A　12. D　13. D　14. B　15. B　16. A　17. D　18. A　19. D　20. C　21. C　22. C　23. C　24. A　25. D　26. A　27. B　28. A　29. C　30. D　31. A　32. B　33. C　34. D　35. D　36. B　37. B　38. C　39. C　40. B　41. A　42. A　43. B　44. D　45. B

二、简答题

略。

三、程序设计题

略。

第 9 章　报表与菜单设计

报表(report)是利用已定义好的格式、布局和数据源,生成用户需要的各种打印格式后打印输出。在 Visual FoxPro 中,打印报表不像其他软件一样将文件内容直接打印出去,而是先建立一个报表布局文件,在打印时将数据源,如图表、查询或视图中的数据自动填充到打印结果中。

菜单是应用程序必不可少的交互式操作界面,它能将一个应用程序的功能有效地按类组织,并以列表的方式显示出来,便于用户快速访问应用程序的各项功能。

本章主要介绍利用 Visual FoxPro 提供的报表设计器和菜单设计器进行报表与菜单设计的方法与步骤。

第 1 节　报表设计基础

9.1.1　报表设计概述

Visual FoxPro 提供了制作报表的辅助工具"报表设计器"来完成报表的设计,其优点如下:

(1) 能够在屏幕上直接定位各个对象(如标签、线条、方框、字段与图片),并且可以随时预览报表实际输出的形式。

(2) 一页报表可以只包含一条记录的信息,对制作邮寄标签或信件而言非常有用。

(3) 可以将数据分组,甚至嵌套分组报表。

(4) 可直接定义报表的打印格式与跳页。

(5) 允许将当前环境状态信息与报表一并保存。

(6) 允许用户定义变量进行数据运算的处理。

(7) 可以在报表格式中插入自定义函数,进行更细微的控制。

(8) 精美的报表与标签能使数据清晰地呈现在纸张上,使用户所要传达的汇总数据、统计与摘要信息让人看起来清晰、直观、一目了然。

报表主要包括数据源和布局两个方面,数据源为报表提供数据,可以是数据表、查询、视图或临时表;布局用来定义报表的输出格式,Visual FoxPro 系统提供了列布局、行布局、一对多布局、多栏布局等几种布局格式。报表以报表文件的形式保存,产生扩展名为 .FRX 的布局文件和一个扩展名为 .FRT 的备注文件。

设计报表时,一般首先为报表准备数据,即确定报表的数据源;然后,根据所要求的报表格式,确定报表的布局,再选择相应的方法创建报表;最后,运行报表,在屏幕预览或打印出所需要的报表。

1. 设定报表数据源　一个报表总是依赖于一定的数据源生成的。报表的数据源可以是数据库表、自由表,也可以是视图、查询或临时表。如果一个报表总是使用相同的数据源,则可将此数据源添加到报表的数据环境中。这样，当数据源中的数据更新后，报表的输出内容将会随之更新，而报表的格式则保持不变。将数据源添加到设计报表的数据环境的步骤将在 9.2.3 节作详细介绍。

2. 设计报表布局　创建报表前，首先应该根据需要对报表进行合理的结构安排，即确定所需报表的总体布局。报表的总体布局大致上可分为列报表、行报表、一对多报表、多栏报表和标签 5 大类。

（1）列布局：其主要特征是报表每行一条记录，记录的字段在页面上按水平方向放置，是一种常用的报表布局类型。各种分组、汇总报表，财政报表，各类清单等都可以使用这种布局格式，如学生成绩表、人事档案表、统计报表等。

（2）行布局：报表只有一栏记录，一条记录占用报表多行位置，字段沿报表边沿向下排列。每行记录的字段在一侧竖直放置。这类报表布局适用于各类清单、列表使用，如学生登记卡、邮政标签、货物清单、产品目录、发票等类报表。

（3）一对多布局：报表基于一条记录及一对多关系生成。打印时在父表中取得一条记录后，必须将子表中与其相关的多条记录取出打印。这类报表布局多用于基于表间一对多关系的货运清单、会计报表、票据等。

（4）多栏布局：报表拥有多栏记录，可以是多栏行报表，也可以是多栏列报表，如电话本、名片等。

（5）标签布局：这类布局一般拥有多栏记录，记录的字段沿左侧竖直放置对齐，向下排列，一般打印在特殊纸上，多用于邮件标签、名字标签等的布局。

Visual FoxPro 提供了 3 种创建报表的方式：

1. 报表向导　可以用来创建简单的单表或者多表报表。报表向导自动提供报表设计器的定制功能，它是创建报表的最简单的途径。

2. 快速报表　这种方法必须在启动报表设计器后使用，以快速表创建简单规范的报表，是用报表设计器创建报表的特例。

3. 报表设计器　利用报表设计器来创建报表，用户可以完全根据自己的意愿来定义报表的输出格式。并且报表设计器可以修改其他各种方法创建的报表，使之更加完善与实用，这也是本章所要讲述的主要内容。

9.1.2　使用向导创建报表

1. 启动报表向导　使用 Visual FoxPro 提供的报表向导，可方便地创建一些不太复杂的模式化报表。启用报表向导有以下 4 种方法。

（1）选择“文件”菜单的“新建”命令，在弹出的“新建”对话框中选定“报表”后单击“向导”按钮。

（2）打开“项目管理器”，选择“文档”选项卡的“报表”项，单击“新建”按钮，在弹出的“新建报表”对话框中单击“报表向导”按钮。

（3）单击“常用”工具栏中的“报表”按钮。

（4）选择“工具”菜单中“向导”子菜单下的“报表”命令。

2. 单表报表　单表报表是用一个单一的表创建的带格式的报表，下面以实例进行说明。

【例 9-1】 对病人档案表 brdab.dbf 创建报表。

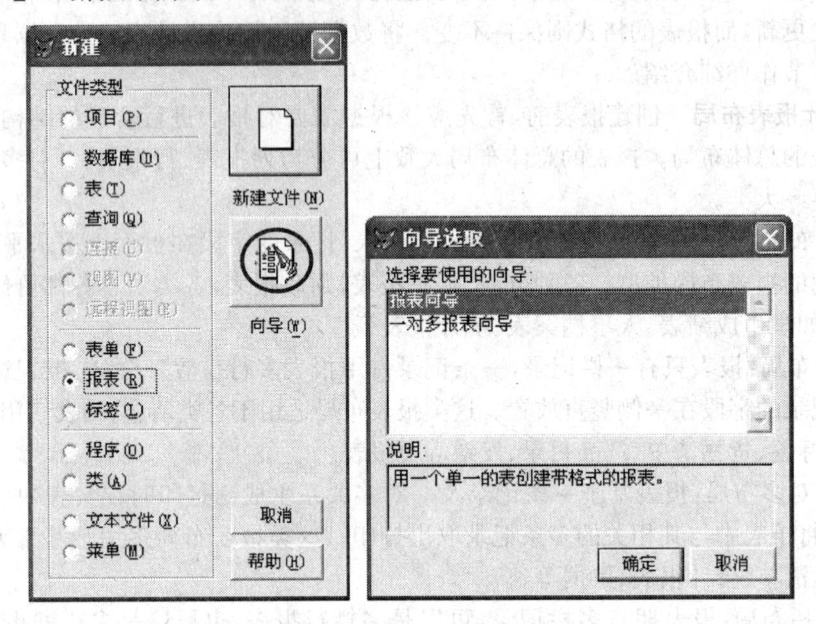

图 9-1 “向导选取”对话框

操作步骤如下:

(1) 选择“文件”菜单的“新建”命令,在弹出的“新建”对话框中选定“报表”单选按钮后单击“向导”按钮,弹出如图 9-1 所示的“向导选取”对话框。

(2) 选取向导。如果数据源只是一个表,应选取“报表向导”;如果数据源包括父表和子表,应选取“一对多报表向导”。本例中,选取“报表向导”,然后单击“确定”按钮,将出现“报表向导”对话框。

(3) 在“步骤 1-字段选取”对话框(图 9-2)中,在其中的“数据库和表”列表框中选定数据表 brdab.dbf,然后将需要在报表中输出的各个字段从“可用字段”列表框移到“选定字段”列表框中。

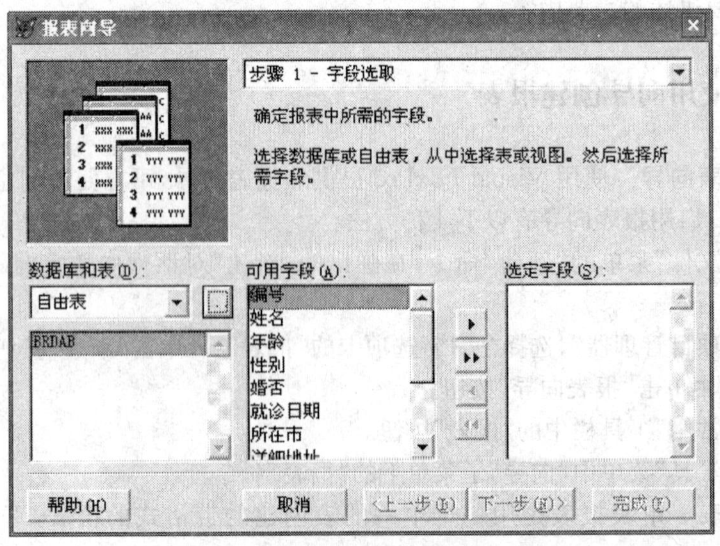

图 9-2 选取字段步骤

(4) 单击"下一步"按钮，在"步骤 2-分组记录"对话框(图 9-3)中，根据需要设定记录的分组方式。注意：只有已经建立索引的字段才能作为分组的关键字段，最多可建立三层分组。本例中不指定分组选项。

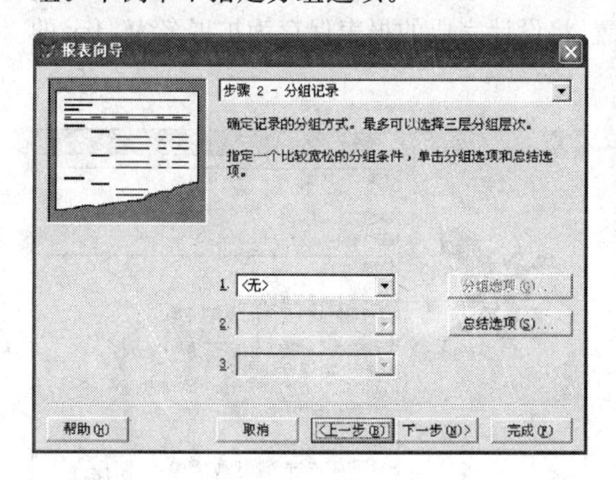

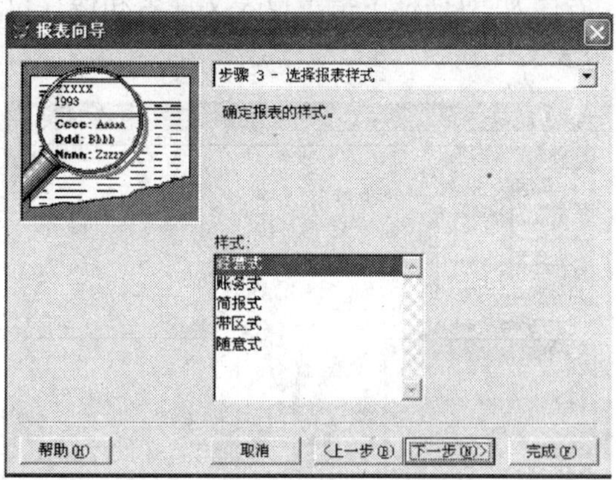

图 9-3　步骤 2-分组记录和步骤 3-选择报表样式

(5) 单击"下一步"按钮，在"步骤 3-选择报表样式"对话框(图 9-3)中，选取一种喜欢的报表样式。本例中选定"简报式"。

(6) 单击"下一步"按钮，在"步骤 4-定义报表布局"对话框(图 9-4)中，指定报表的布局是单栏还是多栏、是行报表还是列报表、是纵向打印还是横向打印。本例采用默认的纵向打印、单栏、列式字段布局。

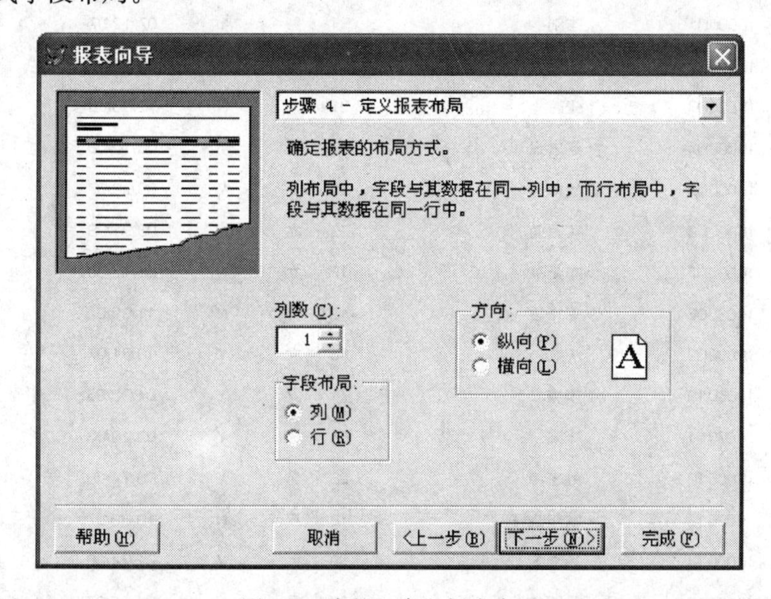

图 9-4　步骤 4-定义报表布局

(7) 单击"下一步"按钮，在"步骤 5-排序记录"对话框中指定报表中记录的排序关键字段，并指定是升序或降序，用以确定记录在报表中出现的顺序。单击"下一步"按钮，在"步骤 6-完成"对话框中，指定报表的标题并选择报表的保存方式。如图 9-5 所示。

(8) 单击"预览"按钮。本例的预览效果如图 9-6 所示。此时在主窗口将会出现一个"打印预览”工具栏，包括对预览的报表前后翻页观看，以及“缩放”、“关闭预览”、“打印报表”等多个按钮。在准备好打印机的情况下，单击其上的“打印报表”按钮即可开始报表的打印。

(9) 单击“关闭预览”按钮后回到“步骤 6-完成”对话框，然后单击“完成”按钮，在弹出的“另存为”对话框中指定报表文件名和保存位置，将设计完成的报表保存为扩展名为 .frx 的报表文件。

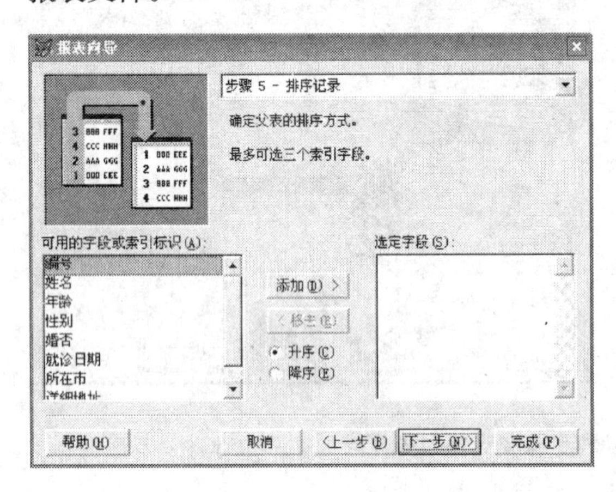

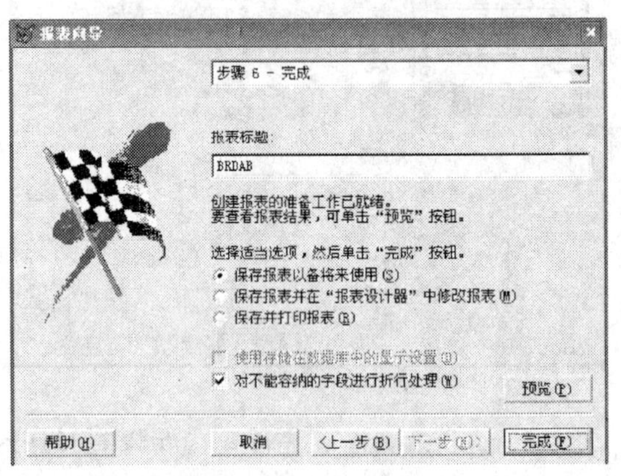

图 9-5　步骤 5-排序记录和步骤 6-完成

BRDAB

12/20/08

编号	姓名	年龄	性别	婚否	就诊日期
1000001	李刚	34	男	Y	07/12/07
1000002	王晓明	65	男	Y	05/11/08
1000003	张丽	21	女	N	12/06/08
1000004	聂志强	38	男	Y	08/12/08
1000005	杜梅	29	女	Y	09/29/07
1000006	蒋萌萌	25	女	N	03/21/08
1000007	李爱平	17	女	N	06/17/06
1000008	王守志	12	男	N	11/09/07
1000009	陶红	46	女	Y	10/31/07
1000010	李娜	71	女	Y	04/23/08
1000011	张强	54	男	Y	02/28/08
1000012	刘思源	26	男	Y	08/14/06
1000013	欧阳晓辉	13	男	N	10/09/07
1000014	段文玉	30	女	Y	01/24/06
1000015	马博维	29	男	N	04/15/07
1000016	王洁	13	女	N	01/22/08

图 9-6　预览报表的打印效果

3. 一对多报表　一对多报表向导创建的报表包含了一组父表的记录以及相关的子表的记录。

【例 9-2】 以病人档案表 brdab. dbf 为父表，费用表 fyb. dbf 为子表，建立一对多报表。

操作步骤如下：

(1) 选择“文件”菜单的“新建”命令，在弹出的“新建”对话框中选定“报表”单选按钮后单击“向导”按钮，弹出如图 9-1 所示的“向导选取”对话框，在本例中选择“一对多报表向导”，单击“确定”进入“一对多报表向导”窗口。

(2) 在“步骤 1-从父表中选择字段”窗口(图 9-7)中，选择需要输出的字段：编号，姓名，性别，就诊日期；单击“下一步”按钮，在“步骤 2-从子表中选择字段”窗口(图 9-8)中，选择需要输出的字段：项目编号，数量。

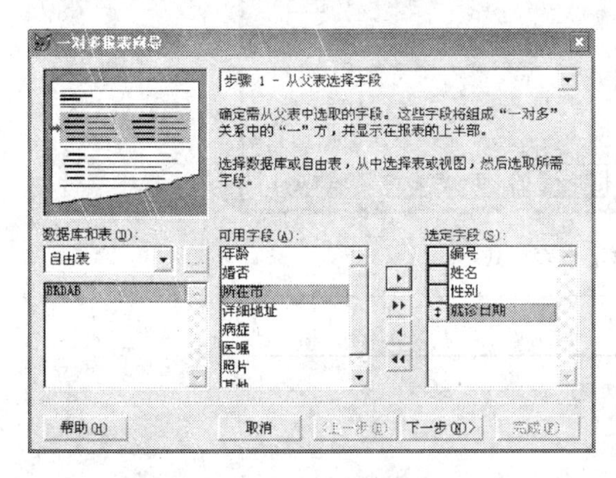

图 9-7　从父表中选择字段

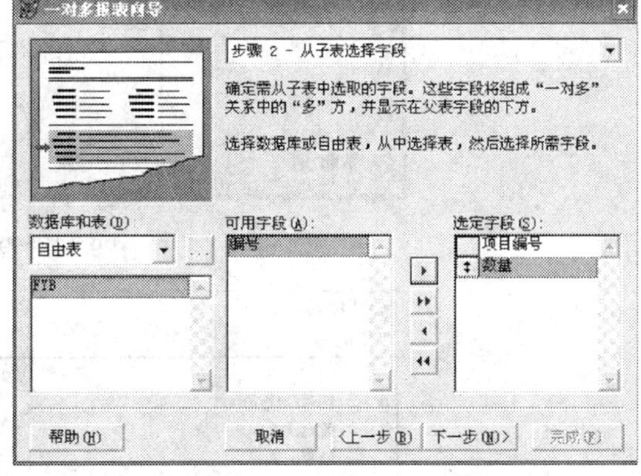

图 9-8　从子表中选择字段

(3) 单击“下一步”按钮，在“步骤 3-为表建立关系”窗口(图 9-9)中，建立父表与子表之间的关联，本例以“编号”字段建立关联。

(4) 单击“下一步”按钮，在“步骤 4-排序记录”窗口(图 9-10)中，为报表的中记录的显示设定排序依据，本例按“编号”升序来排列。

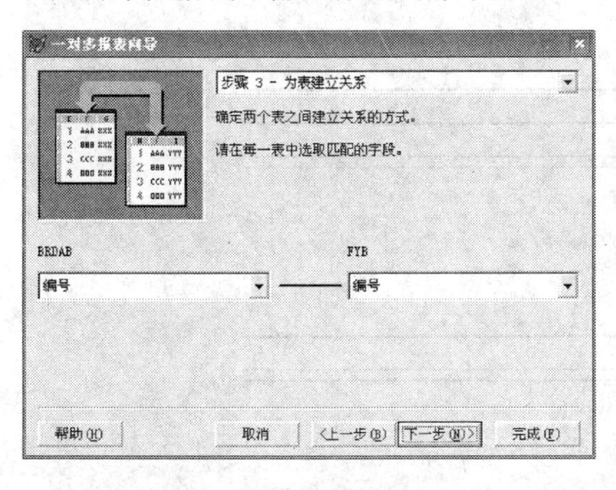

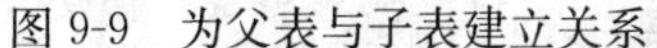

图 9-9　为父表与子表建立关系

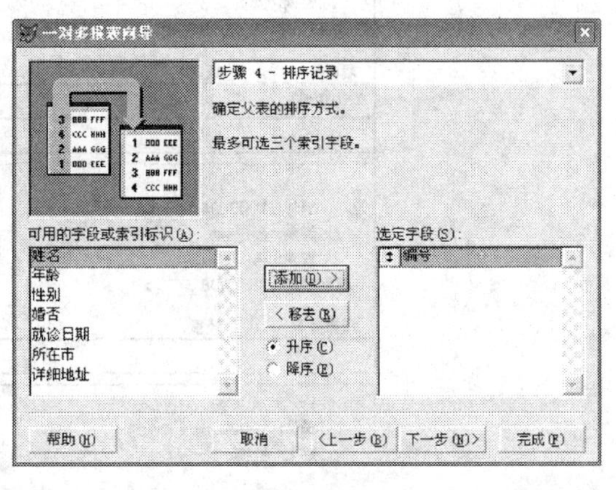

图 9-10　为记录显示结果设定排序依据

(5) 单击“下一步”按钮，在“步骤 5-选择报表样式”窗口(图 9-11)中，本例选择“简报式”报表。

(6) 单击“下一步”按钮，在“步骤 6-完成”窗口中，单击“预览”按钮，可以预览报表输出显示结果，如图 9-12 所示。

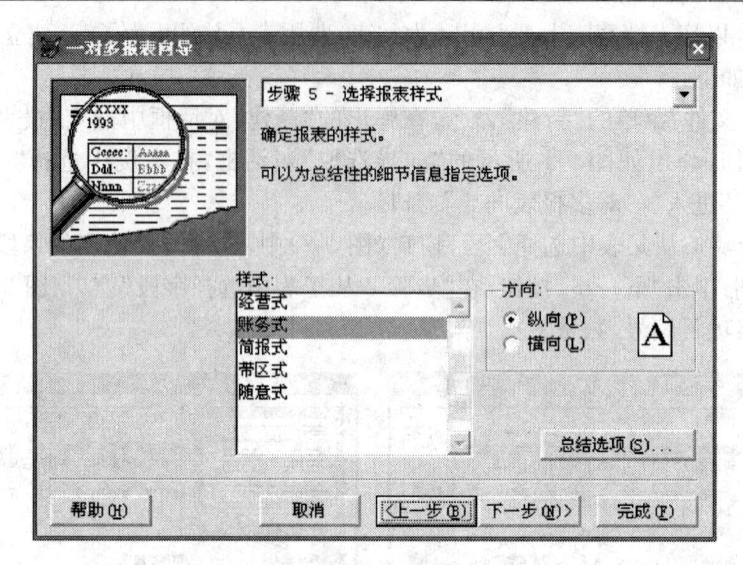

图 9-11　设定报表样式

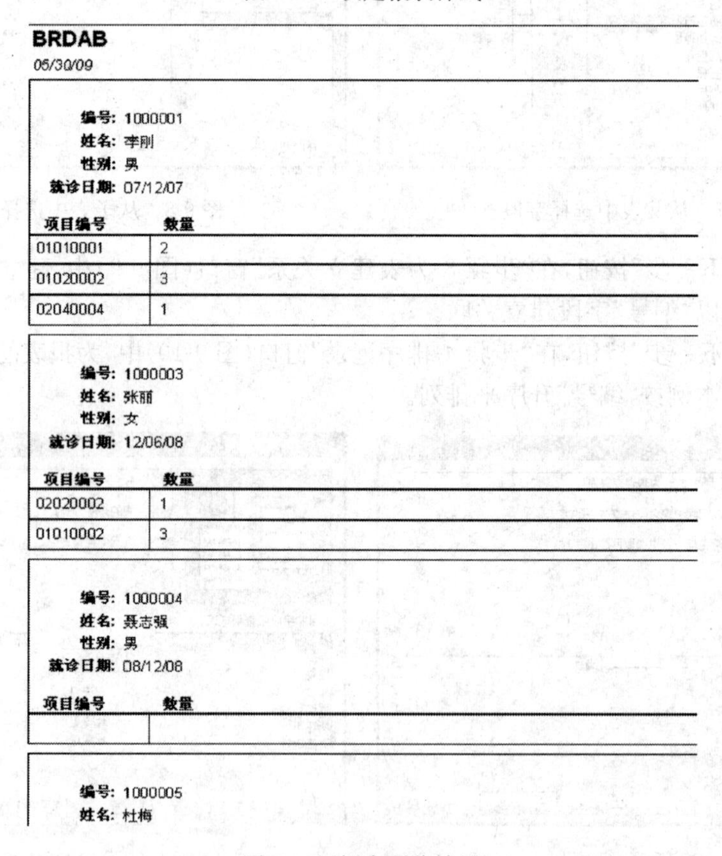

图 9-12　报表预览结果

9.1.3　创建快速报表

除了使用报表向导外，还可使用“快速报表”功能创建一个格式较为简单的报表。下面举例说明使用“快速报表”创建报表的操作步骤。

【例 9-3】　使用“快速报表”功能，将病人档案表 brdab. dbf 中的数据以报表形式打印出来。

操作步骤如下：

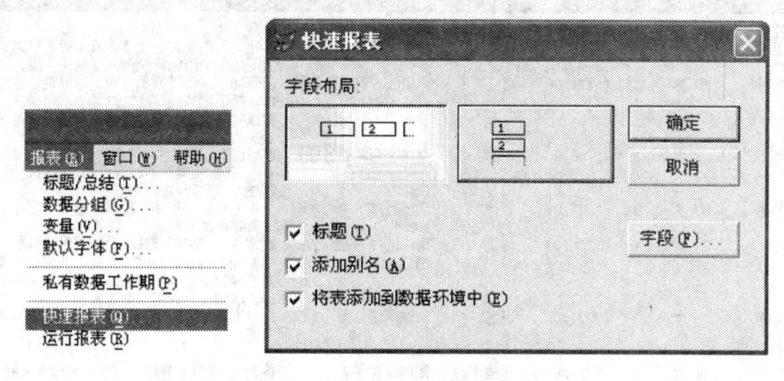

图 9-13　“快速报表”对话框

(1) 选择“文件”菜单的“新建”命令，或单击“常用”工具栏上的“新建”按钮，在“新建”对话框中选定“报表”后单击“新建文件”按钮，打开“报表设计器”窗口。此时在主窗口将增加一个“报表”菜单。

(2) 选择“报表”菜单中的“快速报表”命令，在弹出的“打开”对话框中选取病人档案表 brdab. dbf 作为报表的数据源，将出现如图 9-13 所示的“快速报表”对话框。

(3) 在“快速报表”对话框中指定报表的字段布局，本例指定为默认。然后单击右下角的“字段”按钮，在弹出的“字段选择器”对话框中为报表选择需要输出的字段，如图 9-14 所示。

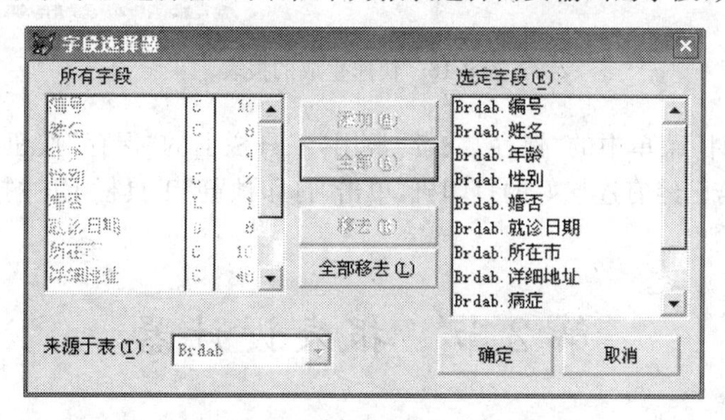

图 9-14　“字段选择器”对话框

(4) 单击“确定”按钮回到“快速报表”对话框，再次单击“确定”按钮，所设计的快速报表框架便出现在“报表设计器”窗口中。如图 9-15 所示。

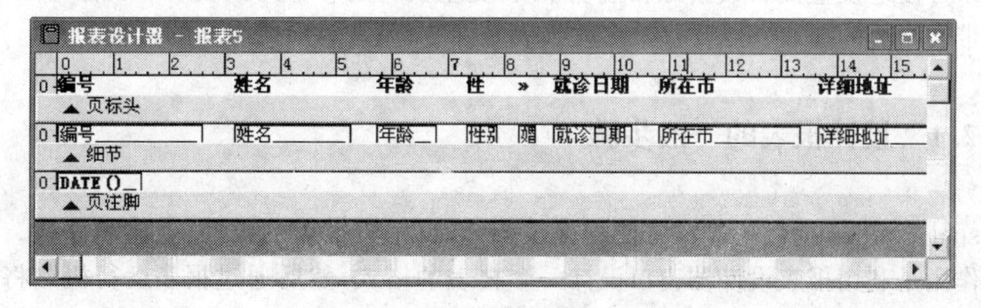

图 9-15　“报表设计器”中的报表框架

(5) 选择主窗口“显示”菜单中的“预览”命令，或者单击工具栏上的“打印预览”按钮，即可生成并显示所创建的快速报表的打印预览效果。如图 9-16 所示。

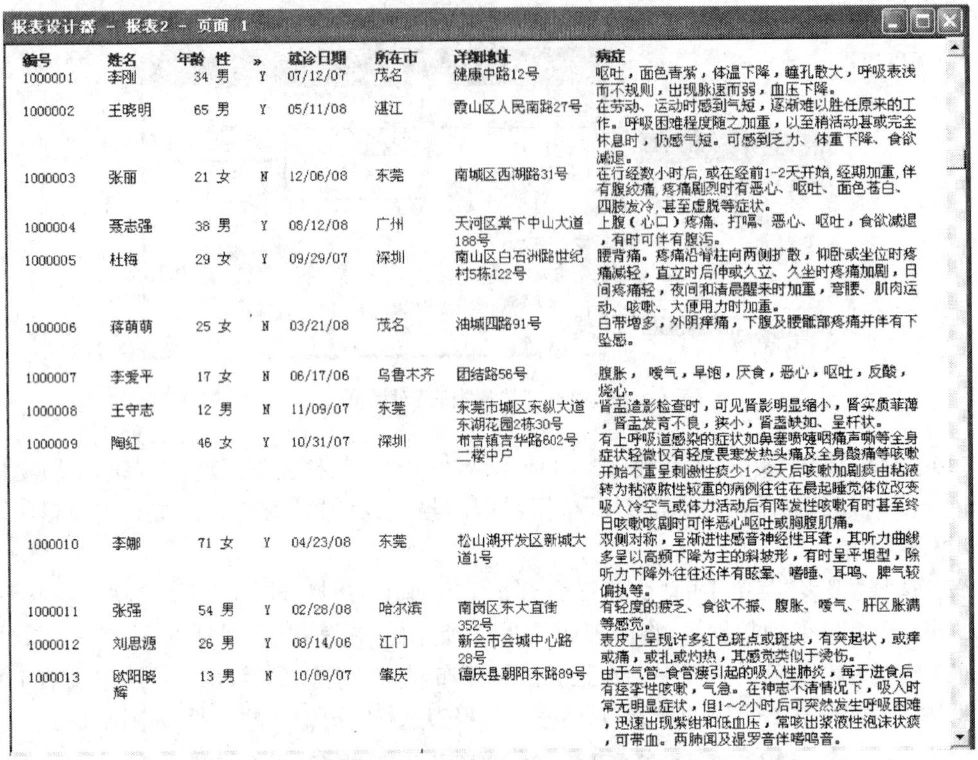

报表设计器 - 报表2 - 页面 1

编号	姓名	年龄	性	»	就诊日期	所在市	详细地址	病症
1000001	李刚	34	男	Y	07/12/07	茂名	健康中路12号	呕吐，面色青紫，体温下降，瞳孔散大，呼吸表浅而不规则，出现脉速而弱，血压下降。
1000002	王晓明	65	男	Y	05/11/08	湛江	霞山区人民南路27号	在劳动、运动时感到气短，逐渐难以胜任原来的工作。呼吸困难程度随之加重，以至稍活动甚或完全休息时，仍感气短。可感到乏力、体重下降、食欲减退。
1000003	张丽	21	女	N	12/06/08	东莞	南城区西湖路31号	在行经数小时后，或在经前1-2天开始，经期加重，伴有腹绞痛，疼痛剧烈时有恶心、呕吐、面色苍白、四肢发冷，甚至虚脱等症状。
1000004	聂志强	38	男	Y	08/12/08	广州	天河区棠下中山大道188号	上腹（心口）疼痛、打嗝、恶心、呕吐，食欲减退，有时可伴有腹泻。
1000005	杜梅	29	女	Y	09/29/07	深圳	南山区白石洲路世纪村5栋122号	腰背痛。疼痛沿脊柱向两侧扩散，仰卧或坐位时疼痛减轻，直立时后伸或久立、久坐时疼痛加剧，日间疼痛轻，夜间和清晨醒来时加重，弯腰、肌肉运动、咳嗽、大便用力时加重。
1000006	蒋萌萌	25	女	N	03/21/08	茂名	油城四路91号	白带增多，外阴痒痛，下腹及腰骶部疼痛并伴有下坠感。
1000007	李爱平	17	女	N	06/17/06	乌鲁木齐	团结路56号	腹胀， 嗳气，早饱，厌食，恶心，呕吐，反酸，烧心。
1000008	王守志	12	男	N	11/09/07	东莞	东莞市城区东纵大道东湖花园2栋30号	肾盂造影检查时，可见肾影明显缩小，肾实质菲薄，肾盂发育不良，狭小，肾盏缺如、呈杆状。
1000009	陶红	46	女	Y	10/31/07	深圳	布吉镇吉华路602号二楼中户	有上呼吸道感染的症状如鼻塞喷嚏咽痛声嘶等全身症状轻微仅有轻度畏寒发热头痛及全身酸痛等咳嗽开始不重呈刺激性痰少1～2天后咳嗽加剧痰由粘液转为粘液脓性较重的病例往往在晨起睡觉体位改变吸入冷空气或体力活动后有阵发性咳嗽有时甚至终日咳嗽咳剧时可伴恶心呕吐或胸腹肌痛。
1000010	李娜	71	女	Y	04/23/08	东莞	松山湖开发区新城大道1号	双侧对称，呈渐进性感音神经性耳聋，其听力曲线多呈以高频下降为主的斜坡形，有时呈平坦型，除听力下降外往往还伴有眩晕、嗜睡、耳鸣、脾气较偏执等。
1000011	张强	54	男	Y	02/28/08	哈尔滨	南岗区东大直街352号	有轻度的疲乏、食欲不振、腹胀、嗳气、肝区胀满等感觉。
1000012	刘思源	26	男	Y	08/14/06	江门	新会市会城中心路28号	表皮上呈现许多红色斑点或斑块，有突起状，或痒或痛，或扎或灼热，其感觉类似于烫伤。
1000013	欧阳晓辉	13	男	N	10/09/07	肇庆	德庆县朝阳东路89号	由于气管-食管瘘引起的吸入性肺炎，每于进食后有痉挛性咳嗽，气急。在神志不清情况下，吸入时常无明显症状，但1～2小时后可突然发生呼吸困难，迅速出现紫绀和低血压，常咳出浆液性泡沫状痰，可带血。两肺闻及湿罗音伴嗜鸣音。

图 9-16　快速生成的报表

(6) 单击“文件”菜单中的“保存”或者“常用”工具栏上的“保存”按钮，可以对此报表命名后加以保存。若已经有连接好的打印机，单击“打印预览”工具栏上的“打印报表”按钮，即可将此报表打印输出。

第 2 节　报表设计器

利用“报表向导”和“快速报表”只能创建模式化的简单报表，这样生成的报表样式往往不能满足实际要求，需要进行修改和完善。Visual FoxPro 提供的报表设计器是一个交互式工具，允许用户通过直观的可视的方式创建报表或者修改以后的报表。而且使用报表设计器还可以方便地设置报表数据源和报表布局，更重要的是可以向报表中添加各种控件，从而设计出带表格线的报表、分组报表、多栏报表及标签、名片等形式多样的报表。

9.2.1　设计报表的一般步骤

Visual FoxPro 提供了非常方便的报表设计器，用于报表的设计、生成和修改。报表设计器的作用是利用报表设计器窗口设计一个报表的格式，然后通过报表运行机制将设计好的报表格式生成一个具体的报表。

报表的设计过程包括两个基本要点：选择数据源和设计布局。数据源通常是数据库中的表，也可以是视图、查询或临时表。视图和查询将筛选、排序、分组数据库中的数据。报表布局即是报表的打印格式。在定义了一个表、视图或查询后，便可以创建报表。

通过设计报表，可以用各种方式在打印页面上显示数据。设计报表的一般步骤是：

(1) 决定要创建的报表类型。

(2) 选择报表的数据来源。

(3) 创建和定制报表布局。

(4) 预览和打印报表。

9.2.2　报表设计器窗口

1. 报表设计器的启动　采用以下方法之一，均可启动报表设计器，并同时打开如图9-17所示的“报表设计器”窗口。

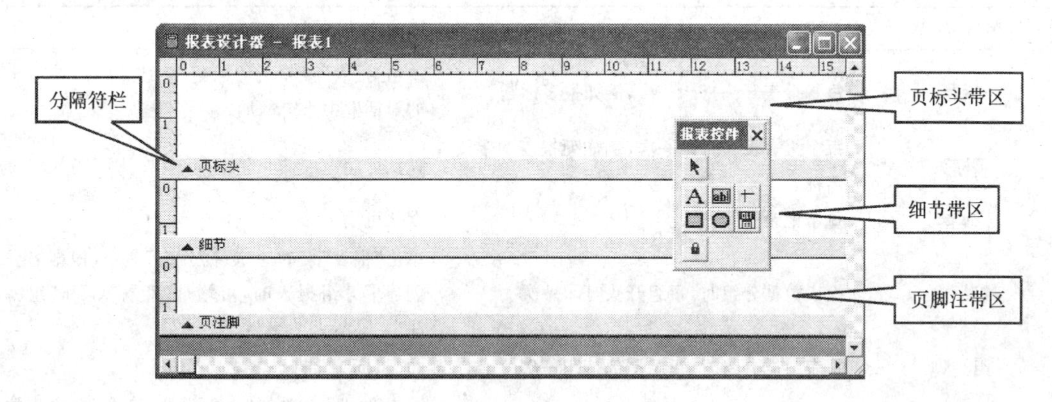

图 9-17　“报表设计器”对话框

(1) 单击“常用”工具栏上的“新建”按钮，在弹出的“新建”对话框中选定“报表”，再单击“新建文件”按钮。

(2) 在“项目管理器”的“文档”选项卡中选择“报表”，然后单击“新建”按钮，在弹出的“新建报表”对话框中单击“新建报表”按钮。

(3) 在命令窗口中执行“CREATE REPORT”命令或“MODIFY REPORT”命令。

(4) 单击“常用”工具栏上的“打开”按钮，在弹出的“打开”对话框中选定已存在的报表并单击“确定”按钮。

2. 报表设计器中的带区　报表中的每个白色区域称为“带区”，可以包含文本、表中的字段数据、函数计算值以及图片、线条等。每一个带区下面的灰色条称为分隔符栏，带区名称显示于靠近蓝箭头的栏，蓝箭头指示该带区位于栏之上，如图 9-18 所示。

默认情况下，报表设计器显示三个带区：“页标头”、“细节”和“页注脚”，如图 9-18 所示。

带区的作用主要是控制数据在页面上的打印位置。在对报表进行打印或打印预览时，系统会以不同方式处理各个带区中的数据。对于“页标头”带区，系统将在报表的每一页上打印一次该带区所包含的内容；对于“标题”带区，则仅在报表开头打印一次该带区的内容；而对于“细节”带区，则对应于数据源中的每个记录都将打印一次该带区的内容。表 9-1 列

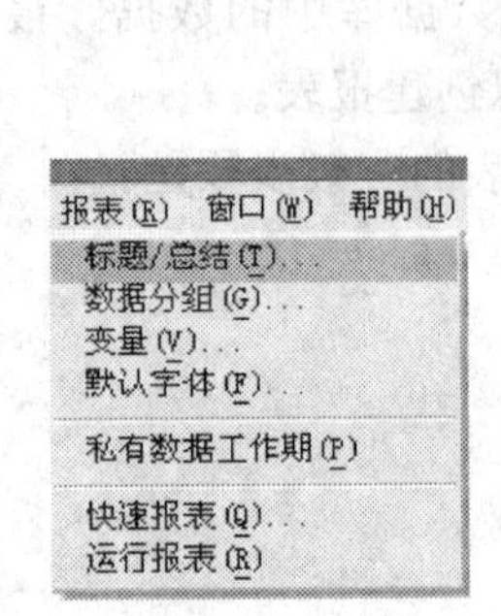

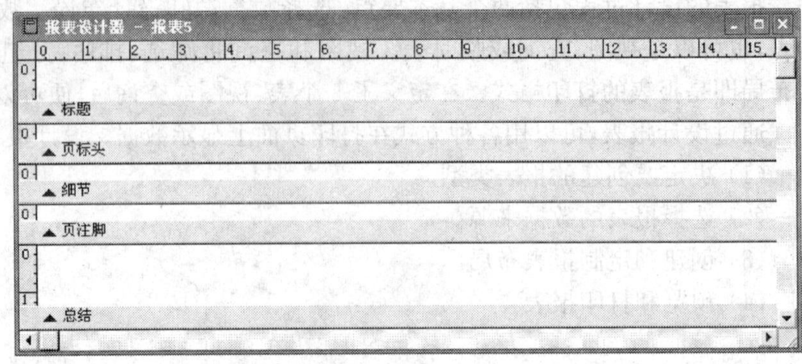

图 9-18 “报表设计器”的各个带区

出了“报表设计器”窗口中可以有的各种带区及其作用。

表 9-1 报表带区及其作用

带区名称	打印	使用方法
标题	每张报表开头打印一次,例如报表标题	单击“报表”菜单的“标题/总结”命令,在弹出的对话框中指定增加
页标头	每个报表页面打印一次,例如列报表的字段名称	默认可用
细节	每个记录打印一次	默认可用
组标头	报表数据分组时,每组开头打印一次	单击“报表”菜单的“数据分组”命令,根据需要创建了分组报表时,可增加“组标头”和“组脚注”
组注脚	报表数据分组时,每组尾部打印一次	同“组标头”带区
列标头	报表数据分栏时,每栏开头打印一次	单击“文件”菜单的“页面设置”命令,在弹出的对话框中指定报表的列数创建多栏报表时,可增加“列标头”和“列脚注”
列注脚	报表数据分栏时,每栏尾部打印一次	同“列标头”带区
页注脚	每个页面底部打印一次,例如页码和日期	默认可用
总结	每张报表最后一页打印一次	同“标题”带区

在报表设计器中,可以修改每个带区的大小和特征。方法是:用鼠标左键拖动分隔符栏,类似于 Word 中拖动表格分隔线,将带区栏拖动到适合高度。如果想要精确设置带区高度,可以双击带区名称,在弹出的“带区”对话框中改变“高度”的数值。

需要注意的是:不能使带区高度小于布局中控件的高度。

9.2.3 报表的数据环境

报表是数据信息的输出形式,因此,报表总是和一定的数据源相联系。如果一个报表总是使用相同的数据源(表、视图或临时表),可以把该数据源添加到报表的数据环境中,它们会随着报表的运行而自动打开,随着报表的关闭而自动关闭。使用“数据环境设计器”能够可视化地创建和修改报表的数据环境。

启动“数据环境设计器”的方法是：打开“报表设计器”窗口，选择“显示|数据环境”命令，或者单击“报表设计器”工具栏上的“数据环境”按钮，也可以右击报表设计器窗口，从快捷菜单中选择“数据环境”命令。

当“数据环境设计器”窗口处于活动状态时，系统主菜单中显示“数据环境”菜单项，用以处理数据环境对象。报表数据环境的建立与表单数据环境的建立基本相同，可以在“数据环境”中添加多个表或视图，以及在它们之间建立适当的联接(用鼠标拖动主表字段到子表的索引项上，在主表字段与子表相应索引项之间出现一条关系线)。

通过选择数据源，可以控制报表中所需要包含的数据，以及控制报表中数据的显示顺序(按照在表、视图或查询中的顺序处理和显示)。若要在表中排序记录，可以在代码或报表的数据环境中建立一个索引。对于视图、查询或 SQL—SELECT 代码，可以使用 ORDER BY 子句排序。如果不使用数据源对记录进行排序，可以利用在数据环境中临时表上的 ORDER 属性。报表的数据环境与报表文件一起存储，将数据源添加到数据环境中使得在每次运行报表时系统自动激活指定的数据源，且当数据源中的数据更新时，打印的报表会以相同的格式自动反映新的数据内容。

9.2.4　报表设计工具

报表设计器启动后，在 Visual FoxPro 的主窗口中除了“报表设计器”窗口之外，可视不同情况出现“报表设计器”工具栏、“报表控件”，工具栏、“布局”工具栏等多个报表设计工具，并将同时在主菜单中增加一个“报表”菜单。

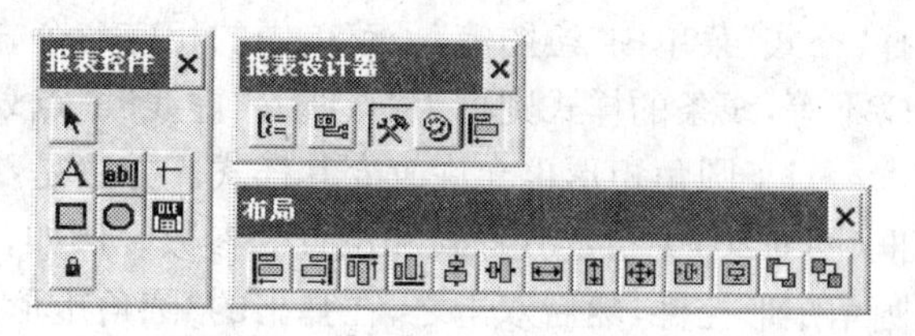

图 9-19　报表设计工具

1.“报表设计器”工具栏　如图 9-19 所示，“报表设计器”工具栏上自左至右含有“数据分组”、“数据环境”、“报表控件工具栏”、“调色板工具栏”和“布局工具栏”5 个按钮。用法与第 8 章的“表单设计器”工具栏类似。

2.“报表控件”工具栏　如图 9-19 右上角所示，“报表控件”工具栏内含有“选定对象”、“标签”、“域控件”、“线条”、“矩形”、“圆角矩形”、“图片/ActiveX 绑定控件”和“按钮锁定”等控件按钮。利用这些按钮可以方便地向报表中添加所需的控件，其方法是：先在“报表设计器”工具栏中单击所要添加控件的对应按钮，然后在“报表设计器”窗口的适当位置单击或拖动鼠标即可。

添加到报表内的各种控件可用鼠标任意拖放到适当的位置；单击某个控件将其选定后，拖曳它四周出现的某个控点即可改变其大小；双击某个控件后，可以在弹出的对话框中设置、修改其属性；按住 Shift 键，可将逐个单击的控件同时选定；而利用剪贴板，则可对选定的控件进行“剪切”、“复制”和“粘贴”等操作。

3.“布局”工具栏　如图 9-19 右下方所示，“布局”工具栏内含有多个工具按钮，这些按钮的功能及使用方法与设计表单时出现的“布局”工具栏完全相同。

9.2.5 报表控件的使用

设计报表格式时，在确定了报表的类型并创建了数据环境后，要在相应带区内设置所需要的控件。通过在报表中添加控件，可以灵活安排所要打印的内容。

1. 标签控件 标签控件用来在报表中添加标题或说明性文字，如可以为各种对象设计标题或页标头、页标题等。

(1) 添加标签控件：单击“报表控件”工具栏中的“标签”按钮，然后在报表内单击鼠标，将出现一个闪烁的插入点，即可输入该标签的文字内容。

(2) 修改标签控件：若要更改标签文本的字体和字号，可在选定该标签控件后选择“格式”菜单中的“字体”命令，在弹出的“字体”对话框中进行设定；若要更改标签文本的默认字体和字号，应选择“报表”菜单中的“默认字体”命令，在弹出的“字体”对话框中进行设定。

2. 线条、矩形和圆角矩形 如果一个报表中只有数据和文本，不仅使报表显得呆板，而且还不便于查看，直线、矩形和圆形等几何图形能增强报表布局的视觉效果，而且可用他们分割或强调报表中的部分内容。因此，在设计报表时，为了使报表清晰、美观，经常要用到各种几何图形控件。

(1) 添加控件：单击“报表控件”工具栏中的“线条”、“矩形”或“圆角矩形”按钮，然后在报表中的适当地方拖动鼠标，即可在报表内生成相应尺寸的线条或图形。

(2) 修改控件：若要更改线条、矩形和圆角矩形的线条粗细和样式，可将其选定后，再选择“格式”菜单中“绘图笔”子菜单中的相应命令。Visual FoxPro 允许线条的粗细从 1 磅到 6 磅不等，线条的样式则可为“点线”、“虚线”、“点划线”或“双点划线”等。

对于圆角矩形也允许改变其样式。方法是：双击该圆角矩形，在弹出的“圆角矩形”对话框(图 9-20)中指定其样式和位置等参数。例如，要在报表中画一个圆，可先在其内添加一个圆角矩形控件，然后双击之，在弹出的“圆角矩形”对话框内的“样式”框中，指定为“圆形”后单击“确定”按钮。

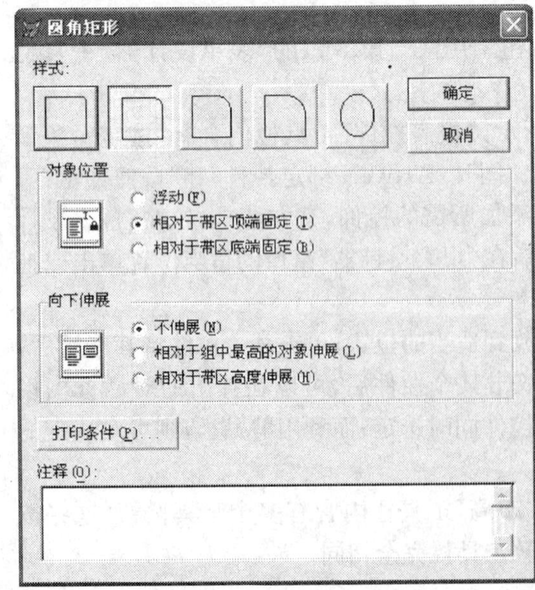

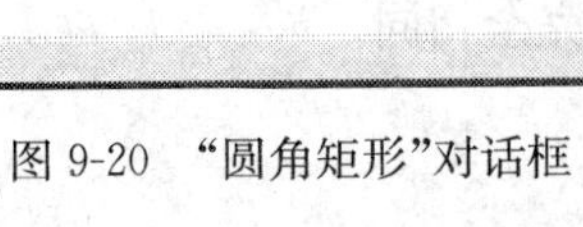
图 9-20 “圆角矩形”对话框

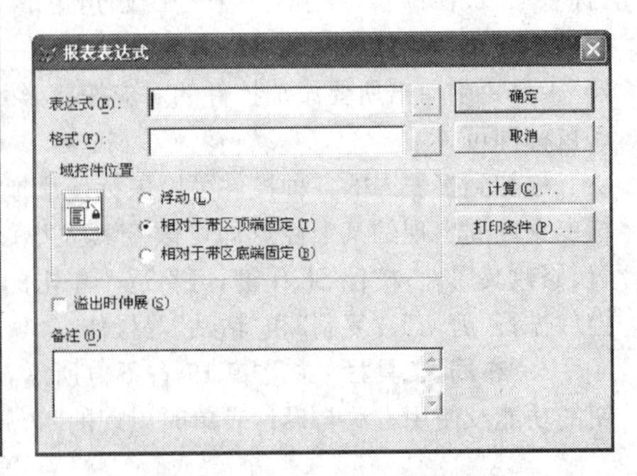

图 9-21 “报表表达式”对话框

3. 域控件 域控件是报表设计中最重要的控件，用于表达式、字段变量和内存变量的显示，通常用来表示表中字段、变量和计算结果的值。

(1) 添加域控件：要在报表中添加域控件，方法有以下两种：

1) 单击“报表设计器”工具栏的“数据环境”按钮，在打开的“数据环境设计器”窗口内选取有关的表或视图，用左键按住选定字段拖动到报表设计器相应带区即可，这些字段将自动生成对应的域控件。

2) 用“报表控件”工具栏中的“域控件”按钮来添加域控件，则可单击该按钮，然后在报表中的某个带区内单击，将会弹出一个如图 9-21 所示的“报表表达式”对话框。

此时，可在该对话框上方的“表达式”框中直接输入有关的字段名，或者单击其右侧的对话按钮，打开如图 9-22 所示的“表达式生成器”对话框，在其下部的“字段”框中双击所需的字段名，该字段名即自动出现在上部的“报表字段的表达式”框中（注意：如果“表达式生成器”对话框下部的“字段”框为空，说明事先没有指定数据源，应先向数据环境中添加有关的表或视图）。单击“确定”按钮，返回“报表表达式”对话框，指定的字段名便将出现在“表达式”框中。

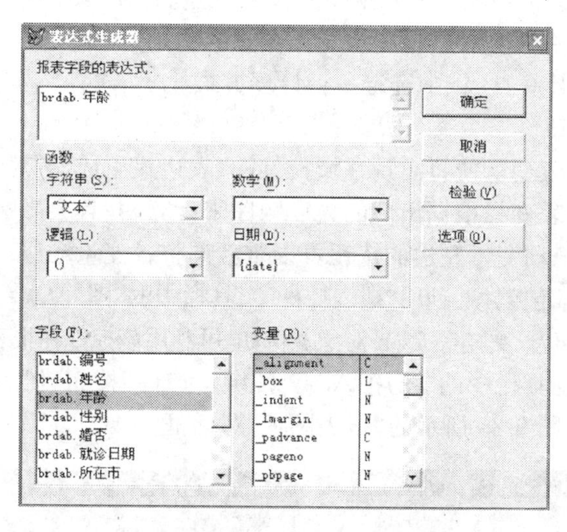

图 9-22 “表达式生成器”对话框

如果添加的是可计算的字段，可以单击“报表表达式”对话框中的“计算”按钮，然后在弹出的“计算字段”对话框中选定一种计算方式，如图 9-23 所示。

单击“报表表达式”对话框中的“确定”按钮关闭对话框后，即会在报表中添加一个所设定的域控件。

(2) 设置域控件的格式：双击报表中的域控件，在打开的“报表表达式”对话框中，单击“格式”框右侧的…按钮，即可在弹出的“格式”对话框中设置当前域控件的数据类型及其具体格式。“编辑选项”将会显示该数据类型下的各种格式选项，如图 9-24 所示。

需要注意的是：域控件的格式只是决定了在打印报表时该控件的输出格式，并不改变对应字段在数据表中的数据类型和格式。

(3) 在域控件中使用变量：通过设置变量，可以在报表中操作数据或显示计算结果，用这些值来计算其他相关值，并且此种变量可在报表域控件的任何表达式中使用。创建报表变量的步骤如下：

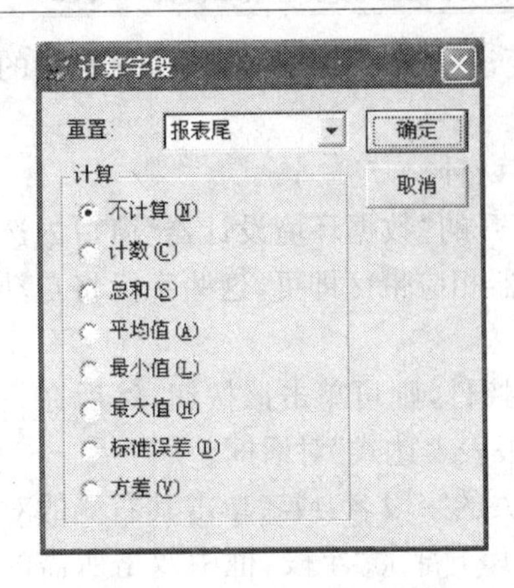

图 9-23 “计算字段”对话框

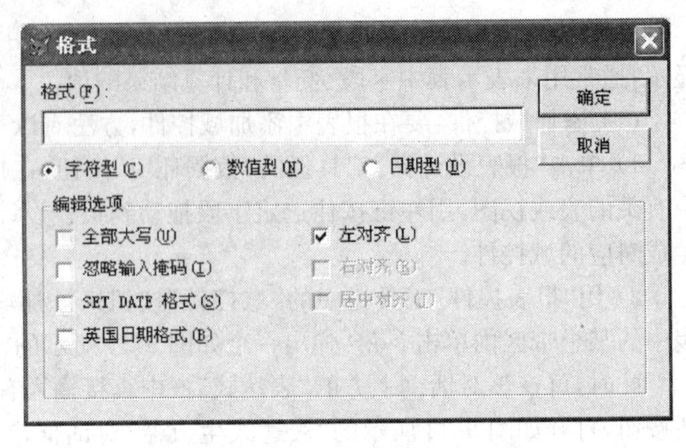

图 9-24 域控件的“格式”对话框

1）在“报表设计器”窗口打开的情况下，选择“报表”菜单的“变量”命令，将弹出如图 9-25 所示的“报表变量”对话框。

2）在上方的“变量”框中输入一个所要定义的变量名；在“要存储的值” 框中指定一个具体的值或一个表达式；在“初始值”框中指定该变量的初始值。

3）如果需要，在“计算”区域中选定一种计算方式。

4）单击“确定”按钮。

此后，所创建的报表变量便将出现在域控件的“表达式生成器”对话框中供用户选用。

需要注意的是：报表变量根据出现的先后顺序来计算，并且会影响引用了这些变量的表达式。在“变量”框中拖动变量左边的按钮可以重新调整各变量顺序。

4. 图片/ActiveX 绑定控件 利用“报表控件”工具栏中的“图片/ActiveX 绑定控件”按钮，可以在报表中插入图片、声音、文档等 OLE 对象。例如，可利用该控件在报表中插入病人的照片等。

单击“报表控件”工具栏中的“图片/ActiveX 绑定控件”按钮，然后在报表的某个带区内拖动鼠标，将会出现如图 9-26 所示的“报表图片”对话框。

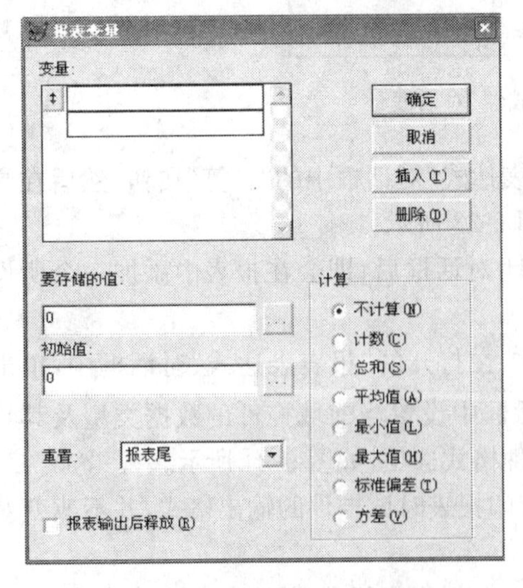

图 9-25 “报表变量”对话框

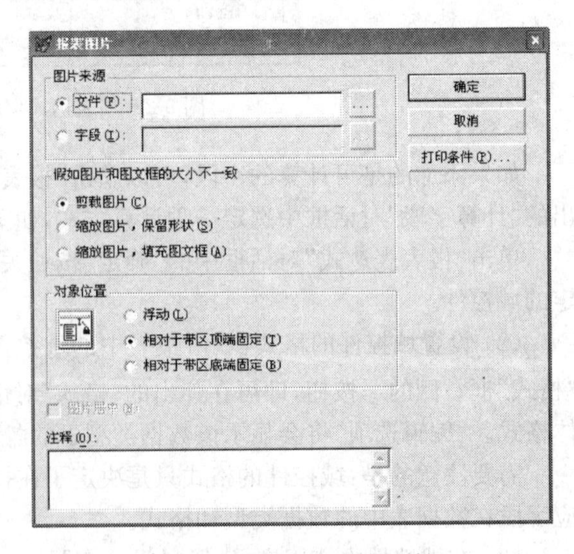

图 9-26 “报表图片”对话框

在“图片来源”选框中可以选择“文件”或“字段”项。如果要在报表中插入图片文件，选择“文件”选项并输入图片文件名，或单击…按钮，通过对话框选择。如果要在报表中插入字段中的图片，选择“字段”选项并输入通用型字段名，或单击…按钮，通过对话框选择。

当图片和图文框的大小不一致时，可以选择“裁剪图片”、“缩放图片，保留形状”或“缩放图片，填充文本框”选项来定制。

9.2.6　报表的输出

设计报表的最终目的是要按照一定的格式输出符合要求的数据，并将其在纸上打印输出，打印报表的有关步骤如下。

1. 打印页面的设置　在打开报表文件或者“报表设计器”窗口的情况下，选择“文件”菜单下的“页面设置”命令，在出现的“页面设置”对话框中，设置纸张的大小和打印方向，并指定页边距等。

2. 预览报表的打印效果　在打印报表之前进行打印效果的预览十分重要，单击“常用”工具栏上的“打印预览”按钮，或者选择“显示”菜单中的“预览”命令，或者用右键单击“报表设计器”窗口在弹出的快捷菜单中选择“预览”命令，均可打开预览窗口显示出当前报表的打印效果。也可以在命令窗口输入：REPORT FORM ＜报表名＞ PREVIEW

3. 打印报表　在报表文件打开的情况下，采用以下方法之一均可打印报表：

(1) 选择“报表”菜单的“运行报表”命令。

(2) 选择“文件”菜单的“打印”命令。

(3) 右键单击“报表设计器”，在快捷菜单中选择“打印”命令。

(4) 在预览报表时，单击“打印预览”工具栏上的“打印报表”按钮。

(5) 在命令窗口或程序中执行“REPORT FORM ＜报表文件名＞ TO PRINT”命令。

第3节　报表设计实例

使用报表设计器可以根据需要设计出各种报表，这一节将通过几个典型的实例来加以具体说明。

9.3.1　普通报表的设计

【例9-4】　在例9-3创建的快速报表的基础上，添加标题和线条，设计一个带有报表标题和表格线的病人情况报表。

参考操作步骤如下。

(1) 用菜单方式或者命令方式打开“报表设计器”窗口，并在其中打开例9-3创建的快速报表，如图9-27所示。

(2) 增加标题带区和总结带区：执行主窗口“报表”菜单中的“标题/总结”命令，在弹出的对话框中选定“标题带区”复选框和“总结带区”复选框，单击“确定”按钮后。

(3) 调整各带区高度：用鼠标向下拖动“标题”带区的标识栏来扩充标题带区，并用类似方法调整其他各带区的高度。

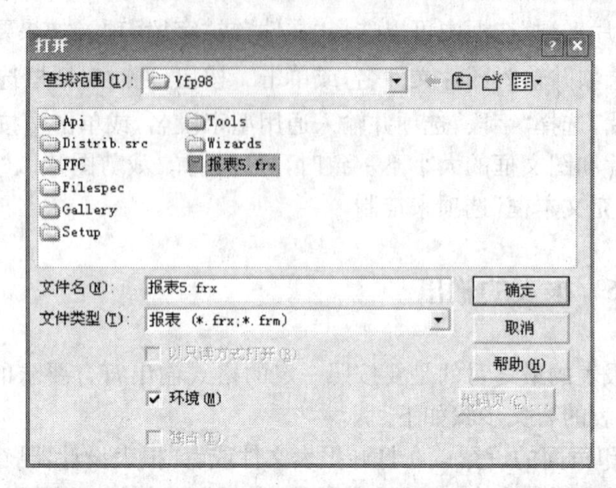

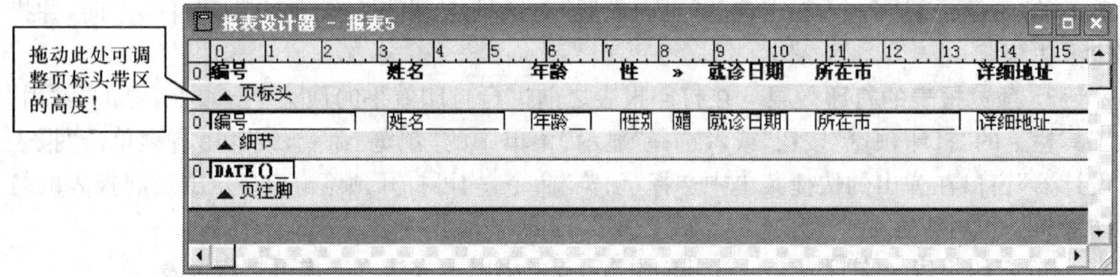

图 9-27　打开已创建的快速报表

(4) 添加报表标题文字“病人情况简表”并设置文字格式,如图 9-28 所示。

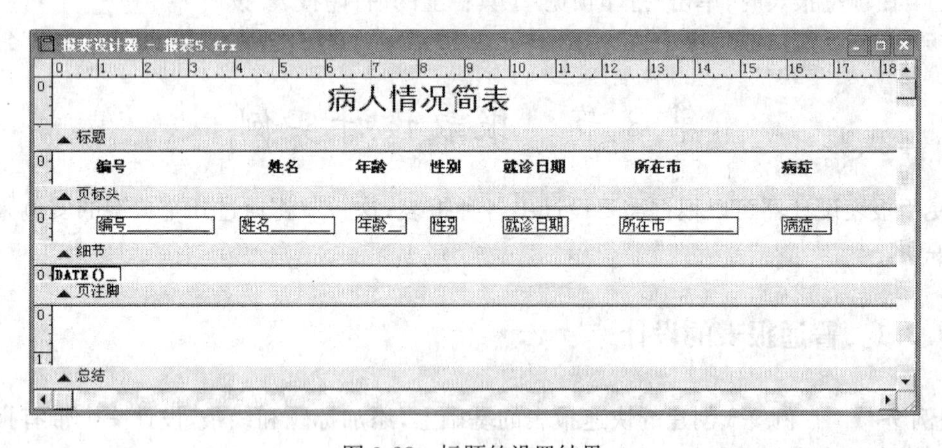

图 9-28　标题的设置结果

(5) 画出表格线:单击“报表控件”工具栏上的“线条”按钮,然后在报表中按需要画出表格线,并调整线的粗细和位置。即在“页标头”带区内围绕各字段的标题画出如下框线。

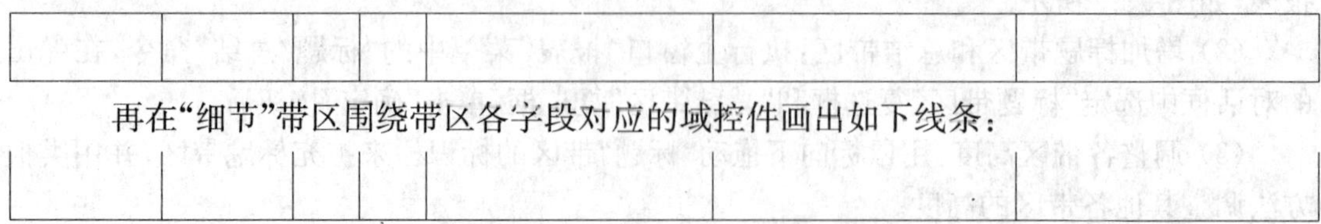

再在“细节”带区围绕带区各字段对应的域控件画出如下线条:

需要注意的是:各线条的长短应注意统一,上下线条必须对齐。线条的统一和对齐可借助“布局”工具栏进行设定;线条的粗细可单击“格式”菜单,再在其中的“绘图笔”子菜单中加以选定;相同的多个线条还可以使用剪切板的“复制”与“粘贴”功能来产生。在“报表设计器”窗口内设计完成的报表框架如图 9-29 所示。

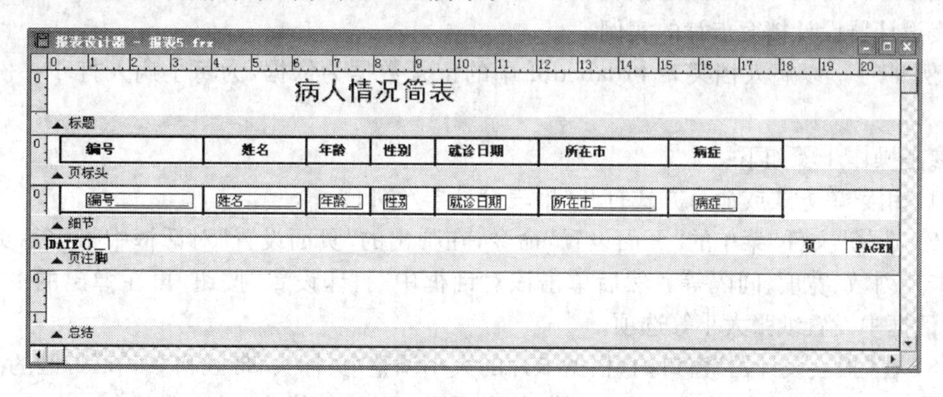

图 9-29　设计完成的报表框架

(6) 单击“常用”工具栏上的“保存”按钮将设计结果命名后保存为相应的报表文件,如保存为 brqk.frx。然后单击“常用”工具栏上的“打印预览”按钮,即可得到如图 9-30 所示的预览效果。

病人情况简表

编号	姓名	年龄	性别	就诊日期	所在市	病症
1000001	李刚	34	男	07/12/07	茂名	感冒
1000002	王晓明	65	男	05/11/08	湛江	感冒
1000003	张丽	21	女	12/06/08	东莞	感冒
1000004	聂志强	38	男	08/12/08	广州	感冒
1000005	杜梅	29	女	09/29/07	深圳	感冒
1000006	蒋萌萌	25	女	03/21/08	茂名	感冒
1000007	李爱平	17	女	06/17/06	乌鲁木齐	感冒
1000008	王守志	12	男	11/09/07	东莞	感冒
1000009	陶红	46	女	10/31/07	深圳	感冒
1000010	李娜	71	女	04/23/08	东莞	感冒
1000011	张强	54	男	02/28/08	哈尔滨	感冒
1000012	刘思源	26	男	08/14/06	江门	感冒
1000013	欧阳晓辉	13	男	10/09/07	肇庆	感冒
1000014	段文玉	30	女	01/24/06	佛山	感冒
1000015	马博维	29	男	04/15/07	东莞	感冒
1000016	王洁	13	女	01/22/08	湛江	感冒

图 9-30　带表格线的报表预览结果

9.3.2 设计档案卡片

档案卡片的设计可以通过报表设计器，也可以通过标签设计器来完成。下面是一个通过报表设计器设计档案卡片的实例。

【例 9-5】 以病人档案表 brdab.dbf 中的记录数据为依据，为每个病人打印一份档案卡片。

参考操作步骤如下：

(1) 用菜单方式或命令方式打开“报表设计器”窗口。

(2) 选择“文件”菜单的“页面设置”命令，在弹出的“页面设置”对话框中指定每页纸打印的卡片列数、宽度、间隔等。然后单击该对话框中“打印设置”按钮，再在弹出的“打印设置”对话框中设置纸张大小等选项。

(3) 在“报表设计器”窗口内，根据卡片的大小调整“页标头”带区和“细节”带区的高度。

(4) 设置标题文字“病人档案卡片”，并设置适当的字体格式。

(5) 选择主窗口“报表”菜单中的“默认字体”命令，在“字体”对话框中设置统一的默认字体与字号。

(6) 打开“数据环境设计器”窗口，添加 brdab.dbf 表，然后将需要在卡片中输出的字段由“数据环境设计器”窗口逐一拖放到“细节”带区中的适当位置。

(7) 对加入的字段域控件进行格式和其表达式的适当设置。例如，表中婚否字段是逻辑型字段，输出显示为 .T. 或 .F.，但是对于用户来讲很难理解其所代表的真实意义，因此对婚否字段域控件进行重新设置(参见 9.2.3 节)：双击该控件，在弹出的“报表表达式”对话框中，将该控件的表达式改为：IIF(brdab.婚否,"已婚","未婚")。

(8) 利用“报表控件”工具栏上的“标签”工具按钮，在各个字段域控件前添加对应的标题。然后利用“报表控件”工具栏上的“线条”、“矩形”等工具按钮，在“细节”带区画出档案卡片的边框线条与内部分割线条。在“报表设计器”窗口中设计完成的卡片框架如图 9-31 所示。

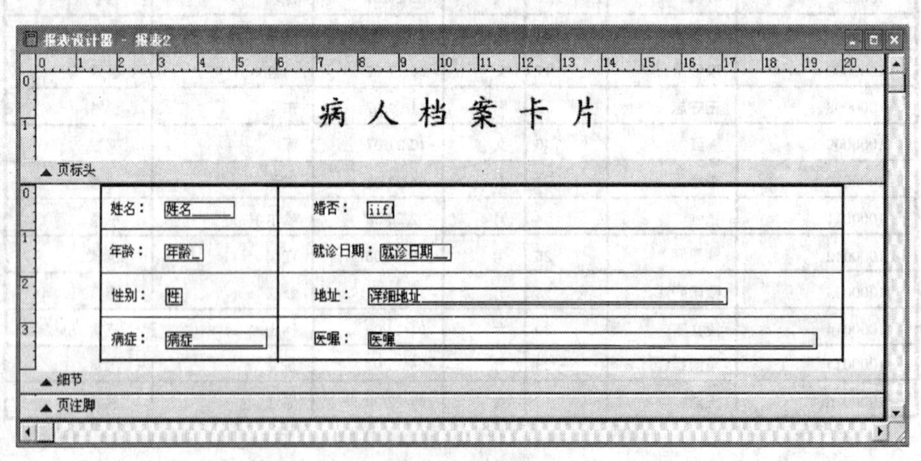

图 9-31 “报表设计器”内设计完成的卡片

(9) 单击“常用”工具栏上的“保存”按钮将设计结束命名后保存(brkp.frx)，然后单击“打印预览”按钮进行预览，预览效果如图 9-32 所示。

病 人 档 案 卡 片

姓名：　李刚	婚否：　已婚
年龄：　34	就诊日期：07/12/07
性别：　男	地址：　健康中路12号
病症：　感冒	医嘱：　注意休息

姓名：　王晓明	婚否：　已婚
年龄：　65	就诊日期：05/11/08
性别：　男	地址：　霞山区人民南路27号
病症：　感冒	医嘱：　注意休息

姓名：　张丽	婚否：　未婚
年龄：　21	就诊日期：12/06/08
性别：　女	地址：　南城区西湖路31号
病症：　感冒	医嘱：　注意休息

图 9-32　档案卡片的预览效果

9.3.3　设计分组报表

所谓分组报表是指将报表中的数据按某个分组关键字进行分类后打印输出，使报表更容易阅读，例如将病人档案表中的记录按性别分类打印输出。分组可以明显的分隔每组记录并为组添加介绍和总结性数据。

Visual Foxpro 不仅支持设计只有一个分组关键字的单级分组报表，同时支持具有多个分组关键字的多级分组报表。为了对数据进行分组输出，报表数据源中的数据对这个分组关键字来讲必须是有序的。当然，数据源可以是物理排序的，也可以是逻辑排序的。

【例 9-6】　设计一个单级分组报表，将病人档案表 brdab. dbf 中的记录按"性别"进行分组排序打印。

参考步骤如下：

(1) 为了正确进行分组，必须事先对 brdab. dbf 表中的记录按"性别"进行排序，通常是以该字段为关键字进行索引，例如以性别字段建立结构复合索引的索引标识 xb。

(2) 打开"报表设计器"窗口，然后选择主窗口"报表"菜单中的"快速报表"命令，在弹出的"打开"对话框中选取病人档案表 brdab. dbf 作为报表的数据源，并在出现的"快速报表"对话框中指定报表中的布局。然后，单击对话框右下角的"字段"按钮，在弹出的"字段选择器"对话框中为报表选择需要输出的字段。

(3) 单击"确定"按钮，关闭"字段选择器"对话框后回到"快速报表"对话框。再次单击"确定"按钮，所设计的快速报表框架出现在"报表设计器"窗口中。

(4) 选择主窗口"报表"菜单中的"数据分组"命令，或者单击"报表设计器"工具栏上的

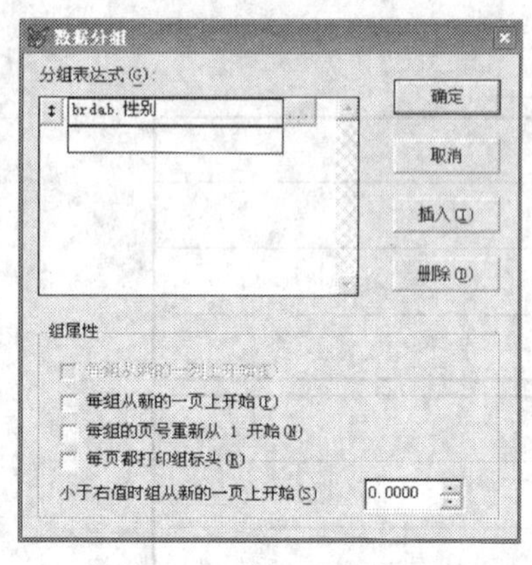

图 9-33 “数据分组”对话框

“数据分组”按钮,在“数据分组”对话框中,单击第一个“分组表达式”右侧的对话按钮,在出现的“表达式生成器”对话框中选择“brdab. 性别”作为分组依据,单击“确定”按钮后返回“数据分组”对话框,如图 9-33 所示。

(5) 在“数据分组”对话框下部的“组属性”框中,根据需要作进一步的选择设置,然后单击“确定”按钮,可以看到“报表设计器”窗口中增加了“组标头”和“组注脚”两个带区。

(6) 执行主窗口“报表”菜单下的“标题/总结”命令,在“报表设计器”窗口中添加一个“标题”带区,并调整其高度,然后单击“报表控件”工具栏中的“标签”按钮,再在“标题”带区中单击,并输入报表标题“病人档案表(按性别分组)”。

(7) 将“性别”字段域控件从“细节”带区拖放到“组标头”带区的左端,再将“页标头”带区的“性别”标签拖动到该带区的左端。双击“婚否”字段域控件,将该控件的表达式改为:IIF(brdab. 婚否,"已婚","未婚")。然后调整“页标头”带区中其他标题的位置以及“细节”带区中其他域控件的位置,使各标题和相应的控件上下对齐。最后在“页标头”带区内各个字段标题的上、下各添加一条长线,如图 9-34 所示。

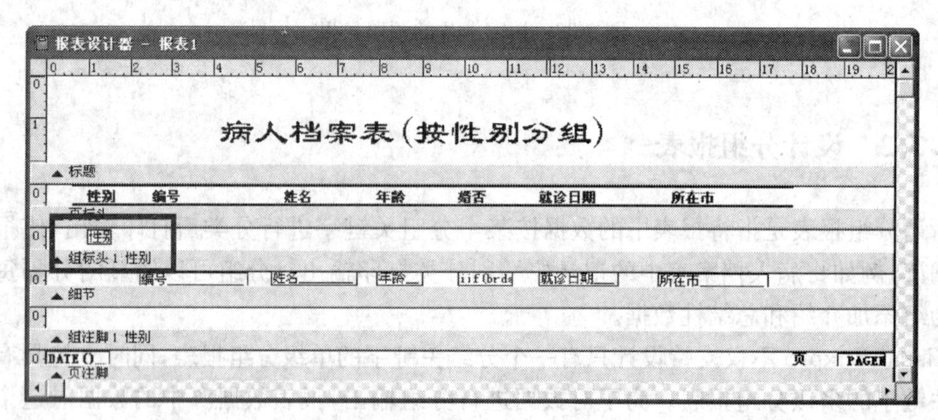

图 9-34 设计完成的分组报表框架

(8) 指定数据源的主控索引:单击“报表设计器”工具栏上的“数据环境”按钮,打开“数据环境设计器”窗口;右键单击之,在弹出的快捷菜单中选择“属性”命令,再在打开的“属性”窗口中,确认其上端对象框中显示的是“Cursor1”,然后单击“数据”选项卡,将其中的“Order”属性设定为“xb”(步骤①中按照性别建立的索引标识名),如图 9-35 所示。

(9) 单击“常用”工具栏上的“保存”按钮将设计结果命名后保存。单击“打印预览”按钮进行预览,预览效果如图 9-36 所示。

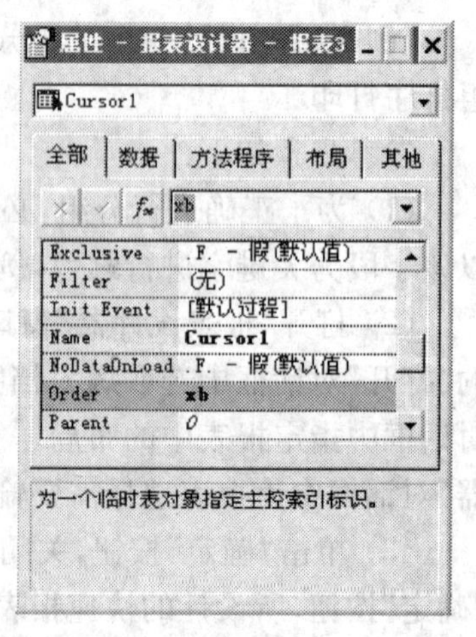

图 9-35 数据源属性窗口

病人档案表(按性别分组)

性别	编号	姓名	年龄	婚否	就诊日期	所在市
男						
	1000001	李刚	34	已婚	07/12/07	茂名
	1000002	王晓明	65	已婚	05/11/08	湛江
	1000004	聂志强	38	已婚	08/12/08	广州
	1000008	王守志	12	未婚	11/09/07	东莞
	1000011	张强	54	已婚	02/28/08	哈尔滨
	1000012	刘思源	26	已婚	08/14/06	江门
	1000013	欧阳晓辉	13	未婚	10/09/07	肇庆
	1000015	马博維	29	未婚	04/15/07	东莞
女						
	1000003	张丽	21	未婚	12/06/08	东莞
	1000005	杜梅	29	已婚	09/29/07	深圳
	1000006	蒋萌萌	25	未婚	03/21/08	茂名
	1000007	李爱平	17	未婚	06/17/06	乌鲁木齐
	1000009	陶红	46	已婚	10/31/07	深圳
	1000010	李娜	71	已婚	04/23/08	东莞
	1000014	段文玉	30	已婚	01/24/06	佛山
	1000016	王洁	13	未婚	01/22/08	湛江

图 9-36　分组报表预览效果

【例 9-7】　在上面报表中增加一个分组计数,即统计不同性别的病人人数。

步骤:在组注脚带区插入一个域控件,将会弹出如下"报表表达式"对话框,因为本例要对不同性别人数做统计,所以在"表达式"中填入"brdab. 性别",单击"计算(C)…"按钮后在弹出的"计算字段"对话框中选择"计数"功能,如图 9-37 所示:

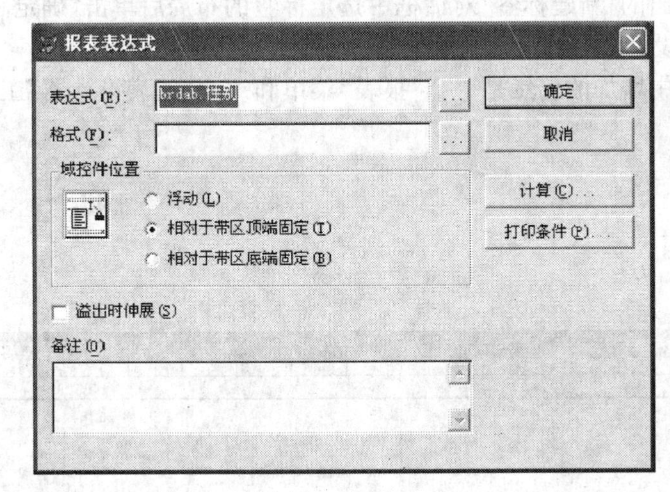

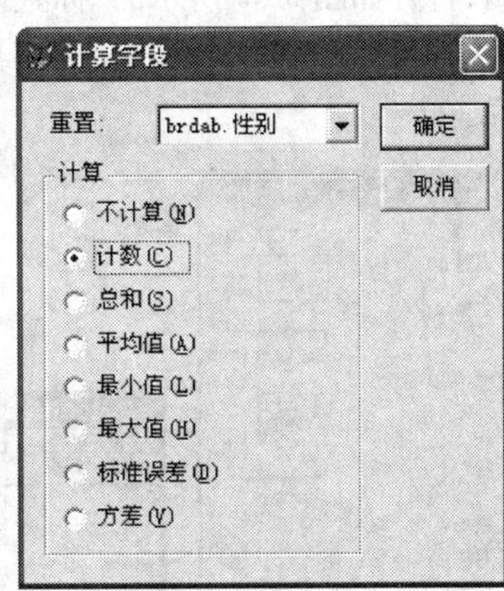

图 9-37　域控件的计算功能

分别"确定"之后即在每组数据结束也就是组注脚的位置填入计数结果,如图 9-38 所示。

9.3.4　设计标签

标签是一种特殊的报表,在实际工作中有着广泛应用。标签的设计与报表设计十分类似,用户既可用 Visual Foxpro 提供的"标签向导"或"标签设计器"创建标签,也可以用"报表设计器"设计创建标签。下面介绍"标签设计器"创建标签的方法与步骤。

病人档案表(按性别分组)

性别	编号	姓名	年龄	婚否	就诊日期	所在市
男						
	1000001	李刚	34	已婚	07/12/07	茂名
	1000002	王晓明	65	已婚	05/11/08	湛江
	1000004	聂志强	38	已婚	08/12/08	广州
	1000008	王守志	12	未婚	11/09/07	东莞
	1000011	张强	54	已婚	02/28/08	哈尔滨
	1000012	刘思源	26	已婚	08/14/06	江门
	1000013	欧阳晓辉	13	未婚	10/09/07	肇庆
	1000015	马博维	29	未婚	04/15/07	东莞
						⑧
女						
	1000003	张丽	21	未婚	12/06/08	东莞
	1000005	杜梅	29	已婚	09/29/07	深圳
	1000006	蒋萌萌	25	未婚	03/21/08	茂名
	1000007	李爱平	17	未婚	06/17/06	乌鲁木齐
	1000009	陶红	46	已婚	10/31/07	深圳
	1000010	李娜	71	已婚	04/23/08	东莞
	1000014	段文玉	30	已婚	01/24/06	佛山
	1000016	王洁	13	未婚	01/22/08	湛江
						⑧

图 9-38　添加了分组计数之后的预览结果

【例 9-8】 使用标签设计器，将病人档案表 brdab. dbf 中每个病人的基本信息以标签形式打印输出。

参考操作步骤如下：

(1) 选择“文件”菜单中的“新建”命令，在弹出的“新建”对话框中选定“标签”单选按钮，然后单击“新建文件”按钮，再在弹出的“新建标签”对话框中选定标签的布局后单击“确定”按钮，打开如图 9-39 所示的“标签设计器”窗口。

需要注意的是：此时在主窗口中增加的仍然是一个“报表”菜单和一个“报表设计器”工具栏。

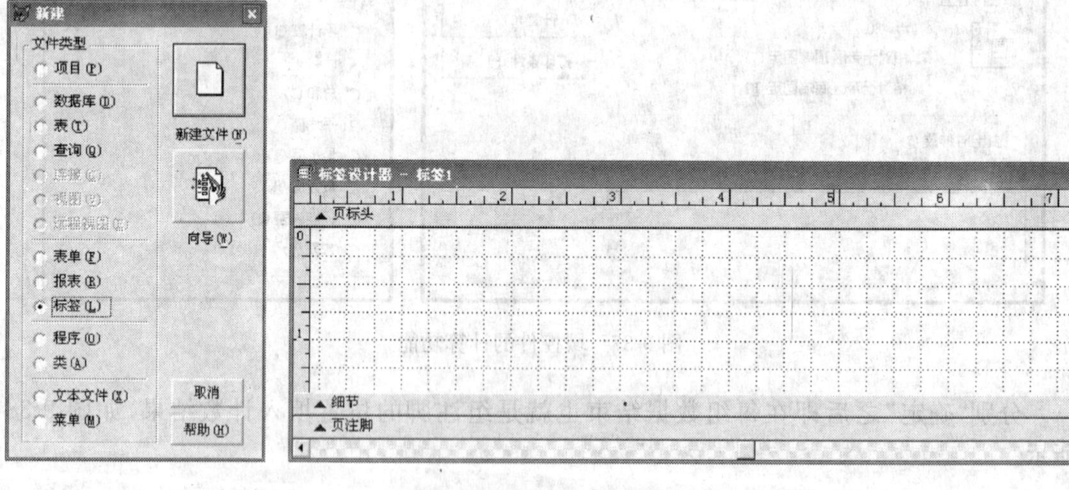

图 9-39　“标签设计器”窗口

(2) 页面设置：执行“文件”菜单中的“页面设置”命令，在如图 9-40 所示的“页面设置”对话框中，将“列数”设置为 3，并对列的“宽度”和“间隔”以及“左页边距”作适当调整。再在“打印顺序”框中指定标签的打印顺序，即自上向下按列打印还是自左向右按行打印。单击“确定”按钮关闭此对话框。

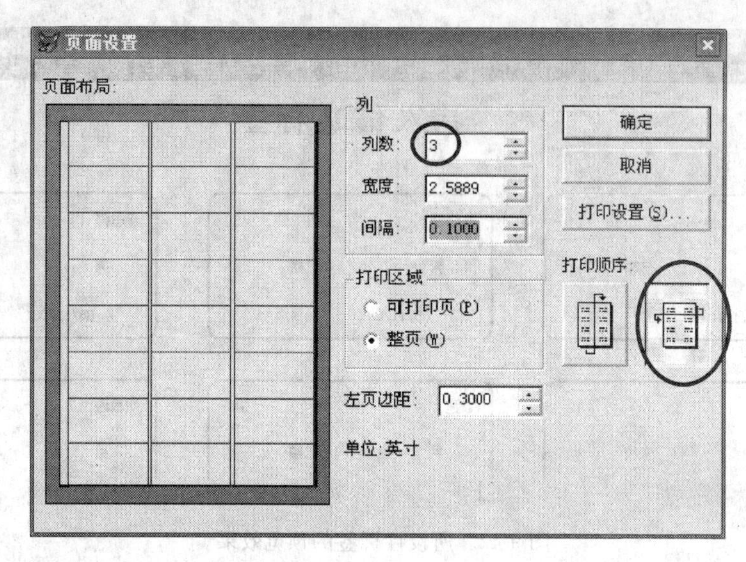

图 9-40　“页面设置”对话框

(3) 指定数据源:右键单击“标签设计器”窗口,在快捷菜单中选择“数据环境”,再用右键单击弹出的“数据环境设计器”窗口,在快捷菜单中选择“添加”,然后在出现的“打开”对话框中选取病人档案表 brdab. dbf 作为标签的数据源。

(4) 添加控件:从“数据环境设计器”窗口中,把要在标签中输出的有关字段逐一拖放到“标签设计器”窗口的“细节”带区内,自动生成对应的字段域控件,并调整其的位置和字体大小。

(5) 单击“报表控件”工具栏中的“圆角矩形”按钮,在“细节”带区各字段的周围画一个圆角矩形作为各个标签的边框。再在“页标头”带区中添加一个“标签”控件,输入文字“病人信息标签”作为其标题,并为其设置适当的字体。在“标签设计器”窗口中设计完成的最后结果如图 9-41 所示。

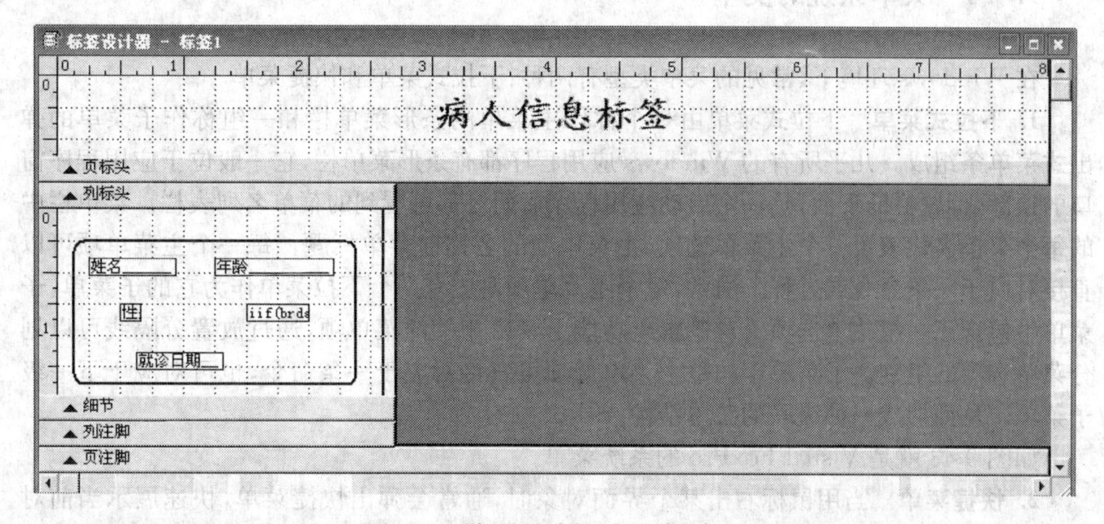

图 9-41　“标签设计器”内设计的标签

(6) 单击“常用”工具栏上的“保存”按钮将设计结果命名后保存(扩展名为 .lbx)。单击“打印预览”按钮进行预览。所设计标签的预览效果如图 9-42 所示。

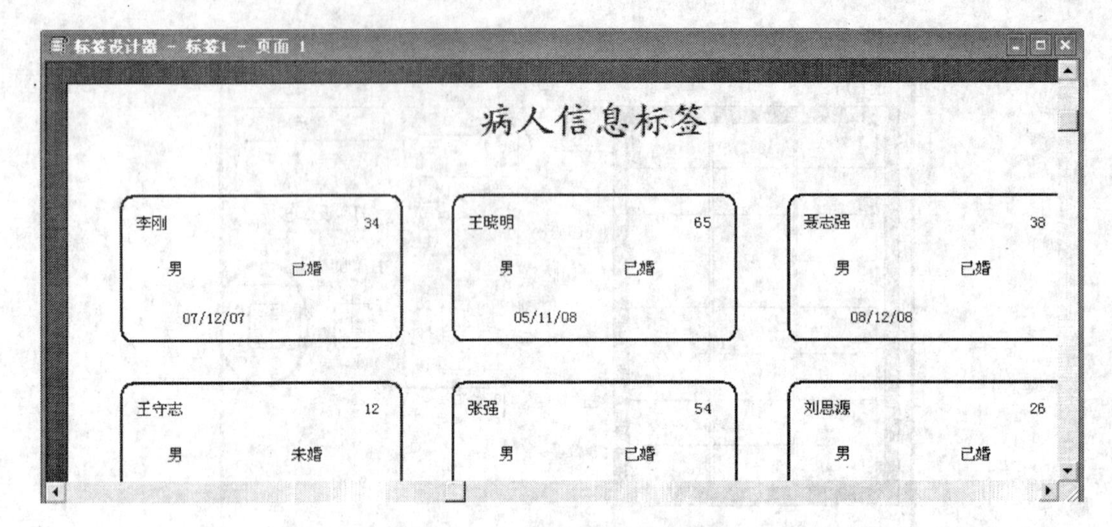

图 9-42 所设计标签的预览效果

第 4 节 菜 单 设 计

一个应用程序系统可能包含多个表单,还可能用到查询、报表、标签和视图等对象,当把要开发的应用系统提交给用户时,不应当使用户面对一个个零散的应用模块,而菜单可以使这些操作模块有机的融为一体,成为一个在菜单控制下、操作方便的、完整的应用系统。因此,菜单是一个应用系统的不可缺少的一部分。利用 Visual FoxPro 提供的菜单设计器,能够方便地进行菜单设计,包括设计各种下拉式菜单和快捷菜单。

9.4.1 菜单系统的类型

在 Windows 环境下,常见的菜单类型有两种:下拉式菜单和快捷菜单。

1. 下拉式菜单 下拉式菜单由一个称作主菜单的条形菜单栏和一组称作子菜单的弹出式菜单条组成。几乎所有的 Windows 应用程序都有条形菜单栏,它一般位于应用程序窗口的顶部,标题栏的下面,是一个启动应用程序后始终都可看到的菜单名列表栏。菜单栏中的每个菜单名代表了一个主菜单选项,主菜单项的名称即菜单标题。每一个主菜单项可以直接对应于一条命令或过程。通常,每个主菜单项对应有一个下拉菜单作为它的子菜单,子菜单中包含了一组菜单选项。对逻辑或功能上紧密相关的菜单项,通过放置分隔线可以划分菜单选项的组别。子菜单中的每个菜单选项可直接对应于一条命令,也可对应于下一级子菜单。从而形成一种级联的菜单结构。

如图 9-43 就是 Visual FoxPro 的系统菜单。

2. 快捷菜单 当用鼠标右击某个界面对象时,通常会弹出快捷菜单,快速展示当前对象可用的命令功能,免除在主菜单中一一查找的麻烦。快捷菜单一般没有条形菜单栏,只有一个弹出式菜单。菜单组中的每个菜单项可直接对应于一条命令,也可对应于一个级联子菜单。

从图 9-43 中可以看出,一个菜单系统通常包含以下几种菜单元素:

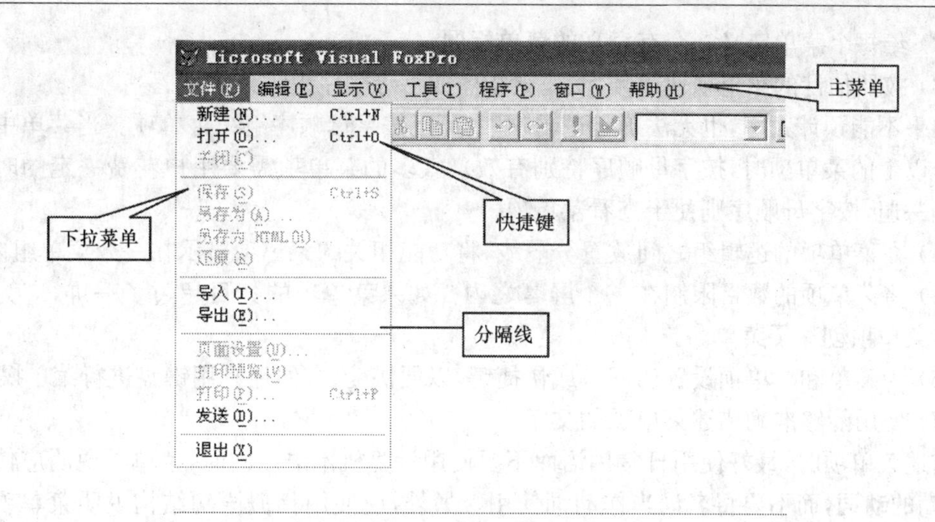

图 9-43　Visual FoxPro 的系统菜单

(1) 菜单栏(MENU):横放在窗口的一栏,菜单栏中包含菜单项。

(2) 菜单条(PAD):菜单栏中的每一个菜单项,如系统菜单栏中的"编辑"菜单项。

(3) 弹出式菜单(POPUP):选中菜单项后所显示的选项列表。

(4) 菜单选项(BAR):弹出式菜单的各个选择项,如单击系统菜单栏的"文件"菜单项,弹出的下拉菜单中的"新建"、"打开"、"保存"等选项。

每一个菜单项都可以有选择地设置一个访问键或一个快捷键。访问键通常是一个字符,出现在菜单项名称后的括号内并带有下划线,当菜单激活时,可以按下访问键快速选择相应的菜单项。快捷键通常是 Ctrl 键和另一个字符键组成的组合键,不论菜单是否激活,都可以通过快捷键选择相应的菜单项。

9.4.2　菜单系统的设计原则

1. 菜单系统的规划　菜单系统是菜单栏、菜单标题、菜单项和子菜单等的组合体。规划和设计菜单系统主要是确定需要哪些菜单、出现在界面的何处以及哪些菜单要有子菜单等。在创建菜单之前,首先要进行菜单系统的规划和设计。

创建菜单系统通常有以下几个步骤:

(1) 规划系统:确定需要哪些菜单、出现在界面的何处以及哪几个菜单要有子菜单等。

(2) 创建菜单和子菜单:使用菜单设计器或用编程方式定义菜单标题、菜单项和子菜单。

(3) 按实际要求为菜单系统指定任务:指定菜单所要执行的任务,如显示表单或对话框等。

(4) 生成菜单程序:运行生成的菜单程序,测试菜单系统。

此外,还需要考虑以下几个原则:

(1) 按照用户所要执行的任务组织系统,而不要按应用程序的层次组织系统:通过查看菜单和菜单项,就应该使用户对应用程序的组织方法有一个感性认识。因此,必须清楚用户思考问题的方法和完成任务的方法,才能设计出好用的菜单和菜单项。

(2) 给每个菜单定义一个有意义的菜单标题。

(3) 按照估计的菜单项使用频率、逻辑顺序或字母顺序组织菜单项。

如果不能预计频率,也无法确定逻辑顺序,可以按字母顺序组织菜单项。当菜单中包含有 8 个以上的菜单项时,按字母顺序特别有效。太多的菜单项需要用户花费一定的时间才能浏览一遍,按字母顺序则便于查看菜单项。

(4) 在菜单项的逻辑组之间放置分隔线,将功能相关的菜单项显示在一个菜单组内。

(5) 将菜单项的数目限制在一个屏幕之内。如果菜单项的数目超过了一屏,应为其中的一些菜单项创建子菜单。

(6) 为菜单和菜单项设置访问键或快捷键,以便快捷、方便地利用键盘进行菜单操作。

(7) 使用能够准确描述菜单项的文字。

描述菜单项时,最好使用日常用语而不要使用计算机术语。同时,菜单项说明应使用简单、生动的动词,而不要将名词当作动词使用。另外,应使用相似语句结构说明菜单项。例如,如果对所有菜单项的描述都使用了同一个词,则这些描述应使用相同的语言结构。

(8) 对于英文菜单,可以在菜单项中混合使用大小写字母。只有强调时才全部使用大写字母。

2. 菜单设计基本步骤 使用菜单设计器设计和创建菜单,一般包括以下 5 个基本步骤。

(1) 启动菜单设计器:无论是创建菜单还是修改已有的菜单,都需要启动菜单设计器。采用以下方法之一均可启动菜单设计器。

1) 单击“常用”工具栏上的“新建”按钮,在出现的“新建”对话框中选定“菜单”,然后单击“新建文件”按钮,再在弹出的“新建菜单”对话框中单击“菜单”按钮。

2) 在“项目管理器”对话框中选择“其他”选项卡中的“菜单”,单击“新建”按钮,在弹出的“新建菜单”对话框中单击“菜单”按钮。

3) 在命令窗口中执行“CREATE MENU”命令或“MODIFY MENU”命令。

4) 单击“常用”工具栏上的“打开”按钮,在弹出的“打开”对话框中指定文件类型为“菜单”,并在选定已存在的菜单文件后单击“确定”按钮。

需要注意的是:菜单设计器启动后,将在打开“菜单设计器”窗口的同时还将在主窗口菜单上增加一个名为“菜单”的菜单,并在“显示”菜单中增加“菜单选项”和“常规选项”两个菜单项。

(2) 菜单设计:菜单设计的主要工作包括:在打开的“菜单设计器”窗口中,定义所要创建的菜单栏中各个主菜单项的名称、每个主菜单项下属的各个子菜单项的名称,以及各子菜单项所对应的操作等。并利用新增的“菜单”菜单中的命令与“显示”菜单中新增的两个命令,根据需要对整个菜单作进一步的设置。

(3) 保存菜单定义:将设计完成的菜单定义信息保存为扩展名为 .mnx 的菜单文件,以及扩展名为 .mnt 的菜单备注文件。采用以下几种方法之一均可保存菜单定义。

1) 单击“常用”工具栏上的“保存”按钮。

2) 选择“文件”菜单中的“保存”命令。

3) 单击“菜单设计器”窗口的“关闭”按钮,在询问“要将所做更改保存到菜单设计器中吗?”的对话框中单击“是”按钮。

4) 按 Ctrl+W 组合键。

(4) 生成菜单程序:在“菜单设计器”窗口处于打开的情况下,选择“菜单”菜单的“生成”

命令,生成与菜单文件同名而扩展名为 .mpr 的菜单程序文件。

(5) 运行菜单程序:以下两种方法之一均可运行菜单程序。

1) 选择"程序"菜单的"运行"命令,在弹出的"运行"对话框中选定要运行的菜单程序文件,然后单击"运行"按钮。

2) 在命令窗口执行"DO <菜单程序文件>"命令。注意:此时菜单程序文件的扩展名 .mpr不能省略。

9.4.3　系统菜单的控制

Visual FoxPro 系统菜单是一个典型的菜单系统,其主菜单是一个条形菜单。选择条形菜单中的每一个菜单项都会激活一个弹出式菜单。在 Visual FoxPro 中,每一个条形菜单都有一个内部名字和一组菜单选项,每个菜单选项都有一个名称和内部名字。例如,Visual FoxPro 主菜单的内部名字为_MSYSMENU,条形菜单项"文件"、"编辑"和"窗口"的内部名字分别为_MSM_FILE,_MSM_EDIT,_MSM_WINDOW。每一个弹出式菜单也有一个内部名字和一组菜单选项,每个菜单选项则有一个名称(标题)和选项序号。例如,_MFILE,_MEDIT,_MWINDOW 为弹出式菜单项"文件"、"编辑"和"窗口"的内部名字。菜单项的名称用于在屏幕上显示菜单系统,而内部名字或选项序号则用于在程序代码中引用。

通过 SET SYSMENU 命令可以允许或禁止在程序执行时访问系统菜单,也可以重新设置系统菜单。其命令格式是:

SET SYSMENU ON|OFF|AUTOMATIC|TO[<弹出式菜单名表>]
| TO [<条形菜单项名表>]
|TO [DEFAULT] SAVE|NOSAVE

其中各子句的含义如下:

(1) ON 允许程序执行时访问系统菜单,OFF 禁止程序执行时访问系统菜单,AUTOMATIC 可使系统菜单显示出来,可以访问系统菜单。

(2) TO 子句用于重新设置系统菜单。"TO[<弹出式菜单名表>]"以菜单项内部名字列出可用的弹出式菜单。例如,命令 SET SYSMENU TO_MFILE,_MEDIT 将使系统菜单只保留"文件"和"编辑"两个子菜单。"TO[<条形菜单项名表>]以条形菜单项内部名字列出可用的子菜单。例如,上面的系统菜单设置命令也可以写成 SET SYSMENU TO _MSM_FILE,_MSM_EDIT。

(3) "TO [DEFAULT]"将系统菜单恢复为默认配置。

(4) SAVE 将当前的系统菜单配置指定为默认配置。如果在执行了 SET SYSMENU SAVE 命令之后,修改了系统菜单,那么执行 SET SYSMENU TO DEFAULT 命令就可以恢复 SET SYSMENU SAVE 命令执行之前的菜单配置。

(5) NOSAVE 将默认设置恢复成 Visual FoxPro 系统的标准配置。要将系统菜单恢复成标准设置,可先执行 SET SYSMENU NOSAVE 命令,然后执行 SET SYSMENU TO DEFAULT 命令。

不带参数的 SET SYSMENU TO 命令将屏蔽系统菜单,使系统菜单不可用。

9.4.4 快速建立一个下拉菜单

VisualFoxPro 为用户提供了快速创建菜单的方法，可用来快速生成一个与系统菜单类似的下拉菜单系统。

【例 9-9】 快速创建一个与系统菜单类似的下拉菜单。

参考操作步骤如下：

(1) 单击"常用"工具栏上的"新建"按钮，在"新建"对话框中选定"菜单"后单击"新建文件"按钮。再在弹出的"新建菜单"对话框中单击"菜单"按钮，打开"菜单设计器"窗口。

(2) 执行主窗口"菜单"菜单中的"快速菜单"命令，与系统菜单类似的多个菜单项即会自动填入到打开的"菜单设计器"窗口中，如图 9-44 所示。

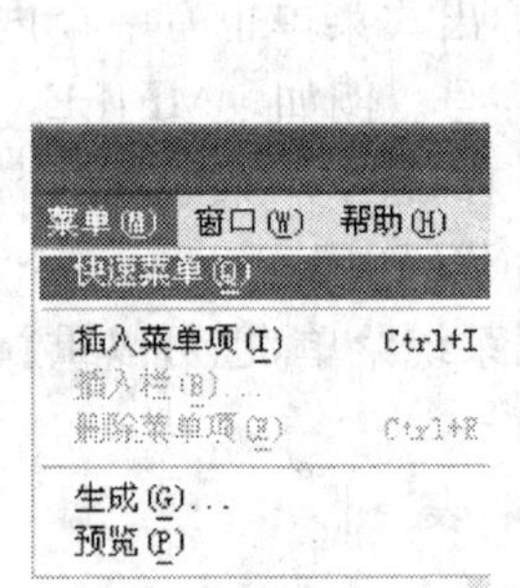

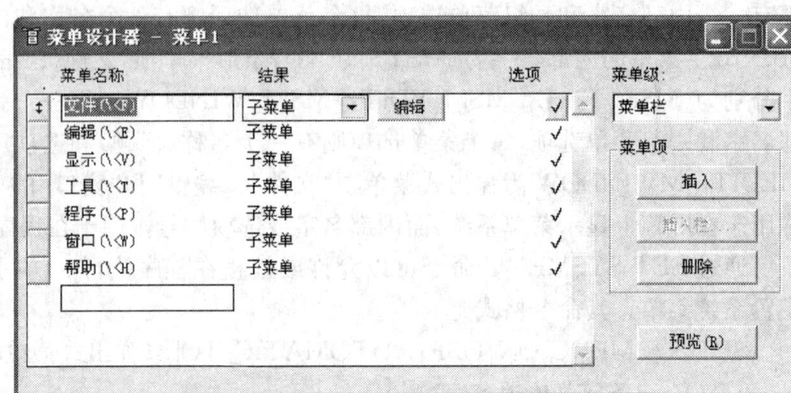

图 9-44 设计中的快速菜单

(3) 利用"菜单设计器"窗口右侧的"插入"或"删除"命令按钮，即可根据需要增加新的菜单项或者删除已有的菜单项。此外，选中某个菜单项后，单击其右侧的"编辑"按钮，便可对该菜单项下属的各个子菜单项进行增删操作。用上述这些方法，逐一把自动产生的各菜单项修改为符合用户需要的菜单系统。

(4) 单击"常用"工具栏上的"保存"按钮，将所设计的菜单定义信息命名后(例如命名为 kscd)保存为菜单文件和菜单备注文件。然后选择"菜单"菜单的"生成"命令，在这两个菜单文件的基础上自动生成名为 kscd. mpr 的菜单程序文件。

(5) 在命令窗口执行"DO kscd. mpr"命令，主窗口上就将出现所设计的新菜单，原 Visual FoxPro 的系统菜单将被新菜单所覆盖。

提示：在命令窗口执行"SET SYSMENU TO DEFAULT"命令。即可恢复 Visual FoxPro 的原有系统菜单。

9.4.5 菜单设计器概述

1. "菜单设计器"窗口 菜单设计器启动后，将打开如图 9-45 所示的"菜单设计器"窗口。窗口左侧的列表区域中包含了"菜单名称"、"结果"和"选项"3 个列，该列表区域中的每一行可用来定义菜单栏中的一个菜单项。

(1)“菜单名称”列:“菜单名称”列用来输入菜单项的标题名称,只用于显示。Visual FoxPro 允许用户在制定菜单项名称时,为该菜单定义快捷键,只需要在某个菜单项的名称中附加字符“\<”,即可为其指定一个打开该项下拉菜单的快捷键。例如,若指定某个菜单项名称为 “文件(\<F)”,则按 Alt+F 组合键即可快速打开该下拉菜单。为了增强可读性,可使用分隔线将内容相关的菜单项分隔成组,在“菜单名称”栏中键入“\<”,便可创建一条分隔线。

(2)“结果”列:“结果”列用于指定激活菜单项时的动作。单击该列将出现一个下拉列表框,其中包括“命令”、“填充名称”、“子菜单”和“过程”4 个选项,如图 9-45 所示。

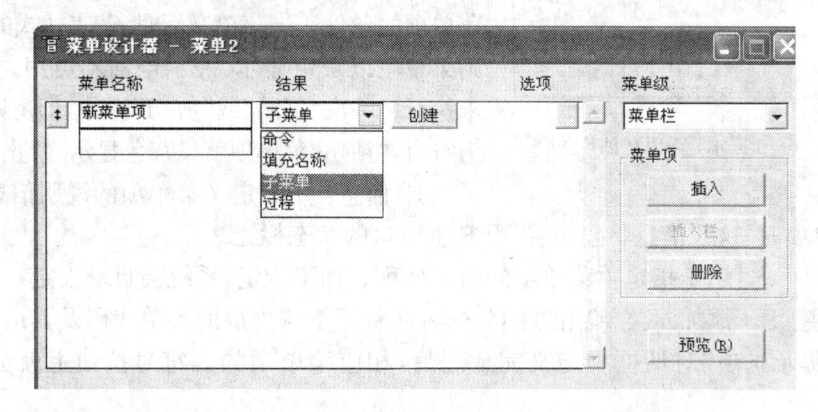

图 9-45 “菜单设计器”对话框

1) 命令:该选项用于为菜单项定义一条命令,表示当前菜单项的功能就是执行用户定义的命令。定义时,只需将命令输入到组合框右方的文本框内即可。如果所要执行的动作需要多条命令才能完成,而又无相应的程序可以使用,那么应该选择“过程”。

2) 填充名称:该选项用于为菜单项输入一个内部名称或序号,定义时在其右侧文本框内输入即可。该名称或序号用来供其他程序调用,默认情况下,系统将自动为每一个菜单项命名。

3) 子菜单:该选项供用户定义当前菜单的子菜单。选择“子菜单”后,将在其右侧出现一个“创建”或“编辑”按钮(建立时显示“创建”,修改时显示“编辑”),单击“创建”或“编辑”按钮,“菜单设计器”窗口将切换到子菜单页面,从而可为当前菜单项定义或修改其下属的各个子菜单项。此时,窗口右上角的“菜单级”下拉列表框中会显示当前子菜单项的名称。子菜单建立完成后,可在“菜单级”下拉列表框中选择其上级菜单名称,返回上级菜单定义窗口,继续定义其他菜单项;若选择为“菜单栏”,可以直接返回主菜单定义窗口。

4) 过程:该选项用于为菜单项定义一个过程供设计者输入或修改一段程序代码。定义时一旦选择了“过程”,其右侧出现一个“创建”或“编辑”按钮,单击按钮后将出现一个文本编辑框,供用户编辑所需的过程。

“过程”和“命令”不同之处在于,过程可以包含多条命令语句。

(3)“选项”列:每个菜单项的“选项”列上都有一个无符号按钮,单击此按钮将弹出“提示选项”对话框,如图 9-46 所示,用户可以为当前菜单项定义其他属性。

1) 快捷方式:用于指定菜单项的快捷键。其中,“键标签”文本框用于显示快捷键的名称。设置快捷键的方法:将光标定位在“键标签”文本框中,在键盘上按下快捷键即可。例如,图 9-46 中“打开”菜单项的快捷键就是 Ctrl+O。“键说明”文本框中内容通常与用户所

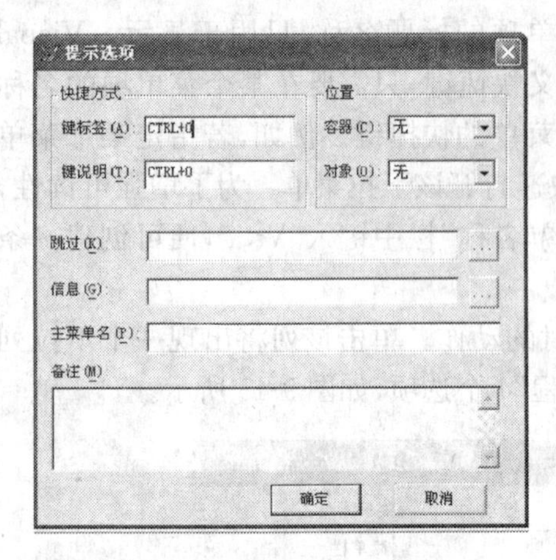

图 9-46 “提示选项”对话框

设置的快捷键名称相同,它显示在菜单项标题名称的右侧,用作对快捷键的说明。

若要取消已经的快捷键,可以先用鼠标单击“键标签”文本框,然后按空格键。

2) 位置:主要用于编辑 OLE 对象。控制在编辑 OLE 对象时,菜单栏显示在对象的哪一边,有 4 种选择:无、左、中、右。

3) 跳过:用于设置一个表达式作为允许或禁止菜单项的条件。当菜单激活时,若表达式的值为 .T.,则菜单项以灰色显示,表示当前不可用。例如,当尚未执行过一次“复制”或“剪切”操作,即剪贴板的内容为空时,“粘贴”菜单项就呈灰色显示,禁止用户使用。

4) 信息:用于定义菜单项的说明信息。当鼠标指向该菜单项时,这些信息将显示在 VFP 主窗口的状态栏上。

5) 主菜单名:用于指定主菜单项的内部名称。如不指定,系统会自动设定。

6) 备注:用于添加对菜单项的注释,这种注释不影响生成的菜单代码及其运行。

当在“提示选项”对话框中定义完成之后,相应菜单项的无符号按钮上就会出现一个“√”符号。

除此之外,在“菜单设计器”窗口的右侧还有若干个命令按钮,其中的“插入”按钮用来在当前菜单项之前插入一个新的菜单项;“删除”按钮用来删除当前选定的菜单项;而“插入栏”按钮则可用来在当前菜单项之前插入一个 Visual FoxPro 提供的系统菜单项。单击这个“插入栏”按钮将弹出一个如图 9-47 所示的“插入系统菜单栏”对话框,此对话框的列表中选取一个所需的菜单项后单击“插入”按钮,即可将选取的某个系统菜单项插入到“菜单设计器”窗口的当前菜单项之前。

2. 主窗口的“显示”菜单 打开“菜单设计器”窗口后,在 Visual FoxPro 主窗口的“显示”菜单中将增加“常规选项”和“菜单选项”两个菜单项。

(1)“常规选项”菜单项:选择“显示”菜单的“常规选项”命令,将弹出如图 9-48 所示的“常规选项”对话框。在其中可以为当前设计的菜单设置和定义总体属性。

1)“过程”编辑框:为当前菜单的所有主菜单项(即菜单栏中的每个菜单项)定义一段缺省的过程代码,当设计中的某个主菜单项没有指定具体的执行动作时,就将执行这个过程代码。可以直接在“过程”框中输入过程代码,也可单击“编辑”按钮在打开的代码编辑窗口中输入和编辑过程代码。

2)“位置”区域:用来描述用户定义的菜单与系统菜单的关系。其中:“替换”选项是指在该菜单运行时用所设计的菜单内容替换系统菜单,此为默认选项;“追加”选项是指将所设计的菜单添加到系统菜单的后面;“在…之前”与“在…之后”选项是指将所设计的菜单内容插在某个指定的菜单之前或之后。

3)“菜单代码”区域:包含“设置”和“清理”两个复选框,选中任何一个复选框都将会打开一个相应的代码编辑窗口。选中“设置”复选框后所输入的程序代码将放置在菜单定义代码的前面,并在菜单产生之前执行;选中“清理”复选框后所输入的程序代码将放置在菜单定义代码的后面,并在菜单显示出来之后执行。

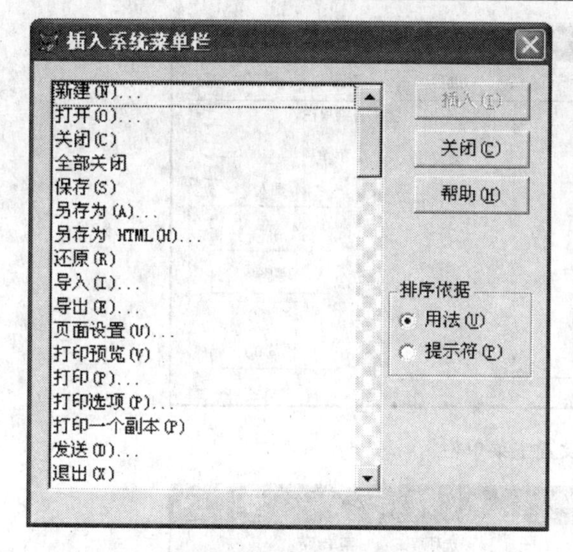

图 9-47　“插入系统菜单栏”对话框

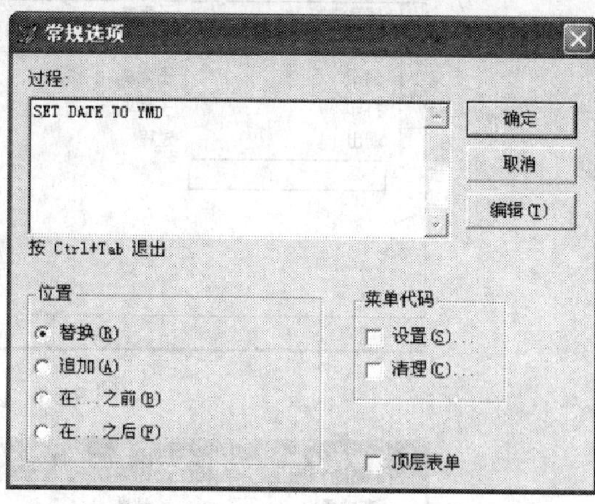

图 9-48　“常规选项”对话框

4）“顶层表单”复选框：选中该复选框可以将所设计的菜单添加到某个顶层表单中。

（2）“菜单选项”菜单项：选择主窗口“显示”菜单的“菜单选项”命令，将弹出如图 9-49 所示的“菜单选项”对话框。

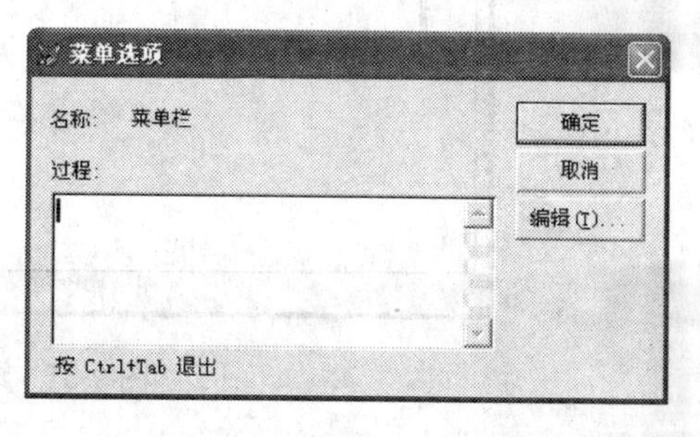

图 9-49　“菜单选项”对话框

在“菜单选项”对话框中可为当前菜单项的所有子菜单项定义一个缺省的过程代码，当设计中的某个子菜单项没有指定具体的执行动作时，就将执行此过程代码。可以直接在“过程”框中输入过程代码，也可单击“编辑”按钮在打开的代码编辑窗口中输入和编辑过程代码。此外，还可在此对话框的“名称”框中为当前菜单项定义内部名称。

9.4.6　设计自定义菜单

上面介绍了利用菜单设计器创建菜单的一般过程，本节将通过具体实例说明自定义菜单的设计方法。

【例 9-10】　利用菜单设计器，为“医院信息管理系统”应用程序设计一个菜单。

参考操作步骤如下：

（1）在命令窗口执行“CREATE MENU yyxt”命令，打开“菜单设计器”窗口。

（2）为“医院信息管理系统”设置主菜单：在“菜单设计器”窗口左侧的列表区域中内输入“信息浏览”、“信息查询”、“编辑”、“打印”和“退出”5 个菜单项名称，并指定与其对应的“结果”项，如图 9-50 所示。

（3）为“信息浏览”菜单项设置子菜单项：选中该菜单项后单击出现的“创建”按钮，输入“病人情况”、“药品情况”和“收费情况”3 个子菜单项名称，如图 9-51 所示。

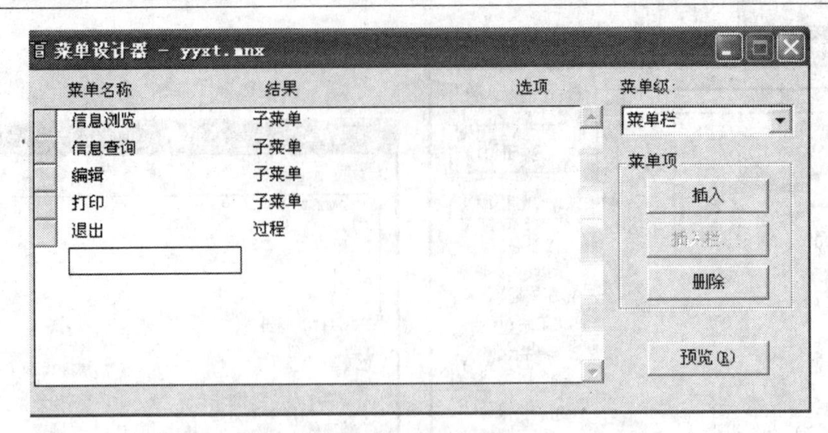

图 9-50　设置主菜单栏

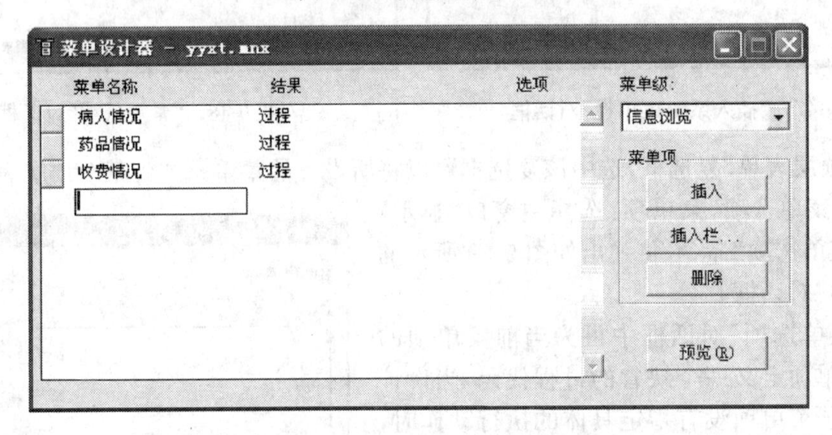

图 9-51　设置"信息浏览"菜单

然后选中"病人情况"菜单项后单击出现的"创建"按钮，在弹出的过程编辑窗口内输入代码如下所示，"药品情况"和"收费情况"的代码类似。

```
USE brdab
BROWSE NOMODIFY NOAPPEND
CLOSE DATABASE
```

(4) 在"信息查询"菜单项编写命令代码：DO FORM ch8e1，其中 ch8e1 是在第 8 章已经设计好的表单文件，如图 9-52 所示。

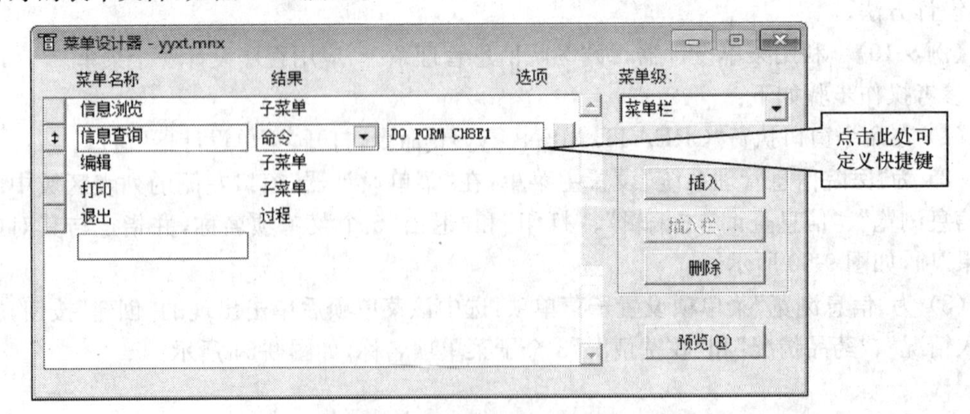

图 9-52　为"信息查询"编写命令

(5) 为“信息查询”菜单项指定快捷键:选中该菜单项后单击其右端的“选项”按钮,在弹出的“提示选项”对话框中,单击“键标签”文本框,然后在键盘上按下 Alt+L 组合键,如图 9-53 所示。用同样的方法可为其他菜单项指定各自的快捷键。单击“确定”按钮后返回“菜单设计器”窗口。

图 9-53　为菜单项指定快捷键

(6) 为“编辑”菜单项设置子菜单:选中该菜单项后单击“创建”按钮,在切换后的窗口右侧单击“插入栏”按钮,在弹出的“插入系统菜单栏”对话框的列表中,选中“查找”项后单击“插入”按钮,再用同样的方法插入“全部选定”、“粘贴”、“复制”和“剪贴”几项。设置完毕的子菜单结果如图 9-54 所示。

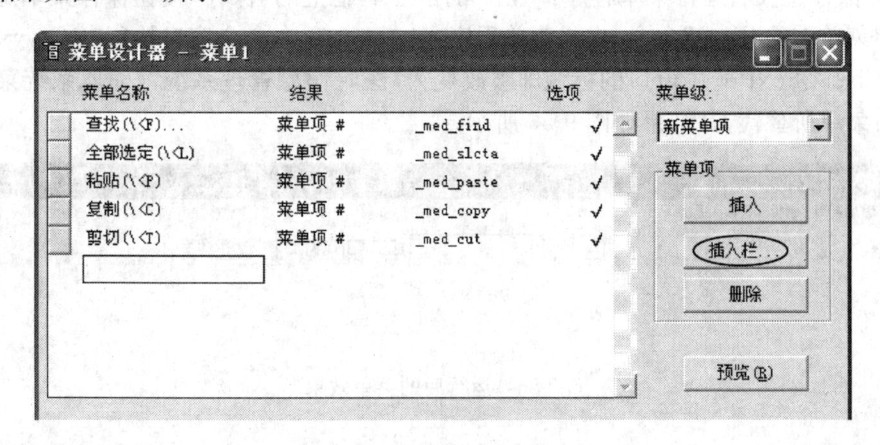

图 9-54　设置编辑子菜单

(7) 为“打印”菜单项设置两个子菜单项及其相应的命令,如图 9-55 所示。其中 BRQK 和 BRKP 是 9.3 节中例 9-4 和例 9-5 中已经设计好的两个报表文件。

(8) 设置菜单程序的初始化代码:选择“显示”菜单中的“常规选项”命令,在弹出的对话框中选中“设置”复选框,然后在弹出的“设置”编辑窗口内键入如下代码:

```
CLEAR ALL
```

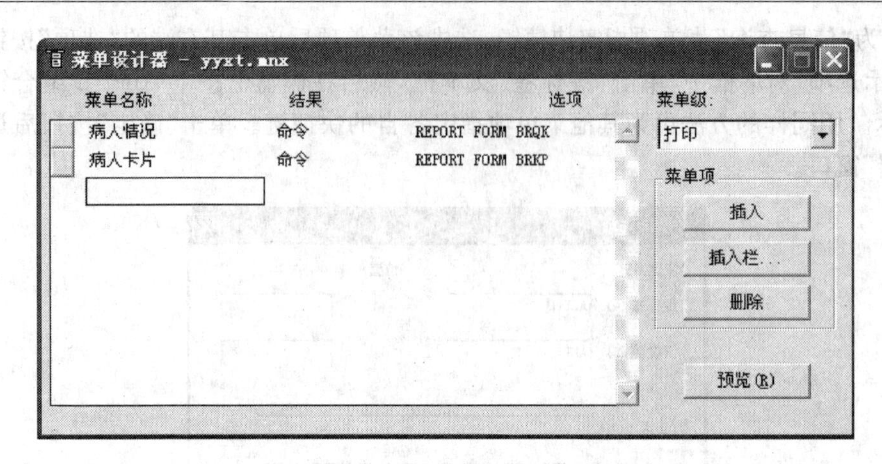

图 9-55 设置“打印”子菜单

```
CLEAR
**关闭命令窗口
KEYBOARD "{Ctrl+F4}"
**设置菜单窗口标题
MODIFY WINDOW SCREEN TITLE "医院信息管理系统"
```

(9) 为“退出”菜单项定义过程代码:单击“退出”子菜单的“创建”或“编辑”按钮,在出现的过程编辑窗口内填写:

```
SET SYSMENU NOSAVE              && 恢复成 Visual FoxPro 标准配置
SET SYSMENU TO DEFAULT          && 恢复系统菜单为默认配置
ACTIVATE WINDOW COMMAND         && 激活命令窗口
```

(10) 保存、生成、运行菜单程序:单击“常用”工具栏上的“保存”按钮保存菜单定义。选择“菜单”菜单中的“生成”命令,生成菜单程序 yyxt.mpr。在命令窗口执行“DO yyxt.Mpr”命令后,Visual FoxPro 主窗口的标题即被改变为“医院信息管理系统”,而原系统菜单则被所设计的菜单所替代,其结果如图 9-56 所示。

图 9-56 运行后的菜单效果

9.4.7 设计 SDI 菜单

SDI 菜单是出现在单文档界面(SDI)窗口中的菜单。使用菜单设计器创建的用户菜单默认显示在 Visual FoxPro 系统窗口中,不是显示在窗口的顶层,而是在第二层(可以看到 Visual FoxPro 主窗口标题栏中的标题为“Microsoft Visual FoxPro”)。如果希望定义的菜单出现在窗口的顶层,即设计 SDI 菜单,可以创建一个顶层表单,并将用户定义的菜单添加在顶层表单中。具体方法是：

(1) 在菜单设计器中定义用户菜单。

(2) 在 VFP 系统菜单中选择“显示|常规选项”命令，在“常规选项”对话框中选中“顶层表单”复选框。

(3) 生成菜单程序(.MPR)。

(4) 在表单设计器中设计一个表单，然后将表单的 ShowWindows 属性设置为 2，使其成为顶层表单。

(5) 在表单的 Init 事件代码中输入以下命令：

DO <菜单程序名> WITH THIS，.T.

说明：可以进一步将表单的 Caption 属性设置为用户指定的标题。

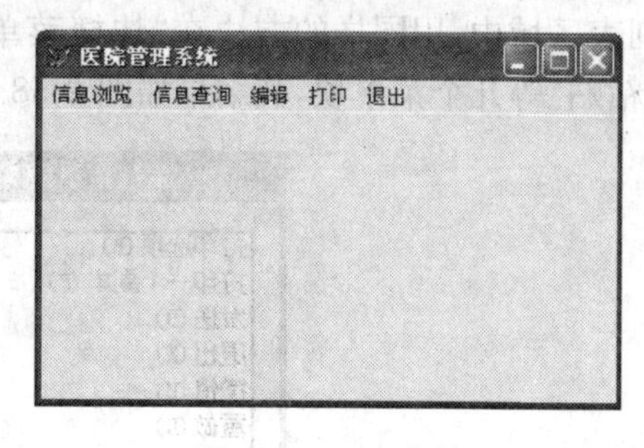

图 9-57　SDI 菜单

按照上述方法，并且将前面已经建立好的 yyxt.mnx 做适当修改后重新生成，得到如图 9-57 所示的 SDI 菜单：

9.4.8　创建快捷菜单

快捷菜单是指在窗口界面的对象上单击鼠标右键时出现的弹出式菜单，该菜单可以快速展示当前对象可用的所有功能。在快捷菜单设计器中定义快捷菜单与在菜单设计器中定义菜单的过程是完全一样，而且快捷菜单程序文件生成之后，也必须将它附加到某个界面对象上，这样当用户在附加了快捷菜单的对象上单击鼠标右键时，才会显示此快捷菜单。

与下拉式菜单相比，快捷菜单没有条形菜单栏，只有一个弹出式菜单。

创建快捷菜单的操作步骤是：

(1) 选择项目管理器中的“其他”选项卡，选定“菜单”选项，并单击“新建”按钮，在“新建菜单”对话框中单击“快捷菜单”按钮，打开“快捷菜单设计器”窗口。

(2) 在“快捷菜单设计器”中添加菜单项的过程与创建下拉式菜单完全相同，即在“菜单名称”框中指定相应的菜单标题，在“结果”框中选择菜单项激活后的动作并编写相应的命令或过程代码，单击“选项”栏中的按钮后，在“提示选项”对话框中设置快捷键等。

(3) 预览快捷菜单。

(4) 选择“文件|另存为”命令，保存快捷菜单的定义文件(.MNX)。

(5) 选择“菜单|生成”命令，生成相应的菜单程序文件(.MPR)。

若要使用创建的快捷菜单，可以在表单设计器环境下选定需要调用快捷菜单的对象，在该对象的 RightClick 事件过程中添加调用快捷菜单程序的代码：

DO <快捷菜单程序文件名>

说明：快捷菜单程序文件的扩展名 .MPR 不能省略。

【例 9-11】　为一个维护病人档案数据表的表单设计一个具有“撤销”、“剪切”、“复制”、“粘贴”4 个菜单项的快捷菜单。

参考操作步骤如下：

(1) 选择“文件”菜单的“新建”命令，在弹出的“新建”对话框中选中“菜单”后单击“新建文件”，再在弹出的“新建菜单”对话框中单击“快捷菜单”按钮，打开“快捷菜单设计器”窗口。

(2) 添加菜单项:单击该窗口右侧的“插入栏……”按钮,在弹出的“插入系统菜单栏”对话框中选定“撤销”后单击“插入”按钮,“撤销”菜单项即会出现在“快捷菜单设计器” 窗口的列表区域中,用同样的方法在“快捷菜单设计器”窗口的列表区域中插入“剪切”、“复制”、“粘贴”等几个菜单项,其结果如图 9-58 所示。

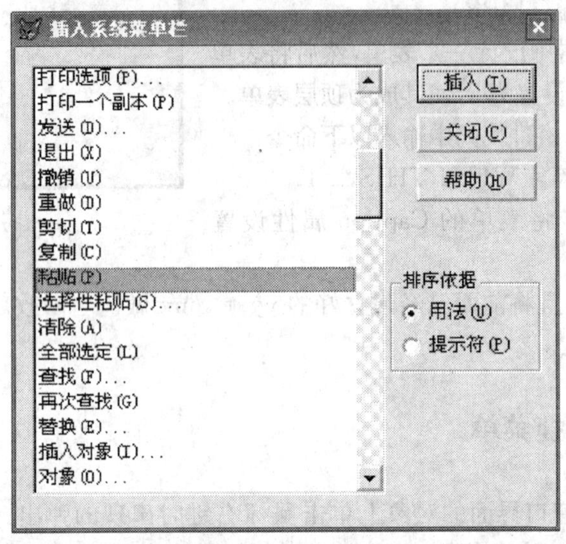

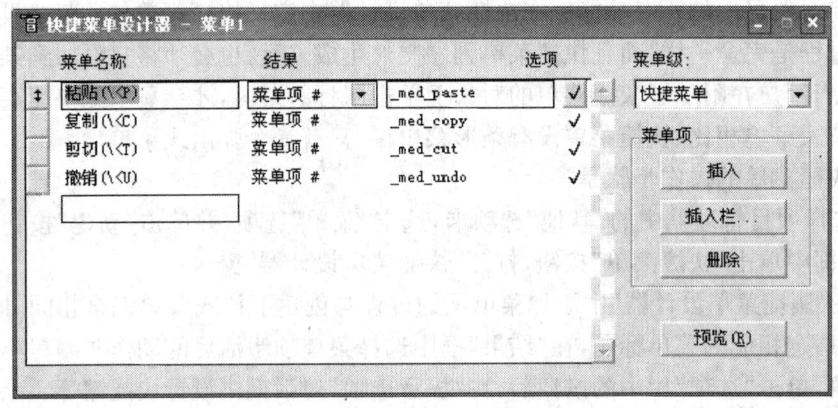

图 9-58 “快捷菜单设计器”窗口

(3) 单击“常用”工具栏上的“保存”按钮,将菜单定义信息保存为 kjcd. mnx 和 kjcd. mnt 两个文件,然后选择“菜单”菜单中的“生成”命令生成 kjcd. mpr 菜单程序。

(4) 打开维护病人档案数据表的表单,为该表单的 Activate 事件编写如下事件代码:

```
* * 清除以前设置过的功能键:
PUSH KEY CLEAR
* * 使得单击右键就将运行所创建的快捷菜单:
ON KEY LABEL RIGHTMOUSE DO kjcd. mpr
```

(5) 为该表单的 Destroy 事件编写如下事件代码:

```
PUSH KEY CLEAR
```

(6) 运行维护病人档案数据表的表单,在其中选定任何数据后单击鼠标右键即可弹出所设计的快捷菜单,供选择执行其中的命令,如图 9-59 所示。

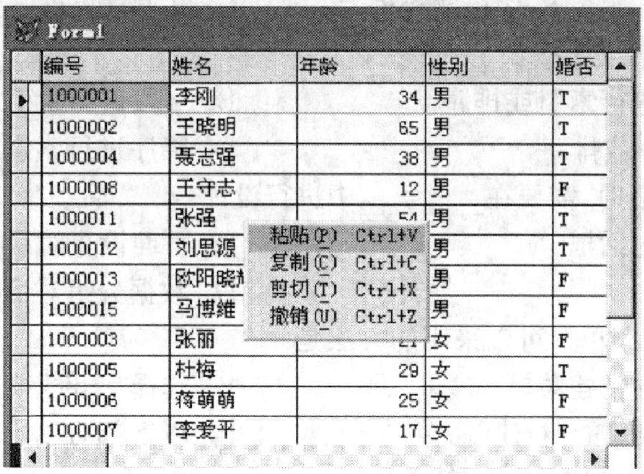

Form1

编号	姓名	年龄	性别	婚否
1000001	李刚	34	男	T
1000002	王晓明	65	男	T
1000004	聂志强	38	男	T
1000008	王守志	12	男	F
1000011	张强	54	男	T
1000012	刘思源	[illegible]	男	T
1000013	欧阳晓	[illegible]	男	F
1000015	马博維	[illegible]	男	F
1000003	张丽	21	女	F
1000005	杜梅	29	女	T
1000006	蒋萌萌	25	女	F
1000007	李爱平	17	女	F

粘贴(P) Ctrl+V
复制(C) Ctrl+C
剪切(T) Ctrl+X
撤销(U) Ctrl+Z

图 9-59　运行中的快捷菜单

练　习　题

一、单项选择题

1. 报表的数据源可以是________。

A. 数据表　　B. 视图　　C. 查询　　D. 以上都可以

2. 打开报表设计器修改已有的报表文件的命令是________。

A. CREATE REPORT 文件名　　B. MODIFY REPORT 文件名

C. CREATE 文件名　　D. MODIFY 文件名

3. 报表的基本组成部分是________。

A. 视图和布局　　B. 数据库和布局　　C. 数据库和布局　　D. 数据源和布局

4. 在报表设计器中可用的控件是________。

A. 标签、域控件和线条　　B. 标签、域控件和列表框

C. 标签、文本框和线条　　D. 布局和数据源

5. 下列关于报表带区及其作用的叙述，错误的是________。

A. 页标头带区只打印一次　　B. 标题带区只打印一次

C. 细节带区只打印一次　　D. 组标头带区只打印一次

6. 下列关于域控件的说法错误的是________。

A. 在数据环境中每拖放一个字段到报表设计器就是一个域控件

B. 域控件用于打印表或视图中的字段，变量和表达式的计算结果

C. 域控件的表达式生成器中必须有数据表达式

D. 域控件的表达式生成器中可以为空

7. 预览报表的命令是________。

A. PREVIEW REPORT　　B. REPORT FORM …PREVIEW

C. PRINT REPORT …PREVIEW　　D. REPORT …PREVIEW

8. 不属于报表控件工具栏的按钮是________。

A. 标签按钮　　B. 文本框控件　　C. 域控件　　D. 线条控件

9. 报表标题通过下列________控件定义的。

A. 标签控件　　B. 标题控件　　C. 文本框控件　　D. 域控件

10. 创建分组报表需要按________。

A. 分组表达式进行索引或排序　　B. 字段进行索引或排序

C. 升序进行索引或排序　　D. 降序进行索引或排序

11. 设计多栏报表时，需要在________中进行设计 。

A. 报表生成器对话框　　B. 页面设置对话框

C. 打印对话框　　D. 数据分组对话框

12. 要创建一个“菜单”，可以采用的方法是________。

A. 使用菜单向导新建菜单　　B. 选择“文件”菜单的“新建”命令

C. 选择“菜单”菜单的“新建”命令　　D. 以上都对

13. 用菜单设计器生成的文件有________。

A. scx 和 sct　　B. mnx 和 mnt　　C. frx 和 frt　　D. pjx 和 pjt

14. 执行菜单文件 mm. mnx 的方法是________。

A. do mm. mnx

B. do menu mm. mnx

C. 先生成 mm. mpr，再 do mm. mpr

D. 先生成 mm. mpr，再 do menu mm. mpr

15. 在 Visual FoxPro 中支持两种菜单，分别是________。

A. 条形菜单和弹出式菜单　　B. 条形菜单和下拉菜单

C. 弹出式菜单和下拉菜单　　D. 复杂菜单和简单菜单

16. 菜单设计器中“结果”选择为________时出现文本框。

A. 命令　　B. 过程　　C. 填充名字　　D. 菜单项

17. 关于快捷菜单正确的说法是________。

A. 快捷菜单只有条形菜单

B. 快捷菜单只有弹出式菜单

C. 快捷菜单不包括条形菜单或弹出菜单

D. 快捷菜单能同时包括条形菜单或弹出菜单

18. 将一个设计完成并预览成功的菜单存盘后却无法执行，其原因是________。

A. 没有以命令方式执行　　B. 没有生成菜单程序

C. 没有放入项目管理器中　　D. 没有存入规定的文件目录

二、填空题

1. 域控件是一种与字段、内存变量和________链接的控件。

2. 创建分组报表需要按________进行索引或排序，否则不能保证正确分组。

3. 使用报表的________功能，可以在屏幕上观察报表的设计效果。

4. 多栏报表可以在________中设置。

5. 使用________控件可以在报表中插入图片。

6. 在菜单设计器中，当某菜单项对应的任务需要多条命令完成时，在“结果”框中应选择________。

7. 若要将表单设置为顶层表单，其 ShowWindow 属性应设置为________。

8. 若要为表单的一个对象设置快捷键菜单，通常要在该对象的________事件代码中添加调用该快捷键菜单程序命令。

9. 利用菜单设计器设计自定义菜单时，若想在子菜单中插入系统菜单，可在菜单设计器的“菜单项”框中单击________按钮，打开“插入系统菜单”对话框，选择需要插入的系统菜单项。

10. 要将系统菜单恢复成标准配置，可先执行________命令，再执行________命令。

三、简答题

1. 使用报表向导创建报表时，有几种向导可供选择？分别用于什么样的情况？

2. 报表基本的带区有哪几个？“标题/总结”带区如何打开？什么时候会出现“组标头/组注脚”？“列标头/列注脚”又在什么情况下出现？

3. 试述菜单系统设计原则和设计步骤。

4. 试述创建快捷菜单的步骤和方法。

四、操作题

1. 利用报表设计器，以“病人档案表”为数据源，设计如图9-60所示的报表，文件名为“病人情况.FRX”。

报表设计器 - 病人情况.frx - 页面 1

病人基本情况

日期：06/12/09

编号	姓名	性别	婚否	就诊日期
1000001	李刚	男	已婚	07/12/07
1000002	王晓明	男	已婚	05/11/08
1000003	张丽	女	未婚	12/06/08
1000004	聂志强	男	已婚	08/12/08
1000005	杜梅	女	已婚	09/29/07
1000006	蒋萌萌	女	未婚	03/21/08

图9-60 病人情况表

2. 设计一个下拉菜单，如图9-61所示。其中在“查询”项中包括“病人档案表”、“费用表”和“项目表”，单击每一项，可以看到对应数据表的内容（可用命令集或表单方式实现）；“编辑”项调用系统标准菜单项；“打印”项下则调用第1题中的报表预览；“退出”项的功能是恢复标准的Visual FoxPro菜单。

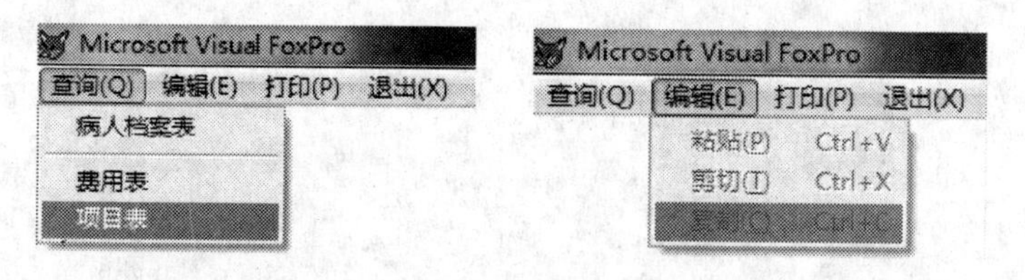

图9-61 菜单效果

3. 将第2题设计的菜单添加到一个顶层表单中。

参考答案

一、单项选择题

1. D　2. B　3. D　4. A　5. C　6. D　7. B　8. B　9. A　10. A　11. B　12. D　13. B　14. C　15. A　16. B　17. B　18. B

二、填空题

1. 表达式　2. 分组表达式　3. 预览　4. 页面设置　5. 图片/ActiveX　6. 过程　7. 2　8. Activate　9. 插入栏　10. SET SYSMENU NOSAVE　SET SYSMENU TO DEFAULT

三、简答题

略。

四、操作题

略。

第10章 应用程序开发

学习数据库管理系统软件的主要目的是为了开发我们自己的信息管理系统，本章首先简单介绍开发一个数据库应用程序系统的一般步骤，介绍数据库的设计原则，最后以病人管理应用系统的开发过程为例，以此说明数据库应用系统的总体方法和步骤，以及如何利用Visual FoxPro的项目管理器将应用程序开发所需的数据表、数据库、表单、报表及菜单等功能模块组织起来，最终生成一个可在操作系统环境下直接运行的可执行文件。

第1节 软件开发的过程

要设计一个数据库管理系统，必须从系统工程的角度来考虑问题和分析问题。软件开发通常要经过分析、设计、编码、测试，以及维护等几个阶段。

10.1.1 需求分析

数据库应用程序的开发活动是从对最终用户需求分析开始的。整个系统的需求包括数据需求和应用功能需求两方面的内容。首先明确用户各项需求，并通过对开发项目信息的收集，确定系统目标和软件开发的总体构思。

进行需求分析时，必须随时听取最终我们的意思，即必须注意以下两点。

(1) 需求分析必须建立在调查研究的基础上，必须多次访问最终用户，熟悉现有的工作流程和数据流程，尽可能多地收集和分析有关资料、报表和业务规定等。

(2) 在整个系统的设计和开发过程中都应有最终用户的参与，而在需求分析阶段就应该让最终用户更多地参与。对于一个应用项目的开发，即使作了认真仔细的分析也需要在每一步的实施过程中不断加以修改和完善，因此必须随时接受最终用户的反馈意见。

10.1.2 系统设计

通过第一阶段的分析，明确了系统要“做什么”，接下来就要考虑“怎样做”，即如何实现软件开发的目标。设计阶段的基本任务是建立软件系统的结构，包括数据结构和模块结构，并明确每个模块的输入、输出以及完成的功能。

数据处理是数据库应用系统的主要功能，因此，设计阶段的主要工作之一就是数据库的设计，确定应用系统所需各种数据的类型、格式、长度和组织方式等。数据库设计性能的优劣将直接影响整个数据库应用系统的性能和执行效率。数据库设计可以分为概念结构设计、逻辑结构设计和物理设计几个步骤。

1. 概念结构设计 主要是通过综合、归纳与抽象，形成一个独立于DBMS的概念模型(E-R模型)。

2. 数据库逻辑设计 按一定原则将所需组织成一个或多个数据库，确定数据库中所应包含的各个数据表，确定各数据表之间的关系及各数据表的主关键字和其他关键字等。

3. 物理逻辑设计 为数据模型选择一种合适的存储结构和存储方式，即实际创建一个数据库，包括创建数据库中各个数据表，以及相关文件的物理存储结构和存储方式。

10.1.3 实施及编码

经过理论上的分析和规划设计后，便可进行应用系统总体构架的设计。即根据“自顶向下，逐步细分”的原则，对整个系统所需的各个功能模块进行合理的划分和设计，一个组织良好的数据库应用系统通常被划分为若干个功能子系统，每一个子系统的功能则由一个或多个相应的程序模块来实现，并且还可以根据需要继续进行功能的细分和相应程序的细分。

在设计一个应用程序系统时，应仔细考虑该模块包含的子模块，以及该模块与其他模块之间的联系等。然后，再用一个主程序将所有的模块有机的组织起来。典型的数据库应用系统大都包括以下几个功能模块和主程序设计。

1. 查询检索模块 数据库应用系统中查询检索模块是不可或缺的，该模块通常提供系统中每个数据表进行分别查询的功能，并允许我们同时从指定的多个数据表中获取所需的相关数据。此外，查询检索模块还应提供各种形式的组合条件查询功能和统计查询功能，使得我们享有更强的控制数据能力。

2. 数据维护模块 数据维护模块则同样也是必不可少的，除了提供数据库的维护功能以及各个数据表记录的添加、删除、修改与更新功能之外，数据维护模块还应提供数据的备份、数据表的重新索引等日常数据维护功能。

3. 统计和计算模块 一般情况下，一个数据库应用系统还应提供我们所需的各种统计计算功能，包括常规的求和、求平均、按要求统计记录个数和汇总等功能外，还应该根据实际需要提供其他专项数据统计和分析功能。

4. 打印输出模块 数据库应用系统一般都提供各种报表和表格打印输出功能，既可以打印原始的数据表内容，也可从单个数据表或多个数据表中抽取所需的数据加以综合制表后予以打印输出。并应该根据需要提供分组打印和排序后打印输出等功能，同时允许我们灵活设置报表的打印格式。

5. 主程序设计 应用系统的主程序是指在启动程序系统时所执行的一个程序文件，可以是一个表单程序，也可以是一个菜单程序，一般完成初始化工作环境、提供我们界面、建立与结束事件循环和退出程序时还原工作环境等工作。

10.1.4 测试与调试

在应用系统设计和创建的过程中，需要不断地对所设计的菜单、表单、报表等程序模块进行测试与调试。通过测试与调试发现问题和纠正错误，并逐步加以完善。

Visual FoxPro 提供了专门的程序调试器，它用来设置程序断点、跟踪程序的运行，检察所有变量的值、对象的属性值及环境设置值等。启动程序调试器的方法是执行主窗口“工具”菜单下的“调试器”命令，或在命令窗口执行 DEBUG 命令。

在各个程序模块经过测试后达到预定的功能和效果后，就可进行整个程序系统的综合测试与调试。综合测试通过后，便可投入系统试运行，即把各程序模块连同数据库一起装入指定的应用程序磁盘目录，然后启动主程序开始运行，考察系统的各个功能模块是否正常工作，是否达到了预定的功能和性能要求，是否能满足我们的需求，试运行阶段一般只需装入少量的试验数据，待确认无误后再输入大批实际数据。

10.1.5 维护

应用程序经过测试即可投入正式运行，并在运行过程中不断修改、调整和完善。

第2节 应用程序开发实例

本节介绍利用 Visual FoxPro 开发医院病人管理系统的一个实例。这是一个简化的应用系统，大约包括开发一个应用系统项目所需的各个步骤。读者可在学习本书范例的基础上开发功能更为强大、更加实用的数据库应用系统。

10.2.1 系统设计

1. 系统设计思想 在信息化越来越发达的今天，医院信息管理工作的信息处理已经非常普及，并且有着各种相应的医院信息管理系统，基于数据库管理的需要，本系统的开发思想如下：

(1) 为了便于医院信息管理科学化、规范化，使系统设计更符合医院病人信息管理的规定，包括病人的信息的私密性、信息准确性等。

(2) 充分考虑到操作系统人员的使用便利性，做到操作界面友好、直观与方便，保证种类数据的安全性与完整性。

(3) 整个系统应采用先进的面向对象的程序设计方法，同时采用模块化设计，既便于各功能模块的创建、开发与组合，也便于系统的更新与改进。

(4) 本系统作为一个学习练习的应用系统，更多系统开发的相关内容请参考各种系统开发书籍及文献。

2. 系统功能划分 医院病人管理系统主要用于对病人档案信息、住院费用的管理，包括有关信息的查询、修改、增加、费用统计、报表打印等功能。整个系统分为如下几大模块。

(1) 主界面模块：主界面模块主要是供我们选择与执行各项病人信息管理工作，同时在本模块中还将核对本系统操作人员的姓名与密码。

(2) 查询模块：提供各数据信息的查询检索功能，包含病人基本信息查询、住院费用统计等子模块。

(3) 维护模块：提供各数据表信息的修改、添加、删除、备份等维护功能。包括病人档案表维护、住院费用项目表维护、项目价格表维护等子模块。

(4) 统计与报表模块：提供各种统计信息与报表打印功能，包含某病人住院费用统计和医院收入统计子模块。可打印每个病人的住院费用单、医院收入汇总等一览表等。

3. 系统总体结构 系统总体结构可用层次结构的框图来规范。第一层是系统层，通常对应主程序；第二层为子系统层，一般起分类控制作用；第三层是功能层和操作层。如图10-1所示，图中未画出功能层和操作层。

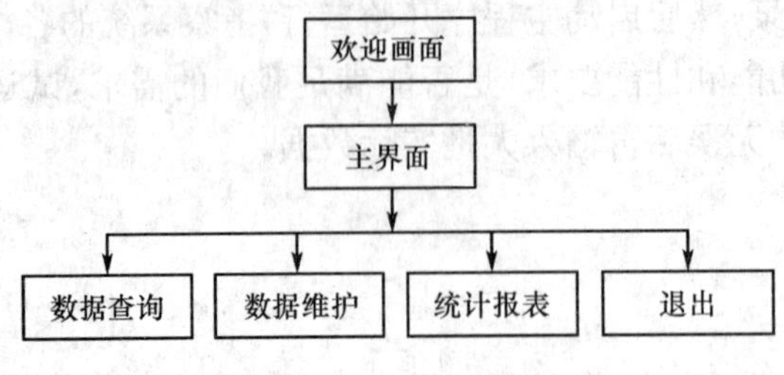

图 10-1　系统总体结构图

10.2.2　建立项目

设计好应用系统的结构框架并规划好各个功能之后，即可着手本项目的创建。在本例中，首先利用项目管理器，创建一个名 yybrgl.pjx 的医院病人管理项目文件，并保存在专门的磁盘文件目录 d:\yygl 中，出现如图 10-2 所示。命令操作如下：

```
CREATE PROJECT D:\YYGL\YYBRGL
```

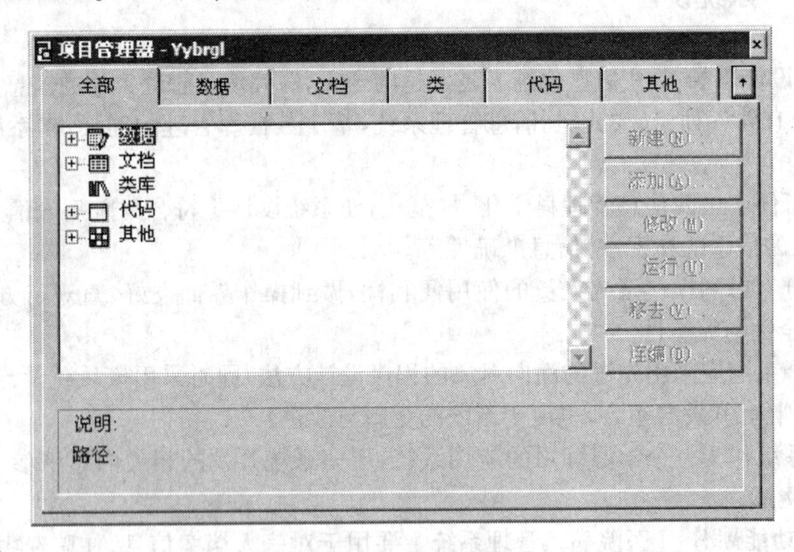

图 10-2　项目管理器

10.2.3　数据库设计

根据项目需求分析及数据库设计原则，本项目确定创建一个病人管理数据库 brgl.dbc，并在该数据库中加入病人档案表 brdab.dbf 和费用表 fyb.dbf 等数据表。

操作如下：

```
CREATE DATABASE BRGL
ADD TABLE BRDAB
ADD TABLE FYB
```

另外，为了验证操作人员的身份及授权情况，还需建立一个存放管理员注册信息的数据表 adminer.dbf。该表可以作为自由表独立存放，其结构如表 10-1 所示。

表 10-1　管理员注册表 adminer. dbf

字段名	数据类型	字段宽度	说明
注册名	字符型	8	
密码	字符型	6	可以为任选 ASCII 字符

接下来,需要在数据库设计器中建立各表之间的永久关系。其中,病人档案表 brdab. dbf 与费用表 fyb. dbf 通过“编号”建立一对多关系,项目表 xmb. dbf 与费用表 fyb. dbf 通过“项目编号”建立一对一关系。具体操作参考第 5 章数据库表操作。创建完成的各个表间的联系如图 10-3 所示。

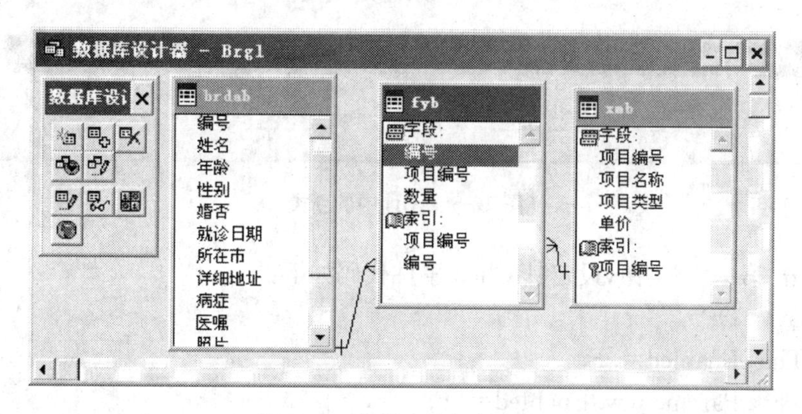

图 10-3　数据库表间的关系

10. 2. 4　自定义类

类的创建与定义是面向对象程序设计的重要内容。Visual FoxPro 允许在其基类的基础上,创建我们自定义的新类。在应用程序系统设计中,创建我们自定义的新类可以简化整个应用系统的设计工作,使界面风格一致,并方便系统的维护与修改。所创建的自定义类可直接添加到所设计的表单界面中,从而大大提高程序设计的效率。

由于在本系统的病人信息查询表单与病人维护表单中都用到记录定位命令按钮组,其中包括“第一位”、“上一位”、“下一位”和 “最后一位”4 个按钮。因而可以考虑选将该命令按钮组设计定义为一个新类,并存储在指定的某个自定义类库中供需要时随时调用。

使用 Visual FoxPro 提供的类设计器来定义新类,下面是定义新类“jldw”,操作步骤如下:

(1) 打开医院病人管理项目文件 yygl. pjx,在出现的“项目管理器”窗口中选定“类”选项卡,然后单击“新建”按钮,弹出如图 10-4 所示的“新建类”对话框。

(2) 在“类名”文本框中输入“jldw”;在“派生于”下拉列表框中选定“CommandGroup”基类;在“存储于”文本框中填入要保存的磁盘路径和类文件名,然后单击“确定”按钮,打开“类设计器”窗口。

(3) 在同时出现的“属性”窗口中设定 Buttoncount 属性值为 4,此时在“类设计器”窗口将出现 4 个命令按钮。把各个按钮拖放到适当位置,并将各按钮的 Caption 属性值分别设定为“第一位”、“上一位”、“下一位”和“最后一位”,然后再将各按钮的 Name 属性值分别设定为“dyw”、“syw”、“xyw”和“zhyw”,如图 10-5 所示。

新建类

类名(N): jldw

派生于(B): CommandGroup

来源于:

存储于(S): d:\yygl\jldw.vcx

确定

取消

图 10-4 "新建类"对话框

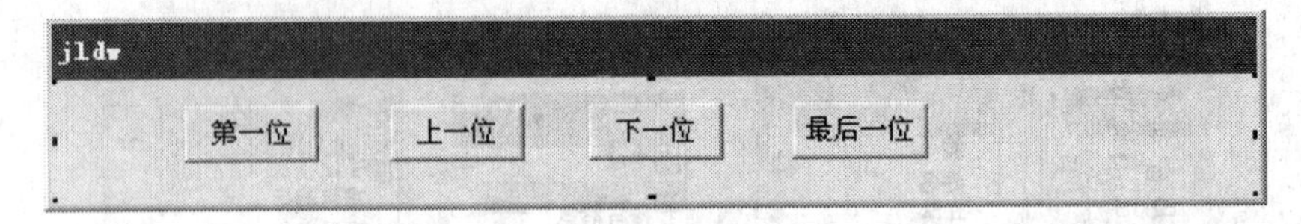

图 10-5 设计中的新类

(4) 双击"第一位"按钮,设定其 Click 事件代码如下:

```
GO TOP
This. Enabled=. F.
This. Parent. syw. Enabled=. F.
This. Parent. xyw. Enabled=. T.
This. Parent. zhyw. Enabled=. T.
ThisForm. Refresh
```

(5) 双击"上一位"按钮,设定其 Click 事件代码如下:

```
SKIP -1
IF  BOF()
    MessageBox("已经是第一位记录了!",48,"信息窗口")
    This. Parent. dyw. Enabled=. F.
    This. Enabled=. F.
    SKIP
ELSE
    This. Parent. dyw. Enabled=. T.
    This. Enabled=. T.
ENDIF
    This. Parent. xyw. Enabled=. T.
    This. Parent. zhyw. Enabled=. T.
    ThisForm. Refresh
```

(6) 双击"下一位"按钮,设定其 Click 事件代码如下:

```
SKIP -1
IF  EOF()
    MessageBox("已经是最后一位记录了!",48,"信息窗口")
```

```
            SKIP -1
            This. Enabled=. F.
            This. Parent. zhyw. Enabled=. F.
        ELSE
            This. Enabled=. T.
            This. Parent. zhyw. Enabled=. T.
            ThisForm. Refresh
        ENDIF
            This. Parent. dyw. Enabled=. T.
            This. Parent. syw. Enabled=. T.
        ThisForm. Refresh
```

(7) 双击“最后一位”按钮,设定其 Click 事件代码如下:

```
GO BOTTOM
This. Parent. dyw. Enabled=. T.
This. Parent. syw. Enabled=. T.
This. Parent. xyw. Enabled=. F.
This. Enabled=. F.
ThisForm. Refresh
```

(8) 单击“常用”工具栏上的“保存”按钮,将新创建的类保存到指定类库中,以便使用。

10.2.5 主界面设计

1. 软件封面设计 首先创建如图 10-6 所示的病人管理系统的封面表单,并设定此表单为顶层表单,以文件名 cover. scx 存盘。根据设计要求,该表单运行若干秒后或者当我们按下任意键后将自行关闭,随即启动管理员身份验证界面。

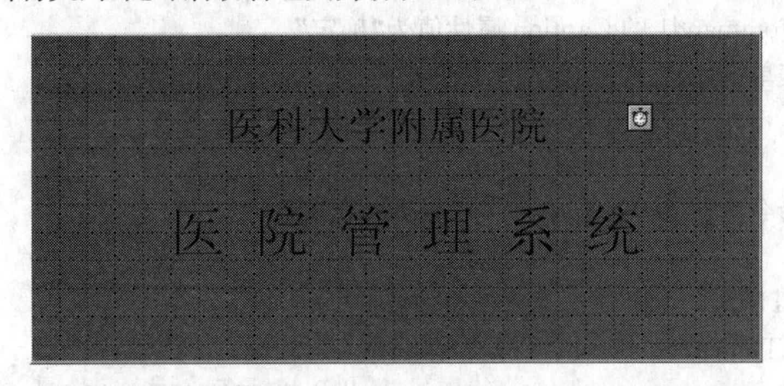

图 10-6 封面表单

创建病人管理系统封面表单的具体步骤如下:

(1) 打开表单设计器:在表单 form1 中添加两个标签 Label1、Label2 和一个计时器 Timer1,并调整其大小与位置。

(2) 设置表单的属性值:AutoCenter 的属性值为 . T. ,TitleBar 的属性值为“0-关闭”,Picture 的属性值为图像文件 Star. jpg,ShowWindow 的属性值为“2-作为顶层表单”。

（3）设置 Label1 的属性：Caption 的属性值为“医科大学附院医院”，BackStyle 的属性值为“0-透明”；Label2 的属性：Caption 的属性值为“医院管理系统”，BackStyle 的属性值为“0-透明”。

（4）表单显示时间为 10 秒后自动关闭并自启身份验证界面 Password. scx，需要设置计时器 Timer1 的 Interval 属性值为 10000 毫秒，同时为 Timer 事件编写如下代码：

```
ThisForm. Release
Do Form Password. scx
```

（5）为使本表单在我们按下任意键后即能自动关闭并自动调用身份验证界面 password. scx，需要编写表单的 KeyPress 事件代码如下：

```
ThisForm. Release
Do Form Password. scx
```

（6）将此表单以文件名 cover. scx 存盘在 d:\yygl 下。

图 10-7　身份验证表单

2. 身份验证界面设计　对于应用系统的操作者，一般都需要进行相关的身份验证。本系统为此设计了一个如图 10-7 所示的身份验证表单 password. scx，只有输入的操作员姓名及密码均正确无误后才能启动系统主菜单进行操作。

身份验证表单的具体操作步骤如下：

（1）打开表单设计器：在表单 Form2 中添加两个标签 Label1、Label2 和两个文本框 Text1 和 Text2，以及一个命令按钮 Command1，并调整其大小与位置。

（2）设置表单 Form2 的属性值：AutoCenter 的属性值为 . T. ，Caption 的属性值为“权限验证”。

（3）设置 Label1 和 Label2 的 Caption 的属性值分别为“用户名”和“用户密码”，BackStyle 的属性值为“0-透明”。

（4）设置文本框 Text1 和 Text2 的 PasswordChar 的属性值都为“*”。

（5）设置 Command1 的 Caption 属性值为“确定”。

（6）编写表单 Form2 的 Init 事件代码如下：

```
Public n
N=0
```

（7）编写命令按钮 Command1 的 Click 事件代码如下：

```
n=n+1
czy=ALLTRIM(ThisForm. Text1. value)
mm=ALLTRIM(ThisForm. Text2. value)
USE adminer                              && 打开管理员数据表
LOCATE FOR 注册名=czy
IF  FOUND() AND 密码=mm
    USE
    ThisForm. Release
    RELEASE n
    DO main. mpr                         && 执行本应用程序的主菜单程序
```

```
ELSE
    IF n<3
        MESSAGEBOX()
        ThisForm.Text1.value=""
        ThisForm.Text2.value=""
        ThisForm.Text1.Setfocus
    ELSE
        ThisForm.Release
        RELEASE n
        CLEAR Events
    ENDIF
ENDIF
```

(8) 将此表单以文件名 Password.scx 存盘在 d:\yygl 下。

10.2.6　查询表单设计

查询是系统的最基本而很重要的一个功能，能让我们方便快捷、多角度地得知想查找的信息。在本系统的查询模块中，包括“病人信息查询”、“病人费用查询”等子模块。其中最主要的是“病人信息查询”表单 brquery.csx 的制作。其他查询表单或查询文件的创建与此类似，不再累述。

所创建的“病人信息查询”表单如图 10-8 所示。

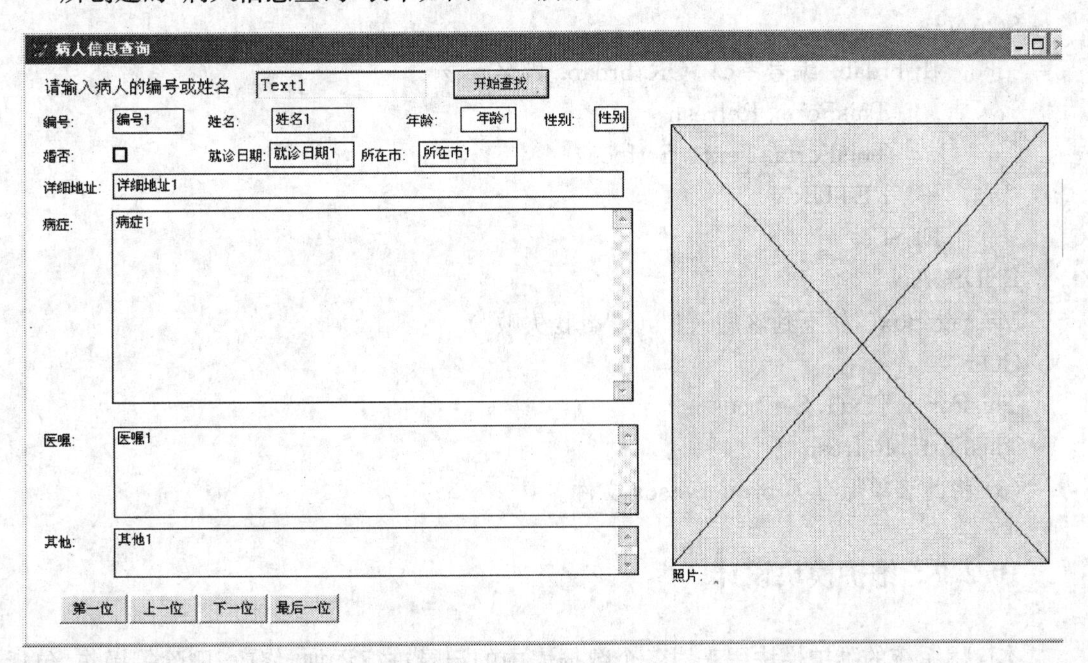

图 10-8　“病人信息查询”表单

步骤如下：

(1) 打开表单设计器,设置表单的 Caption 属性值为“病人信息查询”,并将病人档案表 brdab. dbf 添加到表单的数据环境中。

(2) 选择“表单”菜单下的“快速表单”命令,在打开的“表单生成器”对话框中将病人档案表 brdab. dbf 中的各个可用字段选择添加到表单中形成对应的字段控件,并且自动实现表中各字段与对应表单控件的数据绑定。然后,选定一种表单样式并调整各字段的布局。

(3) 本表单只需提供信息查询与浏览,而不提供数据修改功能,所以应该将各字段对应的文本框的 ReadOnly 属性值为 .T. 。

(4) 在表单上部添加一个标签 Label1、一个文本框 Text1 和一个命令按钮 Command1,并调整其大小与位置。设置 Label1 的 Caption 属性为“请输入病人编号或姓名”;设置 Command1 的 Caption 属性为“开始查找”,Default 的属性值为 .T. 。

(5) 由前面创建的自定义类直接生成用于记录定位的“第一位”、“上一位”、“下一位”和“最后一位”命令按钮。方法是:单击“表单控件”工具栏中的“查看类”按钮,在弹出的列表中选择“添加”,将名为 jldw 的自定义类添加到“表单控件”工具栏中并形成一个对应的控件按钮。然后,在单击这个控件按钮后再单击表单,即可在表单中直接生成所需的命令按钮组。

(6) 编写表单 Form1 的 Init 事件代码如下：

```
ThisForm. Text1. SetFocus
```

(7) 编写“开始查找”按钮 Command1 的 Click 事件代码如下：

```
cz=Alltrim(ThisForm. Text1. Value)
n=Recno()
GO TOP
SCAN
    IF brdab. 编号=cz .OR. brdab. 姓名=cz
        ThisForm. Refresh
        ThisForm. Text1. Setfocus
        RETURN
    ELSE
ENDSCAN
MessageBox("找不到该病人!",0,"查找失败")
GO n
ThisForm. Text1. Setfocus
ThisForm. Refresh
```

(8) 将此表单保存为 brquery. scx 文件。

10.2.7 维护模块设计

本应用系统的维护模块用来对各个数据表中的记录进行添加、修改、删除等操作,包括相应的“病人信息维护”、“费用信息维护”和“项目信息维护”等几个子模块。这里以设计“病人信息维护”表单 br_maintian. scx 为例来说明各个维护子模块的创建步骤。本表单与病人信息查询表单相类似,但在其中增加了“修改”、“添加”和“删除”三个命令按钮,并去掉了相片字段与备注字段(这两字段需要录入可有其他方法)。

所创建的“病人信息维护”表单如图 10-9 所示。

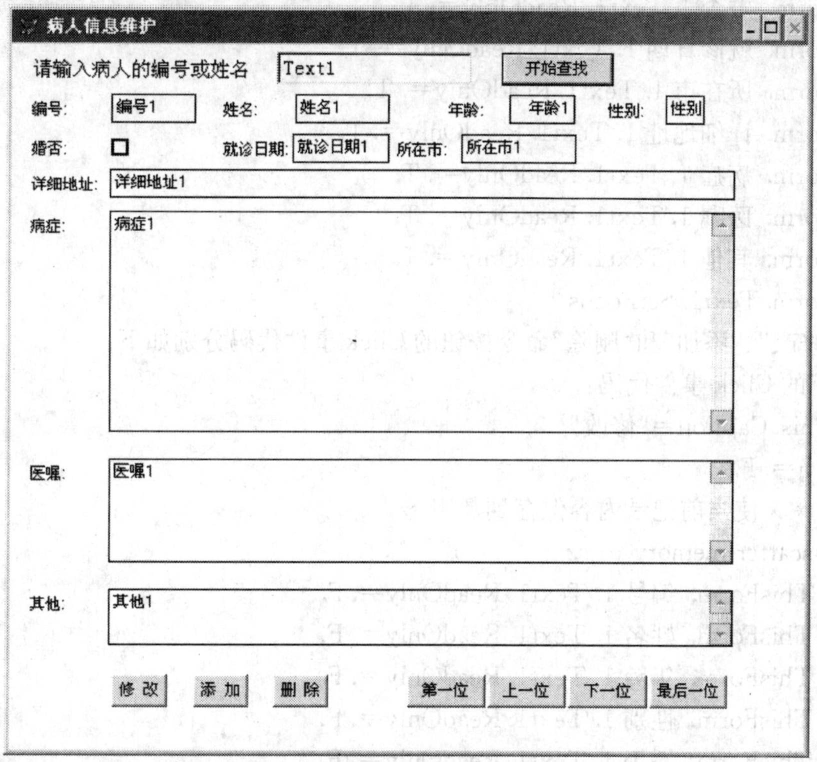

图 10-9 “病人信息维护”表单

维护表单的具体操作如下：

(1) 打开“brquery. scx”进行修改成为病人信息维护表单，将命令按钮“开始查找”的 Name 属性改为“kscz”，文件另存为 br_maintian. scx。

(2) 添加命令按钮组定义三个按钮的 Caption 属性分别为：“修改”、“添加”和“删除”，Name 属性分别改为：“xg”、“tj”和“sc”。

(3) 定义表单 Form1 的 Init 事件代码如下：

```
Public n,tj,sz
Dimension sz(11)
USE d:\yygl\data\brdab. dbf EXCLUSIVE
* * 因表单打开时即显示第一条记录，所以此时需用以下命令关闭“第一位”与“上一位”
* * 按钮功能
ThisForm. jldw1. dyw. Enabled=. F.
ThisForm. jldw1. syw. Enabled=. F.
* * 使各个文本框内容初始时不可以修改
ThisForm. 编号 1. Text1. ReadOnly=. T.
ThisForm. 姓名 1. Text1. ReadOnly=. T.
```

```
ThisForm. 年龄 1. Text1. ReadOnly=. T.
ThisForm. 性别 1. Text1. ReadOnly=. T.
ThisForm. 婚否 1. Text1. ReadOnly=. T.
ThisForm. 就诊日期 1. Text1. ReadOnly=. T.
ThisForm. 所在市 1. Text1. ReadOnly=. T.
ThisForm. 详细地址 1. Text1. ReadOnly=. T.
ThisForm. 病症 1. Text1. ReadOnly=. T.
ThisForm. 医嘱 1. Text1. ReadOnly=. T.
ThisForm. 其他 1. Text1. ReadOnly=. T.
ThisForm. Text1. SetFocus
```

(4) "修改"、"添加"和"删除"命令按钮的 Click 事件代码分别如下：

"修改"的 Click 事件代码：

```
IF   This. Caption="修改"
        tj=. F.
        * * 使当前记录内容保存到数组 sz
        scatter memory to sz
        ThisForm. 编号 1. Text1. ReadOnly=. F.
        ThisForm. 姓名 1. Text1. ReadOnly=. F.
        ThisForm. 年龄 1. Text1. ReadOnly=. F.
        ThisForm. 性别 1. Text1. ReadOnly=. F.
        ThisForm. 婚否 1. Text1. ReadOnly=. F.
        ThisForm. 就诊日期 1. Text1. ReadOnly=. F.
        ThisForm. 所在市 1. Text1. ReadOnly=. F.
        ThisForm. 详细地址 1. Text1. ReadOnly=. F.
        ThisForm. 病症 1. Text1. ReadOnly=. F.
        ThisForm. 医嘱 1. Text1. ReadOnly=. F.
        ThisForm. 其他 1. Text1. ReadOnly=. F.
        * * 改变各有关按钮状态
        ThisForm. xg. Caption="保存"
        ThisForm. tj. Caption="还原"
        ThisForm. sc. Enabled=. F.
        * * 使开始查找按钮不可见、记录定位按钮不可用
        ThisForm. kscz. Visible=. F.
        ThisForm. jldw1. dyw. Enabled=. F.
        ThisForm. jldw1. syw. Enabled=. F.
        ThisForm. jldw1. xyw. Enabled=. F.
        ThisForm. jldw1. zhyw. Enabled=. F.
        ThisForm. 编号 1. Text1. SetFocus
        ThisForm. Text1. LostFocus
        ThisForm. Refresh
```

```
ELSE
    **使各文本框内容恢复为不可以修改
    ThisForm. 编号1. Text1. ReadOnly=. T.
    ThisForm. 姓名1. Text1. ReadOnly=. T.
    ThisForm. 年龄1. Text1. ReadOnly=. T.
    ThisForm. 性别1. Text1. ReadOnly=. T.
    ThisForm. 婚否1. Text1. ReadOnly=. T.
    ThisForm. 就诊日期1. Text1. ReadOnly=. T.
    ThisForm. 所在市1. Text1. ReadOnly=. T.
    ThisForm. 详细地址1. Text1. ReadOnly=. T.
    ThisForm. 病症1. Text1. ReadOnly=. T.
    ThisForm. 医嘱1. Text1. ReadOnly=. T.
    ThisForm. 其他1. Text1. ReadOnly=. T.
    **改变各有关按钮状态
    ThisForm. xg. Caption="修改"
    ThisForm. tj. Caption="添加"
    ThisForm. sc. Enabled=. T.
    **使开始查找与记录定位按钮可见
    ThisForm. kscz. Visible=. T.
    ThisForm. jldw1. dyw. Enabled=. T.
    ThisForm. jldw1. syw. Enabled=. T.
    ThisForm. jldw1. xyw. Enabled=. T.
    ThisForm. jldw1. zhyw. Enabled=. T.
    ThisForm. Text1. SetFocus
    ThisForm. Refresh
ENDIF
```

“添加”的 Click 事件代码：

```
IF  This. Caption="添加"
    tj=. t.
    n=Recno()                &&记下当前的记录号
    APPEND BLANK             &&追加一条空记录
    ThisForm. Refresh
    **使各文本框内容可以修改
    ThisForm. 编号1. Text1. ReadOnly=. F.
    ThisForm. 姓名1. Text1. ReadOnly=. F.
    ThisForm. 年龄1. Text1. ReadOnly=. F.
    ThisForm. 性别1. Text1. ReadOnly=. F.
    ThisForm. 婚否1. Text1. ReadOnly=. F.
    ThisForm. 就诊日期1. Text1. ReadOnly=. F.
    ThisForm. 所在市1. Text1. ReadOnly=. F.
```

```
        ThisForm. 详细地址 1. Text1. ReadOnly=. F.
        ThisForm. 病症 1. Text1. ReadOnly=. F.
        ThisForm. 医嘱 1. Text1. ReadOnly=. F.
        ThisForm. 其他 1. Text1. ReadOnly=. F.
        * *改变各有关按钮状态
        ThisForm. xg. Caption="保存"
        ThisForm. tj. Caption="还原"
        ThisForm. sc. Enabled=. F.
        * *使开始查找按钮不可见和记录定位按钮不可用
        ThisForm. kscz. Visible=. F.
        ThisForm. jldw1. dyw. Enabled=. F.
        ThisForm. jldw1. syw. Enabled=. F.
        ThisForm. jldw1. xyw. Enabled=. F.
        ThisForm. jldw1. zhyw. Enabled=. F.
        ThisForm. 编号 1. Text1. SetFocus
        ThisForm. Text1. LostFocus
        ThisForm. Refresh
ELSE                                    && 否则单击的是还原按钮
        IF tj=. F.
            GATHER MEMORY FROM sz
        ELSE
        DELETE
        PACK
        GO n
        ThisForm. Refresh
ENDIF
* *使各文本框内容不可以修改
ThisForm. 编号 1. Text1. ReadOnly=. T.
ThisForm. 姓名 1. Text1. ReadOnly=. T.
ThisForm. 年龄 1. Text1. ReadOnly=. T.
ThisForm. 性别 1. Text1. ReadOnly=. T.
ThisForm. 婚否 1. Text1. ReadOnly=. T.
ThisForm. 就诊日期 1. Text1. ReadOnly=. T.
ThisForm. 所在市 1. Text1. ReadOnly=. T.
ThisForm. 详细地址 1. Text1. ReadOnly=. T.
ThisForm. 病症 1. Text1. ReadOnly=. T.
ThisForm. 医嘱 1. Text1. ReadOnly=. T.
ThisForm. 其他 1. Text1. ReadOnly=. T.
* *改变各有关按钮状态
ThisForm. xg. Caption="修改"
```

```
ThisForm. tj. Caption="添加"
ThisForm. sc. Enabled=. T.
* * 使开始查找与记录定位按钮可见
ThisForm. kscz. Visible=. T.
ThisForm. jldw1. dyw. Enabled=. T.
ThisForm. jldw1. syw. Enabled=. T.
ThisForm. jldw1. xyw. Enabled=. T.
ThisForm. jldw1. zhyw. Enabled=. T.
ThisForm. Text1. SetFocus
ThisForm. Refresh
ENDIF
```

"删除"按钮的 Click 代码

```
IF MessageBox("确认要删除此该病人的信息吗?",1,"确认删除")=1
    DELETE
    PACK
ENDIF
ThisForm. Refresh
```

10.2.8　统计与报表模块设计

统计与报表子系统的模块设计,包括"病人基本信息打印"、"病人费用统计"和"治疗费用详细情况报表"等报表打印的设计,这些报表的制作任务比较烦杂,根据实际需要应耐心细致地进行设计。下面就制作一个简单的打印表单与打印报表的调用,具体操作详见报表制作。所创建的"治疗费用详细情况报表"如图 10-10 所示。

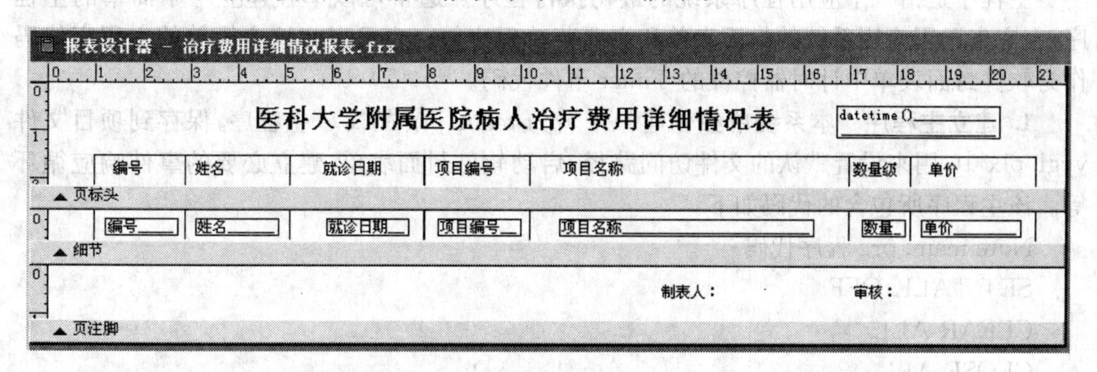

图 10-10　治疗费用详细情况报表设计

10.2.9　系统主菜单设计

各功能模块设计完成后,一般应设计一个主菜单将各个功能模块组合起来,形成一个完整的应用系统主菜单界面。根据模块的划分及系统的总体结构,很容易列出系统主菜单的组成结构。本范例系统要创建的主菜单结构如图 10-11 所示，层次分明的列出菜单项对应的表单及报表程序。

编辑	查询	数据维护	统计与报表	退出
全部选定	病人信息查询 brquery.csx	病人信息维护 br_maintian.scx	病人信息统计 statis.scx	
复制	项目信息查询 xmquery.csx	项目信息维护 xm_maintian.scx	病人费用统计 fy_tatis.scx	
剪切	项目费用查询 fyquery.csx	项目费用信息维护 fy_maintian.scx	单个病人费用 brfy.frx	
粘贴				

图 10-11　系统主菜单结构

通常可使用菜单设计器创建主功能菜单，本系统的各子菜单项大都是对应执行一条有关的命令。

例如：对于“查询”菜单下的“病人信息查询”菜单项，创建时可在菜单设计器内对应菜单项的“选项”栏中键入命令 do form brquery. scx。

对于“统计与报表”菜单下的“单个病人费用”菜单项，创建时可在菜单设计器内对应菜单项的“选项”栏中键入命令 report form brfy. frx。其他创建步骤大都与此类似。

本系统的主菜单程序设计完成后将生成一个名为 main. mpr 的文件，保存在本项目专用的磁盘目录 d:\yygl 中。

10.2.10　创建主程序

主程序是指一个应用程序系统的最初执行程序。通常可以单独建立一个简单的主程序，由它来调用应用系统的封面表单和主要菜单程序等。也可以将这个简单的主程序代码作为软件封面表单中计时器控件的 Timer 事件代码。

1. 建立主程序　本系统单独创建一个名为 main. prg 的简单主程序，保存到项目文件 yygl. pjx 中，用来设置默认的文件访问路径、启动软件封面表单、建立必要的事件响应循环等。该主程序所包含的代码如下：

```
Note main. prg 程序代码
SET TALK OFF
CLEAR ALL
CLOSE ALL
SET SAFETY OFF
SET ECSAPE ON
SET DATE TO YMD
SET DEFAULT TO D:\YYGL
DO FORM cover. scx           && 调用软件封面表单
READ EVENTS                  && 建立事件响应循环
```

2. 设置主程序　项目中存在的多个程序文件，究竟哪一个是主程序文件，需要在开发

期加以指定,设置主程序的步骤如下:

(1) 打开项目文件 yygl. pjx,同时打开“项目管理器”窗口。

(2) 在“项目管理器”窗口中选择要设置为主程序的某个程序、表单或菜单。本例中选择上面建立的 main. prg 程序。

(3) 选择主窗口“项目”菜单下的“设置主文件”命令,设置完毕。

10. 2. 11　连编与运行

1. 若以医院病人管理系统设计为例　尽管在设计本系统的每一个界面、每一个表单和报表程序时,都进行了调试和运行,可以确保它们在单独运行时的准确性,但仍需将各个程序模块连同数据库中的各表的数据一起通过连编来将它们组合在一起,使其作为一个整体来协同工作。通过连编还可以进一步发现错误、排除故障,最后生成一个完整的应用程序文件或可执行文件。

在“项目管理器”中打开医院病人管理系统项目,然后单击“连编”按钮或执行“项目”菜单下的“连编”命令,即可方便地完成本应用程序的连编工作,我们可以根据需要选择生成一个扩展名为 . APP 的应用程序文件或一个扩展名为 . EXE 的可执行文件。本例的医院病人管理系统经连编后生成一个名为 brgl. app 的应用程序文件。

2. 运行　在 Visual FoxPro 环境中,选择“程序”菜单中的“执行”命令执行应用程序 brgl. app,或在命令窗口执行 do d:\brgl\brgl. app 命令后,即可显示本应用系统的软件封面,该封面显示 10 秒钟后或当我们按下任意键后,将自动调用身份验证表单 password. scx。通过对操作员的身份核实后将自动调用主菜单 main. mpr,并将运行控制权交给主菜单程序,然后再由用户通过系统主菜单命令的选择来调用和执行所需的表单、报表或查询程序。

执行主菜单下的“查询”菜单下的“病人信息查询”命令,将出现如图 10-12 所示的“病人信息查询”窗口。

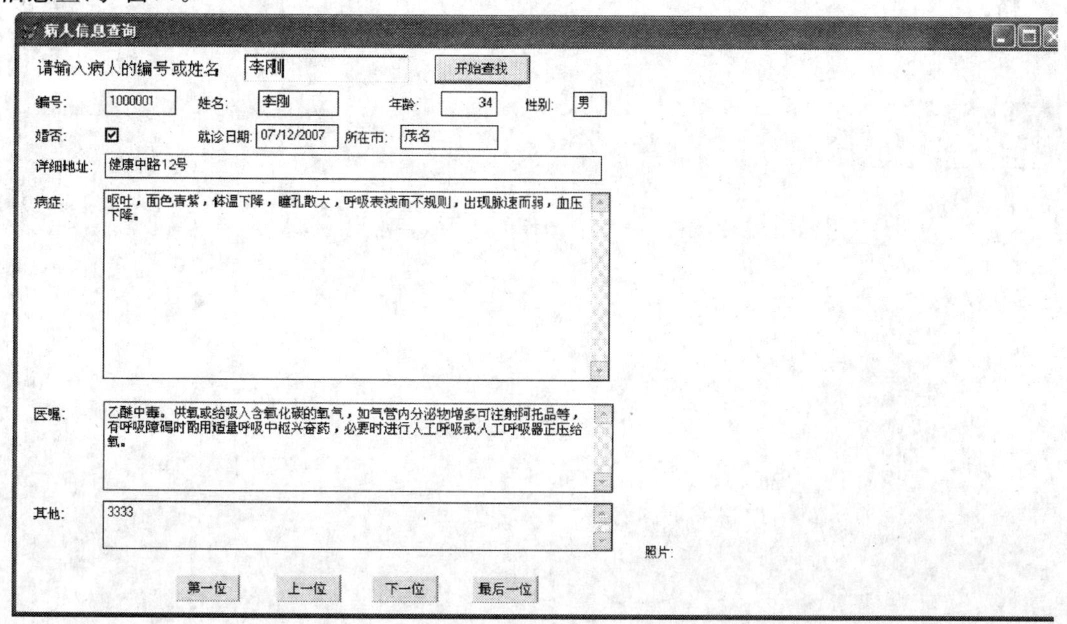

图 10-12　运行后的“病人信息查询”表单窗口

如果执行本系统“维护”菜单下的“病人信息维护”命令，将出现如图 10-13 所示的“病人信息维护”表单窗口。

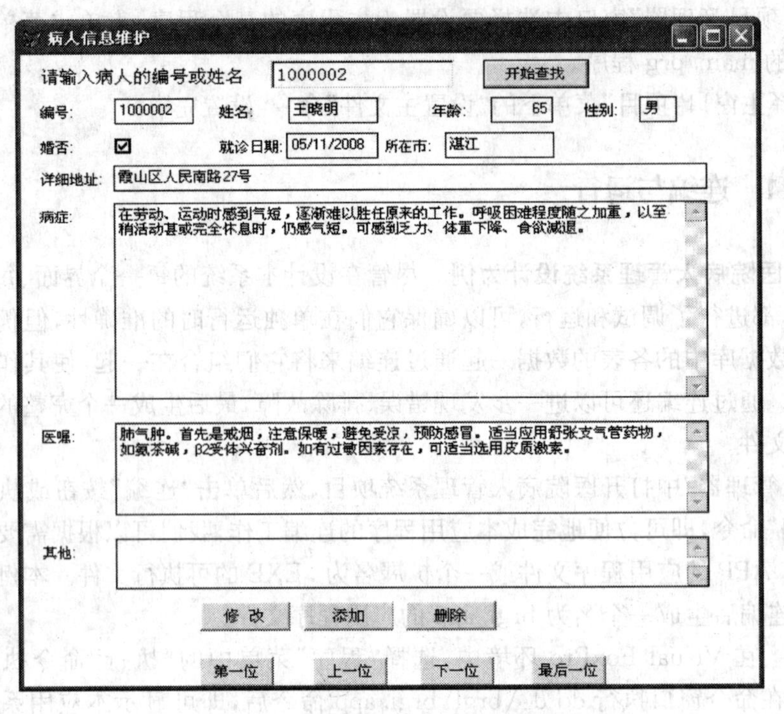

图 10-13 运行后的“病人信息维护”表单窗口

练习题及参考答案

略。